宁夏大学生态学丛书　全球变化生态学研究系列
本书受宁夏大学“双一流”建设项目（NXYLXK2017B06）、国家自然科学基金（32160277、31760144、31360111和31000215）资助。特此感谢！

环境变化下荒漠草原碳氮磷生态化学计量学特征

黄菊莹　余海龙 等　著

科学出版社
北京

内 容 简 介

本书从宁夏荒漠草原植物生长的主要限制因子入手，以全球变化中降水格局改变和大气氮沉降增加为背景，基于 2011 ~ 2015 年设立于宁夏荒漠草原的环境变化野外原位试验（降水量变化、氮添加、降水量变化及氮添加、氮和磷添加）和盆栽控制试验（供水量变化、氮添加、氮和磷添加），通过长期的野外试验观测和室内测定分析，系统研究了植物、凋落物、微生物和土壤 C∶N∶P 生态化学计量学特征及其影响因素，综合分析了植被-土壤系统 C∶N∶P 生态化学计量学特征与植物生物量、植物多样性、土壤呼吸和生态系统碳交换的关系，从生态化学计量学角度深入探讨了环境变化下荒漠草原服务功能，为科学评价全球变化背景下西北干旱半干旱区草地生态系统碳汇能力提供数据支撑。

本书可供生态学、环境科学、自然地理学等相关专业的教学科研人员、研究生和本科生参考阅读。

图书在版编目(CIP)数据

环境变化下荒漠草原碳氮磷生态化学计量学特征 / 黄菊莹等著. —北京：科学出版社，2022.2

ISBN 978-7-03-070929-5

Ⅰ. ①环… Ⅱ. ①黄… Ⅲ. ①草原生态系统-研究-宁夏 Ⅳ. ①S812.29

中国版本图书馆 CIP 数据核字（2021）第 266430 号

责任编辑：刘 超 / 责任校对：樊雅琼

责任印制：吴兆东 / 封面设计：无极书装

科学出版社 出版

北京东黄城根北街 16 号

邮政编码：100717

http://www.sciencep.com

北京建宏印刷有限公司 印刷

科学出版社发行 各地新华书店经销

*

2022 年 2 月第 一 版 开本：787×1092 1/16

2024 年 3 月第二次印刷 印张：19 1/2

字数：440 000

定价：238.00 元

（如有印装质量问题，我社负责调换）

《环境变化下荒漠草原碳氮磷生态化学计量学特征》作者名单

主　　笔　黄菊莹　宁夏大学生态环境学院

副 主 笔　余海龙　宁夏大学地理科学与规划学院

成　　员　李春环　宁夏大学地理科学与规划学院

韩　翠　宁夏大学农学院

王　斌　中国林业科学研究院亚热带林业研究所

王　攀　宁夏大学地理科学与规划学院

朱湾湾　宁夏大学地理科学与规划学院

许艺馨　宁夏大学地理科学与规划学院

马　飞　宁夏大学生态环境学院

王　莹　宁夏大学生态环境学院

岳健敏　宁夏大学生态环境学院

张汉辰　宁夏大学地理科学与规划学院

前　　言

生态化学计量学是近年来新兴的一个生态学研究领域，是研究植物-土壤相互作用的新手段和新思路。植被-土壤系统碳、氮、磷循环是在植物、凋落物和土壤之间进行的，微生物作为元素转换的中间介导者将三者联系了起来。因而，阐明植被-土壤系统碳、氮、磷平衡关系对于认识生态系统生物地球化学循环如何响应全球变化具有重要意义。在本书中，作者整理汇总了2011～2020年黄菊莹主持的几项国家自然科学基金及其他省部级项目的科研成果，从较长的时间尺度上系统研究了全球变化背景下降水格局改变和大气氮沉降增加对荒漠草原植物、凋落物、微生物和土壤C：N：P生态化学计量学特征的影响机制，对比分析了各组分C：N：P生态化学计量学特征的差异和联系，深入揭示了植被-土壤系统C：N：P生态化学计量学特征与植物生物量、植物多样性、土壤呼吸和生态系统碳交换的关系，从生态化学计量学角度科学评估了环境变化下荒漠草原元素碳汇功能。

本书的特点主要在于两个方面。其一，从全球变化中降水格局改变和氮沉降增加两个关键方面出发，以干旱半干旱区降水稀少、氮沉降临界负荷低为切入点，通过长期的定位观测系统分析了降水量变化和氮添加对荒漠草原C：N：P生态化学计量学特征的影响，深入探讨了降水在介导氮添加效应方面发挥的作用，初步分析了磷添加是否可以缓解氮沉降效应，为充分认识全球变化下我国北方脆弱生态系统元素平衡特征提供新视角。其二，从生态化学计量学角度，综合分析了环境变化下荒漠草原固碳特征，为科学评估全球变化下干旱半干旱区草地生态系统碳汇功能提供新思路。

本书整理汇总的研究成果不仅促进了宁夏大学生态学、环境科学和自然地理学等相关学科的发展，而且是助力实现现阶段我国“碳达峰”和“碳中和”长远目标的有益实践，因此具有较高的社会效益和生态效应。此外，本书在降水量变化和氮沉降增加的野外模拟试验实施、C：N：P生态化学计量学特征指示意义、植物多样性计算、指标室内分析、土壤呼吸和生态系统碳交换数据收集分析等方面都有详细的文字说明，这些内容可为读者在生态化学计量学基本原理、环境变化野外模拟试验设计、室内测试和数据分析等方面提供理论支撑和实践经验。因此，本书适用于生态学、环境科学、自然地理学等相关专业的教学科研人员、研究生和本科生等读者朋友。

黄菊莹

2021年11月

于银川宁夏图书馆

目　录

第1章 总 论

1.1 研究意义

自工业革命以来，温室气体的过量排放和水蒸气的增加，导致过去130年间全球地表平均温度大约升高了0.85 ℃（IPCC，2013）。全球变暖加速了地球系统的水循环，使全球和区域降水格局的时空分配发生变化，从而对水资源、生态系统状况和社会经济发展等产生深刻的影响（陈琳等，2020）。据报道，全球总降水量在过去100年有增加趋势，但在干旱与半干旱地区减少，同时干旱和洪涝等极端降水事件增加（Folland et al.，2001；Spinoni et al.，2018）。作为全球气候变化的敏感区域，在过去几十年间，我国平均年降水量总体呈增加趋势，且表现出显著的区域分异特征（刘凯等，2020；李明等，2021）。例如，与1961～1980年相比，1981～2010年西北地区的干旱区面积减少，东北地区的半湿润区面积减少（高继卿等，2015；黄小燕等，2015）。降水作为干旱半干旱区植物生长的主要限制因子之一（邹慧等，2016），调控着土壤水分及养分（N和P等）有效性，其格局的改变将直接作用于植物生长和生物地球化学循环等关键过程，从而对生态系统结构、功能和稳定性产生深远影响。因此，降水格局改变及其效应已成为国内外生态学和其他相关学科研究的热点与重点。

另外，化石燃料燃烧、农业化肥施用和畜牧业集约式发展等持续增强的人类活动产生了大量NO_x，导致全球大气N沉降增加。据估计，1984～2016年全球无机N沉降从86.6 Tg N·a^{-1}提高到93.6 Tg N·a^{-1}（Ackerman et al.，2019）。近年来，随着大气污染物控制措施的实施和社会经济结构的转型，N沉降速率在欧美国家有所减缓（Du，2016；Engardt et al.，2017；Tan et al.，2018），但在发展中国家仍呈上升趋势（Vet et al.，2014）。近期的研究发现，近10年来我国N沉降速率趋于稳定甚至亦有所降低（Zheng et al.，2018；Yu et al.，2019a；Wen et al.，2020）。然而，煤炭等行业的快速发展使得西北地区N沉降速率加快（顾峰雪等，2016）。研究表明，西北地区普遍可接受1.0～2.0 g·m^{-2}·a^{-1}的N沉降量（段雷等，2002）。尽管估测的N沉降量低于全国水平，但较低的N沉降临界负荷以及N沉降的时间累积性（Phoenix et al.，2012），使得该区域N沉降效应同样不容忽视。研究证实，长期N沉降增加不但会引起土壤酸化和N富集，而且可能造成C：N：P失衡和P限制增加（Deng et al.，2017；Wright et al.，2018），严重威胁生物多样性和生态系统稳定性（Steven et al.，2018）。因此，有必要针对西北地区敏感生态系统开展N沉降效应研究。

生态化学计量学（ecological stoichiometry）主要关注生态系统能量平衡和多种化学元素平衡关系，是研究土壤-植物相互作用与元素循环的新手段和新思路（Sterner & Elser，

2002；贺金生和韩兴国，2010）。C、N、P 是元素循环和转化的核心，调节和驱动着地上植被生长、群落结构组成以及地下生态过程。通常认为这几种元素的循环过程是相互耦合的（Lal，2004），其在有机体的生态化学计量比具有相对的内稳性，对维持生态系统结构、功能和稳定性具有重要意义（Yu et al.，2010）。然而，近年来随着全球变化的加剧，植物、微生物和土壤元素平衡关系趋于解耦，进而对关键生态系统过程产生负面影响（Delgado- Baquerizo et al.，2013；Yang et al.，2014；Mayor et al.，2015；Yuan & Chen，2015；Zhou et al.，2017）。植被-土壤系统元素循环是在植物、凋落物和土壤之间相互转换的（Ladanai et al.，2010），微生物作为元素转换的中间介导者将三者联系了起来（Fabiańska et al.，2019），因此，将植物、凋落物、微生物和土壤视作一个完整的系统，探讨组分间 C：N：P 平衡特征的变化格局和相互作用，对于认识全球变化背景下生态系统 C 汇潜力、植物和土壤相互作用的养分平衡制约关系具有重要的现实意义（王绍强和于贵瑞，2008）。

荒漠草原是我国典型的生态脆弱区，也是宁夏境内主要的草原生态系统类型，区域年降水量少（<300 mm）、蒸发量大（>2000 mm）、N 沉降临界负荷小（1.0 ~ 2.0 $g \cdot m^{-2} \cdot a^{-1}$）、可接受的 N 沉降总量低（$0.13 \times 10^6$ $t \cdot a^{-1}$）（宁夏农业勘查设计院等，1988；段雷等，2002）。受气象条件和人为活动的影响，该区植被表现出物种多样性低、群落结构简单和生物量年际变化大等特征，导致生态系统的不稳定性和脆弱性，因而对降水量变化和 N 沉降增加反应敏感（王攀等，2019；李一春等，2020）。2011 年以来，在国家自然科学基金等项目的资助下，本书研究团队在宁夏荒漠草原设置了环境变化的野外原位试验和盆栽试验，通过长期的定位观测，探讨了环境变化下植被-土壤系统 C：N：P 生态化学计量学特征，分析了组分间C：N：P 平衡特征的协变关系，揭示了植物、凋落物、微生物和土壤间元素传递规律与调节机制，并结合植物生物量、植物多样性、土壤呼吸、生态系统 C 交换等的变化，从生态化学计量学角度科学评估了环境变化下荒漠草原的生态服务功能，以期为进一步阐明全球变化对荒漠草原结构、功能和稳定性的影响提供理论参考，并助力实现我国 2030 年“碳达峰”和 2060 年“碳中和”目标。

1.2 国内外研究现状分析

1.2.1 降水格局改变

20 世纪以来，人类活动引起大气中气溶胶、温室气体（CO_2、CH_4 和 N_2O 等）的浓度不断升高，加上气候内部变率的影响，导致全球变暖和大气环流发生相应改变。据报道，1880 ~ 2012 年全球平均气温升高了 0.85 ℃（IPCC，2013）。在此期间，陆地比海洋增温快，高纬度地区比中低纬度地区增温幅度大，冬半年比夏半年增温明显。中国气候变暖趋势与全球一致。1913 年以来，中国地表平均温度上升了 0.91 ℃，最近 60 年气温上升尤为明显，平均每十年升高约 0.23 ℃，几乎是全球增幅的两倍。全球性的气候变暖势必会改变降水（总量、强度和频率等）的时空分配格局。降水量变化作为气候变化中最为突出的方面（宋世凯，2017），已经引起了国内外学者的广泛关注。目前，关于降水格局改变的研究主要集中在全球及各区域降水量和极端降水事件的变化及其地域差异。

1.2.1.1 全球降水格局

第五次政府间气候变化专门委员会（Intergovernmental Panel on Climate Change，IPCC）评估报告指出，1901 年以来全球陆地上的降水没有明显的增加或减少的趋势。但就区域而言，北半球中纬度陆地上的降水增多；在 RCP 8.5 情境下，21 世纪末高纬度和赤道太平洋地区年降水量将呈上升趋势，中纬度和亚热带干旱地区年降水量可能会减少，而中纬度湿润地区可能会有所增加（IPCC，2013）。有研究表明，与温度相比，全球降水量变化在空间上更不均匀，但是总体来说，降水量显著增加的地区比降水量显著下降的地区多（Donat et al.，2013）。随后的研究预测，人类活动导致全球平均降水量呈增加趋势，并且呈纬向分布，北半球中高纬度地区年降水量总体呈增加趋势（孔锋等，2017）。降水格局呈纬向分布是自然因素和人为因素共同作用的结果。一方面，温度升高使水循环加速，改变降水分配，同时大气环流模式的变化导致多雨区和亚热带干燥区向两极迁移，使热带区域加宽，进而影响降水格局的纬向分布（Westra et al.，2014）。另一方面，人类活动在降水格局的纬度分布上发挥着重要作用（Marvel & Bonfils，2013）。

尽管全球范围内年降水量呈增加趋势，但是降水事件之间的间隔期延长，干旱、洪涝等极端事件频现（Westra et al.，2014）。研究表明，20 世纪初到 20 世纪末极端降水有显著变化，尤其是中高纬度地区极端降水增加显著。到 21 世纪强降水事件很可能将在全球大部分地区增加；未来百年，南北半球降水差距和降水季节波动可能加大，呈现出旱季更旱、雨季更湿的季节特征（Spinoni et al.，2018）。然而，Greve 等（2014）的研究发现，“干变干、湿变湿”这种降水格局变化仅显示在全球 10.8% 的陆地面积上，更多地区并不适用这一规律。Sun 等（2012）认为全球陆地降水量随时间和空间的变化减少，平均来说全球陆地上干旱的地区变得湿润，而湿润的地区变得干旱；降水量变化大的地区通常气溶胶排放量也大，由此可推测气溶胶在降水变化中起到了关键作用。Donat 等（2016）通过观测数据和气候模型发现，过去的 60 年中，干旱地区总降水量增加明显，而且降水增加与温度升高呈现线性关系，因此预测 21 世纪末全球变暖将使得这些地区的降水加剧，尤其是干旱地区，这种加剧也将对极端降水事件产生重要影响。

大气中的水汽含量随气温升高而增加，进而加快全球水循环，导致极端降水事件频发。其机制可以用克劳修斯-克拉佩龙方程（Clausius-Clapeyron equation）中气温和空气水分含量的关系加以解释。即气温每升高 1 ℃，大气含水量约提高 7%（Pall et al.，2007）。因此，全球变暖不仅能够增加全球的降水量，也增加了极端降水事件发生的频率。Allan（2008）发现温度和极端降水事件的频率之间存在明显的相关性，在温暖期极端降水事件的频率增加，而在寒冷期减少；此外，观测的降水极值比预测的高，这意味着对极端降水事件强度变化的预测可能被低估。Donat 等（2016）研究发现，尽管总降水量变化存在不确定性，但是在过去的 60 年中，干旱和湿润地区的极端降水事件均明显增加；预测到 21 世纪末，极端降水事件将持续加剧。还有研究表明，全球极端降水强度的增加速度快于降水量；但是模型模拟的极端降水量在热带地区的不确定性较大，导致其模拟极端降水量的准确度降低（Kharin et al., 2013）。因此，尽管模型模拟的结果显示全球变暖使得极端降水事件的频率增加，但是观测数据的不足直接限制了对极端降水事件的评估。

1.2.1.2 中国降水格局

全球增温不仅改变全球的降水格局，也使中国的降水格局发生了显著变化，很多研究表明中国的降水格局变化具有明显的时空差异性（任国玉等，2015；刘凯等，2020）。第五次 IPCC 评估报告指出，20 世纪 50 ~ 70 年代，我国主要多雨带位于华北地区，之后逐渐向南移动到长江流域和华南地区，21 世纪以来，雨带开始北移。丁一汇和王会军（2016）发现，我国华北、西北东部、东北南部和西南部分地区降水减少，而西部大部分地区降水增加，呈现出明显的区域差异性。任国玉等（2015）预测，近 60 年中国年平均降水量的变化规律无一致性，但是区域性降水变化趋势明显，年降水量减少的地区主要发生在东北、华北、华中和西南地区，而年降水量增加的地区主要发生在西北、青藏高原和东南沿海地区；降水量变化的空间结构虽然相对稳定，但是也有渐近的变化特点。降水量减少的地区尽管由黄土高原和华北平原向东北和西南扩散，但近年来“干化”区域开始萎缩；而东北北部和长江中下游地区降水增加的区域面积明显变小；总体看来，中国东部地区降水相对减少和增加的区域均在萎缩，“北旱南涝”的现象趋于缓解。

近几十年，我国不仅降水总量发生了显著变化，而且极端降水事件也发生了改变，呈现出总量增加、强度增强以及极端事件增多等特征（杜懿等，2020；卢珊等，2020；赵东升等，2020）。从全国范围来看，中国极端强降水平均强度和极端强降水量值都有增加的趋势（孙军和张福青，2017）；极端降水可以占到全国平均总降水的 1/3（Sun et al., 2012），并且主导着总降水的变化趋势（李林，2021）；CMIP6 预测 2021 ~ 2100 年，中国升温和极端降水增加的趋势显著（向竣文等，2021）。Qin 等（2021）利用区域气候模式 RegCM4 动力降尺度及 CMIP5 模式结果，研究了全球变暖背景下中国 21 世纪极端降水变化，发现 2008 ~ 2098 年的中国极端降水 EEMD（集合经验模态分解）长期趋势增加；进一步分析发现，随着未来温度升高，21 世纪末期温度每升高 1 ℃，极端降水增加幅度比 21 世纪中期的增加幅度更大，即 21 世纪末期可能面临更为严峻的极端降水事件。此外，极端降水事件的频率亦具有明显的季节差异。例如，曾颖婷和陆尔（2015）发现江淮流域至华南及西南部分地区夏季极端降水量呈增加趋势，华北和西北部分地区呈减少趋势，而且年极端降水事件频次的变化趋势与夏季也基本一致。

西北地区是我国典型的气候变化敏感区。研究表明，近 50 年西北地区整体气温升高、降水增加，在呈暖湿化的同时呈现东西部分化的格局，即西部趋向暖湿化、东部趋向暖干化；未来，西北地区气温仍将持续升高，降水、径流和土壤湿度也将会增加，整体向暖湿化转变（李明等，2021）。早期的研究发现，西北地区年降水量呈微弱上升趋势；与 1961 ~ 1980 年相比，1981 ~ 2010 年我国西北地区西部生态区降水增多、东部生态区降水减少（黄小燕等，2015）。此外，王蕊等（2019）选用 1961 ~ 2015 年西北地区 74 个气象站逐月地表感热通量计算资料，及东部 155 个常规气象站夏季的月降水资料以及 NCEP/NCAR 月平均再分析资料，研究发现西北地区东部盛夏降水由东南向西北递减，总体呈年代际减少趋势，减少最明显的区域为宁夏北部和内蒙古中南部；西北地区水汽辐散加强，西北地区东部宁夏平原降水出现异常偏少。西北地区降水量同时呈现出夏秋两季降水增多的季节特征（Chen & Sun，2015；李聪等，2012；王艳姣和闫峰，2014；李新乐等，2018）。预计 2016～2100 年，在季节变化上，西北地区以暖季变干为主，且干旱化趋势将更为明显（刘珂和姜大膀，2015；张学珍等，2017）。

1.2.1.3　宁夏降水格局

在西北地区降水量增加的趋势下，宁夏全区降水量和降水强度在空间分布上亦发生了明显变化。高睿娜等（2021）监测结果表明，1981～2016 年宁夏年平均中旱及以上等级干旱日数总体呈减少趋势，且年际波动幅度大、年代际变化特征明显。杨蓉和延军平（2014）对宁夏 1961～2012 年降水变化特征进行分析，指出年降水量呈现较大的波动性；52 年来降水量以 8.57 mm · 10 a^{-1} 的速度递减，从 20 世纪 90 年代起干旱化趋势明显。李菲等（2013）分析了 1962～2011 年宁夏降水变化特征，发现年降水量呈降低趋势，而年降水强度则呈现微弱增加的趋势；夏季降水量大且多暴雨，冬季降水少且强度小。李俊峰等（2020）分析了宁夏 1976～2015 年降水量的时空演变特征，发现该地区降水量年内分配极为不均，近 40 年降水量呈现微弱下降趋势。但也有研究得出不一致的结论。冯克鹏和田军仓（2016）研究认为，近 50 年宁夏趋于湿润化，北部地区的湿润化趋势快于中部和南部地区，特别是 1998 年后宁夏大部分地区进入相对湿润时期；在降水季节分布方面，宁夏北部地区冬、春季的湿润化趋势快于夏、秋季，中部和南部地区的秋、冬季湿润化趋势快于春、夏季。

此外，宁夏极端降水的变化也呈现明显的时空分异特征。李菲等（2013）的结果表明，1962～2011 年，宁夏极端降水日数呈现“减少—增加—减少”的变化趋势，各站点则表现出南部减少、中部平稳、北部增加的态势；在未来变化的预测中，宁夏极端降水日数的 H 值具有持续减小的趋势，即极端降水事件将减少。张冰等（2018）分析了宁夏夏季极端降水的变化规律及其成因，发现 55 年来宁夏夏季极端降水日数呈微弱减少趋势，500 hPa 高度场上 6 月中国华北–东北与西太平洋上的偶极型异常分布、8 月西西伯利亚–蒙古–副热带地区的遥相关波列和 EAP 异常分布型以及 700 hPa 高度场上宁夏 6 月偏东风增强和 8 月偏北风增强，是导致极端降水事件变化的直接原因。Yang 等（2020）采用创新趋势分析方法对 1961～2018 年宁夏不同强度降水的时空变化进行研究，发现区域年降水量增加主要是弱降水增加，而区域年降水量减少主要是强降水减少；极端降水的变化趋势明显。不同类型极端降水的贡献随季节变化。春季区域降水增加主要是强降水增加，区域降水减少主要是弱降水减少。夏季和秋季区域降水增加主要是弱降水增加，而区域降水减少是由强降水减少引起。

1.2.2　大气氮沉降增加

随着工业化、城市化以及农业现代化进程的加快，排放到空气中的 N 化合物日益增多，并通过干湿沉降方式进入水生和陆地生态系统，导致全球大气 N 沉降增加（Kanakidou et al.，2016）。N 沉降以化石燃料燃烧、N 肥施用、畜牧业集约化发展等为主要来源，其化学组成以 NO_3^- 和 NH_4^+ 为主，但也有学者指出有机 N 的比例不可忽视（Zhu et al., 2020）。长期 N 沉降增加不仅会引起土壤 N 富集，而且会加速土壤 NH_4^+ 硝化和 NO_3^- 淋溶，导致 pH 降低。NO_3^- 淋溶不但会造成大量与其结合的盐基淋失、降低盐基离子对 P 的固持能力，而且会引起交换性有毒离子释放和迁移、增强有毒离子对 P 的络合和沉淀（Mao et al., 2017），进而造成元素生态化学计量关系失衡、生物多样性降低和生态系统退化等一系列严重的生态问题（Li et al., 2016a; Tian et al., 2016）。因此，N 沉降增加是全球变化研究领域的热点问题。

N 沉降主要分为干沉降和湿沉降。湿沉降可以利用雨量筒进行人工收集，但收集不及时会混入部分干沉降，导致估测值偏高。为避免这一问题，许多研究采用降水自动采样器进行湿沉降的采集。干沉降的收集方法较为复杂，常见的方法包括离子树脂交换法、苔藓 S 同位素示踪、遥感数据分析和模型估测等。随着自动化技术的广泛应用，一些研究采用干沉降采样器结合数据模型进行干沉降的估测。但相关仪器比较贵重，在野外多样点监测中受到了限制。此外，替代面法（林地中为穿透水法）能收集到直径>2 μm 的重力沉降部分，但不能完全收集到气体和粒径较小的气溶胶沉降（宋欢欢等，2014）。鉴于其成本低、操作简便、估测结果对总沉降的变化趋势影响小等特点，在大气降尘化学成分的研究中有较多应用，尤其是我国北方多沙尘地区（邢建伟等，2017）。

1.2.2.1 全球大气氮沉降格局

欧美国家早在 19 世纪 50 年代就开始了 N 沉降的监测工作，发现 N 沉降在不同区域存在较大差异。全球范围看，1860 ~ 2008 年全球人为活动导致的活性 N 提高了 12.8 倍（Galloway et al., 2008）。在多数发达国家，大气中生物活性 N 的沉降比例是工业化之前的 2 ~ 7 倍（Galloway et al., 2004）。Zheng 等（2002）对亚洲 N 沉降量进行的估算发现，1861 ~ 2000 年各生态系统的沉降量从 6 $Tg \cdot a^{-1}$ 增加到 22.5 $Tg \cdot a^{-1}$，预计到 2030 年亚洲地区 N 沉降总量将达到 37.80 $Tg \cdot a^{-1}$。近年来，随着社会经济结构的转型和大气污染物控制措施的实施，N 沉降状况在欧美发达国家有明显改善，但在发展中国家仍比较严重（Vet et al., 2014）。例如，仅 1990 ~ 2014 年欧洲 NO_x 排放量就减少了约 45%（Forsius et al., 2021）；欧洲氧化态 N 沉降速率在 20 世纪 80 年代达到峰值，至 2010 年代中期降至最高值的一半，但仍然是 1900 年的 3 ~ 4 倍；还原态 N 年沉降量则是 1900 年的 2 倍（Engardt et al., 2017）；在美国，1985 ~ 2012 年无机 N 湿沉降先以 69 $g\ N \cdot hm^{-2} \cdot a^{-1}$ 的速率上升，1995 年后以 36 $g\ N \cdot hm^{-2} \cdot a^{-1}$ 的速率下降（Du, 2016）。目前，全球范围内 N 沉降已成为酸沉降的主要形式，发展中国家为酸沉降的主要影响区域（Tan et al., 2018）。

1.2.2.2 中国大气氮沉降格局

与国外相比，中国 N 沉降监测起步较晚，相关研究工作开始于 20 世纪 30 年代，系统的研究始于 70 年代，监测类型以湿沉降为主，监测区域主要集中在华北、东南、西南等区域（Zhu et al.，2015；Lu et al.，2018）。自 90 年代末开始，环境保护总局①和中国气象局陆续建立了酸雨监测网络。至 2010 年，中国农业大学经过不断完善，形成了一个涵盖 43 个监测点的 N 沉降监测网络，为长期 N 沉降监测提供了可能（许稳，2016）。2013 年，何念鹏研究小组以中国科学院生态系统研究网络的全国各台站为依托，首次建立了中国区域典型陆地生态系统大气湿沉降观测网络，在国内首次形成了系统性的大气 N、P、酸、碱基阳离子及重金属的湿沉降监测体系和观测网络（朱剑兴等，2018）。截至 2018 年，该网络稳定运行，观测站点从初期的 41 个站点发展到了 54 个典型生态系统站点，涵盖了森林、草地、农田、荒漠、湖泊、喀斯特、湿地以及城市等生态系统类型。然而，受网络化监测覆盖范围和研究手段的限制，监测网中的监测点和其他零散研究的观测点主要集中在华北、东北、东南和西南等区域，相对缺乏对西北地区 N 沉降尤其干沉降的监测。

早期研究表明，20 世纪 80 年代至 21 世纪初，全国 N 沉降总量从 13.2 $kg \cdot hm^{-2}$ 增加至 21.1 $kg \cdot hm^{-2}$，平均以每年 0.41 $kg \cdot hm^{-2}$ 的速率在增加（Liu et al.，2013）。顾峰雪等（2016）构建了一个基于降水、能源消费和施肥数据的 N 沉降时空格局模拟方法，发现中国区域年平均 N 沉降速率由 20 世纪 60 年代的 0.31 $g\ N \cdot m^{-2} \cdot a^{-1}$ 增加到 21 世纪初的 1.71 $g\ N \cdot m^{-2} \cdot a^{-1}$。总 N 沉降量由 20 世纪 60 年代的 2.85 $Tg\ N \cdot a^{-1}$ 增加至 15.68 $Tg\ N \cdot a^{-1}$；NH_x-N 是主要的 N 沉降形式，其沉降速率大约是 NO_y-N 的 4 倍。1961 ~ 2010 年我国湿沉降平均速率为 0.63 $g\ N \cdot m^{-2} \cdot a^{-1}$，是干沉降速率的 3.63 倍，是 N 素进入陆地生态系统的重要途径；在空间上，N 沉降速率呈现出由东南向西北梯度递减的格局。近期的研究发现，2010 年以来全国 N 沉降开始保持稳定水平，但由于煤炭等工业的快速发展，西北等欠发达地区 N 沉降加快（Yu et al.，2017；Yu G R et al.，2019；Wen et al.，2020）。段雷等（2002）对国内不同区域酸沉降临界负荷进行区划研究时发现，N 沉降临界负荷的分布呈现自西向东逐渐增加的格局；包括宁夏在内的大部分西北地区（荒漠和草原等）N 沉降临界负荷小于 2 $g \cdot m^{-2} \cdot a^{-1}$，对 N 沉降增加反应敏感。因此，我国西北地区面临的 N 沉降形势不容忽视，减少 N 沉降对生态系统的负面影响亦刻不容缓。

1.2.2.3　宁夏大气氮沉降格局

尽管煤炭等行业快速发展引起的宁夏 N 沉降已逐渐引起了研究人员的关注，但相关研究多为模型估测，缺乏实地监测。宁东能源化工基地（简称宁东基地）是国家规划的 14 个亿吨级煤炭基地之一，现有宁夏 N 沉降研究主要集中在该区域。顾峰雪等（2016）的模拟结果表明，21 世纪初宁夏大部分地区 N 沉降速率达到 2.0 $g \cdot m^{-2} \cdot a^{-1}$ 以上，部分区域甚至超过 4.0 $g \cdot m^{-2} \cdot a^{-1}$，高于西北地区平均水平，宁东基地燃煤电厂的集中发展是 N 沉降的主要来源之一。王金相（2018）评价了银川及周边区域空气质量状况，发现研究区 NO_2 柱浓度上升趋势很明显，宁东基地等区域 2013 ~ 2015 年部分区域大于 6.5×10^{15} $molecules \cdot cm^{-2}$。伯鑫等（2019）发现在假定其他清单源排放不变的前提下，宁东未来能源基地 NO_x 排放占比达到 65.7%。王攀等（2020）初步探讨了 2019

① 现为生态环境部。

年宁东基地燃煤电厂周围混合沉降中 N 沉降的特征，发现研究区 NO_3^- 和 NH_4^+ 月沉降量分别为（1.17±0.05）kg・hm^{-2}・month^{-1} 和（0.23±0.01）kg・hm^{-2}・month^{-1}，无机 N 沉降量高于西北地区平均值。综上，虽然宁东基地各燃煤电厂已实现了超低排放，但其 NO_x 排放对全国总排放率的贡献逐年增加，是区域空气 N 的主要来源。因此，对宁夏尤其工业排放源周边区域 N 沉降进行监测十分必要。

1.2.3 生态化学计量学

1.2.3.1 C：N：P 生态化学计量学的内涵

生态化学计量学是生态学与生物化学、土壤化学研究领域的新方向，主要研究生态系统能量平衡和多种化学元素（主要是 C、N、P）平衡关系。生态系统 C、N、P 等元素的循环是全球变化研究的热点之一，而且这几种元素的循环过程是相互耦合的（Lal，2004；Yu et al.，2011）。因而，研究生态系统 C、N、P 的平衡关系对于认识生态系统生物地球化学循环如何响应全球变化具有重要意义（王绍强和于贵瑞，2008）。作为研究土壤-植物相互作用与 C、N、P 循环的新思路和新研究手段（Sterner & Elser，2002；曾德慧和陈广生，2005），生态化学计量学已引起了科学家们的广泛关注。随着国内外大量学者将其广泛应用于生态系统营养动态、元素循环、养分限制、生物进化和演替等领域，生态化学计量学理论得到了不断的丰富，为生态学及其相关学科的研究提供了新的视角。生态化学计量学能够从元素比率的角度将处于不同领域、不同层次以及不同尺度等的研究结果相结合，其相关研究不只停留在理论基础上，已经成为研究生态学及其相关学科的有效手段。

1.2.3.2 植被-土壤系统 C：N：P 生态化学计量学特征的指示作用

植物、凋落物、微生物和土壤 C：N：P 生态化学计量学特征可以作为系统 C、N、P 饱和诊断与有效性预测的指标。其中，植物 C：N：P 生态化学计量学特征在一定程度上可指示所在生态系统的 C 积累动态和 N、P 限制格局。例如，研究认为叶片 C：N 和 C：P 代表着植物吸收营养元素时所能同化 C 的能力，反映了植物对 N 和 P 的利用效率，同时也代表着不同群落或植物固 C 效率的高低（Elser et al.，2010）。对植物来说，高的生长速率对应低的 C：N 和 C：P（He et al.，2008）。这种相对应的关系与养分限制类型有一定的关系：当受 N 限制时，生长速率与 C：N 负相关；当受 P 限制时，生长速率与 C：P 负相关（Yu et al.，2012）。叶片 N：P 可以作为对生态系统生产力起限制性作用的 N 和 P 的指示剂，但其指示阈值随生态系统不同而异。例如，Koerselman 和 Meuleman（1996）认为植物 N：P<14 时，其生长主要受 N 限制；N：P>16 时，主要为 P 限制；N：P 介于 14～16 时，为 N 和 P 共同限制。Güsewell（2004）则认为该判断阈值分别为<10、>20 和介于 14～16。凋落物 C：N：P 生态化学计量学特征可以用来指示凋落物分解质量和分解速率。一般而言，凋落物 C：N 和 C：P 均与分解速率负相关，而 N：P 与分解速率正相关（聂兰琴等，2016；谭向平和申卫军，2021）。

此外，土壤 C：N：P 生态化学计量学特征综合了生态系统功能的变异性，而且有助于揭示生态过程对全球气候变化的响应，因而成为确定土壤C、N、P平衡特征的一个重要参数（王绍强和于贵瑞，2008）。土壤C∶N和C∶P是表征土壤N和P矿化能力的重要指标，低的C∶N或C∶P表明土壤N或P矿化潜力和供N或P能力高（Gómez-Rey et al.，2010），高的土壤C∶N或C∶P可能会引起土壤有机质分解时土壤微生物受N或P限制，进而与植物竞争N或P（王建林等，2014；李丹维等，2017）。土壤N∶P会影响植物生产力的组成，同时会影响微生物的组成与活性（王晶苑等，2013），常被用作确定土壤N和P限制的重要诊断指标；微生物生物量C∶N∶P生态化学计量学特征决定了微生物活动的方向（固持或矿化）及凋落物分解过程中养分释放与否，反映了微生物对土壤N和P有效性的调节能力（Zhou et al.，2017），因此影响着土壤C状况和养分有效性（Heuck et al.，2015）。微生物生物量C∶N和C∶P可以作为衡量微生物矿化土壤有机物质释放N和P，或从环境中吸收固持N和P潜力的一种重要指标（Cleveland & Liptzin，2007）。C∶N和C∶P低说明微生物从土壤有机物质中释放N和P的潜力大，C∶N和C∶P高说明微生物对土壤中有效N和P有同化趋势。

1.2.3.3　植被–土壤系统C∶N∶P生态化学计量学特征的关联

植物–凋落物–微生物–土壤是一个紧密联系的统一整体，其元素含量之间存在密切的联系。植物通过光合作用固定CO_2，并且将部分C以凋落物的形式逐渐归还给土壤，以供植物吸收利用（姜沛沛等，2016）。同时，植物生长所需的N和P等元素主要来自土壤，而土壤N和P等元素对植物生长又有着重要的调节作用（Hogan et al.，2010）。由微生物参与的凋落物分解过程中养分归还量、土壤养分供应量和植物养分需求量的差异（姜沛沛等，2016），使得植物–凋落物–微生物–土壤系统的生态化学计量学特征存在明显的关联性和复杂的差异性（Ladanai，2010）。Vitousek（2003）发现在不同生态系统中的桃金娘（*Rhodomyrtus tomentosa*）花、叶片和凋落物C∶N存在较大差异，而N∶P基本接近。这说明植物和凋落物的N、P之间存在较高的协同性，是植物、凋落物N、P生态化学计量学内稳性的重要表征（崔高阳等，2015）。一般情况下，各类型生态系统中土壤和微生物生物量C、N、P含量远低于植物与凋落物（杨佳佳等，2014；聂兰琴等，2016；姜沛沛等，2017）。

植被–土壤系统C、N、P循环是在植物、凋落物、微生物和土壤之间相互转换的（Ladanai et al.，2010；Zechmeister-Boltenstern et al.，2015；Fabiańska et al.，2019；乔雨宁等，2020）。因此各组分C、N、P生态化学计量比之间亦存在密切的联系。植物C∶N∶P生态化学计量学特征不仅反映了土壤C供给状况和N、P有效性水平，而且直接影响凋落物中C、N、P含量。凋落物C∶N∶P生态化学计量学特征的稳定性会影响微生物的生命活动。较低的凋落物C∶N和C∶P，有效补充了微生物的需要，促进微生物的生长和矿化作用，从理论上来讲有助于提高凋落物的分解速率。反过来，微生物生物量C∶N∶P生态化学计量学特征则决定了凋落物分解过程中的养分释放与否，进而影响土壤C∶N∶P生态化学计量学特征。而土壤C∶N和C∶P的高低，又决定了微生物活动的变化趋势。当土壤C∶N和C∶P较低时，矿化作用占优势，使植物获得有效N和P的供应。因此，将植物、凋落物、微生物和土壤作为一个完整的系统，探讨C∶N∶P生态化学计量学特征在整个系统中的变化格局和相互作用，有助于揭示生态系统 C、N、P 平衡的内在机制（曾德慧和陈广生，2005）。

研究发现，黄土高原不同植被带各组分 C、N、P 均表现为叶片>枯落物>土壤，同植被带 C：P 与 N：P 均呈现出叶片与枯落物显著高于土壤，且各植被带养分含量在叶片–枯落物–土壤间均具有一定的相关性，表明养分在生态系统内持续流动（乔雨宁等，2020）。针对鄱阳湖湿地的研究显示，植物活体和枯落物全 C、全 N、全 P 浓度及其生态化学计量比均显著高于土壤，而且土壤与凋落物间 C：N：P 生态化学计量学特征的关系更为密切（聂兰琴等，2016）。姜沛沛等（2017）发现陕西省三种主要树种叶片组分 N、P 含量表现为植物叶片>凋落物>土壤，且凋落物与土壤的 N、P 含量具有很好的相关性。赵维俊等（2016）研究了祁连山青海云杉（*Picea crassifolia*）林叶片、枯落物和土壤 C：N：P 生态化学计量学特征，结果显示 C、N、P 含量均为枯落物和叶片高于土壤；各组分之间 C：N 均存在显著相关关系，而 N：P 之间无显著相关性。王宁等（2015）研究了山西油松（*Pinus tabuliformis*）林C：N：P 生态化学计量学特征，结果显示各组分 N：P 表现为叶片>凋落物>土壤，而C：N和 C：P 表现为凋落物>叶片>土壤；不同类型油松林叶片、凋落物和土壤生态化学计量比具有一致性。

1.2.4 环境变化下植被–土壤系统 C：N：P 生态化学计量学特征

通常认为有机体 C、N、P 之间的比值相对稳定，在维持生态系统功能方面发挥着重要作用。例如，在一定的外界条件下，植物 C、N、P 浓度取决于养分供应和需求间的动态平衡。当这一平衡被打破时，植物可通过细胞成分或体内环境的自主调控以保持元素组成相对稳定（Elser et al.，2010）；土壤中 C 和 N 的积累与消耗过程是相互耦合的，二者比值的时空变异性较小（Yang et al.，2014）；微生物则通过分泌胞外酶或调整生存策略等途径来适应底物养分条件的变化，从而维持自身恒定的元素比（Cleveland & Liptzin，2007）。然而，近年来随着全球变化的加剧，植物和土壤 C：N：P 平衡关系趋于解耦（Yang et al.，2014；Yuan & Chen，2015），并通过对植被群落组成的影响改变微生物元素平衡关系（Mayor et al.，2015；Zhou et al.，2017），进而对关键生态系统过程产生负影响（Delgado-Baquerizo et al.，2013）。

1.2.4.1 降水量变化下植被–土壤系统 C：N：P 生态化学计量学特征

降水通过影响土壤含水量，改变了土壤水分有效性，对植被–土壤系统各个组成部分的 C、N、P 及其生态化学计量比都产生了重要影响，从而可能改变三种元素生物地球化学循环过程，其影响程度不仅与降水量多少和土壤水分饱和程度有关，而且与研究区域的气候条件、植被类型、生态系统健康状况及其他土壤理化性质等有关。

（1）植物 C：N：P 生态化学计量学特征

C、N、P 是构成植物体干物质、生物体蛋白质和遗传物质的重要元素。其中，叶片 N 和 P 是影响植物光合作用的重要元素，同时可以反映土壤养分的可利用性与有效性。从地理分布来看，随降水量减少叶片养分浓度呈增加趋势（Wright et al.，2004；Han et al.，

2005；乔雨宁等，2020）。在干旱生态系统，随降水量减少，植物将增加叶片养分含量以增加单位面积叶片的潜在光合能力，最终实现提高水分利用效率的目的。因此，Wright 等（2004）认为较高的叶片养分浓度反映了干旱区植物对水分胁迫的适应策略。然而，随后的研究报道结果不一。李家湘等（2017）观察到随降水量增加中国南方灌丛优势木本植物叶片全 N 浓度随之增加。赵珊宇等（2018）发现随着降水量增加，樟子松（*Pinus sylvestris*）叶片全 C 浓度呈下降趋势，全 N 浓度和 N：P 呈增加趋势，全 P 浓度无一致规律。丁小慧等（2012）发现随降水量增加典型草原植物群落叶片全 C 浓度显著升高，而全 N 和全 P 浓度呈下降趋势。此外，苏卓侠等（2020）发现随着降水量增加，黄土高原刺槐（*Robinia pseudoacacia*）叶片全 C 和全 N 浓度呈增加趋势，全 P 浓度和 C：N：P 生态化学计量比无显著的变化规律。综合而言，叶片全 N 浓度较全 C 和全 P 浓度对降水量反应敏感（刘海威，2019），且在小尺度上叶片 C：N：P 生态化学计量学特征存在着较大的变异性，体现了植物对当地气候环境和土壤状况的适应（洪江涛等，2013）。

（2）凋落物 C：N：P 生态化学计量学特征

凋落物分解作为全球 C、N、P 循环的重要组成部分，是联系地上和地下养分迁移转化的重要纽带（Handa et al.，2014；张萍等，2018），可通过元素归还调节生态系统的生产力（Du et al.，2020）。凋落物分解过程中 C、N、P 释放及其生态化学计量学特征决定着微生物固持或释放元素的相对大小，直接影响着土壤元素归还量、植物养分利用策略乃至植被-土壤系统元素循环（刘娜等，2020）。相关研究表明，由凋落物分解产生的 CO_2 释放量超过全球年 C 通量的三分之一（李宜浓等，2016）；植物摄取的 90% 以上的 N 和 P 来源于凋落物分解释放（Chapin et al.，2002）。在大多数陆地生态系统中，凋落物分解在很大程度上受到降水的影响（Bradford et al.，2016；Taylor et al.，2017；谭向平和申卫军，2021），特别是水分严重受限的干旱半干旱区。降水主要通过三种途径影响凋落物分解：一是降水导致物理破碎与淋溶侵蚀，加快凋落物质量损失（王新源等，2013；王云霞等，2020）；二是降水使土壤水分出现干湿交替变化，提高土壤生物的数量和活性（Beier et al.，2012；Yu S Q et al.，2019），从而加快凋落物元素释放；三是降水提高了植被地上生物量，为凋落物的形成提供充足的物质来源，进而提高了凋落物的周转速率（孙百生等，2018）。

一般来说，降水量增加提高了土壤水分有效性和凋落物含水率，与凋落物分解速率正相关（François et al.，2017）。因此，降水量变化对凋落物分解及其 C：N：P 生态化学计量学特征具有重要影响（康扬眉，2019）。雨水形式的水分供给影响了凋落物动态，刺激了凋落物质量损失和 N、P 等元素的释放，因此水分供应多的生态系统将归还较多的 N 和 P 给土壤库。但水分过多限制了气体交换，进而又会抑制生物的新陈代谢。如黄锦学等（2010）发现，随水分的增加森林凋落物的分解速率呈指数增加。但也有研究认为，降水并非凋落物分解的主导影响因素。例如，晔薷罕等（2020）发现生长季增加降水对荒漠草原凋落物质量和分解速率没有显著影响；赵红梅（2014）研究结果亦显示降水未显著影响荒漠草原凋落物分解速率和养分释放，凋落物初始化学性质是影响其分解速率的主要因素；唐仕姗等（2015）研究发现森林凋落叶全 N 浓度、全 P 浓度以及 N：P 受到叶特性和环境因子的综合影响，其全 N 浓度及 N：P 均随降水量的增加而升高，而全 P 浓度则呈现相反规律。这可能是因为土壤含水量较低，但可维持土壤生物活性，导致降水对凋落物分解速率的影响力下降，凋落物分解主要受到其他因素的控制（王新源等，2013）。

（3）微生物生物量 C∶N∶P 生态化学计量学特征

降水是影响微生物生存和活性的重要因素（杨思航，2019；谭向平和申卫军，2021）。降水量影响土壤水分有效性，能够直接刺激微生物活性和呼吸（李新鸽等，2019），从而促进微生物生物量积累。研究发现，降水后微生物生物量 C 和 N 含量激增（吴旭东等，2020；张玉革等，2021）。然而，持续淹水会导致土壤养分损失、微生物呼吸受阻，微生物生长受到限制，不利于微生物生物量 C 和 N 的积累（吴文超等，2018；吴旭东等，2020，2021）。前已述及，微生物生物量 C、N、P 亦具有内稳性（Cleveland & Liptzin，2007）。但在陆地生态系统中，由于植物类型和土壤有机物含量的差异，土壤 C∶N∶P 生态化学计量学特征变异大，微生物会随着环境 C∶N∶P 生态化学计量学特征的变异进行自我调节，表现出非内稳性（Mooshammer et al.，2014）。鉴于微生物营养吸收、代谢以及内部种群竞争机制的复杂性，即同时表现出一定程度的内稳性和非内稳性，研究认为微生物生物量 C∶N∶P 生态化学计量学特征对降水变化并没有植物和土壤那么敏感。宋一凡等（2020）发现，随着降水量增加，除植物全 N 和全 P 浓度外，荒漠草原植物和土壤 C∶N∶P 生态化学计量学特征各指标呈不同程度的增加趋势，而微生物仅其生物量 C 含量和 N∶P 呈明显的增加趋势。

（4）土壤 C∶N∶P 生态化学计量学特征

与有机 C 含量相比，土壤全 N 和全 P 含量与降水量较为相关，同时是研究区域气候、植被、土壤物理化学生物学性质综合作用的结果。一般而言，土壤全 N 含量与降水量正相关（赵姗宇等，2018），但水分过多易引起土壤 N 损失（淋溶等过程），导致土壤全 N 含量降低（杜满义等，2016）。赵珊宇等（2018）发现随着降水量增加，科尔沁沙地樟子松（*Pinus sylvestris*）人工林土壤有机 C 含量、全 N 含量、全 P 含量、C∶P 和 N∶P 逐渐增加，而土壤 C∶N 逐渐降低，表明降水量的增加能够提高胞外酶活性，促进呼吸作用以及增加底物的利用（Liu et al.，2018），进而增加土壤有机 C 水平和 N、P 有效性（郭焱培等，2017）。苏卓侠等（2020）发现黄土高原刺槐人工林 0～20 cm 土壤有机 C 含量、全 N 含量、全 P 含量、C∶P 和 N∶P 均随降水量增加而增加，而 C∶N 变化不明显。陶冶等（2016）认为过高降水量引起伊犁野果林 0～10 cm 土壤淋溶，从而导致有机 C 含量、全 N 含量、全 P 含量和 C∶N 均与降水量显著负相关。总体而言，降水量增加会提高土壤 N、P 供给水平和有效性，但过高降水量会导致土壤养分淋溶损失，尤其是 N 的淋溶损失；相比之下，土壤有机 C 含量对降水量变化反应较不敏感，短期水分改变对土壤有机 C 含量的影响难以显现。

1.2.4.2 大气氮沉降增加下植被-土壤系统 C∶N∶P 生态化学计量学特征

鉴于当前 N 沉降量上升的趋势，而 N 又是大多数陆地生态系统的限制因子，因此在中国有关酸沉降对系统各组分元素平衡影响机制的研究，多集中于模拟 N 沉降增加的野外试验或沿自然 N 沉降梯度的样带调查。一般而言，少量 N 输入对植物和土壤 C 的影响无一致的规律性，但可以提高土壤N和P有效性，从而促进叶片N和P的协同吸收；随着N的逐渐输入，N和P的平衡关系受到影响，植物P需求增强、微生物C和P限制增加。N沉降增加下C、N、P的非同步变化，会导致植物和土壤N∶P升高、C∶N降低，并通过对植被群落组成的影响，改变微生物生物量C∶N∶P生态化学计量学特征。

（1）植物C∶N∶P生态化学计量学特征

Meta分析结果表明，N沉降导致陆地植物C、N、P生态化学计量关系解耦（Yuan & Chen，2015；Yue et al.，2017），但其影响程度与N沉降水平、N沉降持续时间、生态系统类型和N饱和状态等有关。通常来讲，N添加有助于提高植物全N浓度和N∶P，但对全C和全P浓度的影响较小，且由于N和C、P的异速增长导致植物P受限性增加（Peng et al，2019）。例如，长期N沉降提高了森林植物叶片全N浓度和P回收效率，但对全C和全P浓度影响较小，导致元素比例失衡（Tian et al.，2018）；7年N添加提高了草地植物群落全N浓度、全P浓度和N∶P（Hou et al.，2019）；N添加提高了森林和草地植物叶片全N浓度、显著降低了全P浓度（Mao et al.，2020）；4年N添加提高了草甸草地植物群落全N浓度和N∶P，降低了全P浓度，导致N和P的平衡关系发生改变（Wang H Y et al.，2018a）。此外，N添加的影响在不同植物器官和不同生活型间存在差异，但植物地上、地下器官对N添加的响应具有协同性。N添加提高了叶片和根系全N浓度，降低了根系全P浓度，对叶片全P浓度无显著影响（Sardans et al.，2017）；N添加显著提高了3种非豆科植物叶片和根系全N浓度、降低了其C∶N，但对披针叶黄华（*Thermopsis lanceolata*）影响不显著，意味着非豆科植物对N添加较为敏感（王洪义等，2020）。

（2）凋落物C∶N∶P生态化学计量学特征

国内学者针对凋落物C∶N∶P生态化学计量学特征的研究多集中于森林生态系统。研究表明，N沉降会改变凋落物C∶N∶P生态化学计量学特征，且其影响程度在凋落物来源、组分和年龄间存在差异。廖珂等（2020）发现12年N沉降增加了杉木林凋落物叶、枝和果全N浓度，同时增加了凋落物枝N∶P，降低了凋落物枝全C浓度、C∶N和C∶P，因此认为N添加提高了凋落物分解质量，有助于有机N矿化和释放。李素新等（2021）研究了N添加对华北落叶松（*Larix principis- rupprechtii*）天然林和人工林凋落叶C∶N∶P生态化学计量学特征的影响，发现华北落叶松天然林凋落叶在轻度N处理下C、N质量分数增加，而在重度N处理下P质量分数降低；人工林轻度N处理下C、N、P质量分数分别显著增加了4.3%、16.3%和4.9%，重度N处理下N质量分数显著增加了14.8%、P质量分数显著降低了13.4%；轻度N处理显著降低天然林和人工林C∶N，重度N处理显著增加C∶P和N∶P，因此相较天然林，人工林凋落叶对N沉降的响应更显著。王书丽等（2021）研究了N添加对江西千烟洲亚热带杉木人工林凋落物分解过程中C∶N∶P生态化学计量学特征的影响，发现N添加对杉木凋落物全C浓度没有影响，显著提高了全N浓度、C∶P和N∶P，降低了全P浓度和C∶N。

（3）微生物生物量C∶N∶P生态化学计量学特征

N是影响微生物活性的重要因素，同时又是大多数陆地生态系统微生物生长发育的主要限制因子（Ferlian et al.，2017）。因此，N沉降增加会影响微生物生物量积累，但其影响较为复杂，有关研究结论具有很大的不确定性。基于全球尺度的数据整合分析结果表明，N 添加提高了微生物生物量 C∶P 和 N∶P，对生物量 C∶N 的影响受到生态系统类型的综合影响（Yue et al.，2017）。针对热带森林的研究发现，13 年 N 添加降低了微生物生物量 C 和 N 含量，降低了细菌 PLFA（磷脂脂肪酸）的丰度，提高了丛枝菌根真菌百分比，从而改变了微生物群落组成（Wang C et al.，2018）。针对荒漠草原的研究发现，少量 N 添加对微生物生物量 C∶N∶P 生态化学计量学特征影响较小，中高量 N 添加提高了生物量 N 含量和N∶P、降低了生物量 C∶N，意味着中高量 N 添加缓解了土壤 N 受限性，但同时可能导致 P 限制风险增加（王攀等，2019），与全球尺度以及小尺度 N 添加试验结果相似（Zhou et al.，2017；Soong et al.，2018；Forstner et al.，2019）。Fan 等（2018）发现 3 年 N 添加对亚热带森林土壤微生物生物量 C 和 N 含量无明显影响，降低了生物量 P 含量、提高了生物量 C∶P 和 N∶P，因此增强了微生物 P 需求。也有研究发现，N 沉降不仅加剧了 P 限制，而且导致 C 受限性增强（Tatariw et al.，2018）。

（4）土壤 C∶N∶P 生态化学计量学特征

Meta 分析表明，随着 N 沉降增加，土壤全 N 含量提高、全 C 和全 P 含量变化较小（Yang et al.，2014；Chen et al.，2016a；Yue et al.，2017）。然而，过量或持续 N 沉降加速了土壤 N 淋溶损失，导致全 N 含量降低（Huang et al.，2015；Han et al.，2019）。就 C 和 P 受限性方面，Forstner 等（2019）观察到 N 添加降低了细菌磷脂脂肪酸含量、缩小了真菌、细菌，证实 N 添加导致微生物 C 和 P 限制增加；Kou 等（2018）发现 4 年 N 添加降低了湿地松（*Pinus elliottii*）土壤全 P 含量，导致 P 供给能力降低；Deng 等（2017）发现 N 添加降低了亚热带森林土壤不稳定 P 含量，加速了土壤 P 循环。但也有一些研究报道了不一致的结果。Wang H 等（2018c）研究了 6 年 N 添加对热带森林土壤的影响，发现土壤 NO_3^--N 浓度显著增加，速效 P 浓度和全 P 含量变化不明显。Han 等（2019）发现两年 N 添加提高了青藏高原草原土壤全 N 含量，而对有机 C 含量、全 P 含量、C∶N、C∶P 和 N∶P 无显著影响。此外，Guan 等（2019）发现尽管土壤无机 N 含量显著增加，但有机 C 含量、全 N 含量和速效 P 浓度均未发生明显改变，意味着 N 添加可能并未加剧土壤 C 和 P 限制。廖珂等（2020）针对亚热带杉木人工林的研究发现，低 N 添加增加了土壤 C∶P 和 N∶P，中、高 N 添加增加了土壤全 N 含量，证实 N 沉降对土壤 C∶N∶P 生态化学计量学特征的影响程度与其水平密切相关。

1.3 创 新 性

1.3.1 降水量和大气氮沉降的交互作用方面

降水和 N 是荒漠草原植物生长和微生物活动的主要限制因子。因此，全球变化背景下，降水量格局改变和 N 沉降增加会对荒漠草原植被-土壤系统结构和功能产生重要影响。目前，国内在降水量变化和 N 添加下草原生态系统的反应与适应性方面已积累了丰富的研究成果，但相关研究多为降水量变化和 N 添加的独立试验，尚缺乏二者交互作用下的研究报道，尤其是极端降水量条件下。鉴于降水在介导 N 沉降效应中发挥的重要作用，因此，有必要在典型区域针对敏感生态系统开展二者交互效应的研究。

1.3.2　植被-土壤系统 C∶N∶P 生态化学计量学特征的协变方面

植被-土壤系统 C、N、P 循环是在植物、凋落物和土壤之间转换的，微生物作为中间的介导者将三者联系起来。因此，深入理解环境变化对生态系统 C、N、P 平衡关系的影响，需要加强凋落物分解和微生物活动的研究。近年来，虽然已有较多研究将凋落物和微生物考虑到植物-土壤 C∶N∶P 生态化学计量学特征的研究中，但是相关研究主要集中在湿润和半湿润地区，尚缺乏针对干旱半干旱区的研究。将植物、凋落物、微生物和土壤作为一个完整的系统，探讨 C∶N∶P 生态化学计量学特征在整个系统中的变化格局和相互作用，可为深入探讨干旱半干旱区地上、地下间元素的传递规律和调节机制提供新思路。

1.3.3　C∶N∶P 生态化学计量学特征的指示作用方面

生态化学计量学作为研究 C、N、P 循环的新思路和新手段已引起国内外研究者的广泛关注。国内外研究人员将各组分 C∶N∶P 生态化学计量比应用于养分限制、森林演替与退化、生物地球化学循环和生态系统稳定性等领域，已经积累了丰富的研究成果。然而，环境变化下植被-土壤系统 C∶N∶P 生态化学计量学特征与植物生物量、生物多样性、土壤呼吸和生态系统 C 交换等关键生态过程存在怎样的联系尚不清楚。深入分析系统各组分 C∶N∶P 生态化学计量学特征与以上指标的关系，可为科学评估全球变化下生态系统 C 汇潜力提供新视角。

1.3.4　环境变化控制试验长期监测的必要性方面

在全国大部分区域降水量增加、N 沉降速率下降的背景下，煤炭等行业的快速发展使得宁夏 CO_2、NO_x、SO_2 等温室气体和酸前体物排放量增加，从而导致宁夏降水格局改变和 N 沉降增加等环境问题。受地理位置、气象条件和人为活动的影响，该区域生态系统脆弱且不稳定，对降水格局改变和 N 沉降增加反应敏感。近年来，虽然该区域环境变化问题已逐渐得到了国内学者的关注，但相关研究多为短期试验研究，而短期试验结果易受到气象因子年际变率的影响。因此，开展长期的野外定位观测研究，将有助于从较长时间尺度上深入揭示环境变化对植被-土壤系统 C∶N∶P 平衡特征的影响机制。

第 2 章　环境变化的试验研究方法

2.1　研究区概况

2.1.1　地理条件

长期野外试验样地位于宁夏回族自治区盐池县柳杨堡乡杨寨子村围栏草地内，地理位置为北纬 37.80°N、东经 107.45°E（图 2-1），海拔为 1367～1390 m。该围栏草地自 1998 年开始围封，较少受到牛、羊等大型动物踩踏的影响，土壤及植被逐步得到了恢复。该区域北与毛乌素沙地相连，南与黄土高原接壤，属于典型的过渡带，即气候上属于半干旱区向干旱区的过渡带；资源利用上属于农区向牧区的过渡带；植被类型上属于草原向荒漠的过渡带。这种特殊的过渡带性质决定了该地自然资源和环境的脆弱性和不稳定性，极易受到全球变化和人类活动的影响。

图 2-1　试验地自然景观

2.1.2　气候特点

按照中国气候分区，盐池县属于东部季风区，但是由于距离海洋遥远，而且受到秦岭的阻隔，暖湿气流难以到达，故气候类型为温带大陆性气候。由于全年大部分时间受北方大陆性气团的控制，因此形成了夏热冬冷、干旱少雨、蒸发强的特点。该地年平均气温为 7.7 ℃，1 月和 7 月的平均气温分别为 -8.9 ℃和 22.5 ℃。降水量稀少，年均降水量为

289.7 mm，且季节分配不均，多集中于生长季的 5～10 月。蒸发强，年均蒸发量为 2131.8 mm。年均无霜期为 162 d。全年的主风向为西风和西北风，风速为 2.8 $m \cdot s^{-1}$，沙尘天气多且主要集中在春季。

2.1.3 土壤性质

试验地土壤类型以灰钙土、黑垆土、盐土和白浆土为主。土壤有机质层薄且含量低，表层之下有石灰淀积。土壤肥力低、结构松散、保水保肥能力弱，且 pH 偏高，呈弱碱性。土壤基本化学性质见表 2-1。

表 2-1 研究区 0～20 cm 土壤化学性质

pH	有机 C ($g \cdot kg^{-1}$)	全 N ($g \cdot kg^{-1}$)	全 P ($g \cdot kg^{-1}$)	NO_3^--N ($mg \cdot kg^{-1}$)	NH_4^+-N ($mg \cdot kg^{-1}$)	速效 P ($mg \cdot kg^{-1}$)
8.65 ± 0.06	3.80 ± 0.12	0.45 ± 0.04	0.37 ± 0.11	8.86 ± 0.49	2.83 ± 0.17	3.21 ± 0.39

2.1.4 植被组成

自退耕还林还草政策实施以来，围栏内草地恢复良好，但仍表现出植物群落结构简单、物种组成单一、生物量年际变化大等特点，优势及常见物种包括猪毛蒿（*Artemisia scoparia*）、牛枝子（*Lespedeza potaninii*）、草木樨状黄芪（*Astragalus melilotoides*）、针茅（*Stipa capillata*）、糙隐子草（*Cleistogenes squarrosa*）、冰草（*Agropyron cristatum*）、苦豆子（*Sophora alopecuroides*）、地梢瓜（*Cynanchum thesiodes*）、乳浆大戟（*Euphorbia esula*）、阿尔泰狗娃花（*Heteropappus altaicus*）、刺叶柄棘豆（*Oxytropis aciphylla*）、甘草（*Glycyrrhiza uralensis*）和老瓜头（*Cynanchum komarovii*）等一年生或多年生草本和半灌木。

2.2 试验处理方法

本书共涉及 5 个野外原位试验和 5 个盆栽试验，通过改变降水量、供水量、N 添加量、P 添加量，形成 4 类试验处理，即降水量变化、N 添加、降水量及 N 添加、N 和 P 添加。

2.2.1 降水量变化的试验研究方法

2.2.1.1 野外原位试验

2014 年，研究团队在杨寨子村围栏草地内选择地势平坦、植被均匀、有代表性的区域作为长期试验样地，采用自制遮雨棚和喷灌装置相结合的方法，模拟降水量变化。试验处理前进行了土壤化学性质调查（表 2-2）。降水量处理以近 50 年来中国西北地区西部生态区降水量增加而东部生态区减少的趋势为主要依据。降水处理时间以研究区降水的季节分布特征（75% 以上的降水集中在 5 ~ 9 月）和植物的生长规律（7 月下旬进入旺盛期）为主要依据。降水频度参考国内同类研究，同时兼顾了野外试验的可操作性。降水量处理包括：减少 50% （W1）、减少 30% （W2）、自然降水（W3）、增加 30% （W4）和增加 50% （W5）。每个处理 3 次重复。每个小区设定为 8 m×8 m，小区间留有 1.5 m 宽的缓冲带，以减少地表径流和地下渗漏干扰（图 2-2）。

表 2-2　降水量变化处理前试验样地 0 ~ 20 cm 土壤化学性质

pH	有机 C ($g \cdot kg^{-1}$)	全 N ($g \cdot kg^{-1}$)	全 P ($g \cdot kg^{-1}$)	NO_3^--N ($mg \cdot kg^{-1}$)	NH_4^+-N ($mg \cdot kg^{-1}$)	速效 P ($mg \cdot kg^{-1}$)
8.48 ± 0.02	3.63 ± 0.11	0.46 ± 0.02	0.34 ± 0.03	3.19 ± 0.04	3.03 ± 0.02	3.06 ± 0.10

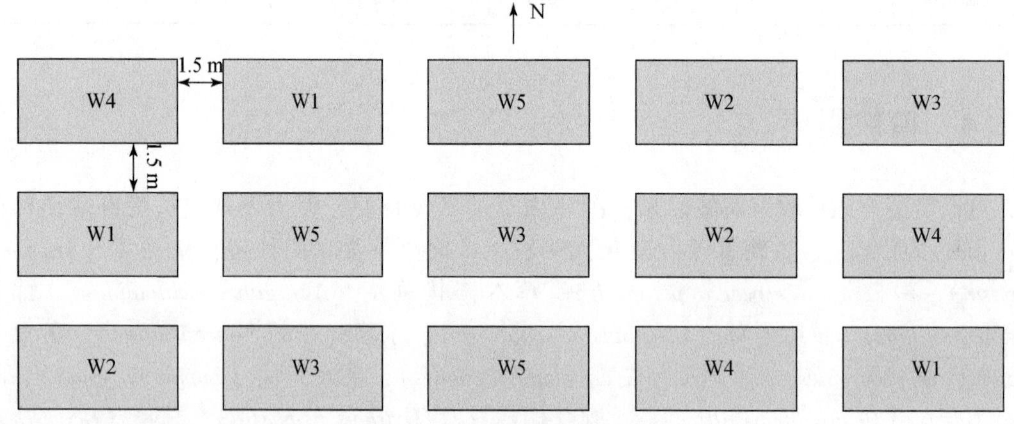

图 2-2　降水量变化试验设计

2014 ~ 2017 年，降水量减少处理使用自制的遮雨棚在每年的 5 ~ 8 月进行遮雨。试验期间采用降水降尘收集器（型号为 ISC-8）收集降水量，记录每日降水量并统计 5 ~ 8 月的总降水量。根据所记录的降水情况，确定具体的遮雨频率。其中，W1 处理平均每三次降水中遮雨两次，W2 处理平均每五次降水中遮雨两次。实际遮雨量见表 2-3。2018 年对降水量减少处理装置进行了改进，采用自制的减雨架（全年遮雨）实现。减雨架上端离地约为 1.8 m，用 5 cm 宽的瓦面状高透光性聚氯乙烯板搭建分别相当于 50% 和 30% 小区面积的遮雨面，并均匀放置于减雨架上方。降水量增加处理采用自制的喷灌装置实现（图 2-3）。以试验区多年平均降水量 289.7 mm 计算，将需要补给的降水量换算成浇水量，于 5 ~ 8 月每两周喷水一次。试验记录的实际降水变化量和理论降水变化量如表 2-3 所示。

图 2-3　降水量变化试验处理方法

表 2-3　降水量变化试验理论和实际降水变化量　　（单位：mm）

项目	降水量减少 50%	降水量减少 30%	自然降水量	降水量增加 30%	降水量增加 50%
理论降水变化量	-144.9	-86.9	0	+86.9	+144.9
2014 年实际降水变化量	-149.4	-90.4	0	+86.9	+144.9
2015 年实际降水变化量	-153.6	-92.6	0	+86.9	+144.9
2016 年实际降水变化量	-147.3	-89.4	0	+86.9	+144.9

2.2.1.2　盆栽试验

植物地上部分和地下部分是相互联系的。植物地下部分和微生物之间对养分的相互依存和相互竞争关系，会影响到植物群落稳定性的维持。因此，深入了解环境变化对植被-土壤系统 C、N、P 平衡关系的影响，不仅需要考虑植物地上部分生理生态状况，还需要加强地下部分养分吸收的研究。鉴于此，以研究区特色豆科植物甘草为研究材料，于 2011 ~ 2013 年设立了供水量变化的盆栽试验，试验设计依据同野外原位试验。2011 年 4 月中旬，研究人员将规格为 16 cm×50 cm（直径×高）的 PVC 管垂直埋入土中（其顶端露出地面 3 cm）。在甘草自然分布区用铁锹垂直挖取 0 ~ 50 cm 土壤，混匀过 2 mm 筛后，填入 PVC 管中，每根 PVC 管装土约为 11 kg。0 ~ 10 cm 土壤初始有机 C、全 N 和全 P 含量分别为 11.64 $g \cdot kg^{-1}$、0.63 $g \cdot kg^{-1}$ 和 0.65 $g \cdot kg^{-1}$。所有 PVC 管置于防雨棚中。防雨棚离地约为 1.2 m，上方覆蓝色聚乙烯薄膜（透光率>95%），晴天时敞开以保持通风。甘草幼苗也选自其自然分布区，挖取时尽可能保证每株幼苗长势相同（株高为 10 ~ 12 cm、基径为 0.4 ~ 0.5 cm、叶片为 5 ~ 6 片）。每根 PVC 管中移栽两株幼苗。两周后，每根 PVC 管留苗 1 株，开始进行控水处理。按照每 1 d、2 d、3 d、4 d、5 d、6 d、7 d 和 8 d 的浇水间隔，设置了 8 个供水量处理。各供水量相当的降水量见表 2-4。

表 2-4　盆栽试验供水量及相当的降水量

项目	W1	W2	W3	W4	W5	W6	W7	W8
供水量（$mL \cdot pot^{-1} \cdot a^{-1}$）	13 000	6 500	4 400	3 400	2 700	2 300	1 900	1 700
相当的降水量（mm）	1 368. 6	684. 3	463. 2	356. 0	284. 3	242. 1	200. 0	179. 0

2.2.2　氮添加的试验研究方法

2.2.2.1　野外原位试验

（1）2011 年设立

该试验样地为短期观测样地，设立于盐池县城郊乡四佟子村围栏草地内，距离杨寨子村围栏草地约 30 km。N 处理强度以宁夏 N 沉降临界负荷和可接受的 N 沉降总量为依据，N 处理频度参考国内同类研究的处理方法而定。2011 年 1 月初，按照随机区组试验设计，设置 7 个水平的 N 处理，0 $g \cdot m^{-2} \cdot a^{-1}$、2. 5 $g \cdot m^{-2} \cdot a^{-1}$、5 $g \cdot m^{-2} \cdot a^{-1}$、10 $g \cdot m^{-2} \cdot a^{-1}$、20 $g \cdot m^{-2} \cdot a^{-1}$、40 $g \cdot m^{-2} \cdot a^{-1}$和 80 $g \cdot m^{-2} \cdot a^{-1}$，每个水平 5 次重复。各处理的简写分别为 N0、N2. 5、N5、N10、N20、N40 和 N80。每个小区面积为 6 m × 10 m，小区之间设置 2 m 宽的缓冲带。所施 N 肥为 NH_4NO_3（分析纯，含 34% 的纯 N），施用频度为每月月初和月中旬进行喷施（全年 24 次，每次剂量相同）。一年的试验处理表明，80 $g \cdot m^{-2} \cdot a^{-1}$ 的 N 施用后烧苗现象严重，因此，2012 年剔除了该 N 水平，并将每个样方年施用量平分成 4 份，于 5 ~ 8 月每月月初喷施。施用时，将各水平所需 NH_4NO_3溶解至水中，用喷雾器在该水平样方中来回均匀喷洒，对照只喷洒清水，以避免因水分施用量不同而导致的试验差异。施 N 肥前，进行了土壤化学性质调查，0 ~ 20 cm 土壤有机 C、全 N 和全 P 含量分别为 2. 64 $g \cdot kg^{-1}$、0. 40 $g \cdot kg^{-1}$和 0. 35 $g \cdot kg^{-1}$。

（2）2015 年设立

该试验样地为长期观测样地，设立于杨寨子村围栏草地内。2015 年 1 月，在围栏草地内选择地势平坦、植被均匀有代表性的地段作为 N 添加处理的试验样地。试验处理前进行了土壤化学性质调查（表 2-5）。N 肥施用量以 2011 年设立的野外原位试验的观察结果为主要依据，同时参考了区域 N 沉降水平。N 肥选择分析纯 NH_4NO_3，通过添加不同量的 N 肥（0 g N · $m^{-2} \cdot a^{-1}$、1. 25 g N · $m^{-2} \cdot a^{-1}$、2. 5 g N · $m^{-2} \cdot a^{-1}$、5 g N · $m^{-2} \cdot a^{-1}$、10 g N · $m^{-2} \cdot a^{-1}$和 20 g N · $m^{-2} \cdot a^{-1}$），形成 N0、N1. 25、N2. 5、N5、N10 和 N20 等 6 个 N 处理，每个处理 3 次重复。每个试验小区设定为 8 m × 8 m，小区之间设置 2 m 的缓冲带。N 肥施用时间为每年 5 ~ 8 月的月初。施用时，将各水平所需氮肥溶解至少量水中，用喷壶均匀喷洒在相应样方中，对照只做喷水处理（图 2-4 和图 2-5）。

表 2-5　氮添加处理前试验样地 0 ~ 20 cm 土壤化学性质

pH	有机 C ($g \cdot kg^{-1}$)	全 N ($g \cdot kg^{-1}$)	全 P ($g \cdot kg^{-1}$)	NO_3^--N ($mg \cdot kg^{-1}$)	NH_4^+-N ($mg \cdot kg^{-1}$)	速效 P ($mg \cdot kg^{-1}$)
8.50 ± 0.03	3.22 ± 0.13	0.39 ± 0.01	0.32 ± 0.02	0.60 ± 0.03	1.48 ± 0.03	1.17 ± 0.15

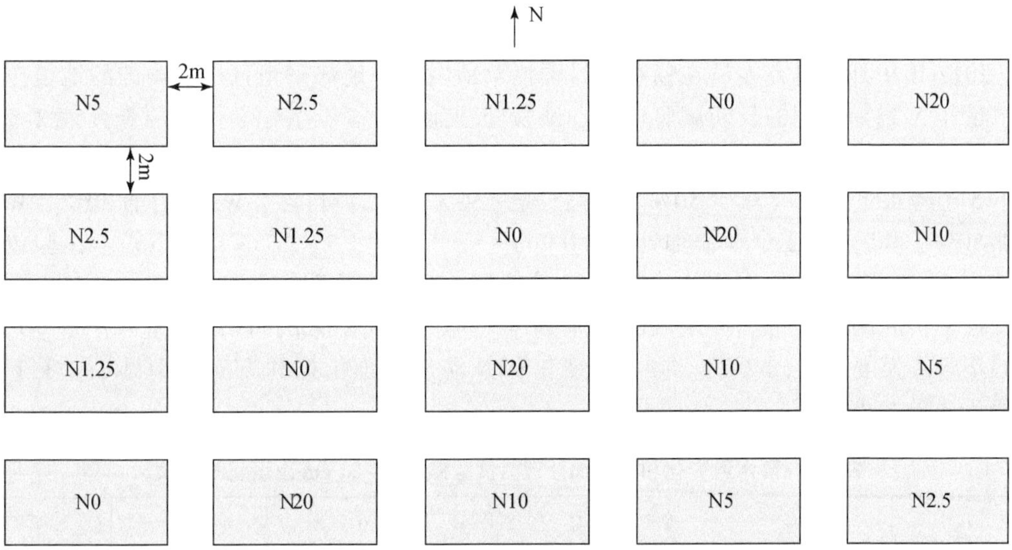

N

2m

N5　N2.5　N1.25　N0　N20

2m

N2.5　N1.25　N0　N20　N10

N1.25　N0　N20　N10　N5

N0　N20　N10　N5　N2.5

图 2-4　氮添加试验设计

图 2-5　氮添加试验处理方法

2.2.2.2　盆栽试验

针对甘草，2011 ~2013 年，研究人员对设置了 N 添加的盆栽进行试验。试验设计依据同野外原位试验。N 添加前，处理方法同盆栽控水试验（见 2.2.1.2 小节）。按 0 $g \cdot m^{-2} \cdot a^{-1}$、2.5 $g \cdot m^{-2} \cdot a^{-1}$、5 $g \cdot m^{-2} \cdot a^{-1}$、10 $g \cdot m^{-2} \cdot a^{-1}$、20 $g \cdot m^{-2} \cdot a^{-1}$、40 $g \cdot m^{-2} \cdot a^{-1}$ 和 80 $g \cdot m^{-2} \cdot a^{-1}$，形成 N0、N2.5、N5、N10、N20、N40 和 N80 等 7 个 N 添加处理。N 添加时

间为每年5~8月，N添加频率为每两周1次。每次处理时，将全年需要添加的N肥量平分为8份，每两周添加一次。每次添加时，将NH_4NO_3溶解于相同体积的水中，用量杯浇于对应处理的PVC管中。

2.2.3 降水量及氮添加交互的试验研究方法

2017年9月，研究人员在杨寨子村围栏草地内选择地势平坦且植被均匀的地段作为降水量和N添加处理的长期试验样地。试验处理前进行了土壤化学性质调查（表2-6）。采用随机区组的裂区试验设计：主区为降水量处理，副区为N添加处理（图2-6），设置了5个降水量处理（减少50%，W1；减少30%，W2；自然，W3；增加30%，W4；增加50%，W5）和2个N添加处理（0 g m^{-2} · a^{-1}，N0；5 g m^{-2} · a^{-1}，N5）。试验包含10个处理，每个处理3次重复，共计30个小区。每个主区设定为8 m × 8 m，各主区之间设置1.5 m的缓冲带。各主区的两个副区（均为8 m × 4 m）以四周垂直下埋70 cm深的塑料薄膜隔开（图2-7）。降水量变化和N添加处理依据和方法分别见2.2.1.1小节和2.2.2.1小节。

表2-6 降水量变化和氮添加处理前试验样地0~20 cm土壤化学性质

pH	有机C (g · kg^{-1})	全N (g · kg^{-1})	全P (g · kg^{-1})	NO_3^--N (mg · kg^{-1})	NH_4^+-N (mg · kg^{-1})	速效P (mg · kg^{-1})
8.85 ± 0.01	3.70 ± 0.11	0.48 ± 0.00	0.34 ± 0.01	9.96 ± 0.59	1.83 ± 0.07	2.55 ± 0.29

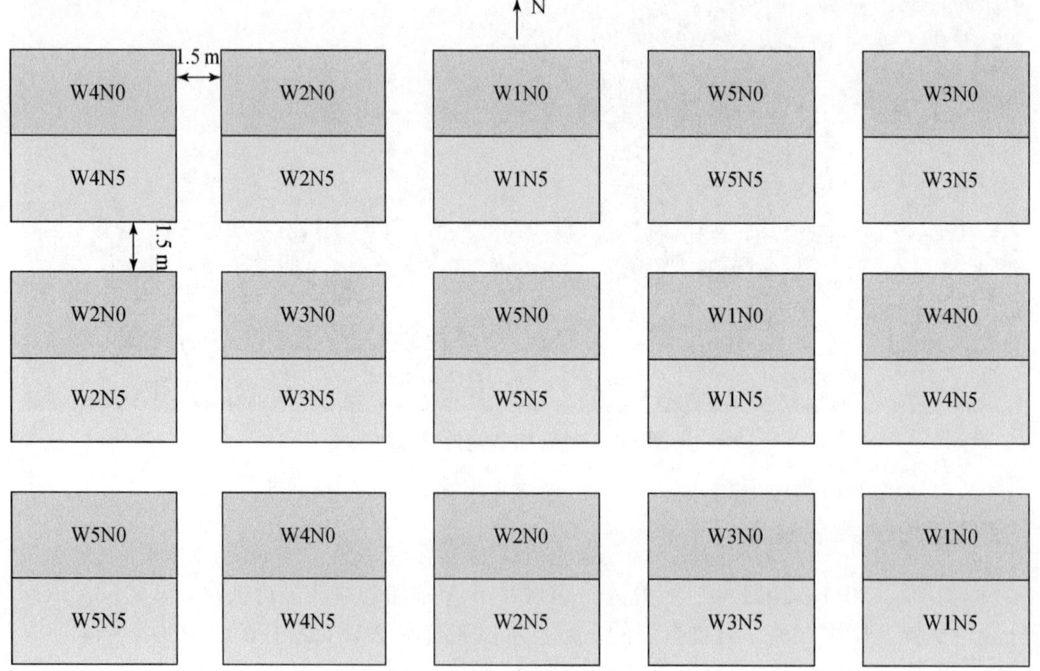

图2-6 降水量变化和氮添加试验设计

图 2-7　降水量变化和氮添加处理方法

2.2.4　氮磷添加的试验研究方法

2.2.4.1　野外原位试验

2015 年 1 月，在杨寨子村围栏草地内选择地势平坦、植被均匀、有代表性的地段作为 N 和 P 添加处理的长期试验样地。试验处理前进行了土壤化学性质调查（表 2-7）。N 添加依据见 2.2.2.1 小节。P 肥施用量以 2011 年设立的 N、P 供给盆栽试验的观察结果为主要依据（见 2.2.4.2 小节），同时参考了研究区土壤 P 供给水平。4 月下旬，在选定的试验样地，按照随机区组试验设计（图 2-8），在统一施用 5 $g \cdot m^{-2} \cdot a^{-1}$ 纯 N 的基础上，通过添加不同量的 P 肥（0 $g \cdot m^{-2} \cdot a^{-1}$、0.5 $g \cdot m^{-2} \cdot a^{-1}$、1 $g \cdot m^{-2} \cdot a^{-1}$、2 $g \cdot m^{-2} \cdot a^{-1}$、4 $g \cdot m^{-2} \cdot a^{-1}$、8 $g \cdot m^{-2} \cdot a^{-1}$ 和 16 $g \cdot m^{-2} \cdot a^{-1}$）形成 7 个 N 和 P 添加处理（N5P0、N5P0.5、N5P1、N5P2、N5P4、N5P8、N5P16）。每个试验小区面积为 8 m×8 m，小区之间设置 2 m 宽的缓冲带，每个处理 5 次重复。所施 N 肥为分析纯 NH_4NO_3，所施 P 肥为含 51.7% P_2O_5 的分析纯 KH_2PO_4。施用时，将每个样方年施用量平分成 4 份，于 5～8 月每月月初选择阴天或者雨后傍晚将 N 肥和 P 肥溶于少量体积的水中，用喷壶在该水平样方中来回均匀喷洒（图 2-9）。

表 2-7　氮磷添加处理前试验样地 0～20 cm 土壤化学性质

pH	有机 C ($g \cdot kg^{-1}$)	全 N ($g \cdot kg^{-1}$)	全 P ($g \cdot kg^{-1}$)	NO_3^--N ($g \cdot kg^{-1}$)	NH_4^+-N ($g \cdot kg^{-1}$)	速效 P ($g \cdot kg^{-1}$)
8.59 ± 0.04	3.54 ± 0.33	0.35 ± 0.03	0.30 ± 0.01	3.41 ± 0.01	3.44 ± 0.06	3.20 ± 0.10

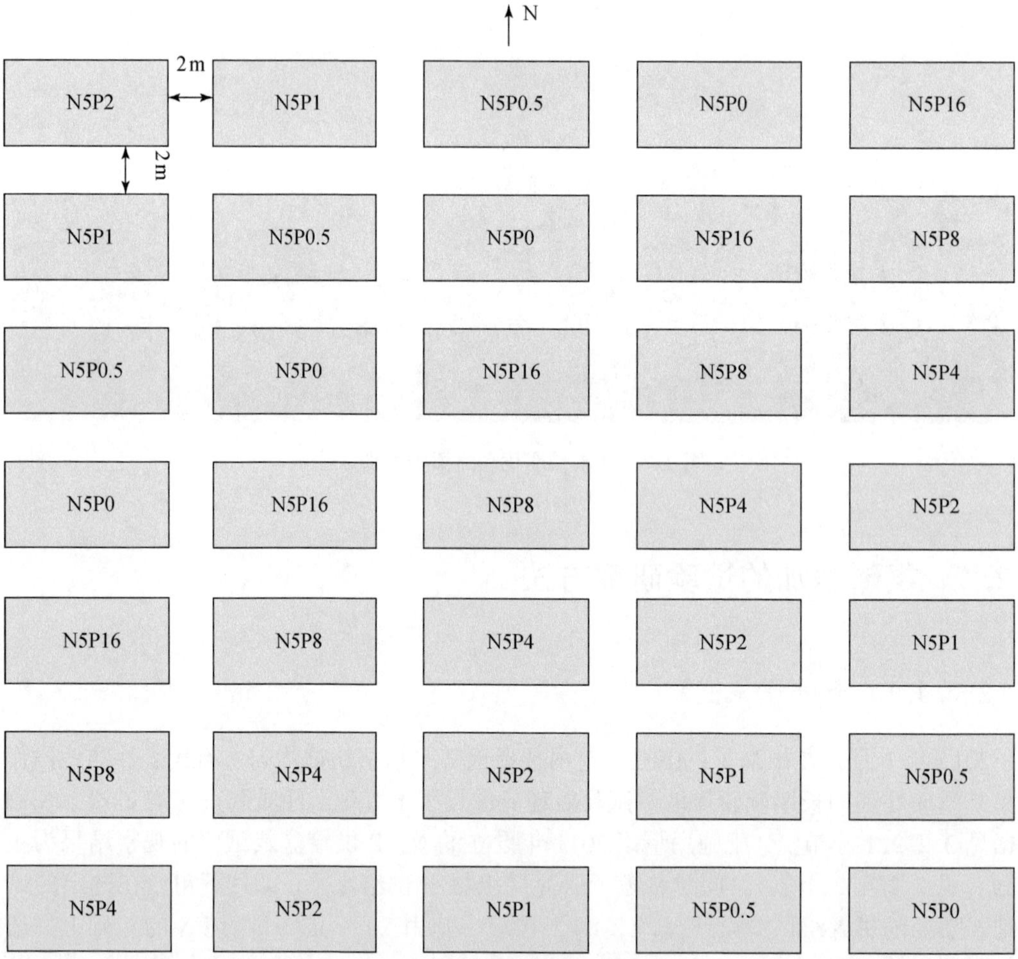

↑N

2 m（小区间距）　2 m（小区间距）

N5P2	N5P1	N5P0.5	N5P0	N5P16
N5P1	N5P0.5	N5P0	N5P16	N5P8
N5P0.5	N5P0	N5P16	N5P8	N5P4
N5P0	N5P16	N5P8	N5P4	N5P2
N5P16	N5P8	N5P4	N5P2	N5P1
N5P8	N5P4	N5P2	N5P1	N5P0.5
N5P4	N5P2	N5P1	N5P0.5	N5P0

图 2-8　氮磷添加试验设计

图 2-9　氮磷添加试验处理方法

2.2.4.2 盆栽试验

以甘草和白草（*Pennisetum centrasiaticum*）（禾本科）为试验材料，于 2013 ~ 2014 年研究人员对二者进行了 N 和 P 添加的单种试验，并于 2011 ~ 2013 年对二者进行了 N 和 P 添加的混种试验。N 和 P 添加处理前的试验处理方法与甘草盆栽控水试验相同（2.2.1.2 小节）。缓苗后，在均施 $10\ g\ N \cdot m^{-2} \cdot a^{-1}$ 的基础上，通过改变 P 肥的施用量（$1\ g\ P \cdot m^{-2} \cdot a^{-1}$、$2\ g\ P \cdot m^{-2} \cdot a^{-1}$、$4\ g\ P \cdot m^{-2} \cdot a^{-1}$、$8\ g\ P \cdot m^{-2} \cdot a^{-1}$、$16\ g\ P \cdot m^{-2} \cdot a^{-1}$、$32\ g\ P \cdot m^{-2} \cdot a^{-1}$），形成 6 个 N、P 供给比水平（10、5、2.5、1.25、0.625 和 0.3125）。

N 肥处理依据见 2.2.2.1 小节，并综合考虑了甘草的固 N 特性。所施 N 肥为分析纯 NH_4NO_3，所施 P 肥为分析纯 KH_2PO_4。每年 5 ~ 8 月中旬，对各处理进行相应的 N 肥和 P 肥施用。为了尽可能地避免高 P 肥的毒害、提高 N 肥和 P 肥的利用效率，以每周 2 次的频率随水喷施。同时，采用称重法每 10 天监测 1 次土壤含水量，依据移植前的土壤含水量和监测的实时土壤含水量差值进行补水。甘草和白草移植前对 PVC 管内混匀土进行了化学性质调查，结果表明，土壤有机 C、全 N、全 P、NH_4^+-N、NO_3^--N 和速效 P 含量分别为 $1.8\ g \cdot kg^{-1}$、$0.2\ g \cdot kg^{-1}$、$0.3\ g \cdot kg^{-1}$、$1.2\ mg \cdot kg^{-1}$、$8.3\ mg \cdot kg^{-1}$ 和 $13.8\ mg \cdot kg^{-1}$。

2.3 指标测定方法

因本书设计的试验多、测定指标丰富、时间跨度长，故多数情况下指标的具体测定时间在各章中交代。本节主要介绍各指标的测定方法。

2.3.1 野外原位试验植被调查与分析

在每个小区内随机选取 3 个 1 m×1 m 样方进行植被群落调查（图 2-10）。调查内容主要包括物种组成、物种数、频度、高度和个数等，以获得植物多样性数据。植被调查结束后，齐平地面剪下植物的地上部分，按猪毛蒿、猪毛菜、牛枝子、草木樨状黄芪、苦豆子、白草、针茅、糙隐子草等种群归类，每个物种收集 30 ~ 100 片叶片，分装于牛皮纸袋中带回实验室烘干称重（105 ℃下杀青 30 min，然后 65 ℃下烘干 48 h），以获得种群生物量和群落生物量。烘干后的植物干样，经粉碎、研磨、过 40 目标准筛后，测定全 C（重铬酸钾容量法–外加热法）、全 N（凯氏定氮法）和全 P（钼锑抗比色法）浓度（鲍士旦，2000）。物种多样性（张金屯，2004）及其他指标的计算方法如下：

$$\text{重要值}(P_i) = (\text{相对生物量}+\text{相对高度}+\text{相对频度})/3 \tag{1}$$

$$\text{Shannon-Wiener 多样性指数}(H) = -\sum_{i=1}^{S} P_i \ln P_i \tag{2}$$

$$\text{Simpson 优势度指数}(D) = 1 - \sum_{i=1}^{S} P_i^2 \tag{3}$$

$$\text{Patrick 丰富度指数}(R) = S \tag{4}$$

$$\text{Pielou 均匀度指数}(E) = H/\ln S \tag{5}$$

$$相对生长速率 = [\ln(M_t/M_0)] / dt \tag{6}$$

$$内稳性指数\ Y = CX^{1/H} \tag{7}$$

式（2）、(3)、(4)、(5）中，S 为群落物种数。式（6）中，M_t为时间 t 测定的单位面积样方中植物地上生物量，dt 是两次测定时间间隔。式（7）中，Y 代表叶片和微生物生物量元素含量及其比值，X 为对应的土壤各指标，C 为拟合常数，H 为内稳性指数（Sterner & Elser，2002）。当方程拟合结果显著时（$p<0.05$），$H>4$、$2<H<4$、$1.33<H<2$、$H<1.33$ 分别代表 Y 为稳态、弱稳态、弱敏感态和敏感态。当方程拟合结果不显著时（$p>0.05$），Y 为绝对稳态（Persson et al.，2010）。

图 2-10　植被调查与样品收集

2.3.2　野外原位试验植物叶片光合测定

以牛枝子、苦豆子、披针叶黄华、甘草和白草为研究对象，选择晴朗无云的天气，采用 LI-6400 光合测定系统（LI-6400，LI-COR Inc.，Lincoln，NE，USA）进行叶片光合作用的测定。每次测定时间均在 8：00 ~ 11：30 进行。测定时，将光强设置为 1500 μmol · m^{-2} · s^{-1}、温度设置为 30 ℃。每个小区内每种植物随机测定 5 株健康个体。每株个体分别选取 3 片健康阳生叶和 3 片健康阴生叶进行测定。每片叶片记录 5 组数据。光合测定结束后，采用数码相机对每片叶片拍照以获得叶面积。采用 Photoshop CS 8.0 计算叶片面积，以获得叶片实际净光合速率和蒸腾速率。此外，于生长季旺盛期收集植物绿叶，于末期收集植物枯叶。结合叶片全 N 和全 P 浓度，计算以下叶片功能性状指标：

养分摄取以绿叶养分浓度衡量 (8)

养分回收度以枯叶养分浓度衡量 (9)

养分回收效率={(成熟叶养分-枯叶养分)×100%/成熟叶养分} (10)

叶片光合 N 利用效率=叶片净光合速率/{(1/14)×叶片全 N×叶比重)} (11)

叶片光合 P 利用效率=叶片净光合速率/{(1/31)×叶片全 P×叶比重)} (12)

水分利用效率=叶片净光合速率/叶片蒸腾速率 (13)

以养分摄取、养分回收度和养分回收效率分析叶片养分保持特性；以净光合速率、蒸腾速率、光合 N 利用效率、光合 P 利用效率和水分利用效率评价叶片光合特征。

2.3.3 野外原位试验凋落物收集与分析

凋落物分解周期为 480 d。试验期内，样地气温、降水量和风速的月变化如表 2-8 所示。2016 年 10 月下旬至 11 月上旬植物生长季结束后（不同处理小区生长季结束时期不同），研究人员在每个小区随机选取 1 个 1 m×1 m 的样方收集群落和种群水平凋落物。种群水平上，按照草木樨状黄芪（优势种）、牛枝子（优势种）、猪毛蒿（常见种）和白草（常见种）进行归类。群落和种群水平凋落物样品分别装入信封袋带回实验室，在室温下自然风干称重后，轻轻截成 5 cm 左右长的片断，分别取 10 g 和 3 g 分装在 10 cm×15 cm 大小的尼龙网袋中（网眼大小为 1 mm×1 mm）。2016 年 11 月 11 日，研究人员将分解网袋布置于小区中，并用铁丝固定到土壤表层，使其紧贴地表以尽可能模拟自然分解状况。每个小区每类凋落物布置 6 个分解网袋，并于分解 60 d、120 d、180 d、240 d、360 d 和 480 d 时将分解网袋逐一取回（图 2-11）。如遇雨天等不可控情况无法按计划取回分解网袋时，则取样时间适当提前或延后 1 ~ 3 d。在实验室，将凋落物从分解网袋中取出，用镊子挑出混进去的其他物质，烘干、称重、粉碎、过 0. 25 mm 标准筛后，测定全 C（重铬酸钾容量法-外加热法）、全 N（凯氏定氮法）和全 P（钼锑抗比色法）浓度。依据凋落物干重和元素浓度，计算元素净释放率（E）、释放量（R）和累积释放量（C）：

$$R = M_{t-1} \times C_{t-1} - M_t \times C_t \tag{14}$$

$$E = [M_0 \times C_0 - M_t \times C_t) / M_0 \times C_0] \times 100\% \tag{15}$$

$$C = [(M_0 \times C_0 - M_t \times C_t)/M_0] \times M \tag{16}$$

式中，M 为凋落物生物量；M_0 和 C_0 分别为凋落物初始干重和元素浓度；M_t 和 C_t 分别为 t 时刻凋落物干重和元素浓度；M_{t-1} 和 C_{t-1} 分别为 t-1 时刻凋落物干重和元素浓度。R 和 E 为正时，为元素净释放。二者为负时，为元素净富集。

表 2-8　480 d 分解时间内气温、降水量和风速的月变化

时间（年. 月）	气温（℃）	降水量（mm）	风速（m·s^{-1}）	时间（年. 月）	气温（℃）	降水量（mm）	风速（m·s^{-1}）
2016. 11	2. 14	0. 00	2. 13	2017. 8	20. 77	122. 50	1. 85
2016. 12	-1. 80	0. 10	2. 01	2017. 9	17. 18	18. 60	1. 75
2017. 1	-5. 64	0. 00	1. 83	2017. 10	8. 61	41. 70	1. 72
2017. 2	-2. 23	21. 60	1. 59	2017. 11	1. 68	0. 00	1. 94
2017. 3	2. 49	11. 00	1. 88	2017. 12	-5. 30	1. 10	1. 82
2017. 4	11. 15	25. 60	2. 24	2018. 1	-7. 34	3. 90	2. 35
2017. 5	17. 71	17. 60	2. 05	2018. 2	-4. 78	0. 00	1. 96
2017. 6	20. 63	55. 60	1. 93	2018. 3	8. 61	2. 50	2. 11
2017. 7	24. 87	78. 00	2. 04	平均	6. 40	23. 52	1. 95

图 2-11　凋落物收集

2. 3. 4　野外原位试验土壤呼吸测定

2019 年 4 月，研究人员在每个测量样方内选取一个 1 m ×1 m 的小区。在小区中心安置一个内径 20 cm、高 11cm 的 PVC 土壤呼吸环（垂直入土 7 cm）。每次测量前一天剪除环内地表活体植物，以避免对监测数据产生影响。整个试验期间，土壤呼吸环的位置保持不变。于 5 ~ 10 月，选择晴朗无云的天气，采用便携式土壤呼吸测定仪（LI-8100，LI-COR Incorporation，Lincoln，Nebraska，USA）测量土壤呼吸（图 2-12）。生长季每月测量 3 次，每次测量在 7：00 ~ 9：30 进行。在 7 月和 8 月进行日动态（测量时间为 7：00 ~ 9：30、9：30 ~ 12：00、12：00 ~ 14：30、14：30 ~ 17：00、17：00 ~ 19：30）测定。同时，保持最大程度上与植物群落光合作用的测量同步。每次测量前一天剪除环内地表活体植物，以避免地上植物呼吸对监测数据产生影响。测量时，将 LI-8100 土壤呼吸探头垂直于地表插入 10 cm 土壤深处，并采用附带的土壤温度探头同步测量土壤温度。土壤温度探

头的插入点距离土壤呼吸环 20 cm 左右，每次测量尽量保持在同一位置点插入。

图 2-12　土壤呼吸数据收集

2.3.5　野外原位试验生态系统碳交换测定

采用 LI-6400 便携式光合作用测定仪（LI-6400，LI-COR Incorporation，Lincoln，Nebraska，USA）结合密闭箱式法，对不同处理下生态系统 CO_2 及 H_2O 的交换量进行测定。于 2019 年 4 月，将底面直径为 60 cm、高为 10 cm 的圆柱形亚克力透明底座垂直嵌入各小区中，以便日后进行定点测定。安装时，尽可能避免破坏周围土壤和植物。于 5 ~ 10 月，选择晴朗无云的早晨（7：00 ~ 9：30）进行月动态的监测。每 10 d 测定 1 次，每月测定 3 次。选取 7 ~ 8 月（生长季旺盛期）进行日动态（测量时间为 7：00 ~ 9：30、9：30 ~ 12：00、12：00 ~ 14：30、14：30 ~ 17：00、17：00 ~ 19：30）的测定（图 2-13）。若遇阴天或雨天，测定时间适当提前或延后。

图 2-13　生态系统碳交换数据收集

测定时将底面直径为 60 cm、高为 40 cm 的圆柱形透明有机玻璃箱（同化箱）放置于底座上，以保证构成密闭气体采样室。同时，在同化箱的侧边与顶部各安装一个散热风扇以混匀箱内的气体。待气体达到稳定状态时，连续测定 90 s（间隔为 10 s），记录箱体内

CO_2和 H_2O 浓度，据此计算 NEE（净生态系统 C 交换）。测定结束后，将同化箱抬起，待箱内 CO_2和 H_2O 浓度接近外界值时将其重新放置于底座上，并覆盖遮光布（内黑外白），重复上述过程。由于第二次测定使用了遮光布，排除了植物光合作用，计算的值即为 ER（生态系统呼吸）。NEE、ER 和 GEP（总生态系统生产力）的计算公式如下：

$$F_c = \frac{V \times P_{av} \times (1000 - W_{av})}{R \times S \times (T_{av} + 273)} \times \frac{dc}{dt} \tag{17}$$

$$GEP = ER - NEE \tag{18}$$

式中，F_c 为 CO_2的通量，代表 NEE 与 ER（$\mu mol \cdot m^{-2} \cdot s^{-1}$）；$V$ 为透明箱的体积（m^3）；P_{av}为平均气压（kPa）；W_{av}为 H_2O 的平均摩尔百分比（$mmol \cdot mol^{-1}$）；T_{av}为测量期间的平均温度（°C）；R 为理想气体常数（8.314 $J \cdot mol^{-1} \cdot K^{-1}$）；$S$ 为透明箱底座面积（m^2）；dc/dt 为 CO_2浓度随时间变化线性关系的斜率。-NEE 可表征净生态系统 C 吸收量。为便于分析，文中分析 NEE 与植物生物量、植物多样性以及土壤因子的关系时，采用了-NEE。

2.3.6 野外原位试验土壤收集与分析

采用内径为 5 cm 的土钻采集 0～20 cm 土壤样品（图 2-14）。采集时，在每个小区内随机取 3 钻混匀后，一部分装入铝盒中，采用称重法进行含水量的测定。另一部分过 2 mm 标准筛后再分装为两部分：一部分自然风干后，用于有机 C、全 N 和全 P 含量的测定；另一部分放置于冰箱中 4 ℃下冷藏保存，用于 pH、电导率、NH_4^+-N 浓度、NO_3^--N 浓度、速效 P 浓度、蔗糖酶活性、脲酶活性、磷酸酶活性和微生物生物量（C、N、P）的测定。测定方法主要参考鲍士旦（2000）的研究。

图 2-14　土壤样品收集与测定

室内分析时，土壤有机 C、全 N 和全 P 含量分别采用重铬酸钾容量法-外加热法、凯氏定氮法和 $HClO_4$-H_2SO_4法测定；土壤 pH、电导率、无机 N（NH_4^+-N 和 NO_3^--N）浓度、速效 P 浓度、蔗糖酶活性、脲酶活性和磷酸酶活性分别采用酸度计法、便携式电导率仪、连续流动分析仪（Auto Analyzer 3，SEAL Analytical GmbH）、0.5 $mol \cdot L^{-1}$ $NaHCO_3$、3，5 二硝基水杨酸比色法、苯酚钠-次氯酸钠比色法和对硝基苯磷酸盐法测定；微生物生物量

C、N 和 P 含量分别采用氯仿熏蒸-K_2SO_4浸提-碳分析仪器法、氯仿熏蒸-K_2SO_4提取-流动注射氮分析仪器法和氯仿熏蒸-K_2SO_4提取-P_i测定-外加 P_i矫正法测定。

2.3.7 盆栽试验样品收集与分析

供水量、N 添加、N 和 P 添加处理结束后，分生长旺盛期和末期采用剪刀收集甘草和白草地上部分，并从中分别随机挑选出 30 片具有代表性的叶片（绿叶和枯叶），与剩余地上部分分别装袋后带回实验室烘干（65 ℃，48 h）并称重。同时，收集盆内的甘草和白草地下部分，带回实验室去除非目标杂质，清洗干净后烘干（75 ℃，48 h）并称重。烘干的植物样经粉碎后测定全 C、全 N 和全 P 浓度。根冠比为地下生物量和地上生物量的比值。甘草和白草收获后，采用内径为 3 cm 土钻收集每个处理 0 ~ 10 cm 土壤样品，每根 PVC 管取 3 钻。将每根 PVC 管取出来的土混合均匀，过 2 mm 标准筛后分为两部分：一部分 4 ℃冷藏保存，用于 NH_4^+-N、NO_3^--N 和速效 P 浓度的测定；另一部分自然风干后用于有机 C、全 N 和全 P 含量的测定。植物和土壤样品的室内分析测定方法同野外原位试验。

2.4 数 据 处 理

2.4.1 常规分析

数据的原始分析使用 Excel 2016 完成。图的绘制使用 Sigmaplot 12.5 和 Origin 2018 完成。数据统计分析采用 SPSS 19.0 完成：采用 K-S 检验进行数据正态分布检验。不符合正态分布的数据进行 Log 转换。采用三因素方差分析（three-way ANOVA）和两因素方差分析（two-way ANOVA）比较多个因素及其交互作用对各指标的影响。降水量变化和 N 添加交互作用的试验中，同时采用裂区设计方差分析的 Duncan 检验法比较降水量、N 添加及其交互作用对各指标的影响；采用单因素方差分析（one-way ANOVA）比较不同处理间各指标的差异性。分析前，进行方差齐性检验。若为齐性，选用最小显著性差异法（LSD），否则选用 Dunnett's T3、Games-Howell 或非参数检验（Mann-Whitney）法；采用线性、指数、二项式等回归方程进行指标间关系的拟合；采用 Pearson 相关性法分析指标间的相关性。

2.4.2 冗余分析（RDA）和变差分解

采用 Canoco 5.0 进行响应变量与环境因子对应关系的 RDA。分析前，先对数据进行 Log 转换，以减少数据间差异。同时，依据解释变量前向选择，剔除影响力较小的解释变量后进行 RDA，并通过蒙特卡洛置换检验（Monte Carlo test）得出各环境因子的条件效应。

此外，N 添加试验中，为获得各组土壤因子对植物种群生物量和群落多样性指数独立的解释力以及组间共同的解释力，将土壤因子拆解为微生物生物量 C：N：P 生态化学计量学特征（命名为 X1）、土壤 C：N：P 生态化学计量学特征（命名为 X2）以及其他土壤化学性质（命名为 X3）等 3 组作为解释变量，分别以植物种群生物量和群落多样性指数为响应变量，采用 R 语言中 var. part 函数进行变差分解；采用 R 语言中 vegen 程序包进行数据的 RDA。分析时，以全部土壤因子作为解释变量，分别以植物种群生物量和群落多样性指数作为响应变量，对数据进行分析。

第 3 章　降水量变化下荒漠草原碳氮磷生态化学计量学特征

3.1　植被–土壤系统 C∶N∶P 生态化学计量学特征

基于 2014 年设立的降水量变化的野外原位试验，研究人员对两年降水量变化下旺盛期植物群落、旺盛期和末期植物叶片 C∶N∶P 生态化学计量学特征进行了研究，并研究了 480 d 的分解时期内凋落物 C∶N∶P 生态化学计量学特征、两年降水量变化下旺盛期及三年降水量变化下 5～7 月 0～20 cm 土壤微生物生物量 C∶N∶P 生态化学计量学特征、两年降水量变化下旺盛期及 480 d 的分解时期内 0～20 cm 土壤 C∶N∶P 生态化学计量学特征；并分析了植物–凋落物–微生物–土壤 C∶N∶P 生态化学计量学特征的关系。

基于 2011 年设立的供水量变化的盆栽试验，研究人员对三年供水量变化下甘草叶片和根系 C∶N∶P 生态化学计量学特征进行了研究，并研究了两年和三年供水量变化下 0～10 cm 土壤 C∶N∶P 生态化学计量学特征。

3.1.1　降水量对植被–土壤系统 C∶N∶P 生态化学计量学特征的影响

3.1.1.1　野外原位试验

（1）植物 C∶N∶P 生态化学计量学特征

1）群落水平。连续两年降水量变化改变了植物群落 C∶N∶P 生态化学计量学特征（图 3-1），尤其增加降水量。与自然降水量相比，减少降水量提高了全 P 浓度；增加 30% 降水量降低了 N∶P。增加 50% 降水量显著降低了全 C 浓度、全 N 浓度和 N∶P（$p<0.05$）。

2）叶片水平。两年降水量变化下（图 3-2），与自然降水量相比，增减降水量对几个物种绿叶全 C 浓度的影响较小；增减降水量对草木樨状黄芪、苦豆子和白草绿叶全 N 和全 P 浓度无显著影响（$p>0.05$），但降水量减少 50% 提高了牛枝子绿叶全 N 和全 P 浓度以及猪毛蒿绿叶全 P 浓度、降水量增加 30% 和 50% 显著降低了猪毛蒿绿叶 N 浓度（$p<0.05$）；增减降水量对牛枝子、草木樨状黄芪和白草绿叶 C∶N 无显著影响（$p>0.05$），但降水量增加 30% 和 50% 提高了猪毛蒿绿叶 C∶N、降水量增加 30% 提高了苦豆子绿叶 C∶N；除苦豆子外，增减降水量对几个物种绿叶 C∶P 的影响不显著（$p>0.05$）；降水量增加 30% 和 50% 降低了猪毛蒿绿叶 N∶P、降水量增加 30% 降低了白草绿叶 N∶P。

群落全C (g·kg⁻¹)
群落全N (g·kg⁻¹)
群落全P (g·kg⁻¹)
群落C:N
群落C:P
群落N:P
W1 W2 W3 W4 W5
降水量处理

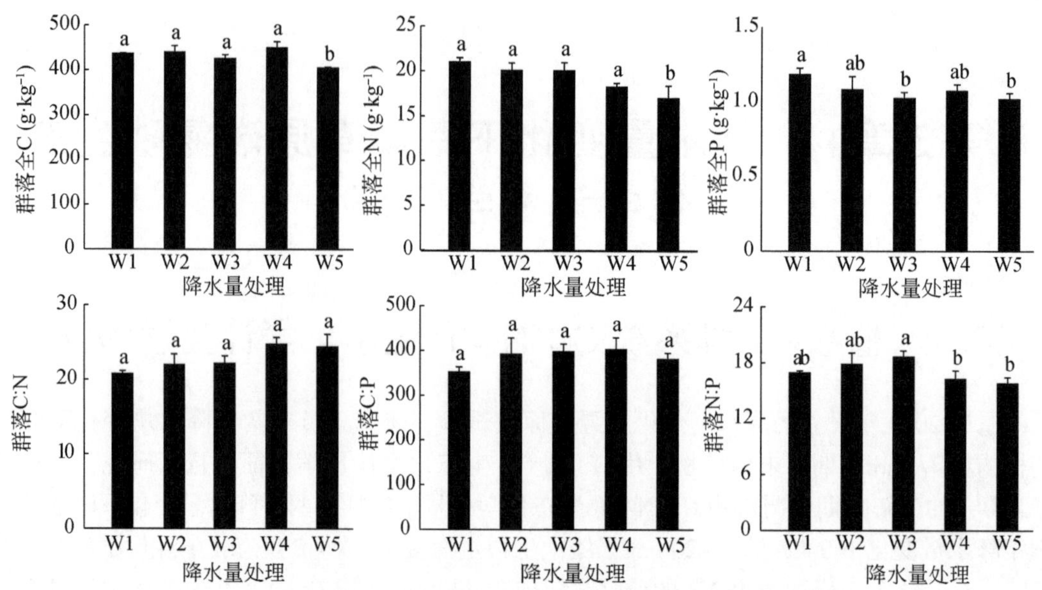

图 3-1　降水量对植物群落 C：N：P 生态化学计量学特征的影响

不同小写字母代表降水量处理间各指标的差异显著（$p<0.05$）

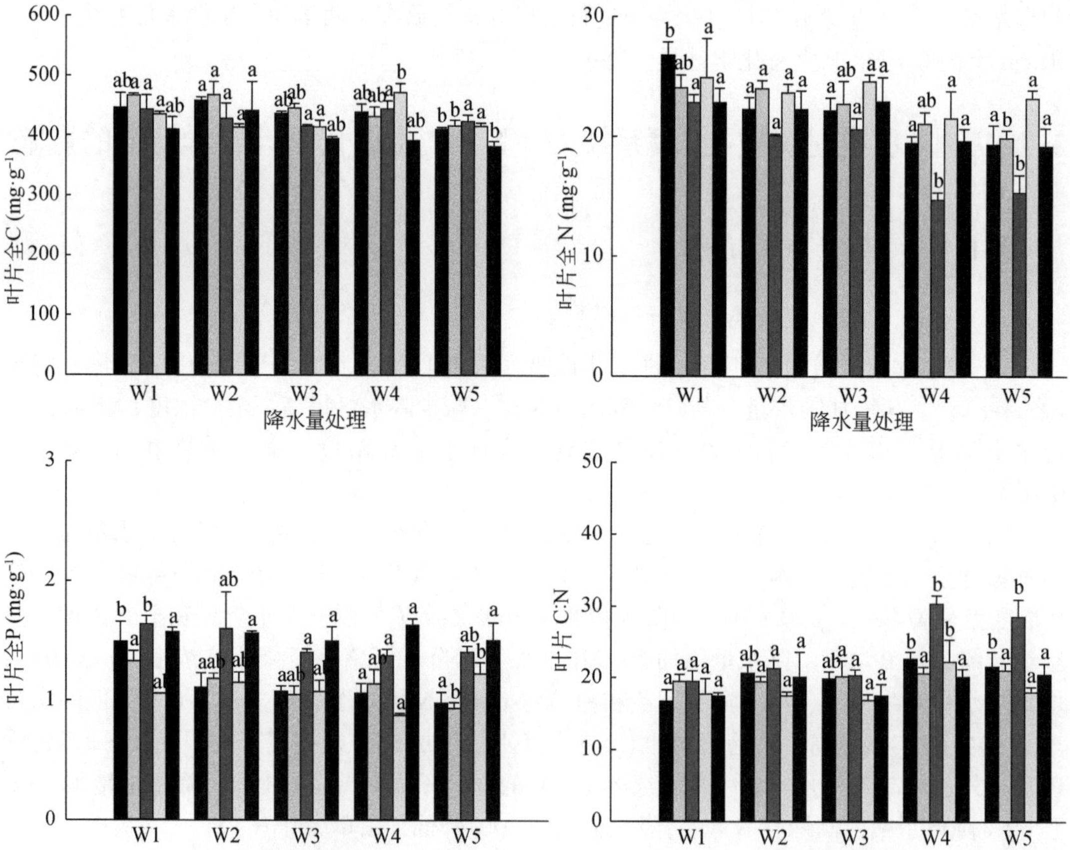

叶片全C (mg·g⁻¹)
叶片全N (mg·g⁻¹)
叶片全P (mg·g⁻¹)
叶片C:N
W1 W2 W3 W4 W5
降水量处理

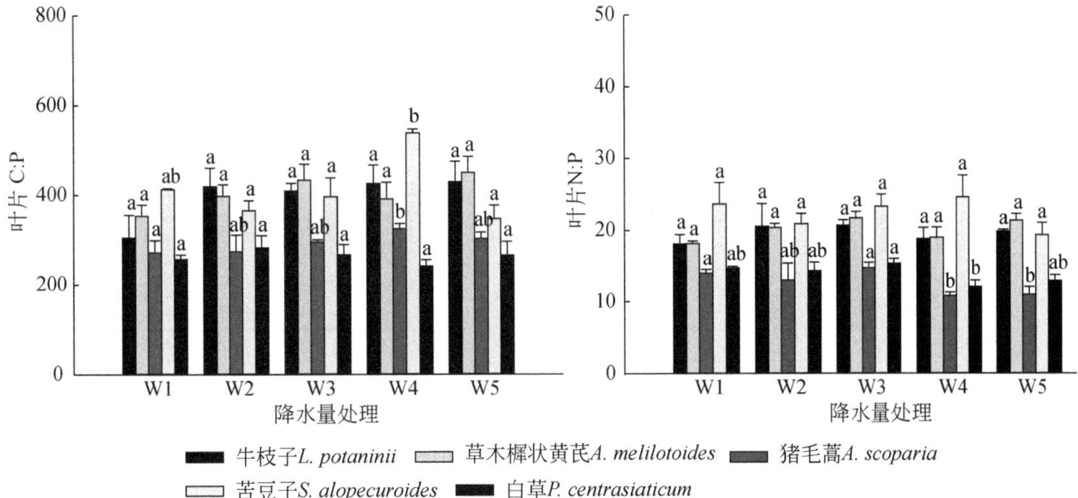

图 3-2 降水量对植物种绿叶 C：N：P 生态化学计量学特征的影响

不同小写字母代表降水量处理间每个物种各指标的差异显著（$p<0.05$）

连续两年增减降水量对物种枯叶 C：N：P 生态化学计量学特征的影响较小（图 3-3）。与自然降水量相比，增减降水量对牛枝子、猪毛蒿和苦豆子枯叶全 C 浓度无显著的影响（$p>0.05$），但减少 30% 和增加 50% 降水量降低了白草枯叶全 C 浓度；增减降水量对几个物种枯叶全 N 浓度、全 P 浓度、C：P 和 N：P 的影响也不明显，但增加 50% 降水量提高了牛枝子枯叶 C：P；降水量对牛枝子枯叶 C：N 影响较小，但增加降水量提高了猪毛蒿枯叶 C：N、增加 50% 降水量提高了苦豆子枯叶 C：N、减少 30% 降水量降低了白草枯叶 C：N。

（2）凋落物 C：N：P 生态化学计量学特征

1）群落水平生产量。沿降水量变化梯度，凋落物生产量呈增加趋势［图 3-4（a）］。但与自然降水量相比，减少和增加降水量均未显著影响凋落物生产量（$p<0.05$）。

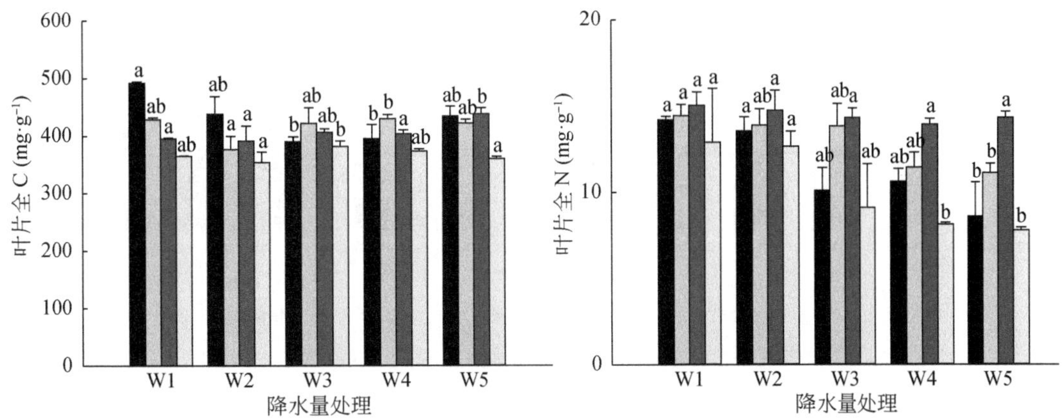

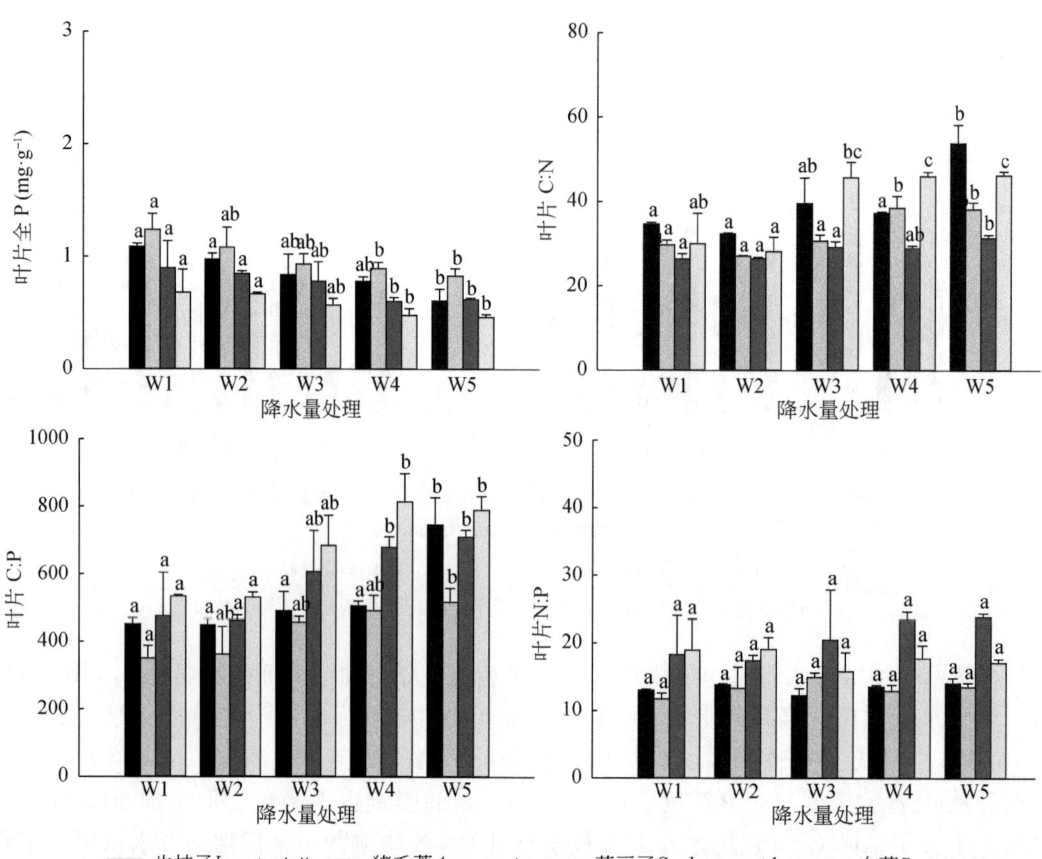

图 3-3 降水量对植物种枯叶 C：N：P 生态化学计量学特征的影响

不同小写字母代表降水量处理间每个物种各指标的差异显著（$p<0.05$）

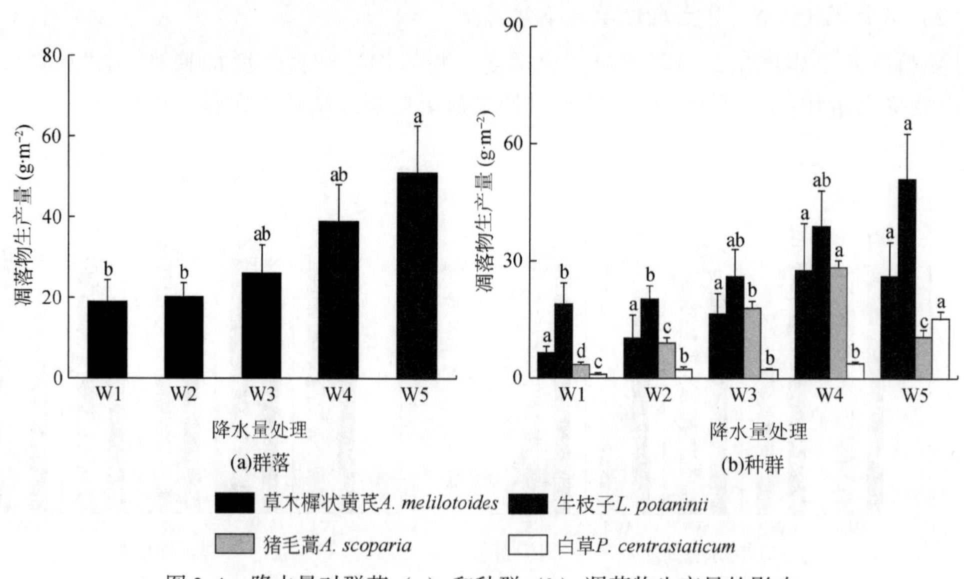

图 3-4 降水量对群落（a）和种群（b）凋落物生产量的影响

不同小写字母代表降水量处理间各指标的差异显著（$p<0.05$）

2）群落水平 C、N、P 释放特征。随着分解时间的增加（图 3-5），各处理下凋落物 C 释放率整体呈线性上升，N 和 P 释放率在 0～60 d 上升最快，意味着分解初期 N 和 P 释放较快、分解后期 N 和 P 释放较慢。

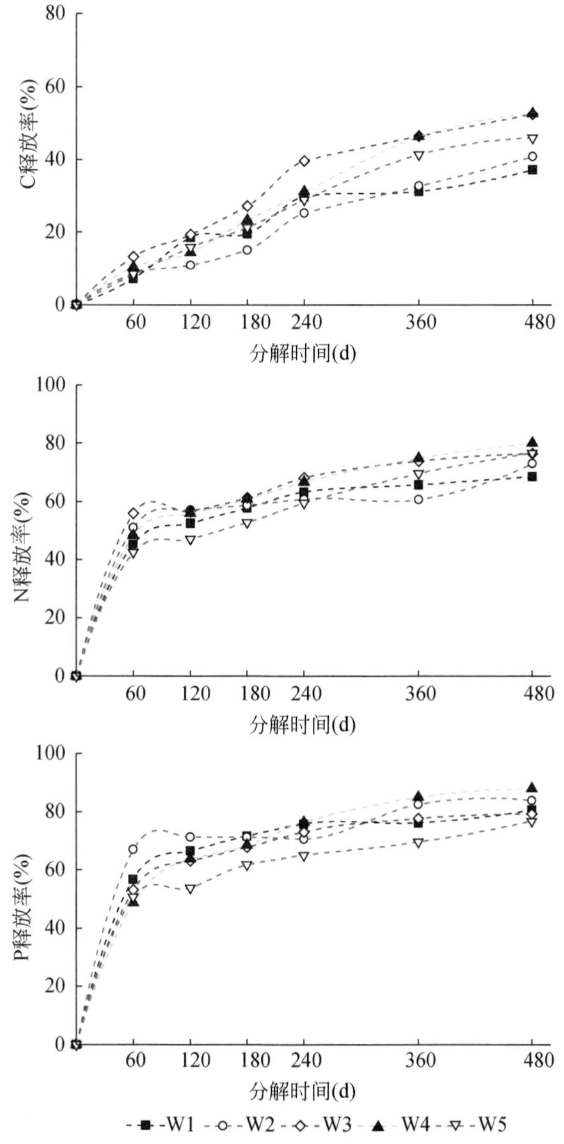

图 3-5　降水量变化下群落凋落物元素释放率的时间动态

沿降水量变化梯度，凋落物分解过程中 C、N、P 释放量呈增加趋势（图 3-6），但与自然降水量相比，增减降水量均对 C、N、P 释放量无显著影响（$p>0.05$）。就 6 个分解时期而言，C 释放量无明显的变化规律，N 和 P 释放量均在 60 d 时最高，与释放率变化相似。

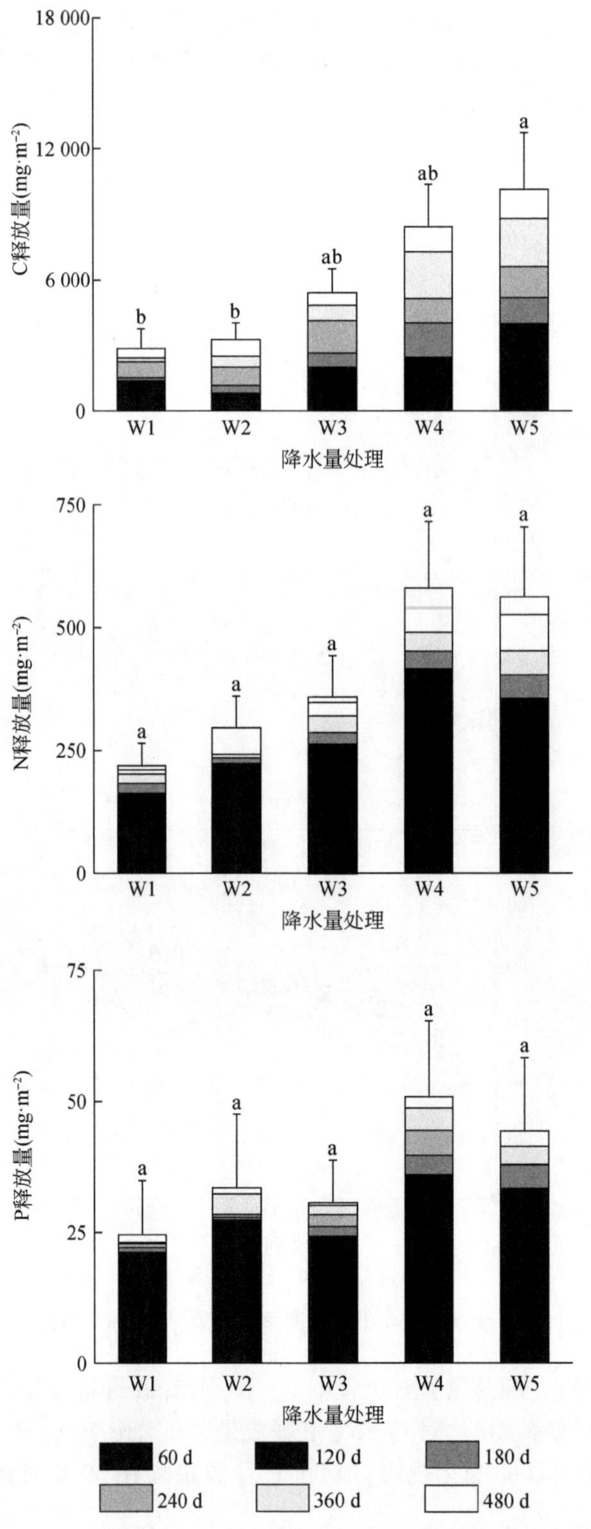

图 3-6　480 d 分解时间下降水量对群落凋落物元素释放量的影响

不同小写字母表示降水量处理间各指标的差异显著（$p<0.05$）

3）群落水平 C∶N∶P 生态化学计量学特征。随着分解时间的增加，不同降水量处理下凋落物全 C、全 N、全 P 浓度呈下降趋势，其比值呈上升趋势（图 3-7）。其中，全 C 浓度呈线性下降，变化幅度较小；全 N 和全 P 浓度在 0 ~ 60 d 内下降最快；C∶N 和 C∶P 在 0 ~ 60 d 内上升最快；N∶P 无明显的变化规律。

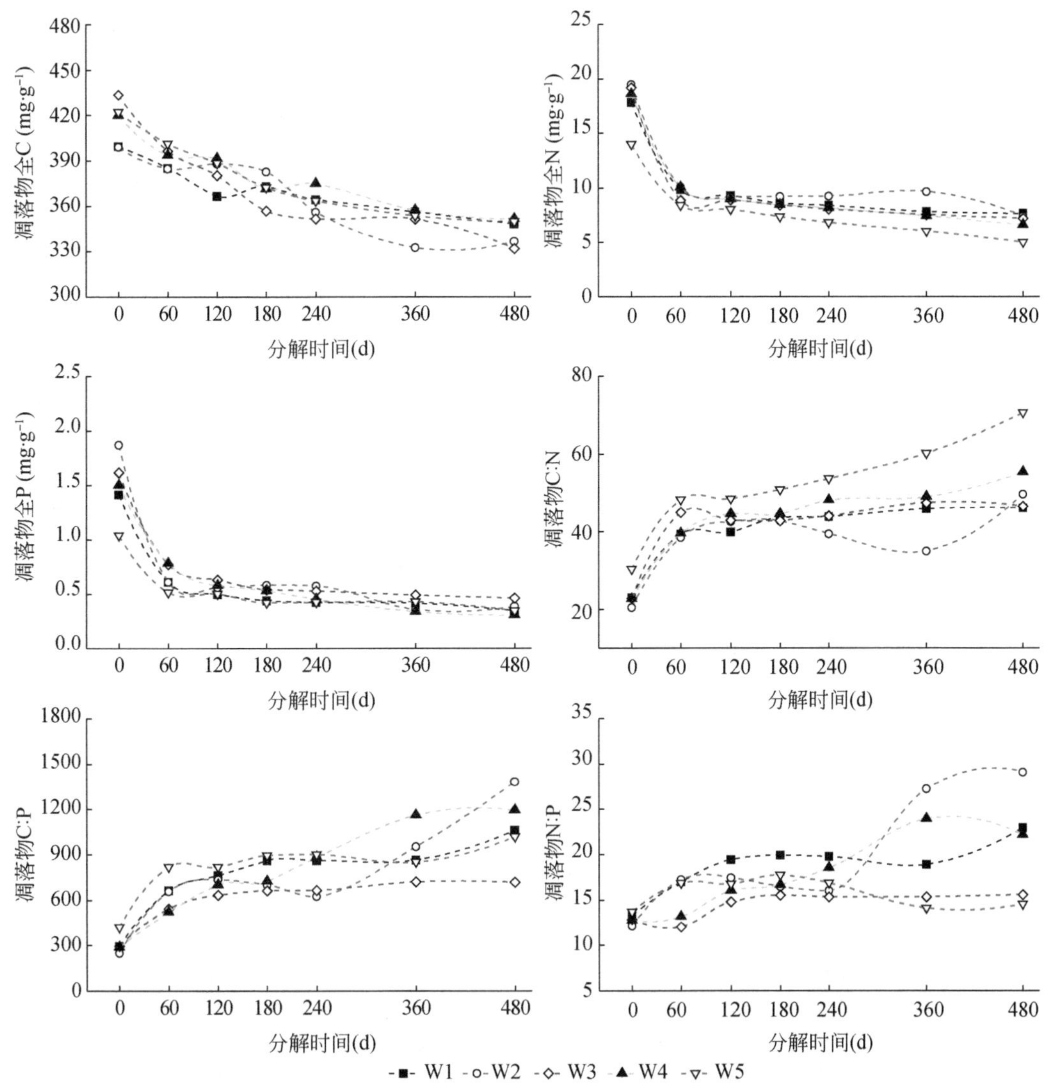

图 3-7　降水量变化下群落凋落物 C∶N∶P 生态化学计量学特征的时间动态

将 7 个分解时期的数据进行了整合，分析了 480 d 分解时期下降水量的综合影响。结果表明（图 3-8），减少和适度增加降水量对凋落物元素释放影响较小，增加 50% 降水量有助于促进 N 和 P 释放，从而改变其与 C 的生态化学计量关系。与自然降水量相比，减少降水量对全 C 浓度、全 N 浓度、全 P 浓度、C∶N 无显著影响（$p>0.05$），不同程度地提高了 C∶P 和 N∶P；增加 30% 降水量对全 C 浓度、全 N 浓度、全 P 浓度、C∶N 和 N∶P 无显著影响（$p>0.05$），显著提高了 C∶P（$p<0.05$）。增加 50% 降水量对全 C 浓度和 N∶P

无显著影响（$p>0.05$），显著降低了全N和全P浓度、提高了C∶N和C∶P（$p<0.05$）。

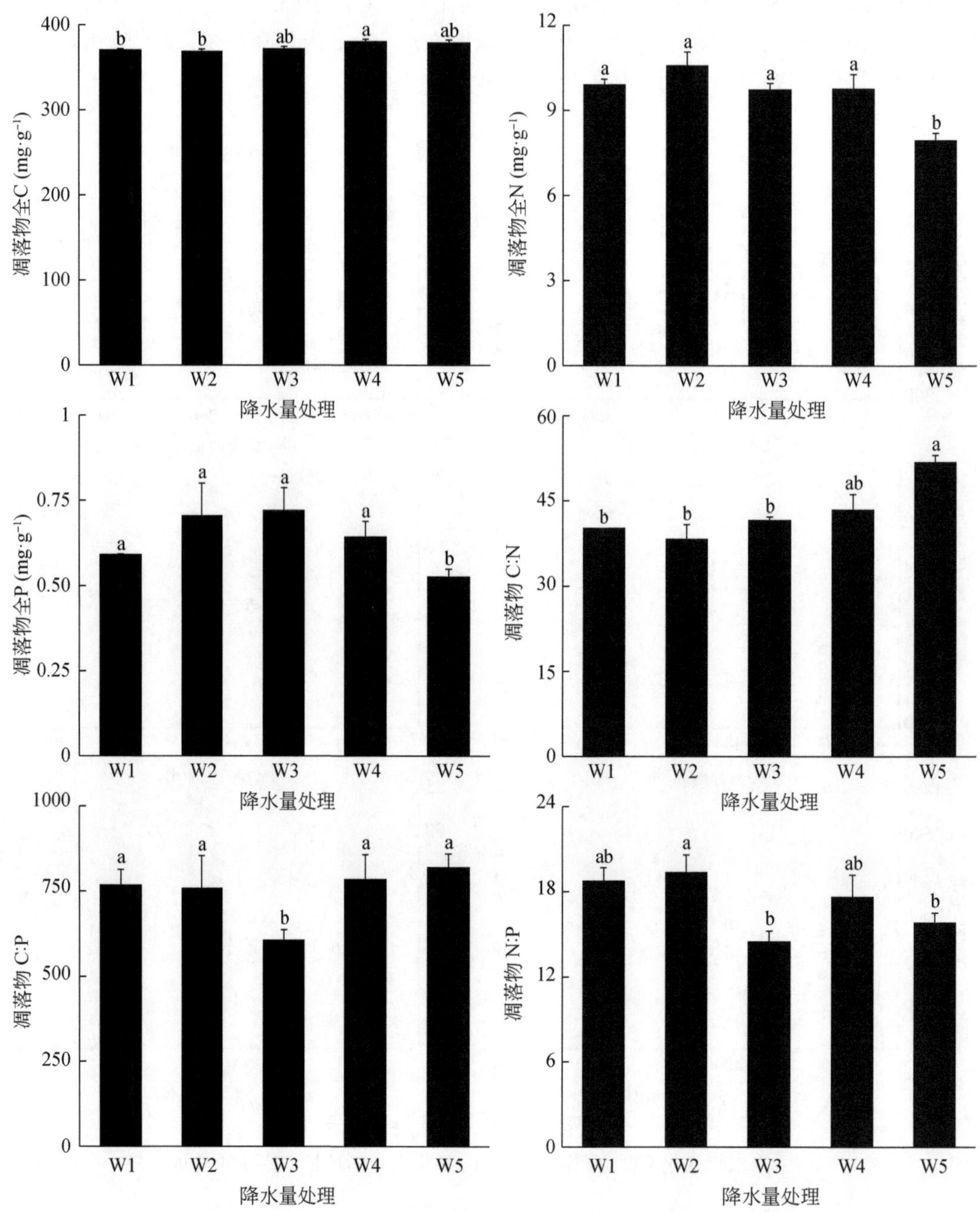

图3-8　480 d分解时间下降水量对群落凋落物C∶N∶P生态化学计量学特征的影响

不同小写字母代表降水量处理间各指标的差异显著（$p<0.05$）

4）种群水平生产量。与自然降水量相比［图3-4（b）］，增加30%降水量显著提高了猪毛蒿凋落物生产量（$p<0.05$），增加50%降水量和减少降水量表现出相反的效应；减少50%降水量显著降低了白草凋落物生产量（$p<0.05$），增加50%降水量表现出相反的效

应；增减降水量对草木樨状黄芪和牛枝子凋落物生产量的影响不显著（$p>0.05$）。

5）种群水平 C、N、P 释放特征。480 d 的分解过程中（图 3-9），整体上各降水量处理下四种植物凋落物 C 释放率平缓，N 和 P 释放率前期较后期快；物种间，三种元素释放率均表现为猪毛蒿较高、白草较低。具体而言，草木樨状黄芪凋落物 C 在前 240 d 释放较快、后期释放趋于平缓，N 和 P 在前 60 d 释放较快、随后逐渐降低并趋于平缓；牛枝子和白草凋落物 C 在整个分解期内释放较为平缓，N 和 P 在前 60 d 释放较快、随后逐渐降低；猪毛蒿凋落物 C、N、P 均在前 60 d 释放较快、随后逐渐降低。

如表 3-1 中所示，降水量、物种和分解时间均对凋落物 C、N、P 累积释放量有极显著影响（$p<0.01$），降水量与物种对凋落物 C、N、P 累积释放量有极显著的交互作用（$p<0.01$），降水量与分解时间及物种与分解时间对凋落物 C 累积释放量均有显著的交互作用（$p<0.05$）。

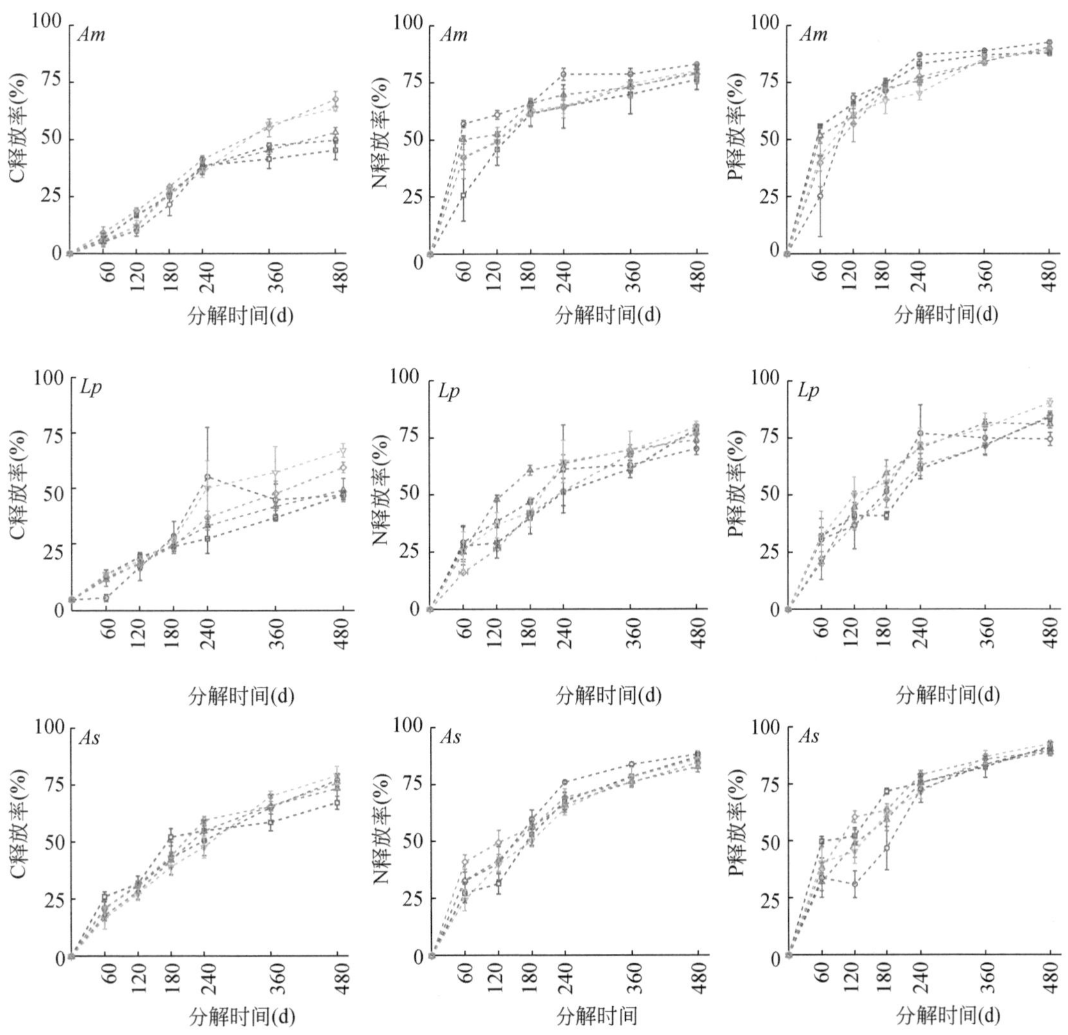

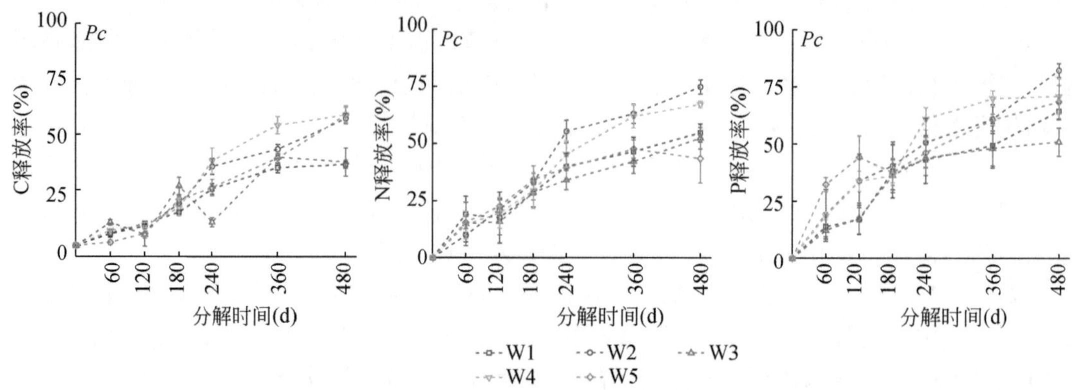

图 3-9　降水量变化下种群凋落物元素释放率的时间动态

Am、*Lp*、*As* 和 *Pc* 分别代表草木樨状黄芪、牛枝子、猪毛蒿和白草

表 3-1　480 d 分解时期内降水量、物种、分解时间及其交互作用对种群凋落物元素累积释放量的影响

变异来源	自由度	C 累积释放量	N 累积释放量	P 累积释放量
降水量	4	27.910 **	14.651 **	22.397 **
物种	3	46.649 **	55.710 **	63.145 **
分解时间	5	23.560 **	7.141 **	11.479 **
降水量×物种	12	5.198 **	2.323 **	5.723 **
降水量×分解时间	20	1.848 *	0.257	0.344
物种×分解时间	15	2.406 **	1.053	1.355
降水量×物种×分解时间	60	0.353	0.107	0.173

表中数据为 *F* 值。* 和 ** 分别代表显著性水平小于 0.05 和 0.01

降水量对植物种凋落物元素累积释放量的影响随物种不同而异（图 3-10）。与自然降水量相比，增加和减少降水量对草木樨状黄芪三种元素累积释放量无显著影响（$p>0.05$）；增加 50% 降水量显著提高了牛枝子 C 累积释放量（$p<0.05$）；减少和增加 50% 降水量不同程度地降低了猪毛蒿三种元素累积释放量，增加 30% 降水量则表现出相反的影响；增加降水量不同程度地提高了白草 C 和 P 累积释放量，减少 50% 降水量显著降低了 P 累积释放量（$p<0.05$）。

6）种群水平 C∶N∶P 生态化学计量学特征。总体而言，480 d 的分解过程中，各降水量处理下植物种凋落物全 C 平缓下降，全 N 和全 P 浓度在分解前期较后期下降快（图 3-11）。受全 C、N、P 变化特点的影响，草木樨状黄芪凋落物 C∶N 和 C∶P 在分解前期较后期上升快，N∶P 则相反；牛枝子凋落物 C∶N 在整个分解期内平缓上升，C∶P和 N∶P 在分解前期较后期上升快；猪毛蒿凋落物 C∶N 在整个分解期内平缓上升，C∶P在分解前期较后期上升快，N∶P 在整个分解期内呈波动式变化；白草凋落物 C∶N 在整个分解期内平缓上升，C∶P 和 N∶P 在整个分解期内亦呈波动式变化。

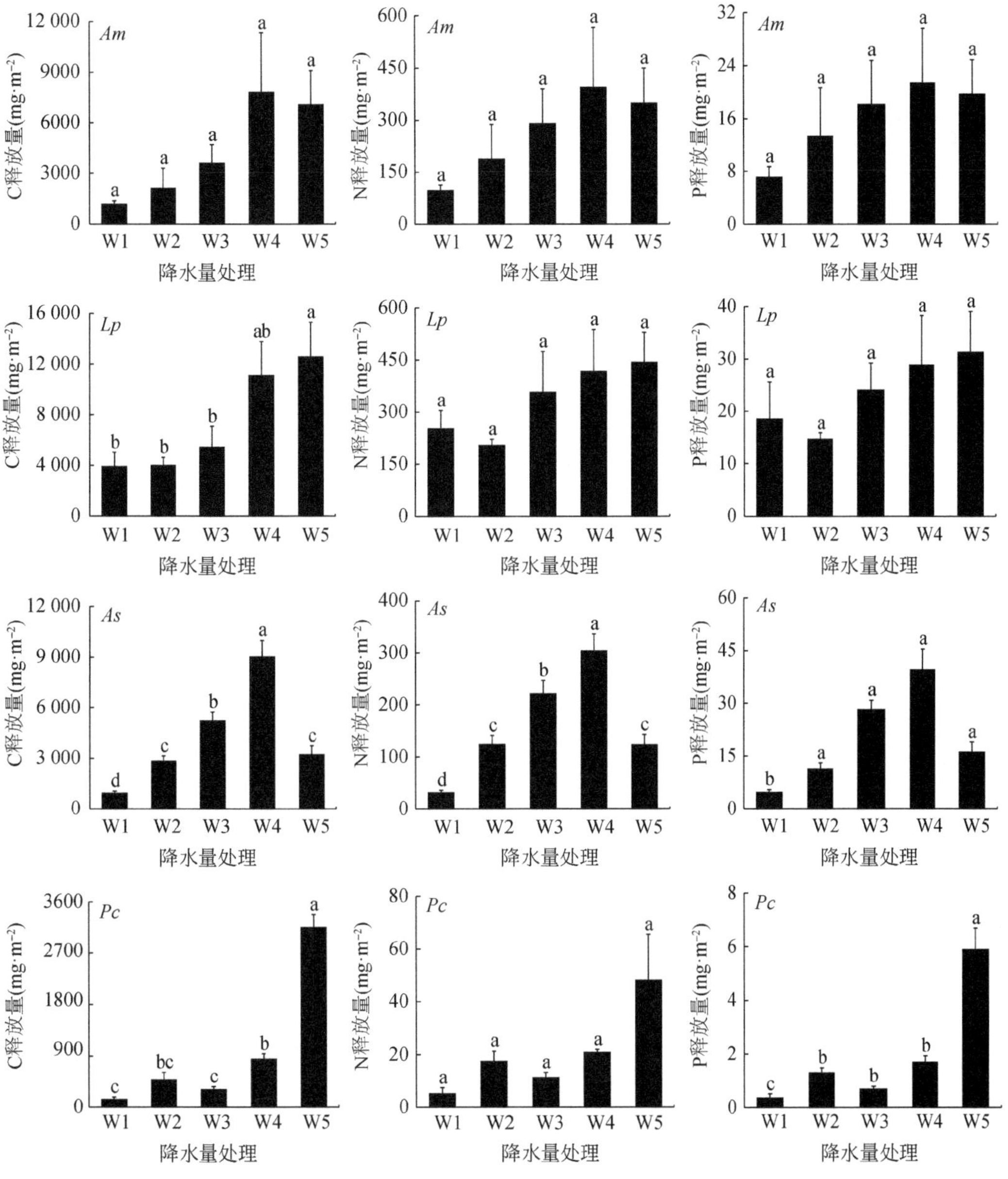

图 3-10　480 d 分解时间下降水量对种群凋落物元素累积释放量的影响

Am、*Lp*、*As* 和 *Pc* 分别代表草木樨状黄芪、牛枝子、猪毛蒿和白草。

不同小写字母表示每个物种同一指标在降水量处理间的差异显著（$p<0.05$）

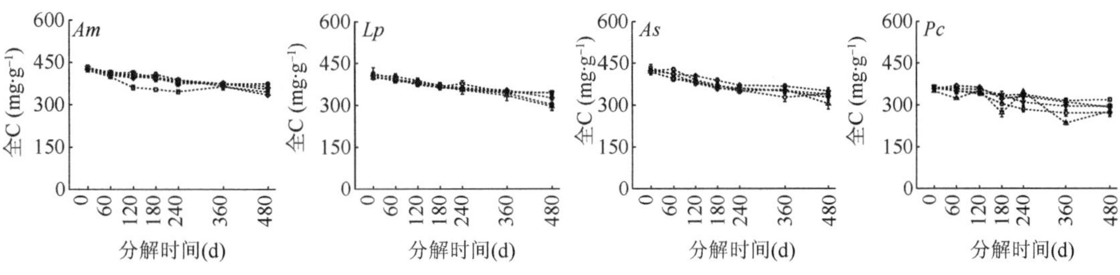

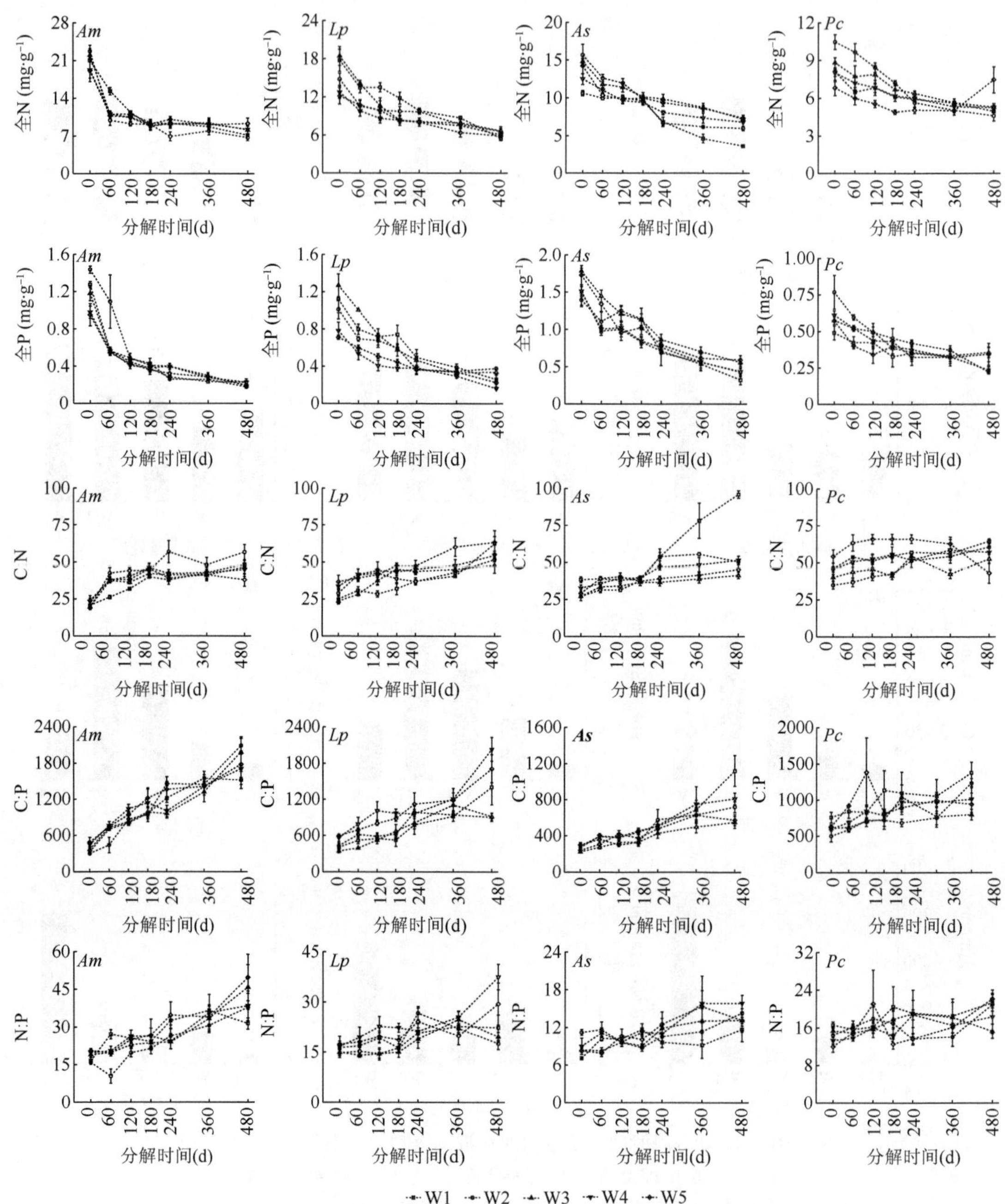

图 3-11　降水量变化下种群凋落物 C∶N∶P 生态化学计量学特征的时间动态

Am、*Lp*、*As* 和 *Pc* 分别代表草木樨状黄芪、牛枝子、猪毛蒿和白草

表3-2 中，降水量、物种和分解时间均对凋落物 C∶N∶P 生态化学计量学特征有极显著影响（$p<0.01$），降水量与物种及物种与分解时间仅对 C∶P 无显著的交互作用（$p>0.05$），降水量与分解时间及降水量、物种与分解时间仅对 N∶P 无显著的交互作用（$p>0.05$）。

表 3-2 降水量、物种、分解时间及其交互作用对种群凋落物 C∶N∶P 生态化学计量学特征的影响

变异来源	自由度	凋落物全 C	凋落物全 N	凋落物全 P	凋落物 C∶N	凋落物 C∶P	凋落物 N∶P
降水量	4	10.196**	12.089**	20.331**	18.970**	11.583**	3.920*
物种	3	297.437**	263.067**	427.315**	92.258**	139.731**	178.378**
分解时间	6	175.307**	286.168**	292.056**	85.567**	96.550**	35.820**
降水量×物种	12	6.745**	9.606**	8.516**	16.458**	0.857	2.543*
降水量×分解时间	24	1.853**	4.452**	2.120**	5.111**	4.674**	0.877
物种×分解时间	18	3.044**	24.352**	17.958**	5.534**	8.220	6.033**
降水量×物种×分解时间	72	1.620**	1.742**	1.742**	2.382**	1.330*	0.988

表中数据为 F 值。*和**分别代表显著性水平小于 0.05 和 0.01

将 7 个分解时期的数据进行了整合，分析了 480 d 分解时期下降水量的综合影响（图 3-12）：降水量改变了四种凋落物 C∶N∶P 生态化学计量学特征，但其影响程度随物种不同而异。与自然降水量相比，减少 50% 降水量显著降低了草木樨状黄芪凋落物全 C 浓度和 C∶N（$p<0.05$）；增加降水量不同程度地提高了牛枝子凋落物全 C 浓度、C∶N、C∶P 和 N∶P，显著降低了其全 N 和全 P 浓度（$p<0.05$）；减少 50% 和增加 30% 降水量显著降低了猪毛蒿凋落物全 N 和全 P 浓度（$p<0.05$），增加和减少降水量显著提高了其 C∶N 和 C∶P（$p<0.05$）；减少 50% 和增加降水量均显著提高了白草凋落物全 C 浓度和 C∶N（$p<0.05$），减少 30% 降水量显著降低了 C∶P（$p<0.05$）。

（3）微生物生物量 C∶N∶P 生态化学计量学特征

与自然降水量相比，两年减少降水量（30% 和 50%）显著降低了微生物生物量 C 含量（$p<0.05$，表 3-3）。相比之下，增加 30% 降水量显著提高了微生物生物量 C 含量（$p<0.05$），但增加 50% 降水量使生物量 C 含量降低了 13.62%；生物量 N 含量随降水量增加而增加，但减少和增加降水量处理对其影响均不显著（$p>0.05$）；生物量 C∶N 在增加 30% 降水量处理下表现出最大值，过高或过低降水量均大幅度降低了生物量 C∶N。

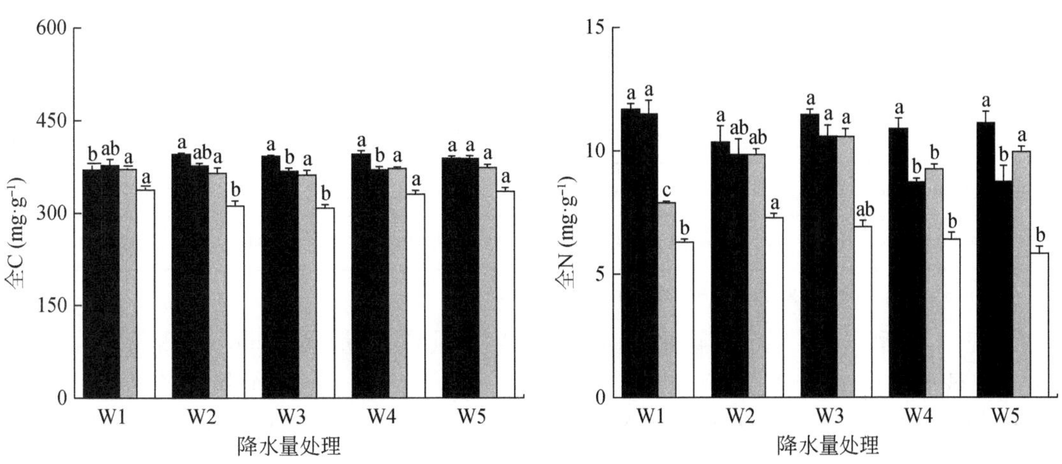

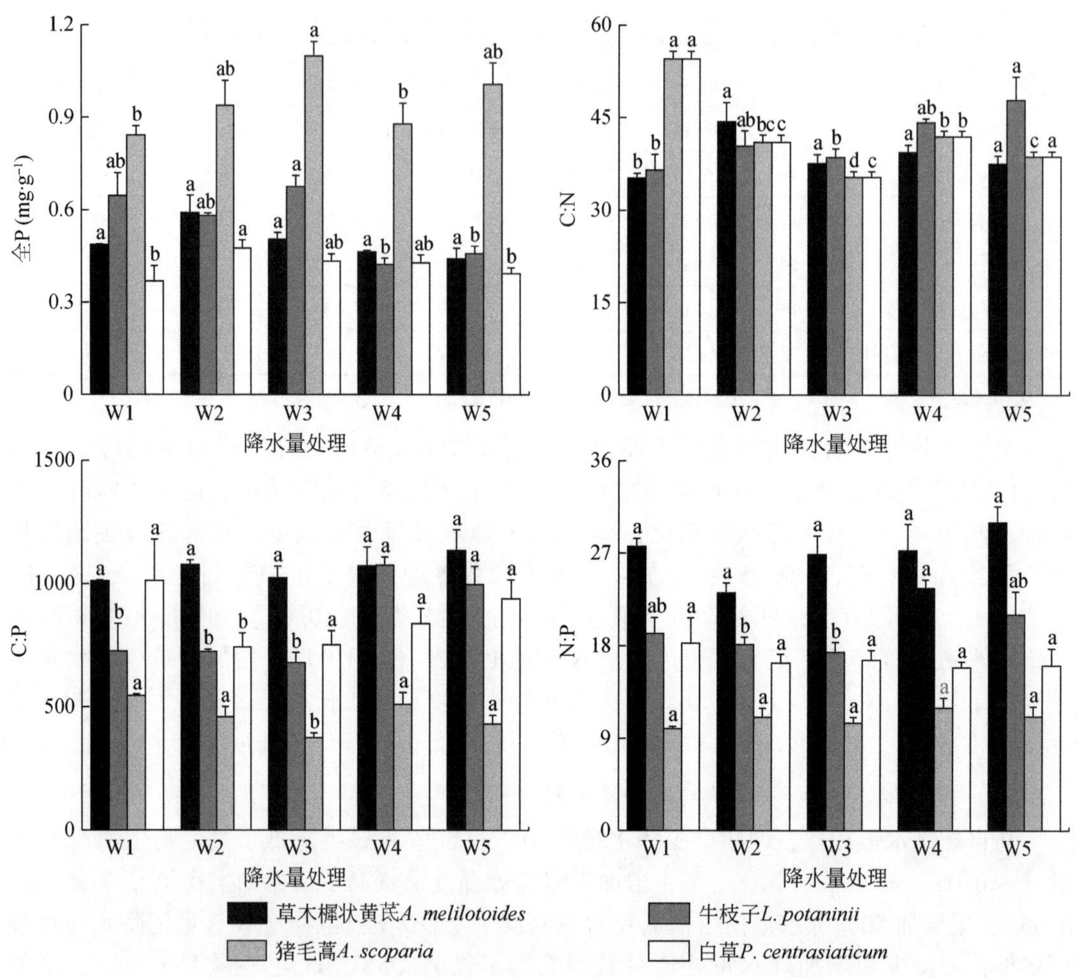

■ 草木樨状黄芪*A. melilotoides*　　■ 牛枝子*L. potaninii*
■ 猪毛蒿*A. scoparia*　　□ 白草*P. centrasiaticum*

图 3-12　480 d 分解时间下降水量对种群凋落物 C：N：P 生态化学计量学特征的影响

不同小写字母表示每个物种同一指标在降水量处理间的差异显著（$p<0.05$）

表 3-3　降水量对微生物生物量 C：N 生态化学计量学特征的影响

指标	W1	W2	W3	W4	W5
微生物生物量 C（$mg\cdot kg^{-1}$）	96.83±8.22 b	127.56±13.72 bd	174.13±15.77 a	242.75±12.29 c	150.42±6.21 ad
微生物生物量 N（$mg\cdot kg^{-1}$）	6.38±1.15 a	10.06±3.56 ab	10.37±2.39 ab	11.91±2.55 b	12.22±3.55 b
微生物生物量 C：N	15.94±4.18 a	16.30±8.85 a	19.03±7.09 ab	23.34±8.18 b	15.74±7.56 a

不同小写字母代表降水量处理间各指标的差异显著（$p<0.05$）

如表 3-4 所示，三年增减降水量对微生物生物量 C 含量、N 含量、P 含量、C：N 和 C：P 有显著（$p<0.05$）或极显著（$p<0.01$）影响，月份对 6 个指标有极显著影响（$p<0.01$），二者对生物量 C 含量、N 含量、P 含量和 C：P 有显著（$p<0.05$）或极显著的交互作用（$p<0.01$）。

表 3-4　降水量、月份及其交互作用对微生物生物量 C：N：P 生态化学计量学特征的影响

变异来源	自由度	MBC	MBN	MBP	C：N_m	C：P_m	N：P_m
降水量	4	15.853**	9.850**	14.727**	25.497**	3.396*	1.635
月份	2	154.925**	36.554**	14.634**	10.048**	92.288**	18.861**
降水量×月份	8	2.588*	3.230**	2.435*	1.024	5.506**	1.190

MBC、MBN、MBP、C：N_m、C：P_m和 N：P_m分别代表微生物生物量 C、N、P、C：N、C：P 和 N：P。表中数据为 F 值。* 和 ** 分别代表显著性水平小于 0.05 和 0.01

与自然降水量相比（图 3-13），三年减少降水量不同程度地降低了 5 月和 6 月微生物生物量 C 含量及 6 月生物量 N 含量、提高了 5 月份生物量 C：N 及 5 月份和 7 月份生物量 C：P，对生物量 P 含量和 N：P 的影响没有显著影响（p>0.05）；增加降水量不同程度地提高了 3 个月份微生物生物量 C 和 5 月份生物量 N 含量，对其他 4 个指标没有显著影响（p>0.05）。相同降水量处理间，随着月份增加微生物生物量 C 和 N 含量均增加，生物量 P 含量和 C：N 表现出先增加后降低的趋势，生物量 C：P 和 N：P 则在 6 月份时较低。

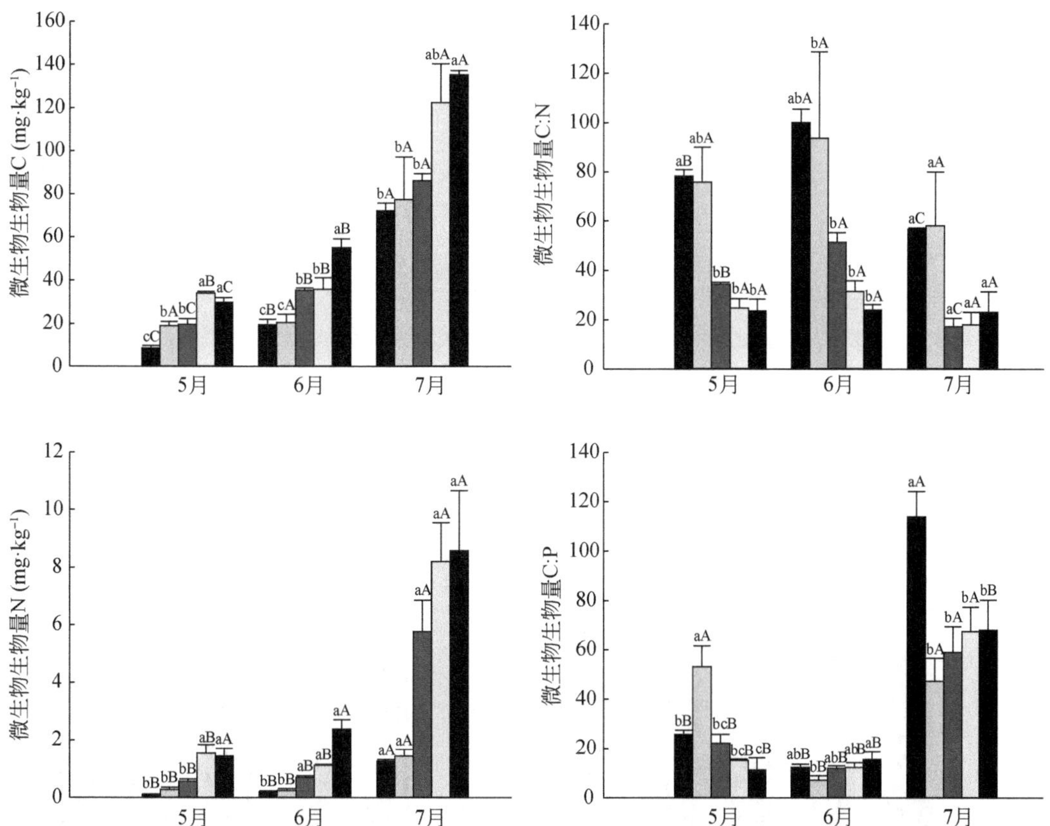

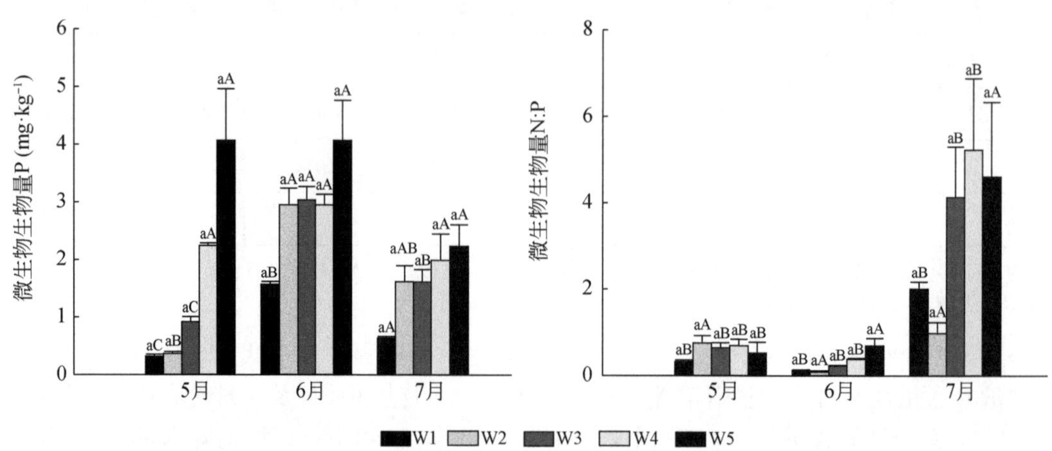

图 3-13　降水量对 5～7 月微生物生物量 C∶N∶P 生态化学计量学特征的影响

不同小写字母表示同一月份下降水量处理间各指标的差异显著（$p<0.05$）。

不同大写字母表示同一降水量处理下月份间各指标的差异显著（$p<0.05$）

（4）土壤 C∶N∶P 生态化学计量学特征

两年降水量变化对旺盛期土壤 C∶N∶P 生态化学计量学特征的影响较小（图 3-14）：与自然降水量处理相比较，除了增加 30% 降水量显著提高了土壤 C∶N 外（$p<0.05$），降水量对其他土壤指标的影响未达到显著水平（$p>0.05$）。土壤有机 C 含量、全 N 含量、全 P 含量、C∶N、C∶P 和 N∶P 的平均值分别为 3.53 g·kg^{-1}、0.45 g·kg^{-1}、0.36 g·kg^{-1}、7.94、10.03 和 1.26。因此，短期控制降水量条件下，土壤能够保持相对稳定的元素生态化学计量关系，不容易受到外界环境条件变化的影响。

凋落物分解过程中，各降水量处理下土壤有机 C 含量、全 N 含量、全 P 含量及其生态化学计量比无明显的变化规律（图 3-15）：有机 C 含量变化幅度较小；全 N 含量在分解 240～480 d 内迅速上升后又快速下降；全 P 含量在分解 0～60 d 迅速上升，在 180～240 d 内快速下降，之后趋于平稳；C∶N 的变化趋势与全 N 含量相反；C∶P 的变化趋势与有机 C 含量相似；N∶P 的变化趋势与全 P 含量相反。

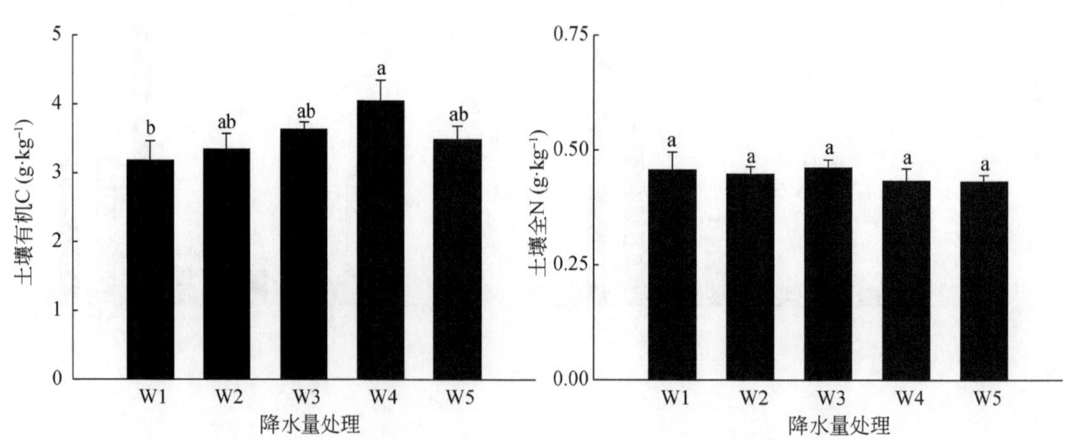

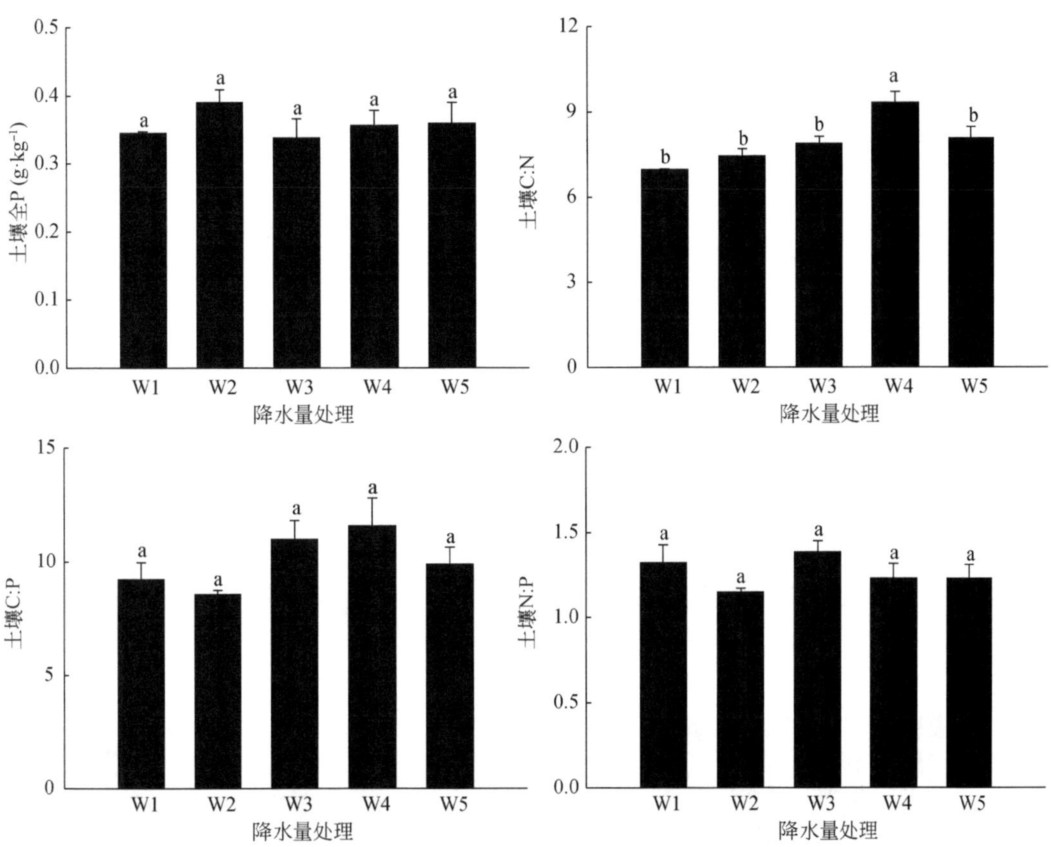

图 3-14　降水量对土壤 C：N：P 生态化学计量学特征的影响

不同小写字母代表降水量处理间各指标的差异显著（$p<0.05$）

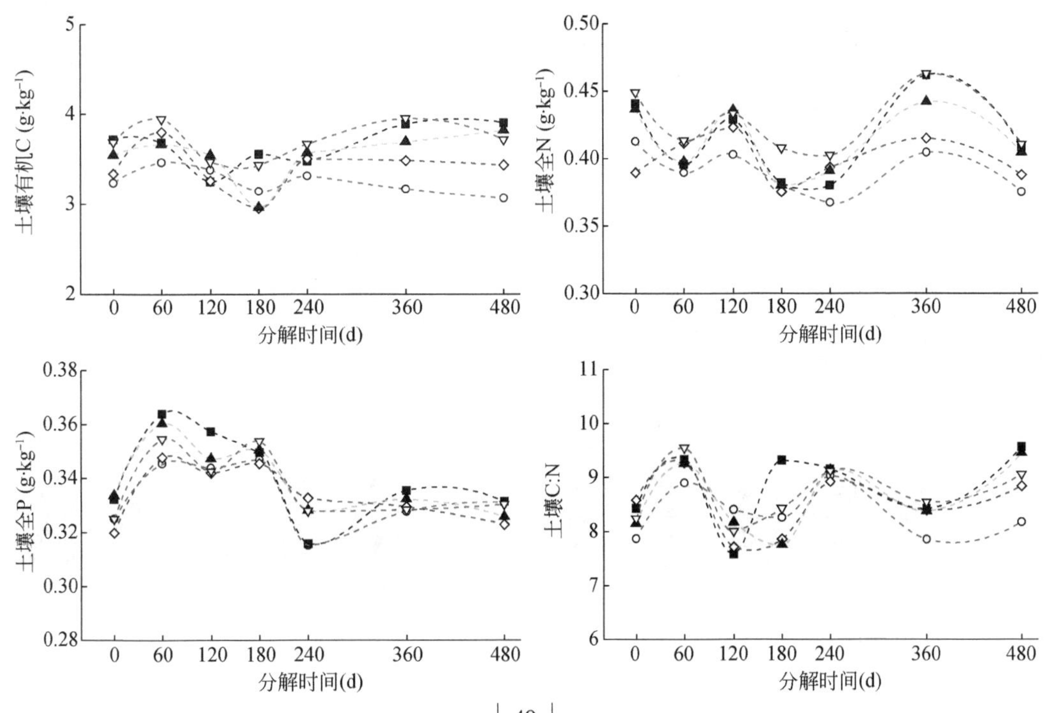

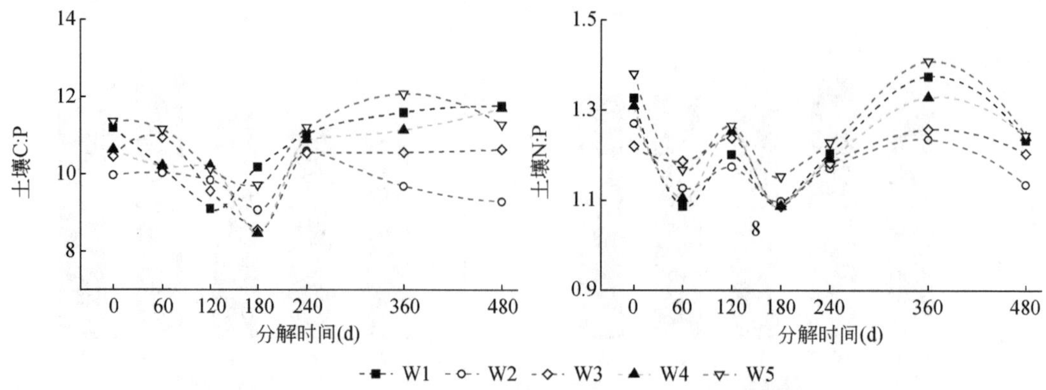

图 3-15 降水量变化下土壤 C：N：P 生态化学计量学特征的时间动态

对 7 个分解时间的数据进行了整合，分析了降水量变化的综合影响（图 3-16）。与自然降水量相比，减少和增加 30% 降水量对土壤 C：N：P 生态化学计量学特征无显著影响（p>0.05），增加 50% 降水量显著提高了土壤有机 C 含量、全 N 含量和 C：P（p<0.05）。

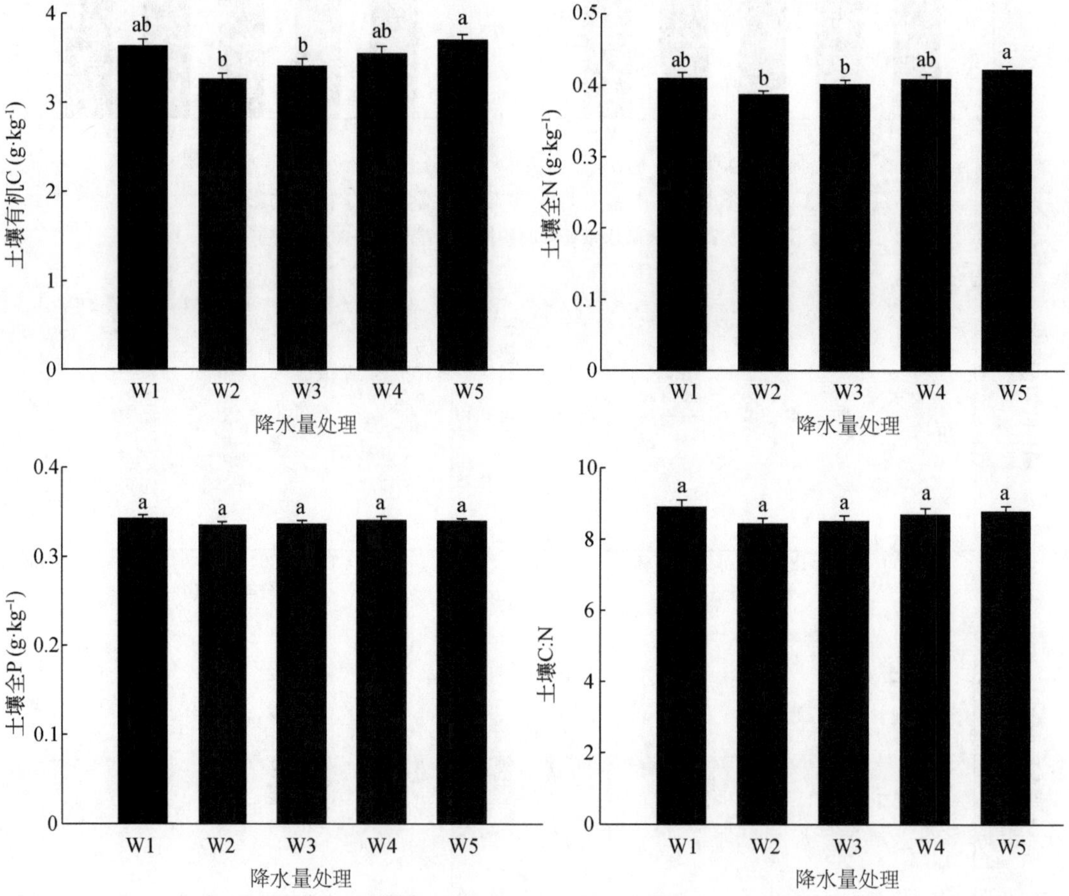

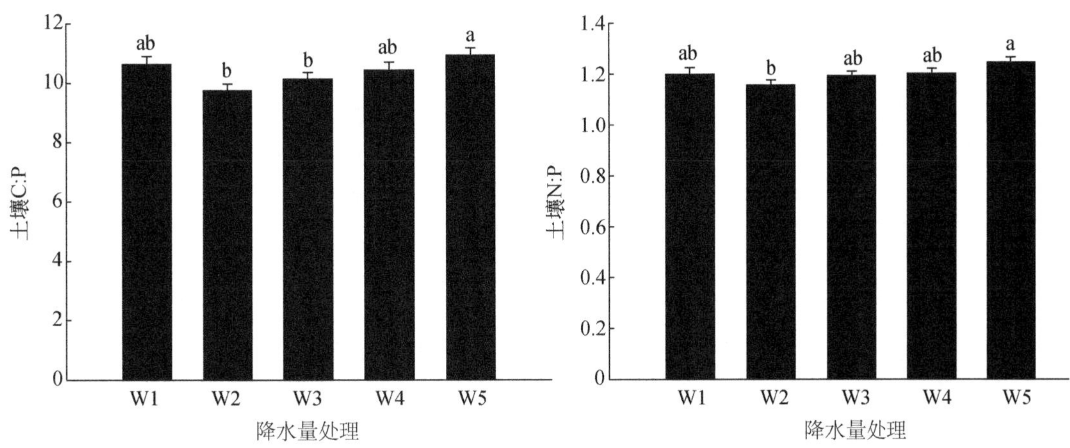

图 3-16　480 d 分解时间下降水量对土壤 C∶N∶P 生态化学计量学特征的影响

不同小写字母代表降水量处理间各指标的差异显著（$p<0.05$）

(5) 组分间 C∶N∶P 生态化学计量学特征的关系

1）土壤-植物 C∶N∶P 生态化学计量学特征。三年降水量变化下（表 3-5），旺盛期土壤 C∶N∶P 生态化学计量学特征与牛枝子及苦豆子绿叶 C∶N∶P 生态化学计量学特征均无显著的相关性（$p>0.05$）；土壤 C∶N∶P 生态化学计量学特征与草木樨状黄芪绿叶 C∶N 和 C∶P 均无显著的相关性（$p>0.05$），但与其绿叶 N∶P 显著正相关（$p<0.05$）；土壤有机 C 含量以及 C∶P 均与猪毛蒿绿叶 C∶N 显著负相关（$p<0.05$），而土壤 C∶N∶P 生态化学计量学特征与其绿叶 C∶P 和 N∶P 无显著的相关关系（$p>0.05$）；土壤有机 C 含量、C∶N 和 C∶P 分别与白草绿叶 C∶P 显著正相关（$p<0.05$），而土壤 C∶N∶P 生态化学计量学特征与其绿叶 C∶N 和 N∶P 无显著的相关关系（$p>0.05$）。

表 3-5　土壤与植物种绿叶 C∶N∶P 生态化学计量学特征的相关性

物种	指标	土壤有机 C	土壤全 N	土壤全 P	土壤 C∶N	土壤 C∶P	土壤 N∶P
牛枝子 *L. potaninii*	绿叶 C∶N	ns	ns	ns	ns	ns	ns
	绿叶 C∶P	ns	ns	ns	ns	ns	ns
	绿叶 N∶P	ns	ns	ns	ns	ns	ns
草木樨状黄芪 *A. melilotoides*	绿叶 C∶N	ns	ns	ns	ns	ns	ns
	绿叶 C∶P	ns	ns	ns	ns	ns	ns
	绿叶 N∶P	0.501 *	ns	ns	0.481 *	0.527 *	0.470 *
猪毛蒿 *A. scoparia*	绿叶 C∶N	−0.441 *	ns	ns	ns	−0.419 *	ns
	绿叶 C∶P	ns	ns	ns	ns	ns	ns
	绿叶 N∶P	ns	ns	ns	ns	ns	ns
白草 *P. centrasiaticum*	绿叶 C∶N	ns	ns	ns	ns	ns	ns
	绿叶 C∶P	0.526 *	ns	ns	0.529 *	0.486 *	ns
	绿叶 N∶P	ns	ns	ns	ns	ns	ns

续表

物种	指标	土壤有机 C	土壤全 N	土壤全 P	土壤 C : N	土壤 C : P	土壤 N : P
苦豆子 *S. alopecuroides*	绿叶 C : N	ns	ns	ns	ns	ns	ns
	绿叶 C : P	ns	ns	ns	ns	ns	ns
	绿叶 N : P	ns	ns	ns	ns	ns	ns

表中数据为相关系数。ns 代表显著性水平大于 0.05。* 代表显著性水平小于 0.05

2）土壤–凋落物 C : N : P 生态化学计量学特征。分析了三年降水量变化下旺盛期土壤与末期不同水平凋落物 C : N : P 生态化学计量学特征的相关性（表 3-6）。结果表明，土壤与牛枝子以及苦豆子枯叶 C : N : P 生态化学计量学特征均存在显著的相关性（$p<0.05$），而与其他 3 个物种枯叶 C : N : P 化学计量特征相关性较弱。具体而言，土壤有机 C 含量、C : N 和 C : P 均分别与两个物种枯叶 C : N、C : P 和 N : P 显著正相关（$p<0.05$）。此外，土壤全 N 含量与苦豆子枯叶 N : P、土壤 N : P 分别与苦豆子枯叶 C : P 和 N : P 也存在显著的正相关关系（$p<0.05$）。土壤与 4 个物种凋落物 C : N : P 生态化学计量学特征相关性均较弱（表 3-7），仅土壤 C : N 与牛枝子凋落物 C : P、土壤有机 C 含量和 C : N 分别与草木樨状黄芪凋落物 N : P 之间存在显著的正相关关系（$p<0.05$）。土壤与群落凋落物 C : N : P 生态化学计量学特征具有相对较强的相关性（表 3-7），具体表现在土壤 C : N 和 C : P 分别与凋落物 C : P、土壤有机 C 含量和 C : N 以及 C : P 分别与凋落物 N : P 存在显著的正相关关系（$p<0.05$）。

表 3-6　土壤与叶片凋落物 C : N : P 生态化学计量学特征的相关性

物种	指标	土壤有机 C	土壤全 N	土壤全 P	土壤 C : N	土壤 C : P	土壤 N : P
牛枝子 *L. potaninii*	枯叶 C : N	0.617**	ns	ns	0.619**	0.641**	ns
	枯叶 C : P	0.634**	ns	ns	0.642**	0.663**	ns
	枯叶 N : P	0.434**	ns	ns	0.445**	0.459**	ns
草木樨状黄芪 *A. melilotoides*	枯叶 C : N	ns	ns	ns	ns	ns	ns
	枯叶 C : P	ns	ns	ns	ns	ns	ns
	枯叶 N : P	ns	ns	0.450*	ns	ns	ns
猪毛蒿 *A. scoparia*	枯叶 C : N	ns	ns	ns	ns	ns	ns
	枯叶 C : P	ns	ns	ns	ns	ns	ns
	枯叶 N : P	ns	ns	ns	ns	ns	ns
白草 *P. centrasiaticum*	枯叶 C : N	ns	ns	ns	ns	ns	ns
	枯叶 C : P	ns	ns	ns	ns	ns	ns
	枯叶 N : P	ns	−0.414*	ns	ns	ns	−0.474*
苦豆子 *S. alopecuroides*	枯叶 C : N	0.580**	ns	ns	0.570**	0.600**	ns
	枯叶 C : P	0.547**	ns	ns	0.492**	0.533**	0.462**
	枯叶 N : P	0.530**	0.490**	ns	0.471*	0.507*	0.412**

表中数据为相关系数。ns 代表显著性水平大于 0.05。* 和 ** 分别代表显著性水平小于 0.05 和 0.01

表 3-7　土壤与种群和群落凋落物 C∶N∶P 生态化学计量学特征的相关性

物种	指标	土壤有机 C	土壤全 N	土壤全 P	土壤 C∶N	土壤 C∶P	土壤 N∶P
牛枝子 *L. potaninii*	凋落物 C∶N	ns	ns	ns	ns	ns	ns
	凋落物 C∶P	ns	ns	ns	0.402*	ns	ns
	凋落物 N∶P	ns	ns	ns	ns	ns	ns
草木樨状黄芪 *A. melilotoides*	凋落物 C∶N	ns	ns	ns	ns	ns	ns
	凋落物 C∶P	ns	ns	ns	ns	ns	ns
	凋落物 N∶P	0.409*	ns	ns	0.398*	ns	ns
猪毛蒿 *A. scoparia*	凋落物 C∶N	ns	ns	ns	ns	ns	ns
	凋落物 C∶P	ns	ns	ns	ns	ns	ns
	凋落物 N∶P	ns	ns	ns	ns	ns	ns
白草 *P. centrasiaticum*	凋落物 C∶N	ns	ns	ns	ns	ns	ns
	凋落物 C∶P	ns	ns	ns	ns	ns	ns
	凋落物 N∶P	ns	ns	ns	ns	ns	ns
群落水平	凋落物 C∶N	ns	ns	ns	ns	ns	ns
	凋落物 C∶P	ns	ns	ns	0.438*	0.444*	ns
	凋落物 N∶P	0.428*	ns	ns	0.469*	0.476*	ns

表中数据为相关系数。ns 代表显著性水平大于 0.05。* 代表显著性水平小于 0.05

凋落物分解过程中（表 3-8），群落水平凋落物 N 释放量与土壤有机 C 含量、全 P 含量和 C∶N 显著正相关（$p<0.05$），与土壤 N∶P 显著负相关（$p<0.05$）；凋落物 P 释放量与土壤全 P 含量和 C∶N 显著正相关（$p<0.05$），与土壤 N∶P 显著负相关（$p<0.05$）；凋落物 C 和 N 净释放率与土壤全 P 含量显著负相关（$p<0.05$），与土壤 C∶P 和 N∶P 显著正相关（$p<0.05$）。

表 3-8　480 d 分解时间内群落凋落物元素释放与土壤 C∶N∶P 生态化学计量学特征的相关性

指标	凋落物 C 释放量	凋落物 N 释放量	凋落物 P 释放量	凋落物 C 净释放率	凋落物 N 净释放率	凋落物 P 净释放率
土壤有机 C	ns	0.200*	ns	ns	ns	ns
土壤全 N	ns	ns	ns	ns	ns	ns
土壤全 P	ns	0.300**	0.377**	−0.381**	−0.383**	ns
土壤 C∶N	ns	0.301**	0.186*	ns	ns	ns
土壤 C∶P	ns	ns	ns	0.276**	0.233**	ns
土壤 N∶P	ns	−0.256**	−0.285**	0.340**	0.274**	ns

表中数据为相关系数。ns 代表显著性水平大于 0.05。* 和 ** 分别代表显著性水平小于 0.05 和 0.01

整个分解过程中（表3-9），60 d 分解时间内，土壤全 N 含量与群落凋落物全 C 浓度、土壤C：P 和 N：P 与群落凋落物 C：N 间显著正相关（$p<0.05$），土壤 C：P 和 N：P 与群落凋落物全 N 浓度、土壤 C：N 与群落凋落物 N：P 间显著负相关（$p<0.05$）；120 d 分解时间内，土壤 C：P 与群落凋落物全 N 浓度显著负相关（$p<0.05$），而与群落凋落物 C：N 显著正相关（$p<0.05$）；180 d 分解时间内，土壤全 N 含量、C：P 和 N：P 与群落凋落物 C：N 显著正相关（$p<0.05$），土壤 N：P 与群落凋落物全 N 浓度显著负相关（$p<0.05$）；240 d 和 360 d 分解时期内，土壤与群落凋落物生态化学计量学特征间无显著的相关性（$p>0.05$）；480 d 分解时期内，土壤有机 C 含量、全 N 含量、C：P 和 N：P 与群落凋落物全 N 浓度显著正相关（$p<0.05$）。

表 3-9　480 d 分解时期内群落凋落物与土壤 C：N：P 生态化学计量学特征的相关性

分解时间	指标	凋落物全 C	凋落物全 N	凋落物全 P	凋落物 C：N	凋落物 C：P	凋落物 N：P
60 d	土壤有机 C	ns	ns	ns	ns	ns	ns
	土壤全 N	0.440*	ns	ns	ns	ns	ns
	土壤全 P	ns	ns	ns	ns	ns	ns
	土壤 C：N	ns	ns	ns	ns	ns	-0.488*
	土壤 C：P	ns	-0.649**	ns	0.553**	ns	ns
	土壤 N：P	ns	-0.448*	ns	0.510*	ns	ns
120 d	土壤有机 C	ns	ns	ns	ns	ns	ns
	土壤全 N	ns	ns	ns	ns	ns	ns
	土壤全 P	ns	ns	ns	ns	ns	ns
	土壤 C：N	ns	ns	ns	ns	ns	ns
	土壤 C：P	ns	-0.520*	ns	0.504*	ns	ns
	土壤 N：P	ns	ns	ns	ns	ns	ns
180 d	土壤有机 C	ns	ns	ns	ns	ns	ns
	土壤全 N	ns	ns	ns	0.452*	ns	ns
	土壤全 P	ns	ns	ns	ns	ns	ns
	土壤 C：N	ns	ns	ns	ns	ns	ns
	土壤 C：P	ns	ns	ns	0.455*	ns	ns
	土壤 N：P	ns	-0.490*	ns	0.508*	ns	ns
240 d	土壤有机 C	ns	ns	ns	ns	ns	ns
	土壤全 N	ns	ns	ns	ns	ns	ns
	土壤全 P	ns	ns	ns	ns	ns	ns
	土壤 C：N	ns	ns	ns	ns	ns	ns
	土壤 C：P	ns	ns	ns	ns	ns	ns
	土壤 N：P	ns	ns	ns	ns	ns	ns

续表

分解时间	指标	凋落物全 C	凋落物全 N	凋落物全 P	凋落物 C∶N	凋落物 C∶P	凋落物 N∶P
360 d	土壤有机 C	ns	ns	ns	ns	ns	ns
	土壤全 N	ns	ns	ns	ns	ns	ns
	土壤全 P	ns	ns	ns	ns	ns	ns
	土壤 C∶N	ns	ns	ns	ns	ns	ns
	土壤 C∶P	ns	ns	ns	ns	ns	ns
	土壤 N∶P	ns	ns	ns	ns	ns	ns
480 d	土壤有机 C	0.553**	ns	ns	ns	ns	ns
	土壤全 N	0.767**	ns	ns	ns	ns	ns
	土壤全 P	ns	ns	ns	ns	ns	ns
	土壤 C∶N	ns	ns	ns	ns	ns	ns
	土壤 C∶P	0.478*	ns	ns	ns	ns	ns
	土壤 N∶P	0.578**	ns	ns	ns	ns	ns

表中数据为相关系数。ns 代表显著性水平大于 0.05。* 和 ** 分别代表显著性水平小于 0.05 和 0.01

种群水平上（表 3-10），植物种凋落物元素累积释放量与土壤元素含量存在不同程度的相关性：草木樨状黄芪凋落物 N、P 累积释放量均与土壤全 P 含量极显著正相关（$p<0.01$），均与土壤速效 P 浓度极显著负相关（$p<0.01$），其 N 累积释放量还与土壤有机 C 含量显著正相关（$p<0.05$）；牛枝子和猪毛蒿凋落物 C、N、P 累积释放量均与土壤速效 P 浓度极显著负相关（$p<0.01$），其中猪毛蒿凋落物 N、P 累积释放量还分别与土壤全 P 含量显著正相关（$p<0.05$）；白草凋落物 N、P 累积释放量分别与土壤速效 P 浓度显著负相关（$p<0.05$），P 累积释放量还与土壤有机 C 含量极显著正相关（$p<0.01$）。

表 3-10　480 d 分解时期内种群凋落物元素累积释放量与土壤元素含量的相关性

种群凋落物		土壤有机 C	土壤全 N	土壤全 P	土壤 NH_4^+-N	土壤 NO_3^--N	土壤速效 P
草木樨状黄芪 *A. melilotoides*	C 累积释放量	ns	ns	ns	ns	ns	ns
	N 累积释放量	0.182*	ns	0.343**	ns	ns	-0.237**
	P 累积释放量	ns	ns	0.327**	ns	ns	-0.300**
牛枝子 *L. potaninii*	C 累积释放量	ns	ns	ns	ns	ns	-0.250**
	N 累积释放量	ns	ns	ns	ns	ns	-0.317**
	P 累积释放量	ns	ns	ns	ns	ns	-0.335**
猪毛蒿 *A. scoparia*	C 累积释放量	ns	ns	ns	ns	ns	-0.275**
	N 累积释放量	ns	ns	0.224*	ns	ns	-0.386**
	P 累积释放量	ns	ns	0.205*	ns	ns	-0.334**

续表

种群凋落物		土壤有机 C	土壤全 N	土壤全 P	土壤 NH_4^+-N	土壤 NO_3^--N	土壤速效 P
白草 *P. centrasiaticum*	C 累积释放量	ns	ns	ns	ns	ns	ns
	N 累积释放量	ns	ns	ns	ns	ns	-0. 224 *
	P 累积释放量	0. 232 **	ns	ns	ns	ns	-0. 199 *

表中数据为相关系数。ns 代表显著性水平大于 0. 05。* 和 ** 分别代表显著性水平小于 0. 05 和 0. 01

种群水平上（表 3-11），土壤有机 C 含量与猪毛蒿和白草凋落物 C∶N 正相关；土壤全 N 浓度与草木樨状黄芪凋落物全 N 浓度、牛枝子凋落物全 C 浓度、白草凋落物全 C 浓度正相关，与草木樨状黄芪凋落物 C∶N 和 C∶P 负相关；土壤全 P 含量与白草凋落物全 C 浓度正相关，与草木樨状黄芪凋落物 C∶P 和 N∶P、牛枝子凋落物 C∶P 和 N∶P 及猪毛蒿凋落物 C∶P 负相关；土壤 C∶N 与猪毛蒿凋落物 C∶N 正相关，与草木樨状黄芪凋落物全 C 浓度、猪毛蒿凋落物全 N 浓度、白草凋落物全 P 浓度负相关；土壤 C∶P 与草木樨状黄芪凋落物 N∶P、牛枝子凋落物 C∶P 和 N∶P、猪毛蒿凋落物 C∶N 和 C∶P、白草凋落物 C∶P 正相关，与草木樨状黄芪凋落物全 C 浓度、猪毛蒿凋落物全 N 浓度、白草凋落物全 N 和全 P 浓度负相关；土壤 N∶P 与草木樨状黄芪凋落物全 N 浓度和 C∶N 正、负相关。

表 3-11　480 d 分解时期内种群凋落物与土壤 C∶N∶P 生态化学计量学特征之间的相关性

种群凋落物		土壤有机 C	土壤全 N	土壤全 P	土壤 C∶N	土壤 C∶P	土壤 N∶P
草木樨状黄芪 *A. melilotoides*	全 C	ns	ns	ns	-0. 172 *	-0. 211 *	ns
	全 N	ns	0. 231 **	ns	ns	ns	0. 245 **
	全 P	ns	ns	ns	ns	ns	ns
	C∶N	ns	-0. 274 **	ns	ns	ns	-0. 266 **
	C∶P	ns	-0. 172 *	-0. 221 **	ns	ns	ns
	N∶P	ns	ns	-0. 232 **	ns	0. 215 **	ns
牛枝子 *L. potaninii*	全 C	ns	0. 184 *	ns	ns	ns	ns
	全 N	ns	ns	ns	ns	ns	ns
	全 P	ns	ns	ns	ns	ns	ns
	C∶N	ns	ns	ns	ns	ns	ns
	C∶P	ns	ns	-0. 202 *	ns	0. 242 **	ns
	N∶P	ns	ns	-0. 186 *	ns	0. 237 **	ns
猪毛蒿 *A. scoparia*	全 C	ns	ns	ns	ns	ns	ns
	全 N	ns	ns	ns	-0. 209 *	-0. 190 *	ns
	全 P	ns	ns	ns	ns	ns	ns
	C∶N	0. 173 *	ns	ns	0. 207 *	0. 238 **	ns
	C∶P	ns	ns	-0. 176 *	ns	0. 165 *	ns
	N∶P	ns	ns	ns	ns	ns	ns

续表

种群凋落物		土壤有机 C	土壤全 N	土壤全 P	土壤 C：N	土壤 C：P	土壤 N：P
白草 *P. centrasiaticum*	全 C	ns	0.175 *	0.253 **	ns	ns	ns
	全 N	ns	ns	ns	ns	-0.176 *	ns
	全 P	ns	ns	ns	-0.209 *	-0.183 *	ns
	C：N	0.182 *	ns	ns	ns	0.214 **	ns
	C：P	ns	ns	ns	ns	ns	ns
	N：P	ns	ns	ns	ns	ns	ns

表中数据为相关系数。ns 代表显著性水平大于 0.05。* 和 ** 分别代表显著性水平小于 0.05 和 0.01

3）土壤–微生物生物量 C：N：P 生态化学计量学特征。两年降水量变化下（表 3-12），旺盛期土壤有机 C 含量、C：N 和 C：P 均与微生物生物量 C 含量显著正相关（$p<0.05$），土壤全 P 含量与微生物生物量 N 含量显著负相关（$p<0.05$）。三年降水量变化下，旺盛期土壤与微生物生物量 C：N：P 生态化学计量关系亦存在紧密的关系。其中，土壤有机 C 含量、C：N 和 C：P 均分别与微生物生物量 C、N 和 P 含量显著正相关（$p<0.05$），均分别与生物量 C：N 显著负相关（$p<0.05$）。相对地，土壤 C：N：P 生态化学计量学特征与微生物生物量 C：P 和 N：P 相关性均较弱，仅土壤全 P 含量与生物量 C：P 显著正相关（$p<0.05$）。

表 3-12　土壤与微生物生物量 C：N：P 生态化学计量学特征的相关性

年份	指标	土壤有机 C	土壤全 N	土壤全 P	土壤 C：N	土壤 C：P	土壤 N：P
2015	微生物生物量 C	0.509 *	ns	ns	0.736 **	0.590 **	ns
	微生物生物量 N	ns	ns	-0.485 *	ns	ns	ns
	微生物生物量 C：N	ns	ns	ns	ns	ns	ns
2016	微生物生物量 C	0.708 **	ns	ns	0.674 **	0.692 **	ns
	微生物生物量 N	0.582 **	ns	ns	0.612 **	0.601 **	ns
	微生物生物量 P	0.538 **	ns	ns	0.520 **	0.556 **	ns
	微生物生物量 C：N	-0.397 *	ns	ns	-0.406 *	-0.403 *	ns
	微生物生物量 C：P	ns	ns	0.405 *	ns	ns	ns
	微生物生物量 N：P	ns	ns	ns	ns	ns	ns

表中数据为相关系数。ns 代表显著性水平大于 0.05。* 和 ** 分别代表显著性水平小于 0.05 和 0.01

4）植物–微生物生物量 C：N：P 生态化学计量学特征。三年降水量变化下（表 3-13），微生物生物量 C 含量与牛枝子绿叶 C：P 和 N：P、草木樨状黄芪绿叶 N：P、白草绿叶 C：P 以及披针叶黄华绿叶 C：P 显著正相关（$p<0.05$），而与甘草绿叶 C：N 和 C：P 显著负相关（$p<0.05$）；微生物生物量 N 含量与草木樨状黄芪绿叶 N：P 显著正相关（$p<0.05$），而与草木樨状黄芪绿叶 C：N 以及甘草绿叶 C：N 和 C：P 显著负相关（$p<0.05$）；微生物生物量 P 含量分别与草木樨状黄芪绿叶 N：P 以及披针叶黄华绿叶 C：N 和 C：P 显著正相关（$p<0.05$），而与甘草绿叶 C：N 和 C：P 显著负相关（$p<0.05$）；微生物生物量 C：N 分别与草木樨状黄芪绿叶 C：N 以及甘草绿叶 C：P 显著正相关（$p<0.05$），而与苦

豆子绿叶 C∶P 显著负相关（$p<0.05$）；微生物生物量 C∶P 与甘草绿叶 C∶P 和 N∶P 显著正相关（$p<0.05$），而与披针叶黄华绿叶 C∶N 和 C∶P 显著负相关（$p<0.05$）；微生物生物量 N∶P 仅与草木樨状黄芪绿叶 C∶N 显著负相关（$p<0.05$）。

表 3-13　植物种绿叶与微生物生物量 C∶N∶P 生态化学计量学特征的相关性

物种	指标	微生物生物量 C	微生物生物量 N	微生物生物量 P	微生物生物量 C∶N	微生物生物量 C∶P	微生物生物量 N∶P
牛枝子 *L. potaninii*	绿叶 C∶N	ns	ns	ns	ns	ns	ns
	绿叶 C∶P	0.411 *	ns	ns	ns	ns	ns
	绿叶 N∶P	0.603 **	ns	ns	ns	ns	ns
草木樨状黄芪 *A. melilotoides*	绿叶 C∶N	ns	−0.559 **	ns	0.454 **	ns	−0.420 *
	绿叶 C∶P	ns	ns	ns	ns	ns	ns
	绿叶 N∶P	0.551 **	0.465 **	0.563 **	ns	ns	ns
猪毛蒿 *A. scoparia*	绿叶 C∶N	ns	ns	ns	ns	ns	ns
	绿叶 C∶P	ns	ns	ns	ns	ns	ns
	绿叶 N∶P	ns	ns	ns	ns	ns	ns
白草 *P. centrasiaticum*	绿叶 C∶N	ns	ns	ns	ns	ns	ns
	绿叶 C∶P	0.443 *	ns	ns	ns	ns	ns
	绿叶 N∶P	ns	ns	ns	ns	ns	ns
甘草 *G. uralensis*	绿叶 C∶N	−0.659 **	−0.504 *	−0.409 *	ns	ns	ns
	绿叶 C∶P	−0.413 *	−0.470 *	−0.581 **	0.457 *	0.658 **	ns
	绿叶 N∶P	ns	ns	ns	ns	0.686 **	ns
披针叶黄华 *T. lanceolata*	绿叶 C∶N	ns	ns	0.560 **	ns	−0.444 *	ns
	绿叶 C∶P	0.467 *	ns	0.578 **	ns	−0.500 *	ns
	绿叶 N∶P	ns	ns	ns	ns	ns	ns
苦豆子 *S. alopecuroides*	绿叶 C∶N	ns	ns	ns	ns	ns	ns
	绿叶 C∶P	ns	ns	ns	−0.425 *	ns	ns
	绿叶 N∶P	ns	ns	ns	ns	ns	ns

表中数据为相关系数。ns 代表显著性水平大于 0.05。* 和 ** 分别代表显著性水平小于 0.05 和 0.01

5）凋落物–微生物生物量 C∶N∶P 生态化学计量学特征。三年降水量变化下（表 3-14），叶片水平上，旺盛期微生物生物量 C 含量与牛枝子和披针叶黄华枯叶 C∶N∶P、猪毛蒿枯叶 C∶N 和 C∶P、白草枯叶 C∶N 以及苦豆子枯叶 C∶P 和 N∶P 显著正相关（$p<0.05$）；微生物生物量 N 含量分别与牛枝子枯叶 C∶N 和 C∶P、披针叶黄华枯叶 C∶N、C∶P 和 N∶P 以及苦豆子枯叶 C∶P 和 N∶P 显著正相关（$p<0.05$）；微生物生物量 P 含

量分别与牛枝子枯叶 C∶N 和 C∶P、猪毛蒿枯叶 C∶P、白草枯叶 C∶N、披针叶黄华枯叶 C∶N、C∶P 和 N∶P 以及苦豆子枯叶 C∶P 和 N∶P 显著正相关（$p<0.05$）；微生物生物量 C∶N 分别与牛枝子枯叶 C∶N、披针叶黄华枯叶 C∶N、C∶P 和 N∶P 以及苦豆子枯叶 C∶P 显著负相关（$p<0.05$）；微生物生物量 C∶P 仅与猪毛蒿枯叶 N∶P 显著负相关（$p<0.05$）；微生物生物量 N∶P 与草木樨状黄芪枯叶 N∶P 显著正相关（$p<0.05$），与其枯叶 C∶N 显著负相关（$p<0.05$）。

表 3-14　叶片凋落物与微生物生物量 C∶N∶P 生态化学计量学特征的相关性

物种	指标	微生物生物量 C	微生物生物量 N	微生物生物量 P	微生物生物量 C∶N	微生物生物量 C∶P	微生物生物量 N∶P
牛枝子 *L. potaninii*	枯叶 C∶N	0.647**	0.593**	0.681**	−0.454*	ns	ns
	枯叶 C∶P	0.639**	0.571**	0.638**	ns	ns	ns
	枯叶 N∶P	0.421*	ns	ns	ns	ns	ns
草木樨状黄芪 *A. melilotoides*	枯叶 C∶N	ns	ns	ns	ns	ns	−0.509**
	枯叶 C∶P	ns	ns	ns	ns	ns	ns
	枯叶 N∶P	ns	ns	ns	ns	ns	0.477**
猪毛蒿 *A. scoparia*	枯叶 C∶N	0.439*	ns	ns	ns	ns	ns
	枯叶 C∶P	0.461*	ns	0.462*	ns	ns	ns
	枯叶 N∶P	ns	ns	ns	ns	−0.594**	ns
白草 *P. centrasiaticum*	枯叶 C∶N	0.529**	ns	0.530**	ns	ns	ns
	枯叶 C∶P	ns	ns	ns	ns	ns	ns
	枯叶 N∶P	ns	ns	ns	ns	ns	ns
披针叶黄华 *T. lanceolata*	枯叶 C∶N	0.750**	0.684**	0.632**	−0.652**	ns	ns
	枯叶 C∶P	0.842**	0.740**	0.660**	−0.650**	ns	ns
	枯叶 N∶P	0.764**	0.682**	0.554**	−0.578**	ns	ns
苦豆子 *S. alopecuroides*	枯叶 C∶N	ns	ns	ns	ns	ns	ns
	枯叶 C∶P	0.515**	0.516**	0.424*	−0.434*	ns	ns
	枯叶 N∶P	0.646**	0.584**	0.507**	ns	ns	ns

表中数据为相关系数。ns 代表显著性水平大于 0.05。* 和 ** 分别代表显著性水平小于 0.05 和 0.01

种群水平上（表 3-15），微生物生物量 C 含量分别与牛枝子凋落物 C∶N 和 C∶P 以及白草凋落物 C∶N 和 C∶P 显著正相关（$p<0.05$）；微生物生物量 N 含量分别与牛枝子凋落物 C∶N 和 C∶P 以及白草凋落物 C∶N 和 C∶P 显著正相关（$p<0.05$），而与草木樨状黄芪凋落物 C∶N 显著负相关（$p<0.05$）；微生物生物量 P 含量分别与牛枝子凋落物 C∶N 以及白草凋落物 C∶N 和 C∶P 显著正相关（$p<0.05$）；微生物生物量 C∶N 与白草凋落物 C∶N 和 C∶P 显著负相关（$p<0.05$）；微生物生物量 C∶P 与草木樨状黄芪凋落物 N∶P 显著正相关（$p<0.05$），而与猪毛蒿凋落物 C∶P 显著负相关（$p<0.05$）；微生物生物量 N∶P 仅与草木樨状黄芪凋落物 C∶N 显著负相关（$p<0.05$）。

表 3-15　种群和群落凋落物与微生物生物量 C：N：P 生态化学计量学特征的相关性

物种	指标	微生物生物量 C	微生物生物量 N	微生物生物量 P	微生物生物量 C：N	微生物生物量 C：P	微生物生物量 N：P
牛枝子 *L. potaninii*	凋落物 C：N	0.500*	0.447*	0.548*	ns	ns	ns
	凋落物 C：P	0.597**	0.420*	ns	ns	ns	ns
	凋落物 N：P	ns	ns	ns	ns	ns	ns
草木樨状黄芪 *A. melilotoides*	凋落物 C：N	ns	-0.415*	ns	ns	ns	-0.484*
	凋落物 C：P	ns	ns	ns	ns	ns	ns
	凋落物 N：P	ns	ns	ns	ns	0.447*	ns
猪毛蒿 *A. scoparia*	凋落物 C：N	ns	ns	ns	ns	ns	ns
	凋落物 C：P	ns	ns	ns	ns	-0.424*	ns
	凋落物 N：P	ns	ns	ns	ns	ns	ns
白草 *P. centrasiaticum*	凋落物 C：N	0.632**	0.480*	0.657**	-0.485**	ns	ns
	凋落物 C：P	0.519**	0.434*	0.552**	-0.451*	ns	ns
	凋落物 N：P	ns	ns	ns	ns	ns	ns
群落水平	凋落物 C：N	ns	-0.423*	ns	0.552**	0.467*	ns
	凋落物 C：P	ns	ns	ns	ns	ns	ns
	凋落物 N：P	ns	0.592**	ns	-0.536**	ns	0.520**

表中数据为相关系数。ns 代表显著性水平大于 0.05。* 和 ** 分别代表显著性水平小于 0.05 和 0.01

群落水平上（表 3-15），微生物生物量 N 含量与群落凋落物 N：P 显著正相关（$p<0.05$），而与群落凋落物 C：N 显著负相关（$p<0.05$）；微生物生物量 C：N 与群落凋落物 C：N 显著正相关（$p<0.05$），而与群落凋落物 N：P 显著负相关（$p<0.05$）；微生物生物量 C：P 与群落凋落物 C：N 显著正相关（$p<0.05$）；微生物生物量 N：P 与群落凋落物 N：P 显著正相关（$p<0.05$）。

3.1.1.2　盆栽试验

(1) 叶片 C：N：P 生态化学计量学特征

沿三年供水量增加梯度（图 3-17），甘草绿叶 C：N：P 生态化学计量学特征均无显著的变化规律（$p>0.05$）；枯叶全 C 浓度、C：N、C：P、N：P 亦无显著的变化规律（$p>0.05$），全 N 和全 P 浓度呈显著的指数降低趋势（$p<0.05$）。绿叶全 C 浓度、全 N 浓度、全 P 浓度、C：N、C：P 和 N：P 的平均值分别为 413.69 $mg \cdot kg^{-1}$、35.82 $mg \cdot kg^{-1}$、2.21 $mg \cdot kg^{-1}$、11.68、192.38、16.40。枯叶全 C 浓度、全 N 浓度、全 P 浓度、C：N、C：P 和 N：P 的平均值分别为 367.62 $mg \cdot kg^{-1}$、19.85 $mg \cdot kg^{-1}$、1.28 $mg \cdot kg^{-1}$、19.02、295.49、15.67。

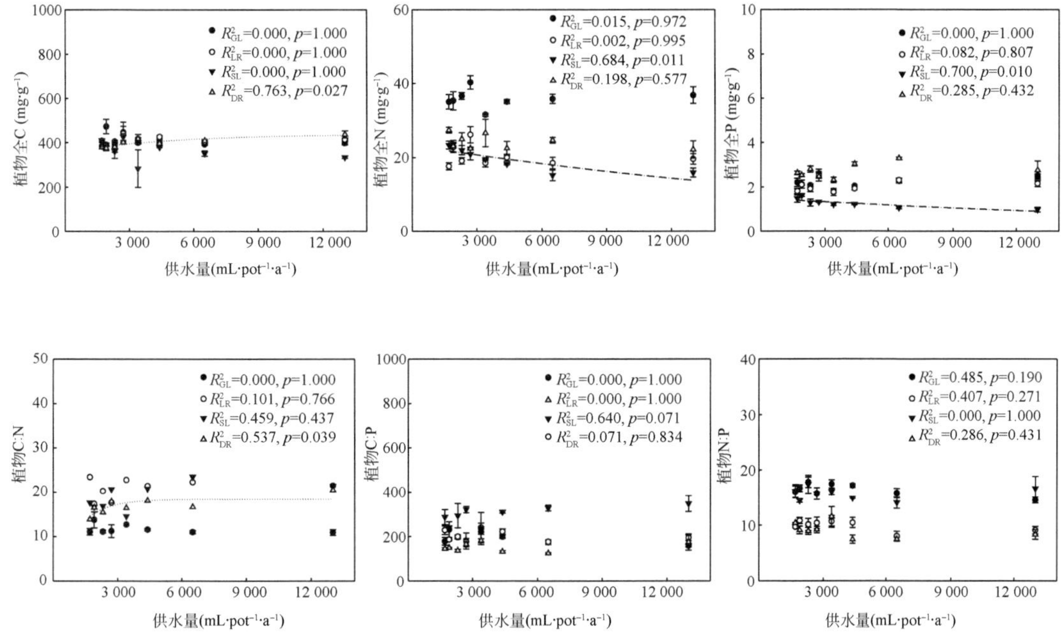

图 3-17　沿供水量梯度甘草叶片和根系 C∶N∶P 生态化学计量学特征的变化

黑色圆圈、白色圆圈、黑色三角形和白色三角形分别代表 8 月叶片、8 月根系、11 月叶片和 11 月根系

（2）根系 C∶N∶P 生态化学计量学特征

沿供水量增加梯度（图 3-17），8 月份甘草根系 C∶N∶P 生态化学计量学特征亦无显著的变化规律（$p>0.05$）；10 月份根系全 C 浓度和 C∶N 呈显著的指数增加趋势（$p<0.05$），全 N 浓度、全 P 浓度、C∶P 和 N∶P 变化趋势不显著（$p>0.05$）。8 月份根系全 C 浓度、全 N 浓度、全 P 浓度、C∶N、C∶P 和 N∶P 的平均值分别为 411.04 mg · kg^{-1}、20.30 mg · kg^{-1}、2.07 mg · kg^{-1}、20.83、202.67、9.92。11 月份根系全 C 浓度、全 N 浓度、全 P 浓度、C∶N、C∶P 和 N∶P 的平均值分别为 400.30 mg · kg^{-1}、24.23 mg · kg^{-1}、2.73 mg · kg^{-1}、16.93、150.95、9.07。

（3）土壤 C∶N∶P 生态化学计量学特征

两年供水量增加下（图 3-18），土壤有机 C 含量、全 P 含量和 C∶P 变化较小，分别从 11.8 g kg^{-1}变化至 10.36 g · kg^{-1}、从 0.66 g · kg^{-1}变化至 0.63 g · kg^{-1}、从 16.82 变化至 16.38；土壤全 N 含量和 N∶P 分别从 0.84 g · kg^{-1}降低至 0.49 g · kg^{-1}和从 1.34 降低至 0.79；C∶N 则从 12.53 增加至 21.70。土壤有机 C 含量、全 N 含量、全 P 含量、C∶N、C∶P 和 N∶P 的平均值分别为 11.8 g · kg^{-1}、0.66 g · kg^{-1}、0.62 g · kg^{-1}、18.28、19.02 和 1.07。

连续三年提高水分供给量显著降低了土壤全 N 含量和 N∶P（$p<0.05$，表 3-16），显著提高了 C∶N（$p<0.05$），对有机 C 含量、全 P 含量和 C∶P 无显著影响（$p>0.05$）；平

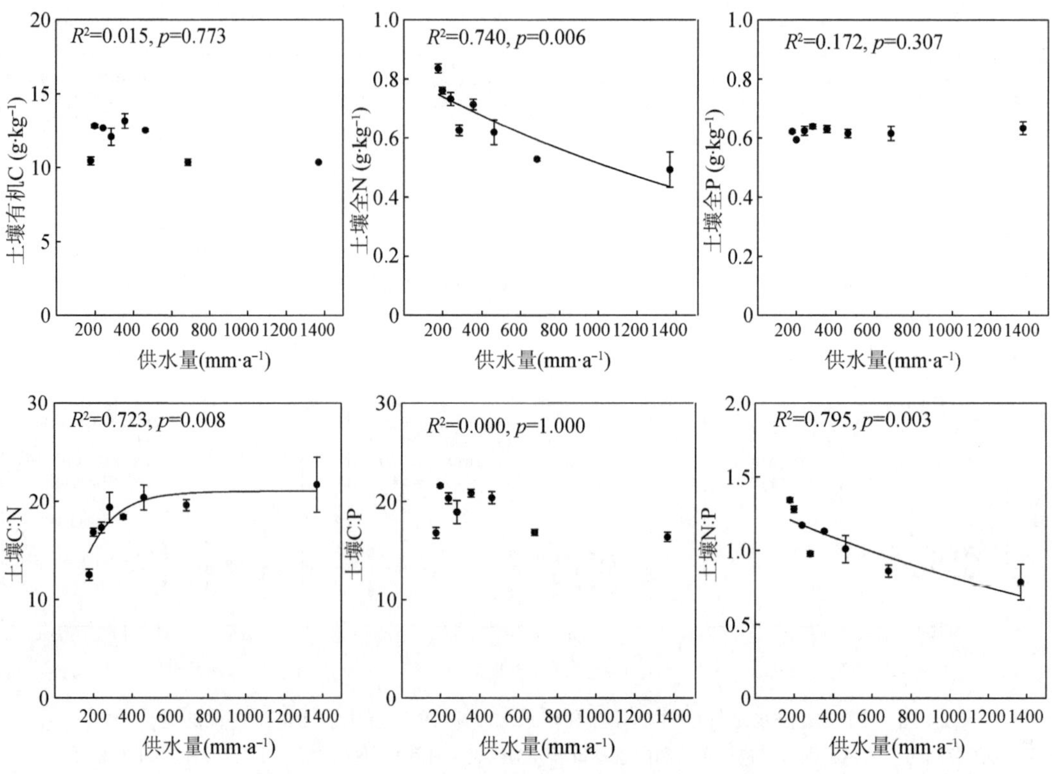

图 3-18 沿供水量梯度土壤 C：N：P 生态化学计量学特征的变化

均土壤有机 C 含量、全 N 含量、全 P 含量、C：N、C：P 和 N：P 分别为 7.58 $g \cdot kg^{-1}$、0.76 $g \cdot kg^{-1}$、0.61 $g \cdot kg^{-1}$、10.05、12.36、1.24。

表 3-16 供水量对甘草土壤 C：N：P 生态化学计量学特征的影响

处理	土壤有机 C ($g \cdot kg^{-1}$)	土壤全 N ($g \cdot kg^{-1}$)	土壤全 P ($g \cdot kg^{-1}$)	土壤 C：N	土壤 C：P	土壤 N：P
W1	7.32±0.34 ab	0.58±0.03 a	0.60±0.03 ac	12.73±0.07 a	12.25±0.36 abc	0.96±0.03 a
W2	7.76±0.38 ab	0.68±0.03 ac	0.62±0.01 ab	11.34±0.13 b	12.53±0.38 abc	1.10±0.02 ab
W3	7.43±0.23 ab	0.81±0.02 b	0.64±0.01 b	9.15±0.15 c	11.57±0.40 ab	1.26±0.04 bc
W4	7.79±0.79 ab	0.81±0.06 b	0.63±0.01 ab	9.53±0.32 cd	12.31±1.19 abc	1.29±0.09 bc
W5	6.96±0.09 a	0.80±0.05 bc	0.63±0.01 ab	8.72±0.53 c	11.06±0.24 a	1.28±0.08 bc
W6	7.38±0.25 ab	0.79±0.03 bc	0.61±0.03 ab	9.37±0.13 cd	12.01±0.11 abc	1.28±0.02 bc
W7	7.56±0.67 ab	0.81±0.05 bc	0.57±0.01 c	9.33±0.30 cd	13.18±1.22 bc	1.41±0.09 c
W8	8.45±0.02 b	0.83±0.05 b	0.61±0.02 ac	10.22±0.65 d	13.96±0.34 c	1.37±0.05 c

不同小写字母代表供水量处理间各指标的差异显著（p<0.05）

3.1.2 降水量影响植被-土壤系统 C∶N∶P 生态化学计量学特征的机制分析

3.1.2.1 野外原位试验

(1) 植物 C∶N∶P 生态化学计量学特征

1) 群落水平。降水量调控着土壤水分含量和养分动态，因此与植物对 N 和 P 的吸收策略密切相关，并直接影响着植物光合能力以及 C∶N∶P 生态化学计量学特征。以往研究表明，降水量与植物全 C 浓度的关系无一致的规律性。如有研究发现，降水量与藏北高寒草地低 C∶N 植物群落全 C 浓度负相关（马百兵等，2018），但与藏北高寒草原紫花针茅（*Stipa purpurea*）植物群落全 C 浓度无显著的相关性（洪江涛，2013）。本小节所述试验中，降水量增加 50% 处理显著降低了植物群落全 C 浓度，表明极端增加降水量降低了植物 C 储存能力。降水量增加 50% 亦显著降低了植物群落全 N 浓度，与针对典型草原植物的结果一致（邱喜元等，2018），反映了干旱半干旱环境下植物较强的 N 摄取能力。增加 30% 和 50% 降水量均显著降低了植物群落 N∶P，与针对北方典型荒漠及荒漠化地区植物的结果一致（李玉霖等，2010）。这可能是因为过量增加降水量增加了土壤 N 淋溶损失（王霖娇等，2018），进而导致荒漠草原植物群落 N 限制增强。相比之下，减少降水量处理对 C∶N∶P 生态化学计量学特征影响较小，反映了短期干旱胁迫下荒漠草原植物群落的生理生态适应性。此外，无论增加还是减少降水量均对植物群落 C∶N 和 C∶P 无显著影响，表明短期降水量的变化较难改变植物群落 C 与 N 和 P 之间的耦合关系。N 和 P 是植物生长所需的基础营养，因此以上结果可能证实了增加降水量条件下，研究区植物群落 C∶N∶P 平衡特征的改变将可能直接影响到植物生长和群落组成（Güsewell et al.，2005）。

2) 叶片水平。植物绿叶养分浓度是反映植物保持养分策略的重要参数。当土壤比较贫瘠时，较低的绿叶养分浓度有助于延长养分在其体内的滞留时间，从而降低植物对土壤养分的依赖性，因此是植物适应贫瘠生境的有效策略。本节野外试验中，减少 50% 降水量显著提高了牛枝子绿叶 N 和 P 以及猪毛蒿绿叶 P 摄取能力，与以往研究结果一致（丁小慧等，2012；杜满义等，2016）；增加降水量（30% 和 50%）显著降低了猪毛蒿绿叶 N 浓度，意味着随着降水对植物生长水分限制的缓解，猪毛蒿不再需要分配给绿叶大量的 N 以提高水分利用效率。植物枯叶养分浓度表征了植物从枯落叶片中回收养分的能力，较低的枯叶养分浓度意味着叶片养分回收较高。大尺度数据分析表明，沿降水梯度植物枯叶全 N 浓度呈增加趋势、枯叶全 P 浓度则呈降低趋势（Yuan & Chen，2009a）。但赵广帅等（2016）发现沿降水梯度羌塘高原紫花针茅枯叶全 N 浓度并没有表现出明显的变化趋势。本节中，减少降水量对几个物种枯叶 N 和 P 回收能力影响不明显，但增加降水量一定程度上提高了牛枝子、苦豆子和白草枯叶 N 和 P 回收度。综合来看，控制降水量条件下牛枝子自我调节养分利用策略的能力较强。因此，从养分保持策略角度考虑，减少降水量时较高的养分摄取和增加降水量时较高的养分回收能力，可能决定了牛枝子在群落中的优势种位置。

植物叶片 C∶N∶P 生态化学计量学特征在一定程度上可指示所在生态系统的 C 积累

动态和 N、P 养分限制格局（Elser et al., 2010）。叶片 C∶N 和 C∶P 代表着植物吸收营养元素时所能同化 C 的能力，反映了植物对 N 和 P 的利用效率。叶片 N∶P 是决定群落结构和功能的关键性指标，并且可以作为对生产力起限制性作用的 N 和 P 的指示剂。本节野外试验中，增加降水量一定程度上提高了几个物种绿叶 C∶N 和 C∶P，尤其是猪毛蒿和苦豆子，表明随着降水量增加物种 N 和 P 利用效率增加（Li et al., 2016c）；相比之下，减少降水量对几个物种绿叶 C∶N 和 C∶P 的影响较小，反映了物种对短期干旱胁迫的生理生态适应性。尽管连续两年控制降水量对物种枯叶 C∶N∶P 生态化学计量学特征的影响较小，但受枯叶全 N 和全 P 浓度变化趋势的影响，C∶N 和 C∶P 亦呈现出随降水量增加而逐渐增加的响应特点，尤其是牛枝子、猪毛蒿和苦豆子。由于枯叶 C∶N 和 C∶P 决定着养分从枯叶中释放的速率，因而以上结果意味着过多降水降低了物种枯叶分解质量（向元彬等，2017）。此外，研究发现增加降水量降低了猪毛蒿绿叶 N∶P、增加降水量 30% 降低了白草绿叶 N∶P，意味着增加降水量可能会加剧两个物种 N 受限性，与 Lü 等（2012）研究结果不同。综合几个物种叶片 C∶N∶P 生态化学计量学特征的变化特点，以上结果不仅反映了荒漠草原物种对 N 和 P 协调吸收的特点，而且也意味着荒漠草原物种对短期减少降水量具有一定的适应性，但其绿叶 C、N、P 生态化学计量平衡关系易受到降水量增加的影响。

（2）凋落物 C∶N∶P 生态化学计量学特征

1）群落水平 C、N、P 释放特征。降水量变化下，凋落物分解过程中 C、N、P 的释放模式会不断发生变化，其浓度又会影响凋落物的分解（郑兴蕊等，2021）。研究结果显示，在分解过程中各降水量处理下凋落物 C、N、P 释放率均呈上升趋势、浓度呈下降趋势。相比 N 和 P 在前 60 d 的快速释放，C 的释放速率较为均匀平缓。在凋落物分解过程中，一方面元素释放表现为植物越短缺的元素释放越快（耿元波和石晶晶，2012），因而 C 的释放率总体较为平缓；另一方面，凋落物中易分解物质和可溶性物质的分解、淋溶主要在分解前期进行（See et al., 2019；罗永清等，2017）。到了分解后期，木质素和纤维素等难分解物质相对比值增加，凋落物分解受到限制、分解速率逐渐降低（高海燕等，2018）。因而，研究中以化合物形式存在的 N、P 更容易淋溶和分解，在分解前期二者释放率上升较快、浓度降低较多；随着分解时间的延长，全 N 和全 P 浓度下降趋势逐渐减缓，与针对短花针茅（*Stipa breviflora*）荒漠草原的研究结果一致（霍利霞等，2018）。

2）群落水平 C∶N∶P 生态化学计量学特征。降水是影响陆地生态系统物质周转的重要环境要素，对凋落物分解有重要影响（Luo et al., 2016a）。本书研究中，降水量对凋落物全 C、全 N 和全 P 浓度的影响存在差异。其中，降水量对凋落物 C 释放量和全 C 浓度的影响不显著。这可能是由于 C 是结构性元素，不易受环境变化的影响（牛得草等，2011）。减少和增加 30% 降水量对凋落物全 N 和全 P 浓度影响亦较小，但增加 50% 降水量显著降低了凋落物全 N 和全 P 浓度，即极端增加降水量加速了凋落物 N 和 P 释放，进而提高了其 C∶N 和 C∶P。一方面，增加降水量有利于促进凋落物中可溶性物质的淋溶。另一方面，增加降水量会提高土壤和凋落物层含水量、改善微生物生活环境、增强微生物代谢能力，从而有助于凋落物的分解（Steinweg et al., 2012）。另外，在分解 60 d 之后，凋落物 C∶N 大于 25，且全 N 浓度趋于稳定，意味着此时微生物 N 受限性增强，不利于凋落物分解，但有助于凋落物养分富集（Tian et al.，2010）。

3）种群水平 C、N、P 释放特征。研究中，降水量变化下四种植物凋落物分解趋势存在一定差异，其元素迁移也呈现出两种模式，即淋溶-富集-释放和淋溶-释放。凋落物元素释放动态与其物种特性、元素初始浓度以及分解阶段有关。一般来说，低分解质量的凋落物元素释放需要的时间较长，且往往更容易从环境中固定元素，从而发生元素富集现象；反之，高分解质量的凋落物则容易发生元素释放现象（谌贤等，2017；赵红梅等，2020）。四种植物凋落物 C 释放率在整个分解期内平缓下降，N 和 P 释放率分解初期快速下降、后期趋于平缓。这是因为分解初期可溶性有机物以及以简单化合物形式存在的 N、P 更易经淋溶释放，分解后期纤维素、木质素等难分解物质占比增大，从而导致元素释放率减缓（Zechmeister-Boltenstern et al.，2015；贾丙瑞，2019）。物种间，一年生草本植物较短的生活周期、较低的生长构建成本和较高的光合速率等生长策略决定了其凋落物元素释放率较快于多年生草本和半灌木（赵红梅等，2020），因而猪毛蒿凋落物元素释放率整体上较快。

降水是调节凋落物元素释放的重要因素之一（Taylor et al.，2017；Du et al.，2020），但其影响随物种而异（谭向平和申卫军，2021）。本书研究中，降水量、分解时间和物种均影响着凋落物元素累积释放量，证实凋落物元素释放由多因素共同决定（Dias et al.，2017）；与自然降水量相比，减少降水量不同程度地降低了白草 P 累积释放量和猪毛蒿三种元素累积释放量，增加降水量表现出相反的效应。这可能由于减少降水量降低了土壤含水量，致使地下分解者数量及活性下降，不利于淋溶侵蚀和物理破碎，从而抑制凋落物元素释放（Santonja et al.，2019）；增加降水量不仅可以加速凋落物破碎和淋溶，还可以通过提高土壤含水量影响土壤微环境，使地下生物种类、数量和活力发生变化，进而促进凋落物分解和元素释放（Allison et al.，2013；王云霞等，2020）。但增加 50% 降水量时猪毛蒿 C 和 N 累积释放量降低，可能是过量增加降水量限制了猪毛蒿生长，导致土壤中溶解氧含量降低（谭向平和申卫军，2021），抑制土壤生物活动及分解过程，从而不利于凋落物元素释放（Joly et al.，2016）。

4）种群水平 C∶N∶P 生态化学计量学特征。本书研究中，四种植物凋落物全 C 浓度随着分解时间的增加缓慢下降，全 N 和全 P 浓度在分解前 60 d 下降较快，随后逐渐减缓；因而，C∶N、C∶P 和 N∶P 在分解初期较低，随分解时间增加呈上升趋势，与以往研究结果类似（Chen et al.，2018；Sun et al.，2019）。C 作为结构性元素，在大多数凋落物体内含量高且变异小。而 N、P 作为功能限制性元素，在凋落物体内含量低但变异大，决定着凋落物 C∶N∶P 生态化学计量比及分解质量（曾昭霞等，2015）。研究发现，凋落物 C∶N和 C∶P 越低，分解速率越快（敬如岩等，2017）；C∶N 和 N∶P 越高，微生物对养分的需求和结合能力就越强，养分释放潜力就越小（魏琳等，2018）。进一步的研究认为，凋落物元素释放和富集受阈值影响，即当 C∶N 低于 40（Parton et al.，2007）、C∶P 低于 480（Chen et al.，2018）时，凋落物 N 和 P 更易释放。本研究中，大多数情况下分解初期凋落物 C∶N ≤ 40、C∶P ≤ 480，也证实了凋落物 C∶N、C∶P 是影响 N 和 P 元素释放与富集的重要因素。

此外，与减少降水量相比，增加降水量对凋落物 C∶N∶P 生态化学计量学特征的影响较大。一方面，凋落物初始化学性质在控制凋落物分解速率方面起着核心作用（Bradford et al.，2016），其分解质量取决于植物生长和养分摄取状况。研究区植物长期处于干旱环境下，对降水量增加较敏感。增加降水量改变了植物生长策略，从而改变了凋落物化学性质、提高了凋落物分解速率（康扬眉，2019）。另一方面，增加降水量加速了凋落物物理破碎和淋溶损失，增加了土壤生物数量与活性，从而促进了凋落物元素释放、改变了凋落物生态化学计量学特征（Taylor et al.，2017）。此外，不同植物凋落物在结构（如叶片韧性和木质素含量）、营养（如 N 和主要阳离子）和防御（如酚类化合物）特征等方面的差异（霍利霞等，2019），导致其对降水量变化的响应各异。因而，物种亦影响着凋落物 C∶N∶P 生态化学计量学特征。综合分析表明，气候条件、植物群落组成、植物种特性等因素共同调控着凋落物分解（Cornwell et al.，2008；唐仕姗等，2014）。本书研究中三因素方差分析结果显示，分解时间对凋落物 C∶N∶P 生态化学计量学特征有极显著影响。因此，有待在今后的研究中，依据不同分解时期气温、风速、植物生长状况的变化特点，深入分析凋落物分解的影响因素。

（3）微生物生物量 C∶N∶P 生态化学计量学特征

微生物生物量是土壤有机质的活性组成成分，其大小反映了微生物对土壤养分同化和矿化的能力。降水是影响微生物生存和活性的重要因素，但其影响较为复杂，有关研究结论存在很大的不确定性。通常认为，微生物生物量 C 和 N 含量与土壤水分正相关。本书研究中，随降水量增加微生物生物量 C 和 N 含量亦呈增加趋势，但增加 50% 降水量使微生物生物量 C 含量较自然降水量处理降低了 13.62%。这可能是因为极端干旱时微生物和植物存在 C 和 N 竞争，且极端干旱严重抑制了微生物活性，从而导致微生物生物量 C 和 N 降低（Khalili et al.，2016；康清等，2015）。相比之下，增加降水量不仅缓解了土壤水分限制，而且提高了土壤 N 矿化速率和 N 有效性，从而刺激了微生物生长繁殖、促进了微生物生物量 C 和 N 积累，与以往研究结果类似（Xu et al.，2016；杨山等，2015）。然而，过高降水量易导致速效养分淋溶损失、微生物呼吸受阻等，进而不利于微生物生物量 C 积累。受微生物生物量 C 和 N 变化的影响，过多减少和增加降水量使微生物生物量 C∶N 呈较大幅度降低，与 Chen 等（2016b）针对我国西藏高寒草原 173 个采样点的综合数据结果相似。微生物生物量 C∶N 不仅决定着凋落物分解过程中 N 释放与否，而且影响着土壤 C∶N。因此，连续两年降水量变化下微生物生物量 C∶N 的变化势必会对土壤 N 供应和植物 N 需求间的动态平衡产生重要影响。

（4）土壤 C∶N∶P 生态化学计量学特征

1）植物生长季。试验中，围栏草地自 1998 年围封，自然降水量下其土壤有机 C、全 N 和全 P 含量分别为 3.63 $g \cdot kg^{-1}$、0.46 $g \cdot kg^{-1}$ 和 0.34 $g \cdot kg^{-1}$，略高于其他类似生态系统的报道值。Li 等（2014a）调查发现我国科尔沁沙地土壤有机 C、全 N 和全 P 含量分别为 3.13 $g \cdot kg^{-1}$，0.26 $g \cdot kg^{-1}$ 和 0.14 $g \cdot kg^{-1}$。Wen 等（2013）研究了一个位于我国西北部围封了 4 年的荒漠草原，发现其土壤有机 C 和全 N 含量的变化范围分别为 1.62～2.01 $g \cdot kg^{-1}$ 和 0.22～0.26 $g \cdot kg^{-1}$。以上结果证实长期围封有利于减少土壤有机 C 和养分损失（Wang & Wesche，2016），从而使土壤有机 C 和养分含量维持在一个相对较高的水平。然而与全国乃至全球的平均值相比（Cleveland & Liptzin，2007；Tian et al.，2010），试验样地有机 C 和养分水平依然很低，从而限制了研究区域植物生长和微生物繁殖。由于土壤是一个相对稳定的土壤 C 和养分库，能在短期环境变化下保持相对的弹性，因而连续两年降水量变化对土壤 C∶N∶P 生态化学计量学特征的影响较小，但增加 30% 降水量显著提高了土壤有机 C 含量和 C∶N，这可能是因为适量增加降水量促进了微生物活性（向元彬等，2017），从而加速了凋落物分解和土壤有机 C 积累。与对照相比，减少降水量对 NH_4^+-N、NO_3^--N 和速效 P 浓度的影响不明显，但增加 50% 降水量显著降低了 N 和 P 有效性。这一方面可能是由于增加降水量提高了土壤水分有效性，从而促进了植物生长以及对土壤养分的消耗。另一方面，试验区土壤为砂壤土，具有保水保肥性能差的特点。连续两年增加降水量下试验地土壤养分的淋溶损失增加，进而导致无机 N 和速效 P 浓度降低。

2）凋落物分解过程中。土壤 C∶N∶P 生态化学计量学特征是表征土壤有机质组成和养分受限类型的重要指标（刘娜等，2020；廖珂等，2020）。本书研究的野外原位试验中，土壤 C∶N∶P 生态化学计量学特征没有一致的时间变化规律。但可以发现，C∶P 的变化趋势与有机 C 含量相似。这可能是因为土壤 C∶P 是衡量微生物矿化土壤有机物质释放 P 或吸收固持 P 潜力的指标，其值的变化主要受土壤有机 C 含量的调控（曹娟等，2015）。总体而言，降水量对土壤 C∶N∶P 生态化学计量学特征影响较小，但增加 50% 降水量显著提高了土壤有机 C 和全 N 含量。这可能归咎于土壤有机 C、全 N 和全 P 来源的不同。其中，有机 C 是土壤中有机质在微生物参与下矿化与腐殖化综合作用的结果，全 N 主要来源于微生物参与下的生物固 N、矿化作用以及随降水进入土壤中的 N，而全 P 主要来源于成土母质。由于成土母质的风化作用时间跨度较长，P 释放过程也较缓慢且稳定，因而随降水量变化的波动程度也较小（周正虎和王传宽，2016a）。受有机 C 和全 P 含量变化的影响，增加 50% 降水量条件下土壤 C∶P 也显著增高。这说明极端增加降水量加速了沙质土壤 P 淋溶、加剧了微生物 P 限制（俞月凤等，2014）。

（5）组分间 C∶N∶P 生态化学计量学特征的关系

1）群落凋落物元素分解特征与土壤 C∶N∶P 生态化学计量学特征的关系。凋落物分解和元素释放影响着土壤化学性质，在维持土壤肥力、促进生态系统能量和物质循环等方面起着重要作用（曲浩等，2010）。同时，土壤养分状况影响着植被生长和微生物活性（李宜浓等，2016）。因而，凋落物分解特征与土壤元素含量的关系可能取决于凋落物元素归还、植物养分摄取、微生物活动方向（释放和固持）之间的动态平衡。本书研究中，分解 180 ~ 360 d，凋落物与土壤 C∶N∶P 生态化学计量学特征之间无显著相关关系，其他各个分解时期也没有较为一致的结论。这可能是由于凋落物元素分解进入土壤之后的转化是一个缓慢而又复杂的过程，尚未达到稳定状态，因而缺乏明显的相关性（蒋倩等，2020）。

从分解的整个时期来看，凋落物 P 释放与土壤全 P 含量显著正相关，表明凋落物 P 归还促进了土壤 P 库积累、提高了土壤 P 供给水平；凋落物全 C 浓度与土壤全 N 和全 P 含量正相关，但与有机 C 含量没有显著相关性。这可能是由于凋落物分解中 C 的转化更多的是以 CO_2 的形式释放到空气中，从而对土壤有机 C 积累影响较小（王维奇等，2011）；凋落物全 N 浓度与土壤 C∶N 与负相关，凋落物 C∶N 则与土壤 C∶N 正相关，表明凋落物 N 释放促进土壤 N 库积累、缓解土壤 N 限制。除此之外，凋落物分解特征与土壤 C∶N∶

P生态化学计量学特征关系不显著。这可能是降水对土壤元素的直接淋溶、植物养分摄取和微生物养分固持/释放等过程综合作用的结果（王新源等，2013）。

2）种群凋落物元素累积释放量与土壤元素含量的相关性。凋落物是植物与土壤之间进行物质交换的枢纽。凋落物有机质和养分通过分解释放归还给土壤，而土壤在植物生长过程中又源源不断地输送有机质和养分以维持植物生长（Miao et al.，2019；田静等，2019）。因此，凋落物元素归还量与土壤元素含量之间的关系，取决于凋落物元素释放与植物元素摄取之间的动态平衡。本书研究中，四种植物凋落物P累积释放量均与土壤速效P浓度负相关，与其他研究结果相似（葛晓改等，2012；代松家等，2020），有待结合植物P摄取对此进行深入分析；草木樨状黄芪凋落物N累积释放量和白草凋落物P累积释放量均与土壤有机C含量正相关。C是有机质的主要组成元素，可以为分解者提供可利用能源。本书研究结果证实土壤有机C含量越高越有利于促进凋落物元素释放（代松家等，2020）；此外，草木樨状黄芪和猪毛蒿凋落物P累积释放量与土壤全P正相关，与以往研究结果一致（Cleveland et al.，2011），表明二者P释放会提高土壤全P含量、促进土壤P库积累。

3.1.2.2 盆栽试验

(1) 甘草C∶N∶P生态化学计量学特征

以往研究表明，植物全N浓度较全C和全P浓度对降水量变化反应敏感（Jia et al.，2016），使得N∶P较C∶N和C∶P对降水量变化的反应明显。然而，植物C∶N∶P生态化学计量学特征对降水量变化的响应格局随物种不同而异，同时表现出尺度依赖性。基于全球尺度的数据分析表明，干旱降低了植物叶片N∶P（Yuan & Chen，2015）。针对我国东北芦苇（*Phragmites australis*）的研究发现随着降水量降低，植物叶片N∶P降低、C∶N和C∶P升高（Liu et al.，2015）。本章的盆栽试验中，除枯叶全N和全P浓度外，水分供给对豆科植物甘草叶片C∶N∶P生态化学计量学特征的影响未呈现出明显的规律性，意味着增加供水量会导致甘草N和P回收能力提高，反映了甘草应对高水分供给引起的土壤N和P消耗的正反馈调节。

试验中，除11月份根系全C浓度和C∶N外，水分供给对豆科植物甘草根系C∶N∶P生态化学计量学特征的影响未呈现出明显的规律性，与一些针对非固N植物的研究结果不同（Lü et al.，2012；Liu et al.，2015）。其中一个可能的原因在于，豆科植物根系可以与固氮细菌产生共生关系，以便更好地固定空气中的N。这种自主调控的N策略使得固N植物较不容易受到连续三年供水量变化的影响。一定程度上，甘草相对稳定的根系C∶N∶P生态化学计量学特征使得其能够保持高的元素内稳性和低的环境敏感性，反映了其对干旱环境的适应性。

(2) 土壤C∶N∶P生态化学计量学特征

尽管降水调控着土壤C∶N∶P生态化学计量学特征，然而目前二者的关系尚缺乏一致的结论。例如，开展于半干旱草地的研究发现，土壤含水量调控着无机源的P供应，因此旱季土壤全P含量降低，从而抑制着植物生长和微生物活性（Dijkstra et al.，2012）。基于一个连续 6 年干旱胁迫的野外试验，Sardans 等（2008）观察到干旱提高了土壤有机 C 含量，但对全 N 含量的影响较小。其他一些研究发现降水量与土壤全 P 含量无一致的关系，而与有机 C 和全 N 含量密切正相关（Dalal & Chan，2001；McCulley et al.，2009，Lü et al.，2011）。沿我国北方 3500 km 的温带气候样带的研究表明，与湿润区相比，干旱区土壤有机 C 含量、全 N 含量、全 P 含量、C∶P、N∶P 较低，而土壤 C∶N 较高，意味着降水量变化会导致土壤 C∶N∶P 生态化学计量关系失衡（Jiao et al.，2016）。干旱环境下较低的土壤全 N 含量和 N∶P 在北美中部大草原土壤（McCulley et al.，2009）和中国森林土壤（Chen et al.，2016a）也有报道。

试验中，2012 年供水量对土壤有机 C 和全 P 含量的影响较小。土壤有机 C 和全 P 含量变化较小而 N 有效性明显降低，导致 N∶P 降低、C∶N 升高。以上结果与一项开展于内蒙古温带草原的研究结果不同。该项研究发现降水量未明显改变土壤 C∶N（He et al.，2012）；2013 年，供水量增加增强了土壤 N 有效性，但是对全 N 含量无显著影响。然而，过多水分供给（每 1 d 或 2 d 供给 100 mL 的频率）导致土壤全 N 含量急速降低。其可能原因是供试土壤为保水保肥能力弱的沙土，过多的水分供给导致 N 淋溶损失风险增加（Chen et al.，2017），进而引起土壤 C∶N 升高、N∶P 降低。由于土壤其他养分（尤其 P）有效性变化的不协调，N 有效性的变化将会导致养分失衡（Sardans et al.，2012），进而通过改变土壤 C∶N∶P 平衡关系对自然和人为管理的生态系统产生重要影响（Peñuelas et al.，2013）。

3.2 土壤基本性质

基于野外原位试验，研究人员对两年降水量处理对旺盛期 0～20 cm 土壤含水量、温度、pH、NH_4^+-N 浓度、NO_3^--N 浓度和速效 P 浓度的影响进行了研究；分析了三年降水量处理对 5～7 月 0～20 cm 土壤蔗糖酶、脲酶和磷酸酶活性的影响；研究了 480 d 凋落物分解时期内 0～20 cm 土壤含水量、pH、电导率、NH_4^+-N 浓度、NO_3^--N 浓度、速效 P 浓度、过氧化氢酶、蔗糖酶和脲酶的时间动态及其对降水量变化的响应特征。

3.2.1 降水量对土壤基本性质的影响

3.2.1.1 物理性质

（1）植物生长季

连续两年降水量处理改变了土壤含水量，但对温度影响不明显（表 3-17）。平均土壤含水量和温度分别为 7.56% 和 29.81 ℃。

表 3-17 降水量对土壤含水量和温度的影响

土壤指标	W1	W2	W3	W4	W5
土壤含水量（%）	4.15±0.33 b	6.87±1.14 ab	7.76±0.767 a	9.15±0.42 ac	9.85±0.74 c
土壤温度（℃）	29.50±0.70 a	29.43±0.90 a	29.96±0.47 a	29.94±0.49 a	30.24±0.47 a

不同小写字母代表降水量处理间各指标的差异显著（$p<0.05$）

（2）凋落物分解过程中

如图 3-19 所示，土壤含水量呈上升—下降—上升趋势，且在 240 d 时最低。与自然降水量相比，增加降水量在 60 d、120 d 和 240 d 时显著提高了含水量（$p<0.05$），减少 30% 降水量在 60 d 时显著提高了含水量（$p<0.05$），在 180 d 时显著降低了含水量（$p<0.05$），减少 50% 降水量在 180 d 和 240 d 时显著降低了含水量（$p<0.05$）。

3.2.1.2 化学性质

（1）植物生长季

两年降水量变化下（表 3-18），与自然降水量相比，降水量对土壤 pH 无显著影响（$p>0.05$）；减少降水量（30% 和 50%）和增加 30% 降水量对土壤无机 N 和速效 P 浓度无明显影响，增加 50% 降水量显著减低了土壤 NH_4^+-N、NO_3^--N 和速效 P 浓度（$p<0.05$）；平均 pH、NH_4^+-N 浓度、NO_3^--N 浓度和速效 P 浓度分别为 8.58、2.76 mg·kg^{-1}、2.72 mg·kg^{-1}和 2.51 mg·kg^{-1}。

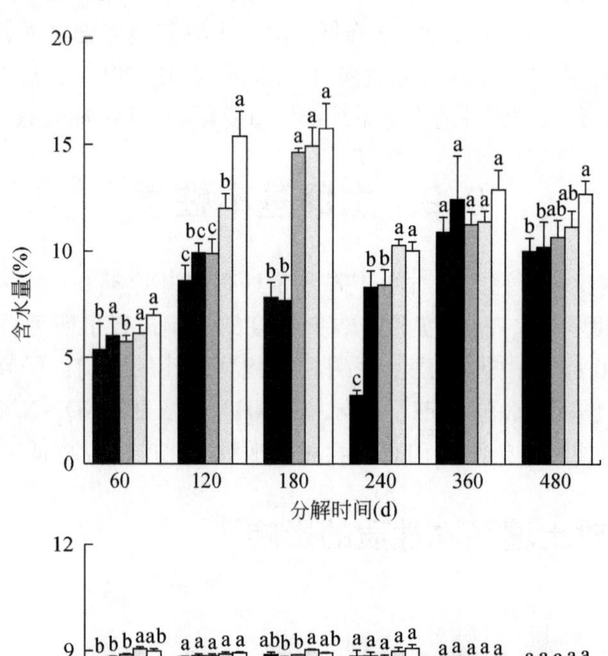

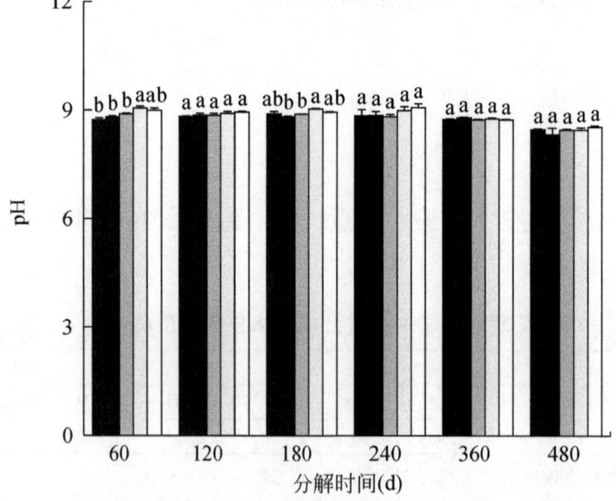

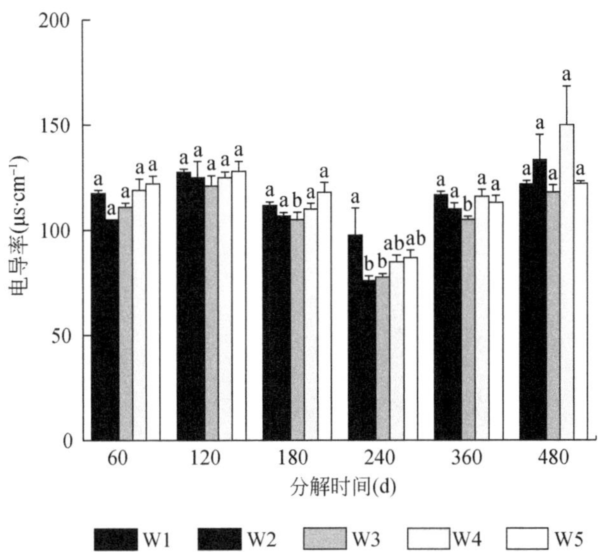

图 3-19　各分解时期降水量对土壤含水量、pH 和电导率的影响

不同小写字母表示相同分解时间下各指标在降水量处理间的差异显著（$p<0.05$）

表 3-18　降水量对土壤 pH、NH_4^+-N 浓度、NO_3^--N 浓度和速效 P 浓度的影响

土壤指标	W1	W2	W3	W4	W5
pH	8.47±0.03 a	8.48±0.01 a	8.48±0.02 a	8.69±0.04 a	8.77±0.07 a
NH_4^+-N（$mg \cdot kg^{-1}$）	3.10±0.07 a	3.13±0.06 a	3.03±0.02 a	3.22±0.07 a	1.33±0.13 b
NO_3^--N（$mg \cdot kg^{-1}$）	3.30±0.02 a	3.37±0.08 a	3.19±0.04 a	3.16±0.23 a	0.59±0.02 b
速效 P（$mg \cdot kg^{-1}$）	3.00±0.30 ab	3.27±0.09 a	3.06±0.10 a	2.23±0.45 b	1.02±0.04 c

不同小写字母代表降水量处理间各指标的差异显著（$p<0.05$）

（2）凋落物分解过程中

480 d 的分解时期内，各降水量处理下土壤 pH 和电导率呈现不同的时间动态（图 3-19）。具体表现为：电导率呈上升—下降—上升趋势，且在 240 d 时最低；pH 整体波动较小，在 480 d 时最低。与自然降水量相比，增加 30% 降水量在 60 d 时显著降低了 pH（$p<0.05$），在 180 d 时显著提高了 pH（$p<0.05$）；减少和增加降水量在 180 d 和 360 d 时显著提高了电导率（$p<0.05$），减少 50% 降水量在 240 d 时显著提高了电导率（$p<0.05$）。

如图 3-20 所示，各降水量处理下土壤 NH_4^+-N 和 NO_3^--N 浓度呈升高—降低—升高—降低趋势，波动性较大，速效 P 浓度呈上升趋势；与自然降水量相比，减少和增加降水量在 120 d 和 240 d 时显著提高了 NO_3^--N 浓度（$p<0.05$），减少 50% 降水量在 180 d 和 480 d 时显著提高了 NO_3^--N 浓度（$p<0.05$），增加 50% 降水量在 480 d 时显著提高了 NO_3^--N 浓度（$p<0.05$）；减少 50% 降水量在 180 d 时显著增加了速效 P 浓度（$p<0.05$），减少 30% 降水量在 120 d 和 180 d 时显著增加了速效 P 浓度（$p<0.05$），增加 30% 降水量在 240 d 和 480 d 时显著降低了速效 P 浓度（$p<0.05$），增加 50% 降水量在 60 d、120 d、240 d 和 480 d 时

显著降低了速效 P 浓度（p<0.05）。减少和增加降水量对 NH_4^+-N 浓度无显著性影响（p>0.05）。

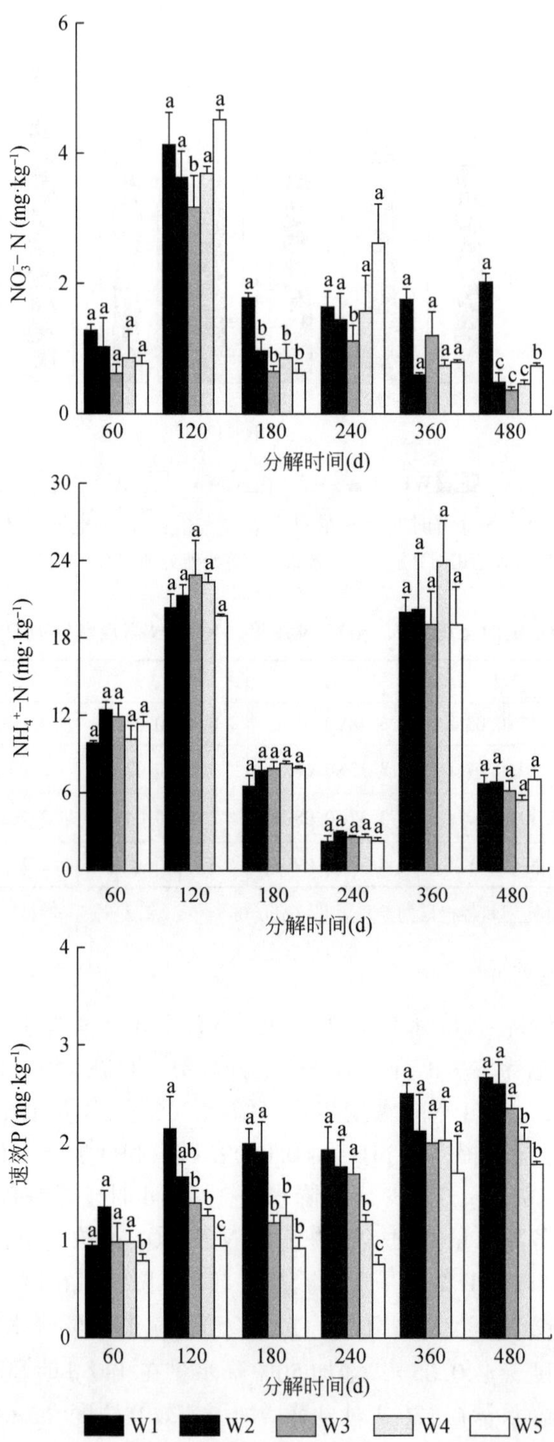

图 3-20　各分解时期降水量对土壤 NH_4^+-N、NO_3^--N 和速效 P 浓度的影响

不同小写字母表示相同取样时间下各指标在降水量处理间的差异显著（p<0.05）

3.2.1.3 生物学性质

(1) 植物生长季

表 3-19 中，降水量对蔗糖酶和磷酸酶活性有极显著影响（$p<0.01$），月份对脲酶和磷酸酶活性有极显著影响（$p<0.01$），二者仅对磷酸酶活性有极显著的交互作用（$p<0.01$）。

表 3-19 降水量、月份及其交互作用对土壤酶活性的影响

变异来源	自由度	蔗糖酶活性	脲酶活性	磷酸酶活性
降水量	4	24.764**	2.678	6.082**
月份	2	1.084	10.806**	85.559**
降水量×月份	8	1.445	0.584	3.249**

表中数据为 F 值。** 分别代表显著性水平小于 0.05 和 0.01

三年减少降水量对三种酶活性的影响较小，增加降水量的影响较大（图 3-21）。与自然降水量相比，仅减少 50% 降水量在 7 月份对蔗糖酶活性产生显著影响（降低，$p<0.05$）；增加 30% 和 50% 降水量在三个月份均显著提高了蔗糖酶活性（$p<0.05$），在 6 月份和 7 月份不同程度地提高了磷酸酶活性，对脲酶活性没有显著影响（$p>0.05$）。相同降水量处理间，蔗糖酶活性在月份间差异较小，脲酶活性在 5 月时较高，磷酸酶活性在 7 月时较高。

(2) 凋落物分解过程中

表 3-20 中，降水量对过氧化氢酶活性有显著影响（$p<0.05$），对脲酶和蔗糖酶活性有极显著影响（$p<0.01$），分解时间对三种酶活性均有极显著影响（$p<0.01$），二者的交互作用对三种酶活性均无显著影响（$p>0.05$）。

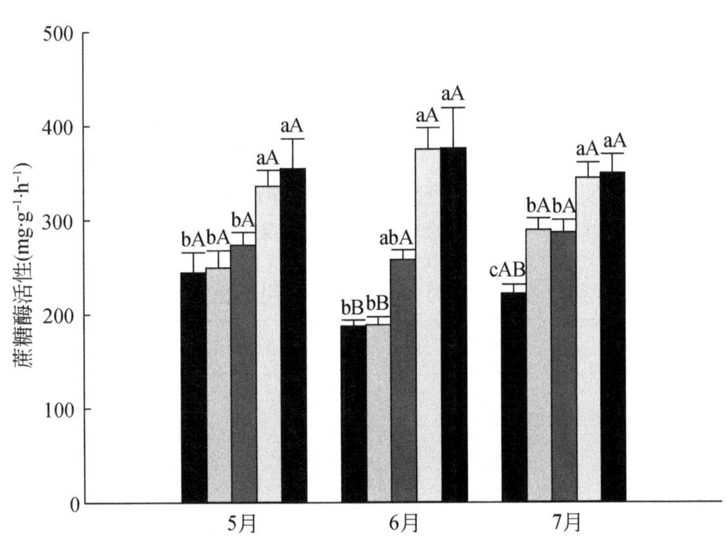

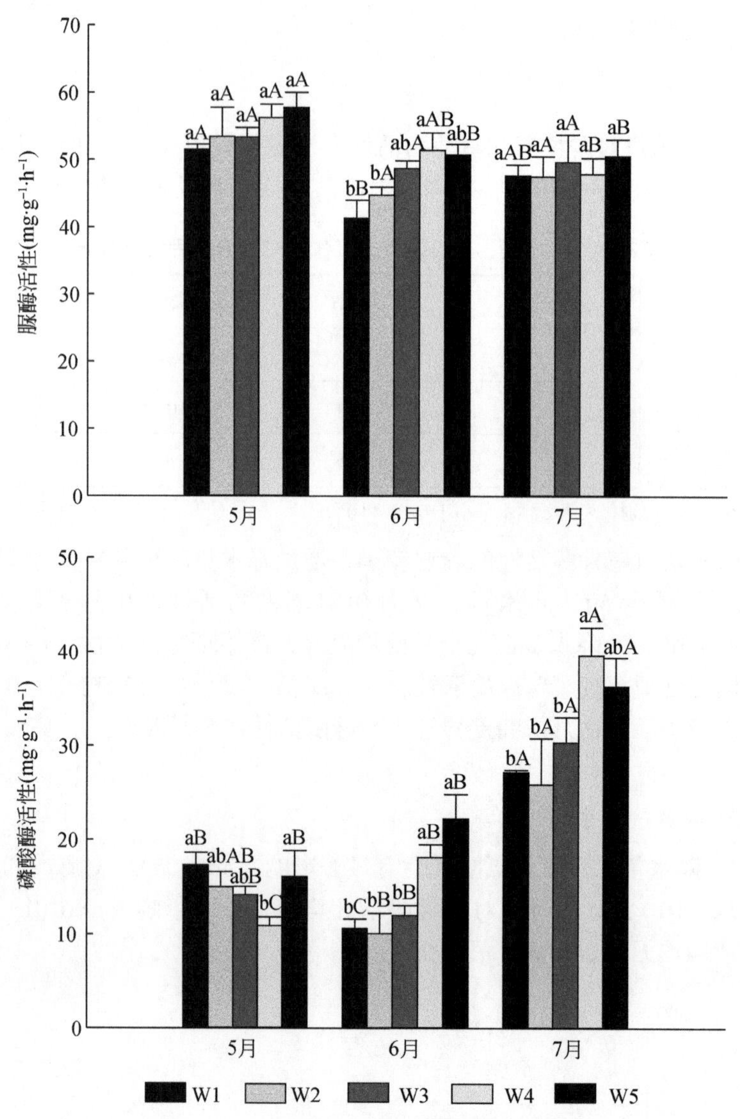

图 3-21　降水量对 5～7 月土壤酶活性的影响

不同小写字母表示同一月份下降水量处理间各指标的差异显著（$p<0.05$）。

不同大写字母表示同一降水量处理下月份间各指标的差异显著（$p<0.05$）

表 3-20　降水量、分解时间及其交互作用对土壤酶活性的影响

变异来源	自由度	过氧化氢酶活性	蔗糖酶活性	脲酶活性
降水量	4	2.499 *	7.373 **	11.195 **
取样时间	5	93.920 **	35.552 **	20.134 **
降水量×分解时间	20	1.293	1.012	1.194

表中数据为 F 值。* 和 ** 分别代表显著性水平小于 0.05 和 0.01

总体而言，在为期 480 d 的分解过程中，各降水量处理下酶活性的时间动态因种类不同而异（图 3-22）：过氧化氢酶活性呈上升趋势，脲酶和蔗糖酶活性呈上升—下降—上升趋势。与自然降水量相比，减少 50% 降水量在 180 d 时显著提高了过氧化氢酶活性（$p<0.05$），增加 30% 降水量在 240 d 时显著降低了过氧化氢酶活性（$p<0.05$），其他时期增减降水量的影响不显著（$p>0.05$）；增加 50% 降水量在 180 d 时显著提高了蔗糖酶活性（$p<0.05$），其他时期增加和减少降水量的影响不显著（$p>0.05$）；减少和增加降水量显著提高了脲酶活性（$p<0.05$），增加 30% 降水量在 240 d 显著提高了脲酶活性（$p<0.05$），增加降水量在 360 d 显著提高了脲酶活性（$p<0.05$），其他时期增加和减少降水量的影响不显著（$p>0.05$）。

将各分解时期的酶活性进行了平均，分析了降水量的综合影响（图 3-23）。结果表明，过氧化氢酶活性随降水量增加呈下降趋势，蔗糖酶和脲酶活性随降水量增加呈上升趋势，且减少 50% 降水量显著降低了脲酶活性（$p<0.05$）。

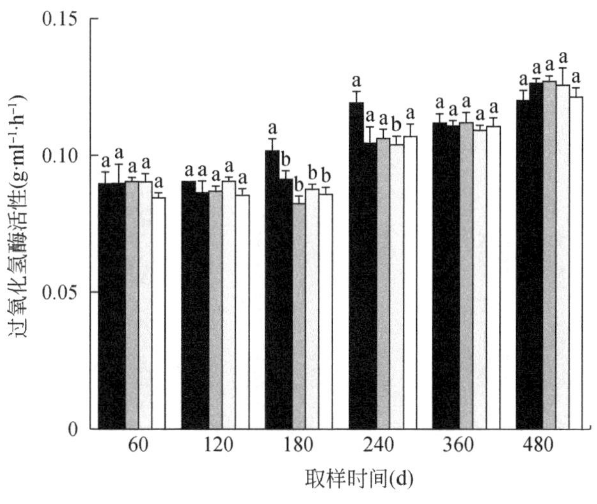

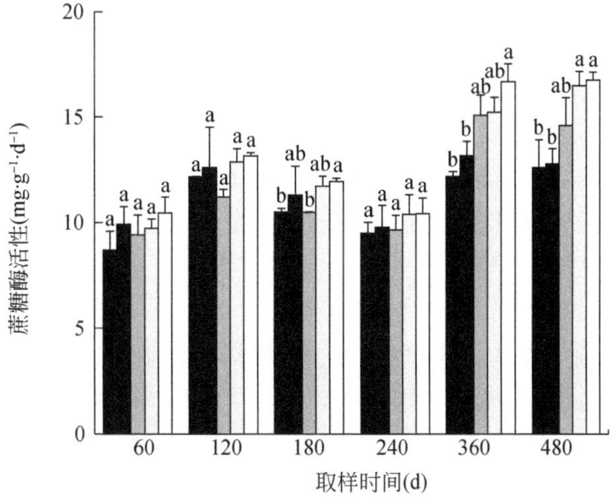

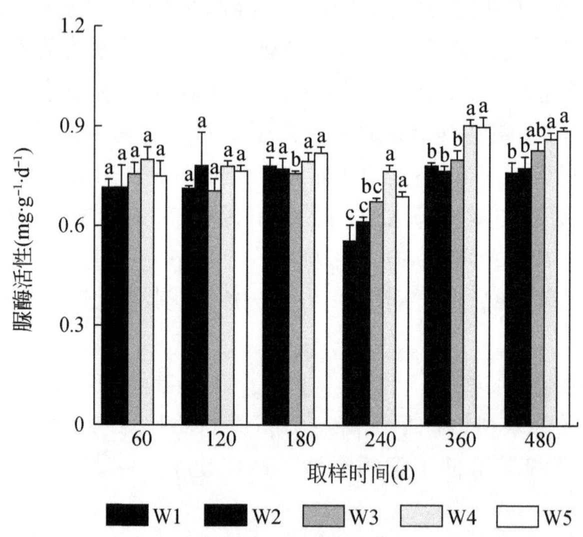

图 3-22　各分解时期降水量对土壤酶活性的影响

不同小写字母表示相同取样时间下降水量处理间各指标的差异显著（$p<0.05$）

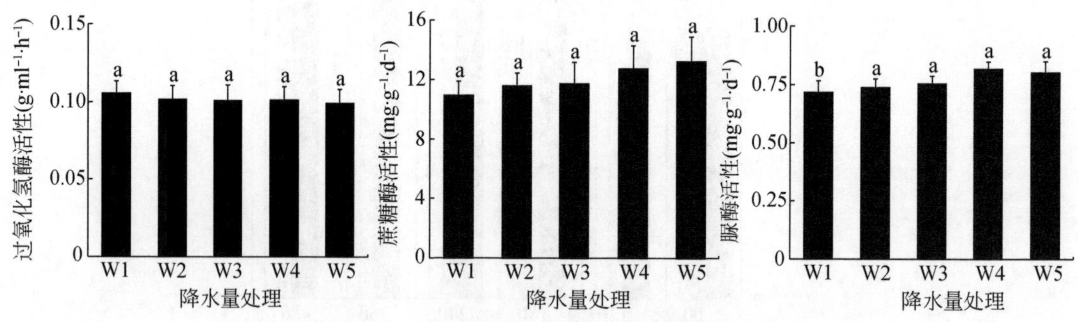

图 3-23　480 d 分解时间下降水量对土壤酶活性的影响

不同小写字母表示降水量处理间各指标的差异显著（$p<0.05$）

3.2.2　降水量影响土壤基本性质的机制分析

通常而言，降水量变化对土壤 pH 和电导率影响较小；减少降水量降低了土壤水分有效性，从而降低了土壤养分可利用性，但土壤速效 N 和 P 浓度的高低又依赖于植物对 N 和 P 的吸收程度。适量增加降水量提高了土壤水分含量，从而促进了元素的移动性和有效性。过量增加降水量则会导致土壤养分淋溶损失增加，尤其 N 损失；相比之下，土壤酶种类的多样化和功能的复杂性，导致土壤酶活性的响应在不同气候条件、土壤状况和生态系统类型中表现不同。固本小节以土壤酶活性为例，探讨了降水量对土壤性质的影响。

试验发现，连续三年增加降水量在一定程度上提高了蔗糖酶和磷酸酶活性，与已有研究结果一致（刘迪等，2020）；相比之下，减少降水量对三种酶活性影响较小。这可能是因为增加降水量可以提高土壤水分含量、增强土壤养分有效性，进而促进植物地下部分生长和微生物活性、刺激了酶的分泌（Li et al.，2016d）。同时，随着微生物可作用的底物增多，酶活性相应增强（马朋等，2015）。而在降水量减少下，一方面植被生长和微生物代谢产酶能力会受到水分的限制，导致土壤有机质含量低下，蔗糖酶活性也随之降低（孙岩等，2018）；另一方面，植物和微生物长期适应了干旱环境，对短期降水量减少反应不敏感（钞然等，2018）。因而，相比增加降水量，减少降水量对土壤酶活性影响较小（闫钟清等，2017a）。此外，与蔗糖酶和磷酸酶相比，降水量对脲酶活性影响较小，与闫钟清等（2017a）的研究结果不同。这可能是因为不同生态系统所处地理位置在气候条件（气温和降水）、植物群落结构、土壤状况（养分和质地）等方面存在差异，导致降水量变化下各异的土壤酶活性响应格局（周贵尧等，2020）。

3.3 植物生长和多样性

基于野外原位试验，研究人员对两年和三年增减降水量对生长季植物生物量的影响进行了研究；分析了两年增减降水量对植物种绿叶 N 和 P 摄取、枯叶 N 和 P 回收度的影响，研究了三年增减降水量对植物种绿叶光合特征（光合速率、蒸腾速率、水分利用效率、光合 N 利用效率、光合 P 利用效率）和叶片养分保持特征（绿叶 N 和 P 摄取、枯叶 N 和 P 回收）的影响；研究了两年增减降水量对植物多样性的影响。

基于盆栽试验，研究人员对两年增减供水量对 6～10 月甘草生物量的影响进行了研究，分析了三年供水量变化下旺盛期甘草生物量的变化；研究了两年增减供水量对甘草绿叶 N 摄取和枯叶 N 回收的影响，研究了三年供水量变化下甘草绿叶 N 和 P 摄取、枯叶 N 和 P 回收的变化。

3.3.1 降水量对植物生长和多样性的影响

3.3.1.1 野外原位试验

（1）植物生物量

1）群落水平。两年降水量变化下（图 3-24），与自然降水量相比，减少降水量对生物量无显著影响（$p>0.05$），增加 30% 和 50% 降水量均显著提高了生物量（$p<0.05$）。

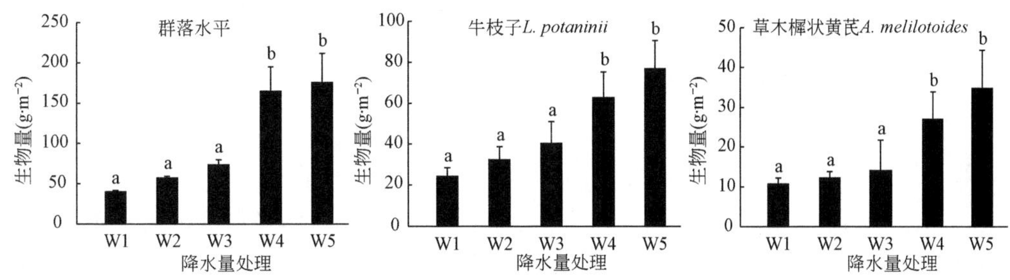

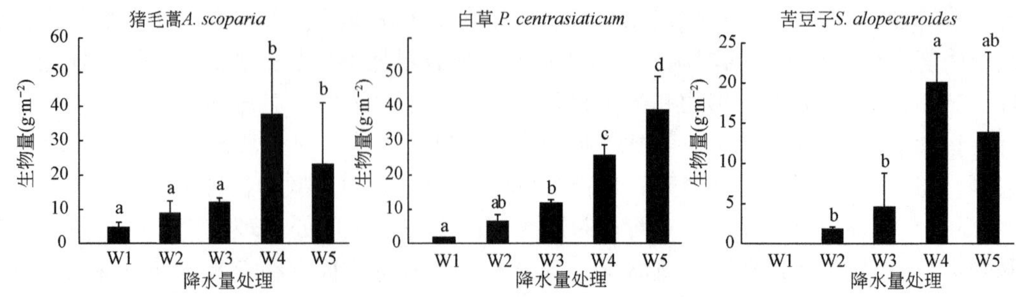

图 3-24 降水量对 2015 年 8 月植物生物量的影响

不同小写字母代表降水量处理间植物生物量的差异显著（$p<0.05$）

三年降水量变化下（表 3-21 中），降水量和月份均对群落生物量有极显著影响（$p<0.01$），二者交互作用对群落生物量有显著影响（$p<0.05$）。

表 3-21 降水量、月份及其交互作用对植物生物量的影响

变异来源	自由度	群落	牛枝子 *L. potaninii*	草木樨状黄芪 *A. melilotoides*	其他物种
降水量	4	21.497**	7.645**	9.933**	11.727**
月份	2	35.168**	14.624**	10.233**	15.160**
降水量×月份	8	2.795*	2.559*	2.476*	1.664

表中数据为 *F* 值。*和**分别代表显著性水平小于 0.05 和 0.01

与自然降水量相比（图 3-25），仅降水量减少 50% 处理在 7 月对群落生物量有显著影响（降低，$p<0.05$）；降水量增加 30% 和 50% 处理不同程度地提高了 6 月份和 7 月份群落生物量。

2）种群水平。两年降水量变化下（图 3-24），降水量改变了植物种群生物量，尤其增加降水量。与自然降水量相比，减少降水量降低了白草生物量，对其他物种生物量影响较小；增加降水量处理提高了物种种群生物量，但降水量增加 50% 处理使猪毛蒿和苦豆子种群生物量增幅降低。

三年降水量变化下（表 3-21），降水量和月份均对牛枝子、草木樨状黄芪及其他物种种群生物量有极显著影响（$p<0.01$），二者交互作用对牛枝子和草木樨状黄芪种群生物量有显著影响（$p<0.05$）。与自然降水量相比（图 3-25），仅降水量减少 50% 在 7 月对草木樨状黄芪种群生物量有显著影响（$p<0.05$）；降水量增加 30% 和 50% 不同程度地提高了 6 月和 7 月草木樨状黄芪种群生物量，降水量增加 50% 显著提高了 7 月牛枝子种群生物量以及 6 月其他物种种群生物量（$p<0.05$）。

（2）植物养分利用

1）2015 年。两年降水量变化下（图 3-2 和图 3-3），与自然降水量相比，降水量对草木樨状黄芪、苦豆子和白草绿叶 N 和 P 摄取无显著的影响（$p>0.05$），但减少 50% 降水量提高了牛枝子绿叶 N 和 P 摄取以及猪毛蒿绿叶 P 摄取、增加降水量（30% 和 50%）显著

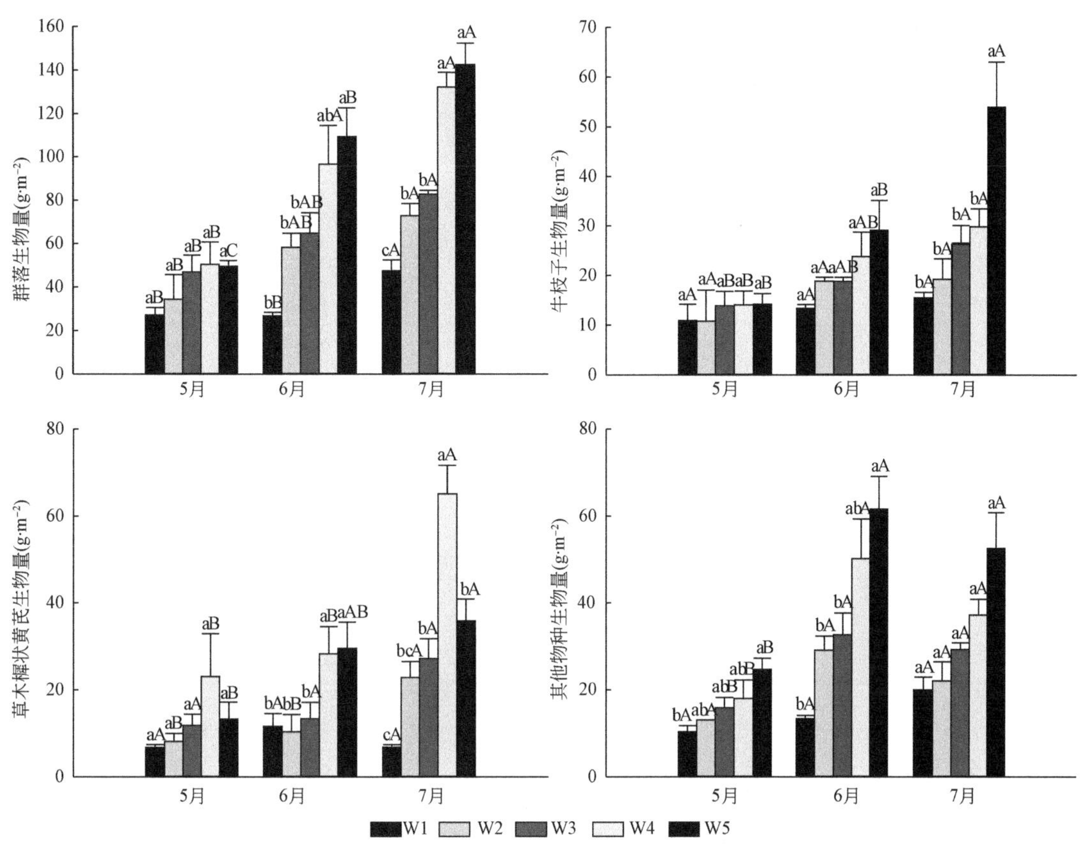

图 3-25　降水量对 2016 年 5 ~ 7 月植物生物量的影响

不同小写字母表示同一月份下降水量处理间各指标的差异显著（$p<0.05$）。

不同大写字母表示同一降水量处理下月份间各指标的差异显著（$p<0.05$）

降低了猪毛蒿绿叶 N 摄取（$p<0.05$）；增减降水量对几个物种枯叶 N 和 P 回收度的影响不显著（$p>0.05$）。

2）2016 年。三年降水量变化下（表 3-22），降水量对叶片净光合速率、水分利用效率、光合 N 利用效率和光合 P 利用效率有显著影响（$p<0.05$）；物种对 5 个指标均有显著影响（$p<0.05$）；降水量和物种对叶片水分利用效率、光合 N 利用效率和光合 P 利用效率有显著的交互作用（$p<0.05$）；降水量、物种及其交互作用对绿叶全 P 浓度、枯叶全 N 浓度、全 P 浓度和 P 回收效率有显著影响（$p<0.05$），物种对绿叶全 N 浓度有显著影响（$p<0.05$），物种及其与降水量的交互作用对枯叶 N 回收效率有显著影响（$p<0.05$）。

表 3-22　降水量、物种及其交互作用对植物叶片性状的影响

指标	来源	自由度	F	p
绿叶净光合速率	降水量	4	8.279	0.000
	物种	4	23.524	0.000
	降水量 × 物种	14	0.877	0.585

续表

指标	来源	自由度	F	p
绿叶蒸腾速率	降水量	4	1.510	0.202
	物种	4	12.931	0.000
	降水量×物种	14	1.416	0.152
绿叶水分利用效率	降水量	4	2.571	0.040
	物种	4	14.873	0.000
	降水量×物种	14	1.924	0.028
绿叶光合 N 利用效率	降水量	4	2.969	0.021
	物种	4	19.922	0.000
	降水量×物种	14	2.866	0.001
绿叶光合 P 利用效率	降水量	4	4.633	0.001
	物种	4	19.701	0.000
	降水量×物种	14	2.734	0.001
绿叶全 N 浓度	降水量	4	0.676	0.610
	物种	4	45.496	0.000
	降水量×物种	16	1.650	0.070
绿叶全 P 浓度	降水量	4	4.963	0.001
	物种	4	10.212	0.000
	降水量×物种	16	4.328	0.000
枯叶全 N 浓度	降水量	4	15.939	0.000
	物种	3	104.573	0.000
	降水量×物种	12	3.372	0.001
枯叶全 P 浓度	降水量	4	31.809	0.000
	物种	3	62.899	0.000
	降水量×物种	12	5.556	0.000
枯叶 N 回收效率	降水量	4	0.569	0.686
	物种	3	15.612	0.000
	降水量×物种	12	2.044	0.030
枯叶 P 回收效率	降水量	4	5.201	0.001
	物种	3	21.846	0.000
	降水量×物种	12	2.096	0.026

三年降水量变化下（图 3-26），随着降水量增加几个物种叶片净光合速率明显增加(除了甘草)，但减少 50% 降水量使苦豆子、披针叶黄华和白草叶片净光合速率不同程度地降低；随着降水量增加牛枝子、披针叶黄华和白草叶片蒸腾速率逐渐增加，但增加 50% 降水量使白草叶片蒸腾速率较增加 30% 降水量处理降低了 20.44%。与自然降水量相比，减少 30% 和 50% 降水量使苦豆子叶片蒸腾速率分别降低了 9.88% 和 13.37%，增加 30%

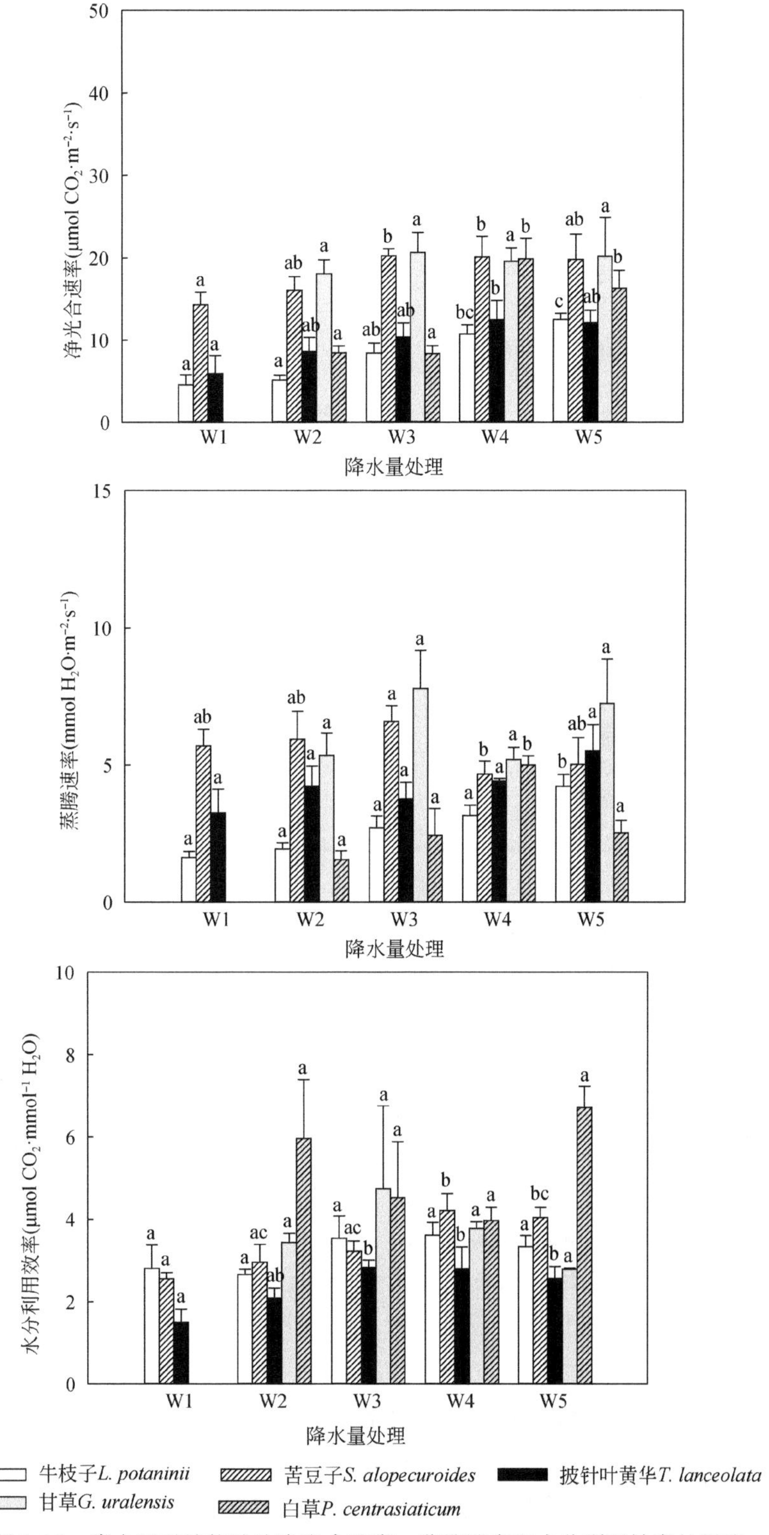

图 3-26　降水量对植物叶片净光合速率、蒸腾速率和水分利用效率的影响

不同小写字母表示降水量处理间各指标的差异显著（$p<0.05$）

和 50% 降水量使其分别降低了 29.18% 和 23.71%；减少降水量降低了牛枝子叶片水分利用效率，增加降水量对其影响较小。随降水量增加，苦豆子和披针叶黄华叶片水分利用效率增加，但增加 50% 降水量使二者的水分利用率降低。与自然降水量相比，减少 30% 降水量使甘草叶片水分利用效率降低了 27.58%，增加 30% 和 50% 降水量使其分别降低了 20.42% 和 41.47%。

三年降水量变化下（图 3-27），增加 30% 和 50% 降水量显著提高了牛枝子叶片光合 N 利用效率（$p>0.05$），增加 30% 降水量显著提高了披针叶黄华叶片光合 N 利用效率（$p>0.05$），增加 50% 降水量显著提高了白草叶片光合 N 利用效率（$p>0.05$）；增加降水量不同程度地提高了大部分物种叶片光合 P 利用效率。

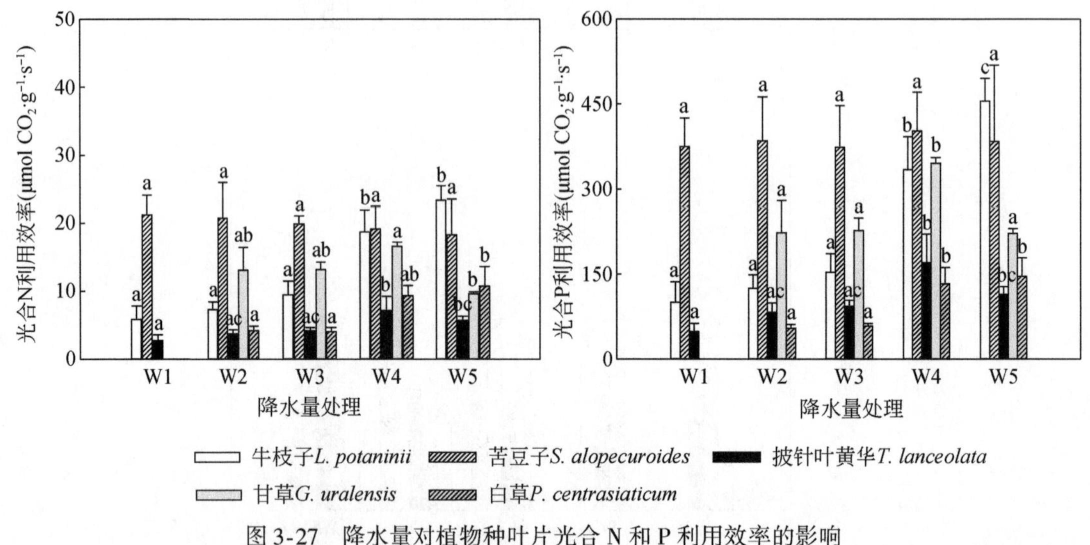

图 3-27　降水量对植物种叶片光合 N 和 P 利用效率的影响

不同小写字母表示降水量处理间各指标的差异显著（$p<0.05$）

三年降水量变化下（图 3-28 和图 3-29），与自然降水量相比，适量增加或减少降水量对 6 个养分保持指标影响较小。相比之下，减少和增加 50% 降水量的影响较大。具体来说，增加 50% 降水量提高了甘草绿叶全 N 浓度；减少 50% 降水量提高了披针叶黄华绿叶全 P 浓度、降低了甘草绿叶全 P 浓度，增加 50% 降水量降低了牛枝子、甘草和白草绿叶全 P 浓度；减少 50% 降水量提高了牛枝子枯叶全 N 浓度，增加 50% 降水量降低了牛枝子和白草枯叶全 N 浓度；减少 50% 降水量提高了牛枝子、苦豆子和披针叶黄华枯叶全 P 浓度，增加降水量普遍降低了几个物种枯叶全 P 浓度；增加 50% 降水量提高了牛枝子枯叶 N 回收效率，减少 50% 降水量降低了牛枝子枯叶 P 回收效率。

（3）植物多样性

两年增减降水量使物种重要值发生了明显改变（图 3-30）：自然降水量下，牛枝子为群落优势种；随着降水量增加，草木樨状黄芪、猪毛蒿、白草和苦豆子重要值逐渐增加，而牛枝子重要值逐渐降低；随着降水量减少，牛枝子和猪毛蒿重要值无显著变化（$p>0.05$），草木樨状黄芪重要值显著增加（$p<0.05$），白草和苦豆子重要值逐渐降低。

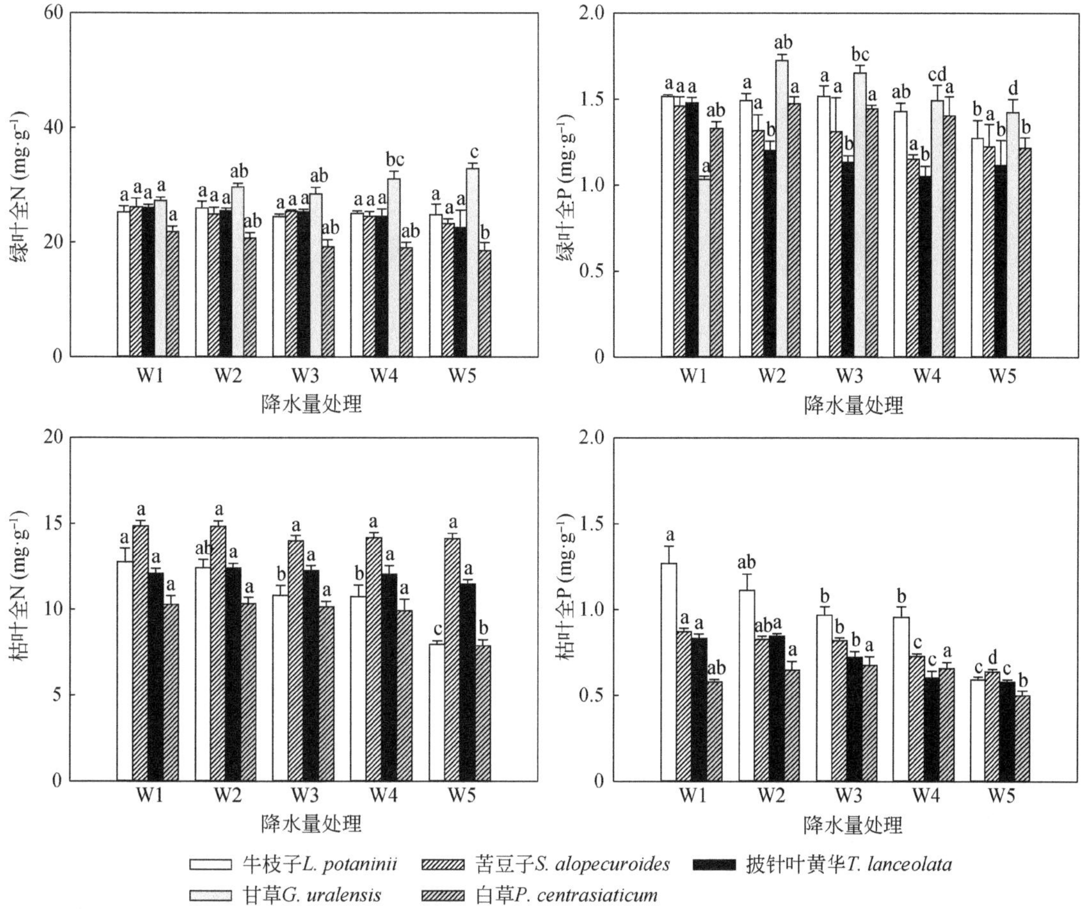

绿叶全N (mg·g⁻¹)
绿叶全P (mg·g⁻¹)
枯叶全N (mg·g⁻¹)
枯叶全P (mg·g⁻¹)
W1
W2
W3
W4
W5
降水量处理
牛枝子L. potaninii
苦豆子S. alopecuroides
披针叶黄华T. lanceolata
甘草G. uralensis
白草P. centrasiaticum

图 3-28　降水量对植物种叶片全 N 和全 P 浓度的影响

不同小写字母表示降水量处理间各指标的差异显著（$p<0.05$）

枯叶N回收效率(%)
枯叶P回收效率(%)
W1
W2
W3
W4
W5
降水量处理
牛枝子L. potaninii
披针叶黄华T. lanceolata
苦豆子S. alopecuroides
白草P. centrasiaticum

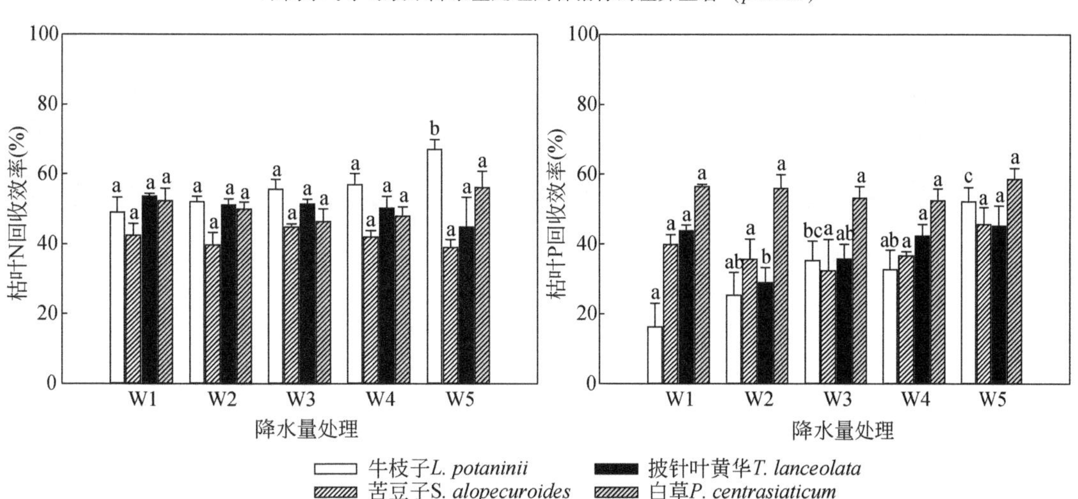

图 3-29　降水量对植物种枯叶 N 和 P 回收效率的影响

不同小写字母表示降水量处理间各指标的差异显著（$p<0.05$）

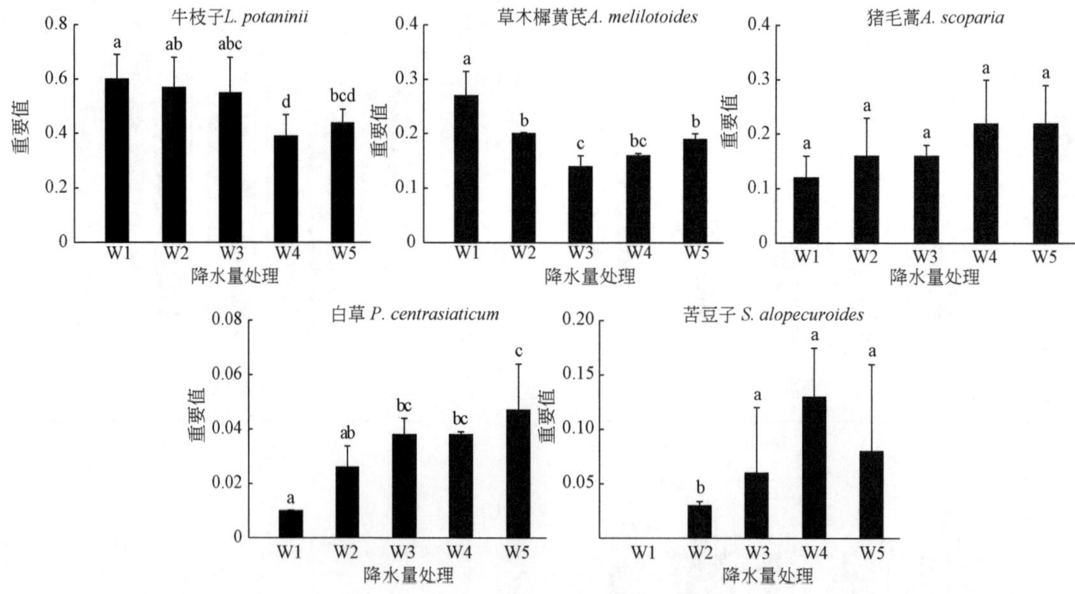

图 3-30　降水量对植物种重要值的影响

不同小写字母表示降水量处理间物种重要值的差异显著（$p<0.05$）

两年增减降水量使植物群落多样性指数发生了不同程度的改变（图 3-31）：与自然降水量相比，增加 30% 降水量显著提高了 Shannon-Wiener 多样性指数（$p<0.05$），而减少降水量处理对 Shannon-Wiener 多样性指数影响不显著（$p>0.05$）；增加和减少降水量均显著提高了 Pielou 均匀度指数（$p<0.05$）；增加 50% 降水量显著提高了 Patrick 丰富度指数（$p<0.05$），而减少 50% 降水量处理降低了 Patrick 丰富度指数。

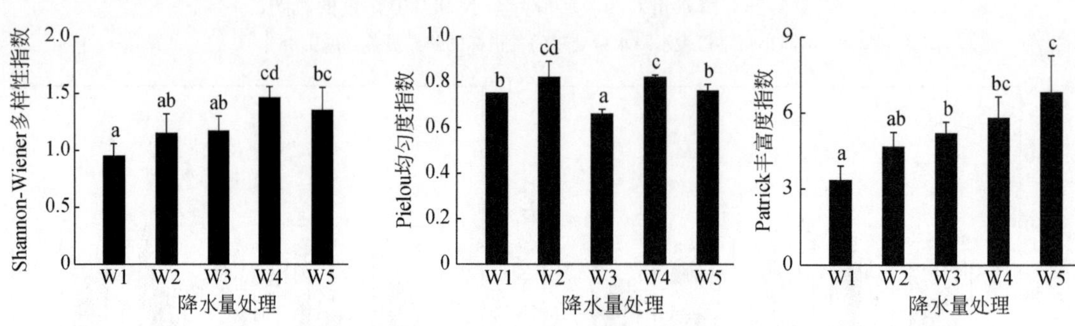

图 3-31　降水量对植物多样性的影响

不同小写字母表示降水量处理间植物多样性的差异显著（$p<0.05$）

3.3.1.2　盆栽试验

（1）植物生物量

两年供水量变化下（图 3-32），甘草相对生长速率先快速增加然后逐渐降低。生长期间，6～8 月平均相对生长速率为 2.40 $g \cdot g^{-1} \cdot m^{-2} \cdot month^{-1}$，高于 6～10 月的值；沿供水量增加梯度（图 3-33），6 月份地上生物量呈显著的指数增长趋势（$p< 0.05$），8 月份和 10 月份地上生物量未呈现出显著的变化趋势（$p> 0.05$）。

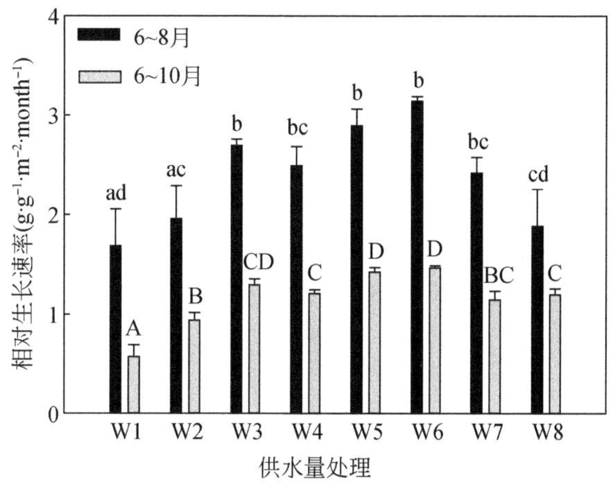

图 3-32　供水量对 6 ~ 10 月甘草相对生长速率的影响

不同小写字母表示供水量处理间 6 ~ 8 月相对生长速率的差异显著（$p<0.05$）。
不同大写字母表示供水量处理间 6 ~ 10 月相对生长速率的差异显著（$p<0.05$）

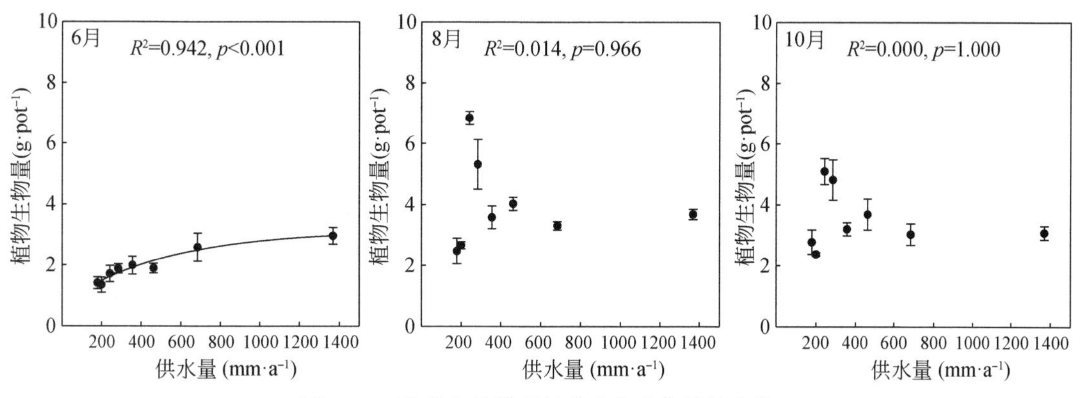

图 3-33　沿供水量梯度甘草地上生物量的变化

三年供水量变化下（图 3-34），甘草地上部分（5.95 ~ 2.56 g · pot^{-1}）、根系（14.31 ~ 5.11 g · pot^{-1}）和总生物量（20.26 ~ 9.67 g · pot^{-1}）均先增加后降低，最大值均出现在 W2 处理下，分别为 7.80 g · pot^{-1}、15.94 g · pot^{-1}、23.75 g · pot^{-1}。与 W1 处理相比，W7 和 W8 处理显著降低了地上生物量（$p<0.05$）；W6、W7 和 W8 显著降低了根系和总生物量（$p<0.05$）。

（2）植物养分利用

两年供水量增加下（图 3-35），甘草枯叶 N 回收效率从 30.70% 增加至 52.44%，枯叶全 N 浓度从 26.68 mg g^{-1}降低至 17.5 8 mg · g^{-1}，表明增加降水量提高了 N 回收能力。平均枯叶 N 回收效率和全 N 浓度分别为 41.66% 和 21.69 mg · g^{-1}。

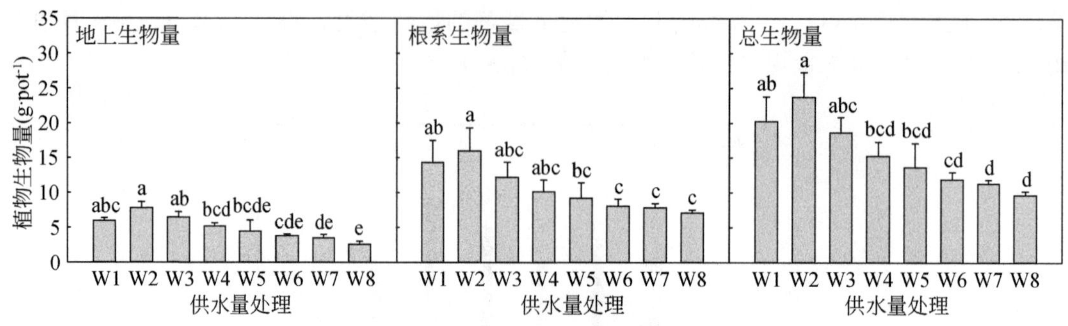

图 3-34 供水量对甘草生物量的影响

不同小写字母表示供水量处理间各指标的差异显著（p<0.05）

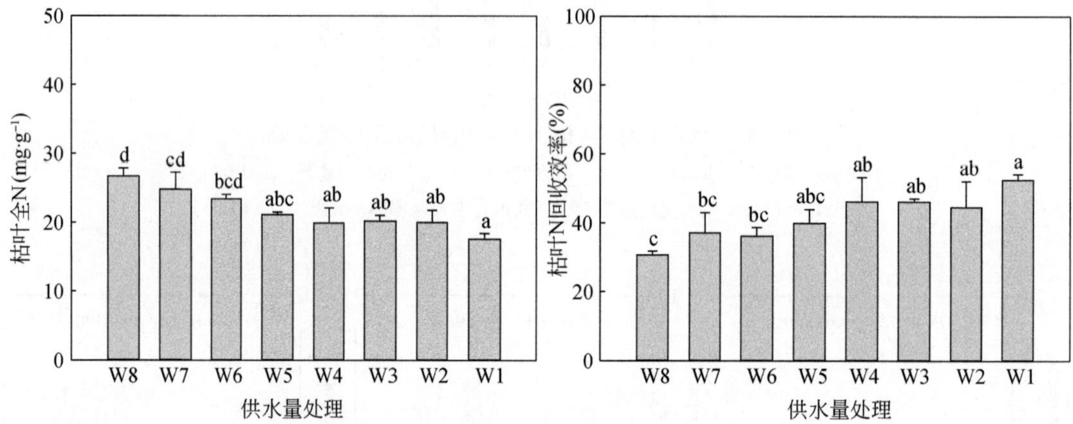

图 3-35 供水量对甘草枯叶 N 回收的影响

不同小写字母表示降水量处理间各指标的差异显著（p<0.05）

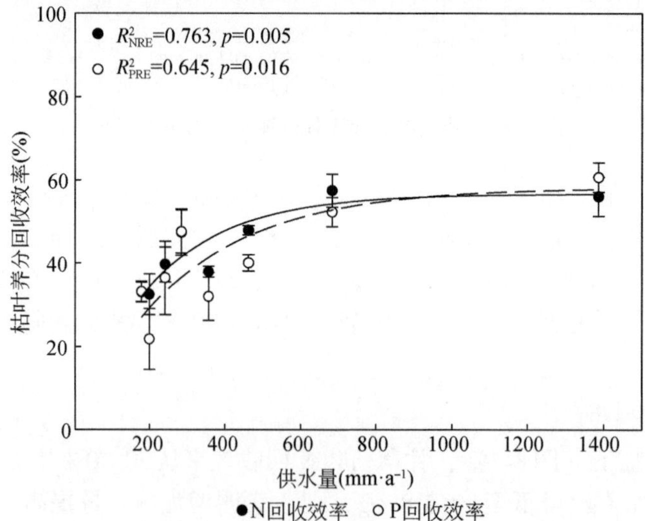

图 3-36 沿供水量梯度甘草枯叶 N 和 P 回收效率的变化

三年供水量增加下（图 3-17），甘草绿叶 N 和 P 摄取无明显的变化规律（$p>0.05$），枯叶 N 和 P 回收度呈显著的指数增加趋势（$p<0.05$）。平均绿叶 N 和 P 摄取分别为35.82 mg·kg^{-1}和2.21 mg·kg^{-1}。平均枯叶 N 和 P 回收度分别为19.85 mg·kg^{-1}和1.28 mg·kg^{-1}；同样地（图3-36），枯叶 N 回收效率和 P 回收效率均呈显著的指数增加趋势（$p<0.05$）。平均枯叶 N 回收效率和 P 回收效率分别为44.15%和40.79%。

3.3.2 降水量影响植物生长和多样性的机制分析

3.3.2.1 野外原位试验

(1) 植物生物量

降水作为干旱半干旱区植物生长的主要限制因子，是决定生态系统结构与功能的关键环境因子。本书研究中，降水量增加缓解了土壤水分受限性，促进了所研究植物生长和生物量积累，与针对荒漠和草原一年生植物得出的结果一致（闫建成等，2013）。然而，随着降水量进一步增加（W5），苦豆子和猪毛蒿生长受到抑制，导致二者种群生物量急剧下降。这可能与草原植物的生态适应度有关，即当牛枝子长势过高时，由于遮阴作用抑制了苦豆子和猪毛蒿生长，光照等成为限制植物生长的首要因子。此外，苦豆子和猪毛蒿可能对水分变化不敏感，所以降水量增加50%时二者的生物量增加潜力不如其他物种。也有研究表明，过量增加降水量对沙质土壤具有淋溶作用，使土壤养分淋溶损失增加（王霖娇等，2018），进而对植物的生长和发育造成影响。

(2) 植物养分利用

在荒漠区，降水量调控着叶片光合作用，从而驱动着植物生长（Hovenden et al.，2014）。一般而言，适量增加降水量可提高叶片净光合速率，过量减少或增加降水量则会限制叶片光合作用（Connor & Hawkes，2018）。本书研究中，三年增加降水量提高了牛枝子和白草叶片净光合速率，减少50%降水量降低了苦豆子叶片净光合速率。这可能是因为干旱胁迫导致的叶片气孔关闭和胞间 CO_2浓度降低（Salazar-Parra et al.，2015；Grossiord et al.，2017）、叶绿素合成受阻（Ghannoum，2009）、Rubisco 酶活性降低（Pinheiro & Chaves，2011）。其他物种叶片净光合速率则受降水量影响较小，反映了其对两年降水量变化光合适应的时滞性，与针对秘鲁海岸美洲角豆树（*Prosopis pallida*）的研究结果一致（Salazar et al.，2018）。

在受水分和养分限制的生态系统，叶片水分利用效率和养分利用效率可反映植物对资源贫瘠生境的适应性（Delgado et al.，2018）。试验中，三年极端干旱降低了披针叶黄华叶片水分利用效率，与针对三种 C_4草本植物的研究结果类似（Connor & Hawkes，2018）。这可能是因为极端干旱条件下叶片净光合速率降低幅度低于叶片蒸腾（Ali et al.，2018）。增加降水量提高了苦豆子叶片水分利用效率，与针对丛生草本植物的研究结果不同（Wang et al.，2017）。此外，减少降水量未显著影响5个物种叶片光合 N 和 P 利用效率，增加降水量明显增强了二者。这可能是因为研究区土壤为沙质，保肥保水能力弱。增加降水量导致土壤N和P淋溶损失增多（Piccolo et al.，1994）。在这种情况下，植物通过提高叶片光合N和P利用效率以适应降水量增多引起的土壤N和P可利用性降低。

降水量直接影响着土壤养分，从而与叶片养分摄取密切相关（Manzoni et al.，2014）。然后，相关研究结果尚缺乏一致的结论。Wright和Westoby（2003）发现生长于干旱区的植物倾向于有高的绿叶养分浓度。他们认为高的绿叶养分浓度是植物适应干旱环境的选择性适应策略。而其他研究报道了相反的研究结果（Zhang et al.，2016；Luo et al.，2018），可能是因为干旱限制了土壤养分的矿化与扩散至根系表面。这些变化将导致干旱条件下营养元素运移受到抑制（Sanaullah et al.，2012）。本书研究中，降水量未显著影响多数物种绿叶全N浓度，与开展于温带荒漠的研究结果类似（Huang et al.，2018）。相比之下，降水量变化下绿叶全P浓度的反应随物种不同而异。如极端增加降水量降低了牛枝子、甘草和白草绿叶全P浓度，这可能反映了干旱环境下物种高的P保持策略（Wright & Westoby，2003）。

植物养分摄取调控着其养分回收过程（Vergutz et al.，2012）。因此，降水量对植物养分摄取的影响将直接影响到其养分回收过程。基于全球数据库，Yuan和Chen（2009a）观察到，随着年平均降水量增加枯叶全N浓度增加、枯叶全P浓度降低。类似的研究结果在针对木本植物的研究中也有报道（Kang et al.，2010）。相比之下，开展于温带荒漠植物的野外模拟试验发现年降水量与枯叶全N和全P浓度无显著的关系（Huang et al.，2018）。本书研究中，高降水量下牛枝子和白草枯叶全N浓度和4个物种枯叶全P浓度表现出降低的趋势。增加降水量提高了叶片N和P回收效率，降低了植物对土壤N和P库的依赖。枯叶全N和全P浓度的这种物种依赖性变化表明，通过叶片衰老归还至土壤库的N和P水平取决于气候条件和生态系统的物种组成（Yuan & Chen，2009b）。

除了养分回收度，养分回收效率也是植物养分吸收的重要调控因子。养分回收效率降低了叶片养分构建投资、削弱了植物对养分摄取能力和土壤养分供给水平的依赖（Aert，1996）。一项全国尺度的研究认为，沿年降水量增加梯度枯叶N回收效率降低、P回收效率增加（Yuan & Chen，2009b）。其他基于全球尺度数据的研究发现，随着年降水量增加叶片N和P回收效率降低（Wang et al.，2018d；Yan et al.，2018）。此外，野外试验观察到干旱降低了根茎类草本植物枯叶N回收效率和丛草状草本植物枯叶P回收效率（Luo et al.，2018）。本书研究发现，牛枝子在极端湿润条件下具有显著高的枯叶N回收效率、在极端干旱条件下具有显著低的枯叶P回收效率。相比之下，其他物种枯叶N和P回收效率变化不显著。这与以往研究结果相似（Delgado et al.，2018；Huang et al.，2018），可能意味着养分回收效率较多地受控于资源经济策略而非环境条件（Rea et al.，2018）。

（3）植物多样性

降水量变化下，植物生长的各异反应导致了群落组成的改变。大量研究表明，增加降水量不仅能够促进植物生物量积累，而且还能增加物种丰富度和多样性，如针对内蒙古荒漠草原和典型草原（Qiu et al.，2016；韩雪娇，2017）、新疆荒漠草原（崔晓庆，2018）和甘肃荒漠草原（李新荣等，2008）的研究。本书研究中，Shannon-Wiener多样性指数和Patrick丰富度指数随着两年降水量的增加而增加，与上述结论一致。但是随着降水量的进一步增加（即降水量增加50%后），Shannon-Wiener多样性指数反而有所下降，与针对高寒矮嵩草（*Kobresia humilis*）草甸群落的研究结论相似（王长庭等，2003）。这说明过多的水分带来外源养分的补给，可能会使植物群落空间异质性下降、植物间竞争增强，抑制了某些物种的生长，从而导致群落物种多样性降低。同时，也可能与过量降水量下较低的土壤有机 C 和全 N 含量有关（白永飞等，2000）。

3.3.2.2 盆栽试验

植物从枯叶回收 N 的过程减少了其对土壤 N 的依赖性、提高了植物 N 利用效率，因此是植物保持 N 的一个重要策略，尤其在受 N 限制的生态系统。到目前为止，已有大量研究分析了多年生植物 N 回收特性。基于全球尺度数据，Yuan 和 Chen（2009a）发现非豆科植物平均枯叶 N 浓度为 10.0 mg · g^{-1}。在我国北方半干旱科尔沁沙地，先锋灌木盐蒿（*Artemisia halodendron*）枯叶全 N 浓度的变化范围为 12.3 ~ 15.9 mg · g^{-1}（Li et al., 2014a）。通过整合分析，研究发现草本植物 N 回收效率高于 50%（Aerts，1996）。以上研究结果发现，固 N 植物较其他生活型植物有低的 N 回收效率。盆栽试验中，自然状况下甘草枯叶 N 浓度和 N 回收效率分别为 17.6 mg · g^{-1}和 46.0%，表现出低的 N 回收能力。这意味着，在甘草叶片枯落过程中，将归还给土壤高质量的枯叶，从而有助于加速枯叶 N 释放、提高土壤 N 有效性。

一般认为，在受养分限制的生态系统，低的绿叶养分浓度、高的绿叶养分回收是植物保持养分的重要策略，反映了植物对区域气候因素的适应性（Sardans et al.，2016）。然而，降水量对绿叶养分浓度和枯叶养分回收的影响同时依赖于物种和研究尺度。例如，基于大尺度数据库的研究发现，沿降水量增加梯度植物绿叶养分呈降低趋势（Wright et al., 2004；Yang et al.，2016；Sardans et al.，2017）；研究发现增加降水量增强了土壤养分移动性，从而促进了植物对养分的吸收（Ren et al.，2011；Liu et al.，2015）；另有研究发现沿降水量增加梯度植物枯叶 N 回收降低、P 回收则增加（Yuan & Chen，2009a，2009b；Brant & Chen，2015）；也有研究报道植物枯叶 N 和 P 回收度均与降水量无明显的关系（Drenovsky et al.，2010；Campo et al.，2014）。本书研究中，降水量对甘草绿叶 N 和 P 摄取的影响不明显，与针对草本植物紫花针茅（赵广帅等，2016）和两种灌木（Zhang et al.，2015）的研究结果不一致。过多水分供给导致土壤全 N 和全 P 含量降低，使得甘草 N 和 P 受限性增加，从而提高了甘草枯叶 N 和 P 回收度与回收效率，与针对热带干草原（Renteria & Jaramillo，2011）、温带草地（Ren et al.，2015）以及其他生态系统（Drenovsky et al.，2012；Khasanova et al.，2013）的研究结果不同。以上结果表明，降水量通过影响土壤 N 移动性和有机物 N 释放影响植物 N 利用效率。过量水分供给条件下，甘草通过提高养分回收而非养分摄取以应对过量水分引起的 N 和 P 受限性增加，反映了其对逆境的正调控机制。

3.4 生态系统碳交换

基于野外原位试验，研究人员对 6 年降水量变化下 5 ~ 10 月生态系统 C 交换的时间动态进行了研究，分析了降水量对 C 交换组分的影响。

3.4.1 生态系统碳交换的时间动态

6 年降水量变化下，随着生长季的推移（图 3-37），各降水量处理下 NEE 整体上呈先降低后增加的趋势，其最小值出现在 8 月下旬至 9 月上旬；ER 和 GEP 整体上呈现先增加后降低的趋势，其最大值出现在 7 月中旬至 7 月下旬。

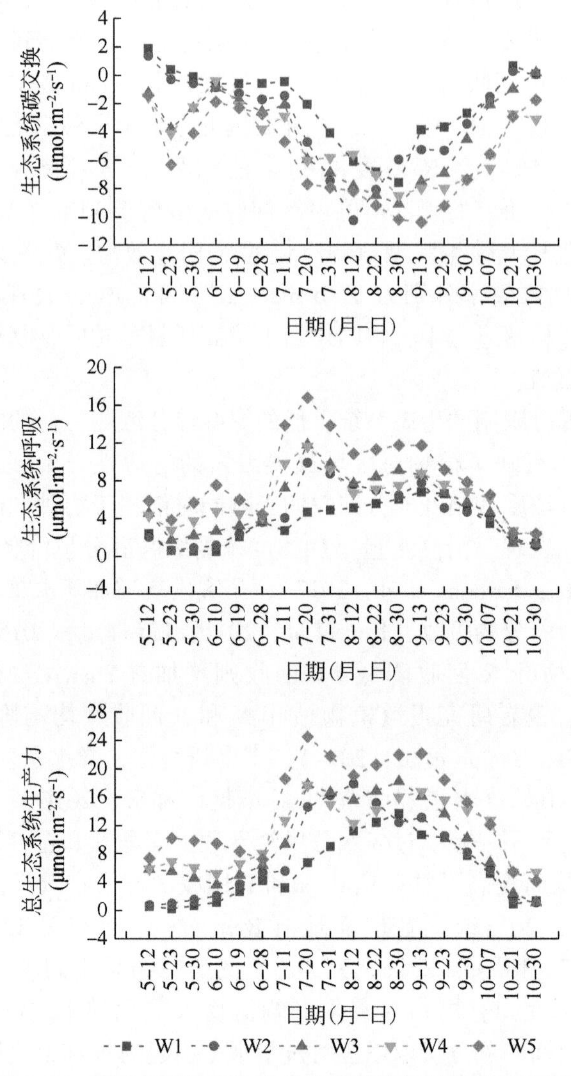

图 3-37 降水量变化下生态系统碳交换各组分的时间动态

3.4.2 生态系统碳交换的响应特征

与自然降水量相比（图 3-38），6 年减少 50% 降水量显著降低了 NEE（$p<0.05$），增

加降水量提高了 NEE，但未达到显著水平（$p>0.05$）；减少降水量降低了 ER，但未达到显著水平（$p>0.05$）。增加 50% 显著提高了 ER（$p<0.05$）；减少降水量降低了 GEP，增加降水量提高了 GEP，但均未达到显著水平（$p>0.05$）。

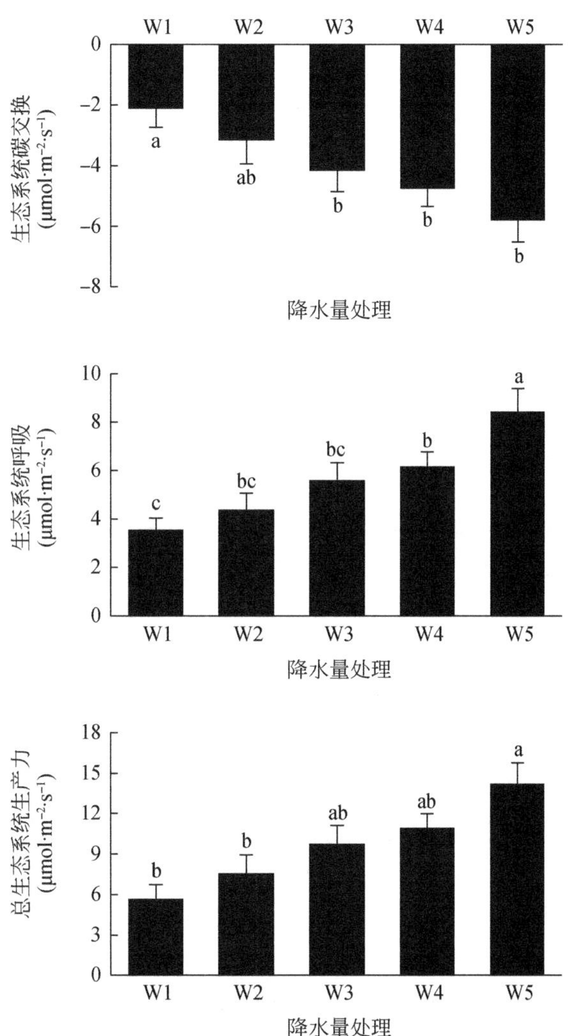

图 3-38　降水量对生态系统碳交换的影响

不同小写字母表示降水量处理间各指标的差异显著（$p<0.05$）

3.5　基于 C∶N∶P 生态化学计量学的生态服务功能评价

基于野外原位试验，研究人员对三年降水量变化下旺盛期植物种叶片 C∶N∶P 生态化学计量学特征与土壤基本性质的关系、5～7 月植物生物量与土壤酶活性的关系进行了分析；并分析了三年降水量变化下末期凋落物 C∶N∶P 生态化学计量学特征与旺盛期土壤基本性质的关系、480 d 分解时期内凋落物 C∶N∶P 生态化学计量学特征与土壤酶活性的关系、两年和三年降水量变化下旺盛期及三年降水量变化下 5 ~ 7 月微生物生物量 C∶N∶P 生态化学计量学特征与土壤基本性质的相关性，以及三年降水量变化下 5 ~ 7 月及 480 d 分解过程中土壤 C∶N∶P 生态化学计量学特征与土壤酶活性的关系。

此外，研究人员对两年降水量变化下旺盛期植物群落、土壤及三年降水量变化下旺盛期微生物生物量 C∶N∶P 生态化学计量学特征与植物生物量的关系进行了分析；并分析了两年降水量变化下旺盛期土壤 C∶N∶P 生态化学计量学特征与植物种叶片 N 和 P 保持（绿叶摄取及枯叶回收度）的关系、三年降水量变化下旺盛期土壤和植物绿叶 C∶N∶P 生态化学计量学特征与植物叶片光合特征和养分保持特征的关系、两年降水量变化下旺盛期植物群落 C∶N∶P 生态化学计量学特征与植物多样性的关系、三年降水量变化下旺盛期土壤和微生物生物量 C∶N∶P 生态化学计量学特征与植物多样性的关系，以及六年降水量变化下，土壤 C∶N∶P 生态化学计量学特征与生态系统 C 交换的关系。

基于盆栽试验，研究人员对两年供水量变化下旺盛期土壤 C∶N∶P 生态化学计量学特征与 6 ~ 10 月甘草相对生长速率及甘草枯叶 N 回收的关系进行了分析；并分析了三年供水量变化下甘草（叶片和根系）和土壤 C∶N∶P 生态化学计量学特征与甘草叶片 N 和 P 保持（摄取与回收）的关系。

3.5.1 植被–土壤系统 C∶N∶P 生态化学计量学特征与土壤性质和植被特征的关系

3.5.1.1 野外原位试验

(1) 土壤基本性质

1) 植物 C∶N∶P 生态化学计量学特征与土壤基本性质的关系。三年降水量变化下（表 3-23），土壤含水量分别与草木樨状黄芪绿叶 N∶P 以及披针叶黄华绿叶 C∶P 显著正相关（$p<0.05$），与甘草绿叶 C∶N 和 C∶P 显著负相关（$p<0.05$）；土壤 NH_4^+-N 浓度分别与白草绿叶 N∶P 以及甘草绿叶 N∶P 显著正相关（$p<0.05$），而与披针叶黄华绿叶 N∶P 显著负相关（$p<0.05$）；土壤 NO_3^--N 浓度与白草绿叶 C∶P 显著正相关（$p<0.05$），而与甘草绿叶 C∶N 显著负相关（$p<0.05$）；土壤速效 P 浓度分别与草木樨状黄芪绿叶 N∶P 以及苦豆子绿叶 C∶N 显著负相关（$p<0.05$）。

表 3-23 植物种叶片 C∶N∶P 生态化学计量学特征与土壤基本性质的相关性

物种	指标	土壤含水量	土壤 NH_4^+-N	土壤 NO_3^--N	土壤速效 P
牛枝子 *L. potaninii*	绿叶 C∶N	ns	ns	ns	ns
	绿叶 C∶P	ns	ns	ns	ns
	绿叶 N∶P	ns	ns	ns	ns

续表

物种	指标	土壤含水量	土壤 NH_4^+-N	土壤 NO_3^--N	土壤速效 P
草木樨状黄芪 *A. melilotoides*	绿叶 C∶N	ns	ns	ns	ns
	绿叶 C∶P	ns	ns	ns	ns
	绿叶 N∶P	0.589 **	ns	ns	-0.630 **
猪毛蒿 *A. scoparia*	绿叶 C∶N	ns	ns	ns	ns
	绿叶 C∶P	ns	ns	ns	ns
	绿叶 N∶P	ns	ns	ns	ns
白草 *P. centrasiaticum*	绿叶 C∶N	ns	ns	ns	ns
	绿叶 C∶P	ns	ns	0.405 *	ns
	绿叶 N∶P	ns	0.421 *	ns	ns
甘草 *G. uralensis*	绿叶 C∶N	-0.643 **	ns	-0.405 *	ns
	绿叶 C∶P	-0.571 **	ns	ns	ns
	绿叶 N∶P	ns	0.518 **	ns	ns
披针叶黄华 *T. lanceolata*	绿叶 C∶N	ns	ns	ns	ns
	绿叶 C∶P	0.433 *	ns	ns	ns
	绿叶 N∶P	ns	-0.516 **	ns	ns
苦豆子 *S. alopecuroides*	绿叶 C∶N	ns	ns	ns	-0.626 **
	绿叶 C∶P	ns	ns	ns	ns
	绿叶 N∶P	ns	ns	ns	ns

表中数据为相关系数。ns 代表显著性水平大于 0.05。* 和 ** 分别代表显著性水平小于 0.05 和 0.01

三年降水量变化下（图 3-39），蔗糖酶活性随群落、草木樨状黄芪及其他物种生物量的增加而显著提高（$p<0.05$）；脲酶活性随着牛枝子生物量的增加而显著降低（$p<0.05$）；磷酸酶活性随着群落、牛枝子、草木樨状黄芪以及其他物种生物量的增加而显著增加（$p<0.05$）。

2）凋落物 C∶N∶P 生态化学计量学特征与土壤基本性质的关系。三年降水量变化下，叶片水平上（表 3-24），土壤含水量分别与牛枝子枯叶 C∶N 和 C∶P、白草枯叶 C∶N 以及苦豆子枯叶 C∶P 和 N∶P 显著正相关（$p<0.05$）。土壤 NH_4^+-N 浓度仅与苦豆子枯叶 C∶N 显著负相关（$p<0.05$）。土壤 NO_3^--N 浓度分别与牛枝子枯叶 C∶N 和 C∶P 以及苦豆子枯叶 C∶P 和 N∶P 显著正相关（$p<0.05$）。土壤速效 P 浓度与几个物种枯叶 C∶N∶P 生态化学计量学特征无显著的相关关系（$p>0.05$）；种群水平上，土壤含水量分别与牛枝子凋落物 C∶P 和 N∶P、猪毛蒿凋落物 N∶P、白草凋落物 C∶N 和 C∶P 显著正相关（$p<0.05$）。土壤 NH_4^+-N 浓度仅与猪毛蒿凋落物 C∶N 显著正相关（$p<0.05$）；土壤 NO_3^--N 浓度仅分别与白草凋落物 C∶N 和 C∶P 显著正相关（$p<0.05$）。土壤速效 P 浓度与几个物种

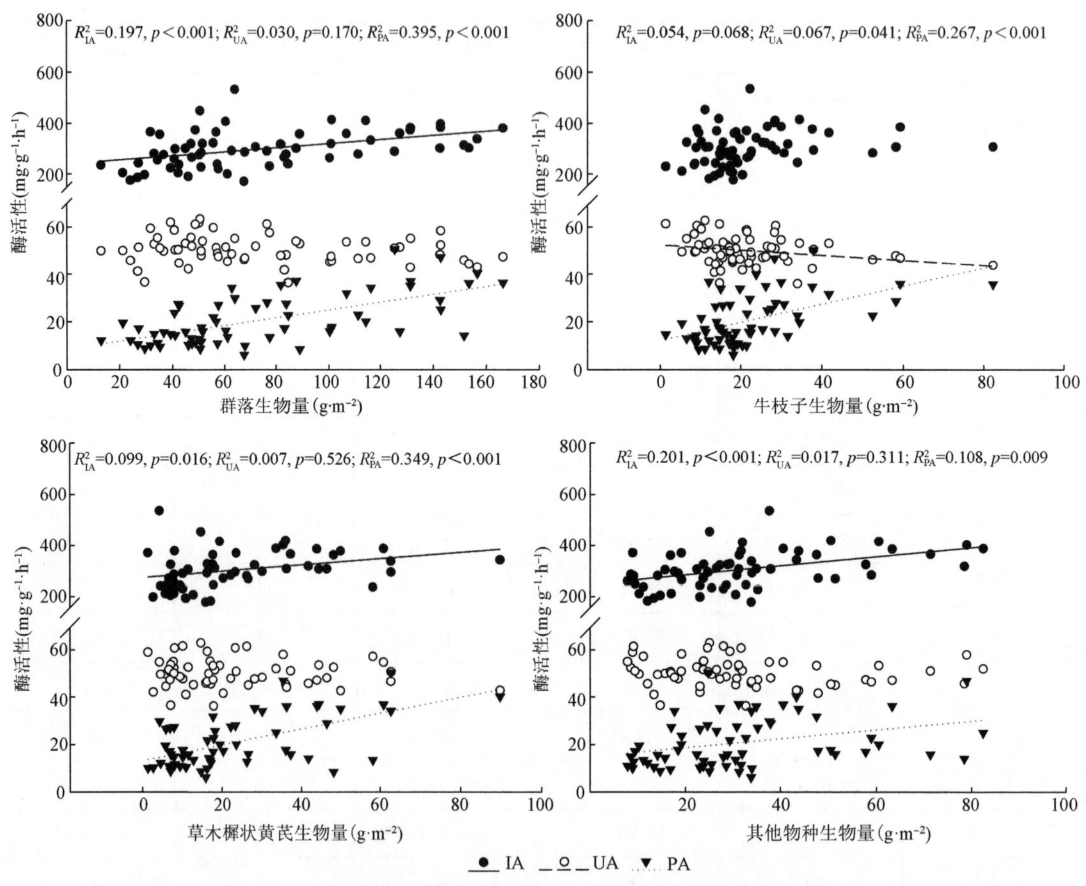

图 3-39 植物生物量与土壤酶活性的关系

IA、UA 和 PA 分别代表蔗糖酶、脲酶和磷酸酶活性

凋落物 C∶N∶P 生态化学计量学特征无显著的相关关系（p>0.05）；群落水平上（表 3-25），土壤含水量与群落凋落物 C∶N 显著负相关、与 N∶P 显著正相关（p<0.05）。土壤 NH_4^+-N 浓度仅与群落凋落物 C∶N 显著正相关（p<0.05）。土壤 NO_3^--N 和速效 P 浓度与群落凋落物 C∶N∶P 生态化学计量学特征均无显著的相关关系（p>0.05）。

表 3-24 叶片凋落物 C∶N∶P 生态化学计量学特征与土壤基本性质的相关性

物种	指标	土壤含水量	土壤 NH_4^+-N	土壤 NO_3^--N	土壤速效 P
牛枝子 *L. potaninii*	枯叶 C∶N	0.681 **	ns	0.550 **	ns
	枯叶 C∶P	0.649 **	ns	0.494 **	ns
	枯叶 N∶P	ns	ns	ns	ns
草木樨状黄芪 *A. melilotoides*	枯叶 C∶N	ns	ns	ns	ns
	枯叶 C∶P	ns	ns	ns	ns
	枯叶 N∶P	ns	ns	ns	ns

续表

物种	指标	土壤含水量	土壤 NH_4^+-N	土壤 NO_3^--N	土壤速效 P
猪毛蒿 *A. scoparia*	枯叶 C : N	ns	ns	ns	ns
	枯叶 C : P	ns	ns	ns	ns
	枯叶 N : P	ns	ns	ns	ns
白草 *P. centrasiaticum*	枯叶 C : N	0.409*	ns	ns	ns
	枯叶 C : P	ns	ns	ns	ns
	枯叶 N : P	ns	ns	ns	ns
苦豆子 *S. alopecuroides*	枯叶 C : N	ns	-0.589**	ns	ns
	枯叶 C : P	0.650**	ns	0.564**	ns
	枯叶 N : P	0.590**	ns	0.493*	ns

表中数据为相关系数。ns 代表显著性水平大于 0.05。* 和 ** 分别代表显著性水平小于 0.05 和 0.01

表 3-25　种群和群落凋落物 C : N : P 生态化学计量学特征与土壤基本性质的相关性

物种	指标	土壤含水量	土壤 NH_4^+-N	土壤 NO_3^--N	土壤速效 P
牛枝子 *L. potaninii*	凋落物 C : N	ns	ns	ns	ns
	凋落物 C : P	0.568**	ns	ns	ns
	凋落物 N : P	0.496**	ns	ns	ns
草木樨状黄芪 *A. melilotoides*	凋落物 C : N	ns	ns	ns	ns
	凋落物 C : P	ns	ns	ns	ns
	凋落物 N : P	ns	ns	ns	ns
猪毛蒿 *A. scoparia*	凋落物 C : N	ns	0.447*	ns	ns
	凋落物 C : P	ns	ns	ns	ns
	凋落物 N : P	0.452*	ns	ns	ns
白草 *P. centrasiaticum*	凋落物 C : N	0.583**	ns	0.445**	ns
	凋落物 C : P	0.530**	ns	0.450*	ns
	凋落物 N : P	ns	ns	ns	ns
群落水平	凋落物 C : N	-0.461*	0.693**	ns	ns
	凋落物 C : P	ns	ns	ns	ns
	凋落物 N : P	0.627**	ns	ns	ns

表中数据为相关系数。ns 代表显著性水平大于 0.05。* 和 ** 分别代表显著性水平小于 0.05 和 0.01

480 d 的分解过程中，土壤酶活性与植物种凋落物 C、N 累积释放量存在不同程度的相关性（表 3-26）：三种土壤酶活性均与不同植物种凋落物 C 累积释放量极显著正相关（$p<0.05$）；过氧化氢酶和蔗糖酶活性均与牛枝子、猪毛蒿和白草凋落物 N 累积释放量极显著正相关（$p<0.05$），脲酶活性与牛枝子和猪毛蒿凋落物 N 累积释放量极显著正相关（$p<0.05$），与草木樨状黄芪和白草凋落物 N 累积释放量显著正相关（$p<0.05$）。

表 3-26　480 d 分解时期内种群凋落物 C、N 累积释放量与土壤酶活性的相关性

植物种凋落物		过氧化氢酶活性	蔗糖酶活性	脲酶活性
草木樨状黄芪 *A. melilotoides*	C 累积释放量	0.260**	0.357**	0.382**
	N 累积释放量	ns	ns	0.184*
牛枝子 *L. potaninii*	C 累积释放量	0.343**	0.427**	0.346**
	N 累积释放量	0.254**	0.315**	0.293**
猪毛蒿 *A. scoparia*	C 累积释放量	0.426**	0.465**	0.366**
	N 累积释放量	0.359**	0.359**	0.327**
白草 *P. centrasiaticum*	C 累积释放量	0.410**	0.513**	0.382**
	N 累积释放量	0.267**	0.397**	0.207*

表中数据为相关系数。ns 代表显著性水平大于 0.05。* 和 ** 分别代表显著性水平小于 0.05 和 0.01

3）微生物生物量 C∶N∶P 生态化学计量学特征与土壤基本性质的关系。两年降水量变化下（表 3-27），土壤各指标与微生物生物量 C∶N 生态化学计量学特征无显著的相关性($p>0.05$)。三年降水量变化下，土壤基本性质与微生物生物量 C∶N∶P 生态化学计量学特征存在较强的关系。其中，土壤含水量分别与微生物生物量 C 和 N 含量显著正相关（$p<0.05$），而与生物量 C∶N 显著负相关（$p<0.05$）；土壤 NO_3^--N 浓度分别与微生物生物量 C 和 P 含量显著正相关（$p<0.05$）；土壤 NH_4^+-N 和速效 P 浓度均与微生物生物量 C∶N∶P 生态化学计量学特征无显著的相关关系（$p>0.05$）。

表 3-27　微生物生物量 C∶N∶P 生态化学计量学特征与土壤基本性质的相关性

年份	指标	土壤含水量	土壤 NH_4^+-N	土壤 NO_3^--N	土壤速效 P
2015	微生物生物量 C	ns	ns	ns	ns
	微生物生物量 N	ns	ns	ns	ns
	微生物生物量 C∶N	ns	ns	ns	ns
2016	微生物生物量 C	0.639**	ns	0.599**	ns
	微生物生物量 N	0.575**	ns	ns	ns
	微生物生物量 P	ns	ns	0.511*	ns
	微生物生物量 C∶N	−0.595**	ns	ns	ns
	微生物生物量 C∶P	ns	ns	ns	ns
	微生物生物量 N∶P	ns	ns	ns	ns

表中数据为相关系数。ns 代表显著性水平大于 0.05。* 和 ** 分别代表显著性水平小于 0.05 和 0.01

三年降水量变化下（图 3-40），5～7 月份蔗糖酶活性随着微生物生物量 C、N、P 含量的增加而提高，随着生物量 C∶N 的增加而显著降低（$p<0.05$）；5～7 月份脲酶活性随着微生物生物量 C∶N 的增加而显著降低（$p<0.05$）；5～7 月份磷酸酶活性随着微生物生物量 C、N、C∶P 和 N∶P 的增加而增加，随着生物量 C∶N 的增加而显著降低（$p<0.05$）。

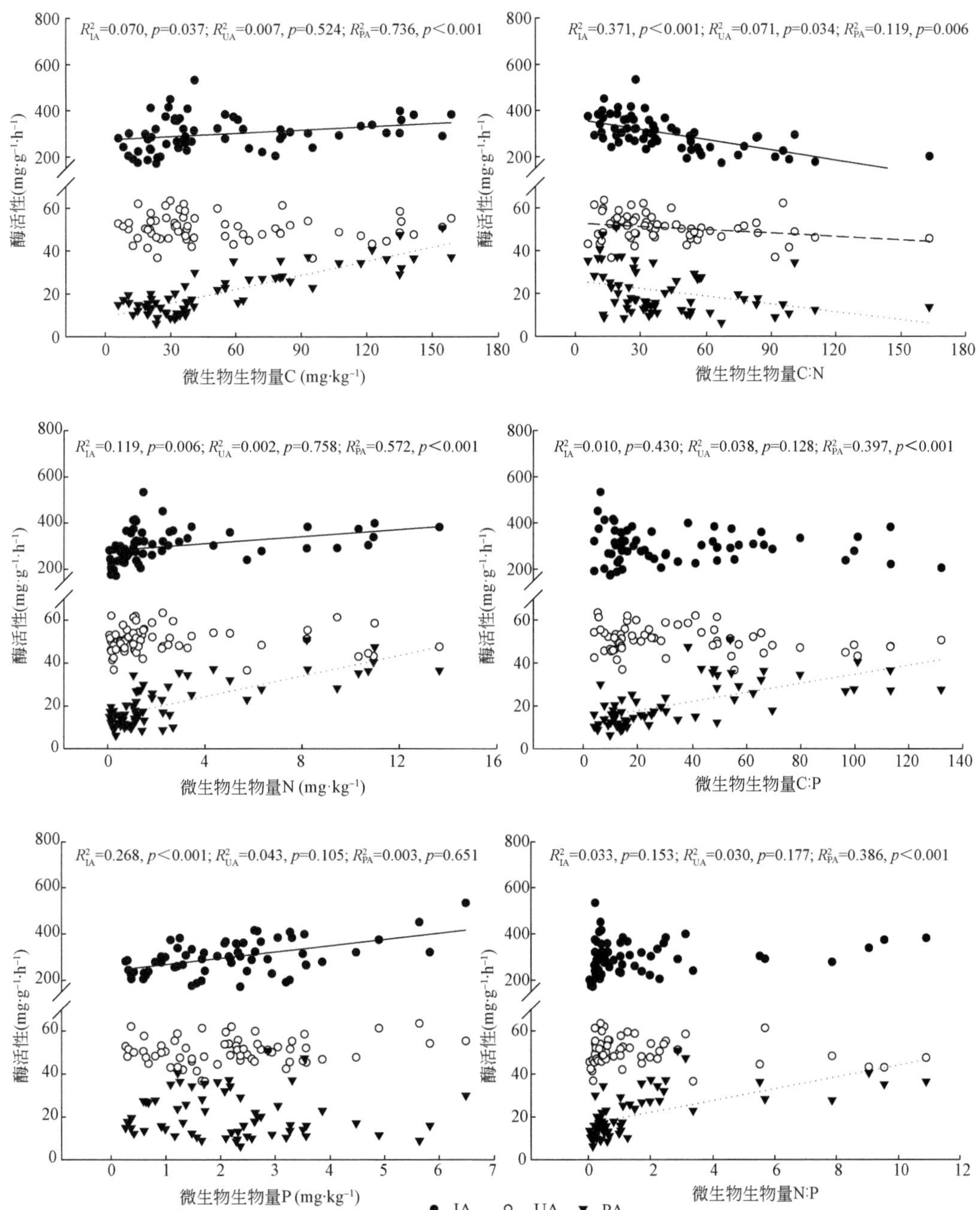

图 3-40 微生物生物量 C : N : P 生态化学计量学特征与土壤酶活性的关系

IA、UA 和 PA 分别代表蔗糖酶、脲酶和磷酸酶活性

4）土壤 C : N : P 生态化学计量学特征与土壤基本性质的关系。三年降水量变化下（表 3-28），对 5 ~ 7 月土壤酶活性影响显著的土壤因子包括含水量、NO_3^--N 浓度、NH_4^+-N 浓度、C : P、有机 C 含量、全 N 含量、C : N 和 pH（$p<0.05$）。

表 3-28　土壤理化因子与土壤酶活性的 RDA 中各土壤因子的显著性检验

土壤因子	SWC	NO_3^-	NH_4^+	C : P	SOC	TN	C : N	pH	N : P	AP	TP
贡献率（%）	45.6	35	16.4	16	15.9	13.9	12.9	12.9	8.4	7.9	3.2
F	14.1	10.3	4.4	4.3	4.3	3.7	3.4	3.4	2.2	2.0	3.2
p	0.002	0.002	0.008	0.018	0.024	0.028	0.032	0.046	0.128	0.128	0.418

SWC、NO_3^-、NH_4^+、C : P、SOC、TN、C : N、pH、N : P、AP 和 TP 分别代表土壤含水量、NO_3^--N、NH_4^+-N、C : P、有机 C、全 N、C : N、pH、N : P、速效 P 和全 P

其中，蔗糖酶活性和土壤含水量、N : P、全 N 呈较强的正相关；脲酶活性与土壤速效 P 呈较强的正相关，与含水量、有机 C 和 C : P 呈较强的负相关；磷酸酶活性与土壤有机 C、C : P 和 C : N 呈较强的正相关，与速效 P、全 P 及 NO_3^--N 呈较强的负相关（图 3-41）。

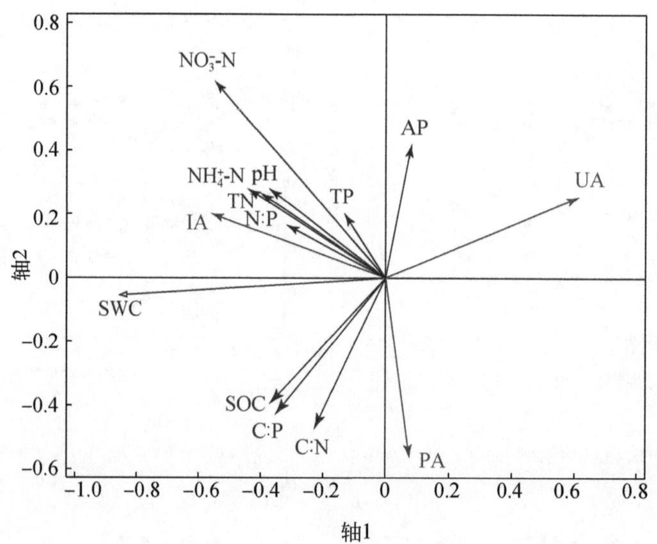

图 3-41　土壤 C : N : P 生态化学计量学特征与土壤酶活性的 RDA

IA、UA、PA、SWC、pH、SOC、TN、TP、C : N、C : P、N : P 、NO_3^--N、NH_4^+-N 和 AP 分别代表土壤蔗糖酶活性、脲酶活性、磷酸酶活性、含水量、pH、有机 C、全 N、全 P、C : N、C : P、N : P、NO_3^--N、NH_4^+-N 和速效 P

480 d 分解过程中（表 3-29），对土壤酶活性影响显著的因子包括月平均风速、月平均温度、月平均降水量、土壤 N : P、土壤含水量、土壤 NH_4^+-N 浓度（$p<0.05$）。三种土壤酶活性均与月平均风速、土壤 N : P、土壤含水量和土壤 NH_4^+-N 浓度呈较强正相关，与月平均温度和月降水量呈较强负相关（图 3-42）。

表 3-29　480d 分解过程中环境因子与土壤酶活性的 RDA 中各环境因子的显著性检验

因子	贡献率（%）	*F*	*p*	因子	贡献率（%）	*F*	*p*
MAW	40.7	41.4	0.002	pH	0.4	0.8	0.374
N : P	36.8	53.3	0.002	C : P	0.3	0.5	0.506

续表

因子	贡献率（%）	F	p	因子	贡献率（%）	F	p
MAT	6.8	10.7	0.002	TP	1.1	0.2	0.168
SWC	4.8	7.9	0.002	EC	0.2	0.4	0.524
MP	3	5.2	0.020	AP	0.1	0.2	0.692
NH_4^+-N	3.2	5.7	0.010	C：N	<0.1	0.1	0.774
NO_3^--N	1.5	2.7	0.098	TN	<0.1	<0.1	0.884
SOC	0.9	1.6	0.200				

MP、MAT、MAW 分别代表月平均降水量、平均温度、平均风速。SWC、pH、EC、SOC、TN、TP、C：N、C：P、N：P、NO_3^--N、NH_4^+-N 和 AP 分别代表土壤过氧化氢酶活性、蔗糖酶活性、脲酶活性、含水量、pH、电导率、有机 C、全 N、全 P、C：N、C：P、N：P、NO_3^--N、NH_4^+-N 和速效 P

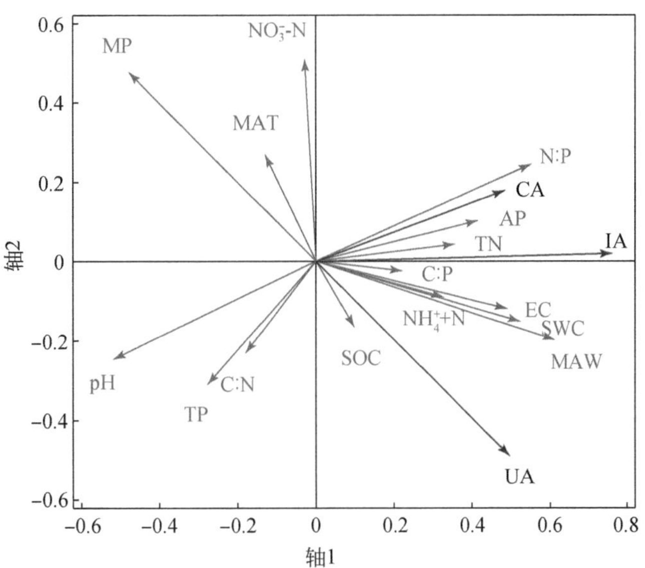

图 3-42　环境因子与土壤酶活性的 RDA

MP、MAT、MAW、CA、IA、UA、SWC、pH、EC、SOC、TN、TP、C：N、C：P、N：P、NO_3^-、NH_4^+-N 和 AP 分别代表月平均降水量、平均温度、平均风速、土壤过氧化氢酶活性、蔗糖酶活性、脲酶活性、含水量、pH、电导率、有机 C、全 N、全 P、C：N、C：P、N：P、NO_3^--N、NH_4^+-N 和速效 P

（2）植物生长和多样性

1）植物群落 C：N：P 生态化学计量学特征与植物生物量的关系。两年降水量变化下［图 3-43（a）］，两个典范轴累计方差解释率为 99.5%。植物群落组成与环境因子的对应关系在物种间差异较小。如牛枝子、草木樨状黄芪和白草种群生物量与植物群落 C：P、土壤含水量和土壤 pH 存在较强的正相关关系，与植物群落全 N 浓度、土壤速效 P 浓度、土壤全 N 含量和植物群落全 P 浓度存在较强的负相关关系。苦豆子和猪毛蒿种群生物量与土壤 C：N、植物群落 C：P 和土壤含水量存在较强的正相关关系，与植物群落全 N 浓度、土壤速效 P 浓度、土壤全 N 含量和植物群落全 P 浓度存在较强的负相关关系。

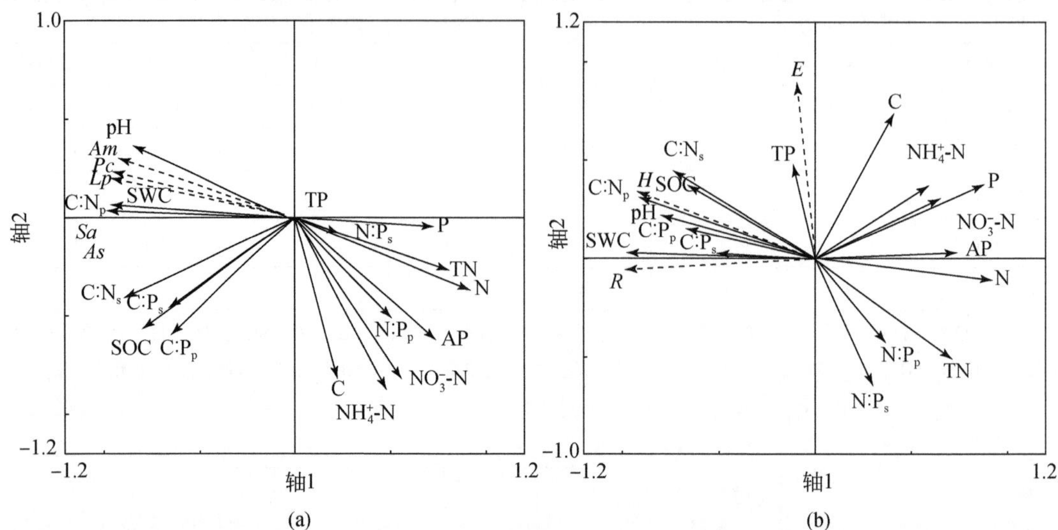

图 3-43　植物群落 C∶N∶P 生态化学计量学特征与植物种群生物量（a）及多样性（b）的 RDA

Lp、*Am*、*As*、*Pc*、*Sa* 分别代表牛枝子、草木樨状黄芪、猪毛蒿、白草和苦豆子种群生物量的关系。*H*、*R*、*E* 分别代表 Shannon-Weiner 多样性指数、Patrick 丰富度指数和 Pielou 均匀度指数。C、N、P、C∶N_p、C∶P_p、N∶P_p 分别代表植物群落全 C、全 N、全 P、C∶N、C∶P 和 N∶P。pH、SWC、SOC、TN、TP、NH_4^+-N、NO_3^--N、AP、C∶N_s、C∶P_s、N∶P_s 分别代表土壤 pH、含水量、有机 C、全 N、全 P、NH_4^+-N、NO_3^--N、速效 P、C∶N、C∶P 和 N∶P

2）微生物生物量 C∶N∶P 生态化学计量学特征与植物生物量的关系。三年降水量变化下（表 3-30），微生物生物量 C、N 和 P 含量分别与植物群落地上生物量显著正相关（$p<0.05$）；微生物生物量 C 和 P 含量分别与地下生物量显著正相关（$p<0.05$）；微生物生物量 C∶N 和 N∶P 与地上生物量显著负相关（$p<0.05$）。

表 3-30　微生物生物量 C∶N∶P 生态化学计量学特征与植物群落生物量的相关性

植物生物量	微生物生物量 C	微生物生物量 N	微生物生物量 P	微生物生物量 C∶N	微生物生物量 C∶P	微生物生物量 N∶P
群落地上部分	0.689 **	0.784 **	0.481 *	−0.583 **	ns	0.535 *
群落地下部分	0.537 *	ns	0.528 *	ns	ns	ns

表中数据为相关系数。ns 代表显著性水平大于 0.05。* 和 ** 分别代表显著性水平小于 0.05 和 0.01

3）土壤 C∶N∶P 生态化学计量学特征与植物生物量的关系。两年降水量变化下（表 3-31），土壤有机 C 含量仅与植物群落地上、地下生物量显著正相关（$p<0.05$），土壤全 N 含量、全 P 含量及 N∶P 与植物生物量无显著的相关性（$p>0.05$），土壤 C∶N 与牛枝子种群生物量、草木樨状黄芪种群生物量、猪毛蒿种群生物、苦豆子种群生物量、群落地上生物量、群落地下生物量显著正相关（$p<0.05$），土壤 C∶P 与苦豆子种群生物量、群落地上生物量、群落地下生物量显著正相关（$p<0.05$）。

表 3-31　土壤 C : N : P 生态化学计量学特征与植物生物量的相关性

植物生物量	土壤有机 C	土壤全 N	土壤全 P	土壤 C : N	土壤 C : P	土壤 N : P
牛枝子（*L. potaninii*）	ns	ns	ns	0.494 *	ns	ns
草木樨状黄芪（*A. melilotoides*）	ns	ns	ns	0.462 *	ns	ns
猪毛蒿（*A. scoparia*）	ns	ns	ns	0.458 *	ns	ns
白草（*P. centrasiaticum*）	ns	ns	ns	ns	ns	ns
苦豆子（*S. alopecuroides*）	ns	ns	ns	0.613 *	0.625 *	ns
群落地上部分	0.728 **	ns	ns	0.709 **	0.722 **	ns
群落地下部分	0.431 *	ns	ns	0.468 *	0.441 *	ns

表中数据为相关系数。ns 代表显著性水平大于 0.05。* 和 ** 分别代表显著性水平小于 0.05 和 0.01

两年降水量变化下（表 3-32），五个物种种群生物量及地上、地下生物量均与土壤含水量显著正相关（$p<0.05$），土壤 NH_4^+-N 浓度与牛枝子、草木樨状黄芪、猪毛蒿种群生物量显著负相关（$p<0.05$），土壤 NO_3^--N 和速效 P 浓度与牛枝子、草木樨状黄芪、猪毛蒿和白草种群生物量显著负相关（$p<0.05$），土壤 NO_3^--N 浓度与群落地上生物量显著正相关（$p<0.05$）。

表 3-32　土壤基本性质与植物生物量的相关性

植物生物量	土壤含水量	土壤 NH_4^+-N	土壤 NO_3^--N	土壤速效 P
牛枝子（*L. potaninii*）	0.640 **	−0.650 **	−0.690 **	−0.716 **
草木樨状黄芪（*A. melilotoides*）	0.605 **	−0.636 **	−0.665 **	−0.763 **
猪毛蒿（*A. scoparia*）	0.538 *	−0.500 *	−0.505 *	−0.568 **
白草（*P. centrasiaticum*）	0.520 *	ns	−0.463 *	−0.583 **
苦豆子（*S. alopecuroides*）	0.694 **	ns	ns	ns
群落地上部分	0.789 **	ns	0.498 *	ns
群落地下部分	0.610 **	ns	ns	ns

表中数据为相关系数。ns 代表显著性水平大于 0.05。* 和 ** 分别代表显著性水平小于 0.05 和 0.01

4）植物 C : N : P 生态化学计量学特征与植物叶片性状的关系。三年降水量变化下，植物绿叶 C : N : P 生态化学计量学特征与叶片性状存在较强的相关性（表 3-33）。绿叶蒸腾速率与绿叶 C : N 显著负相关（$p<0.05$）、与绿叶 N : P 显著正相关（$p<0.05$），绿叶水分利用效率与绿叶 N : P 显著负相关（$p<0.05$）。绿叶全 N 浓度与绿叶 C : N 显著负相关（$p<0.05$），绿叶全 N 浓度与绿叶 N : P 显著正相关（$p<0.05$），枯叶全 N 浓度与绿叶 C : N 显著负相关（$p<0.05$），枯叶全 N 浓度与绿叶 N : P 显著正相关（$p<0.05$），绿叶 P 浓度与绿叶 C : P 和 N : P 显著负相关（$p<0.05$）。

表 3-33　植物绿叶 C∶N∶P 生态化学计量比和土壤基本性质与植物叶片性状的相关性

指标	绿叶 C∶N	绿叶 C∶P	绿叶 N∶P	土壤含水量	土壤 NH_4^+-N	土壤 NO_3^--N	土壤速效 P
绿叶净光合速率	ns	ns	ns	0.504*	0.476*	ns	ns
绿叶蒸腾速率	-0.477*	ns	0.503*	ns	ns	ns	ns
绿叶水分利用效率	ns	ns	-0.503*	ns	ns	ns	ns
绿叶光合 N 利用效率	ns	ns	ns	ns	ns	ns	ns
绿叶光合 P 利用效率	ns	ns	ns	ns	ns	ns	ns
绿叶全 N	-0.875**	ns	0.557**	ns	ns	ns	ns
绿叶全 P	ns	-0.802**	-0.625**	ns	ns	ns	ns
枯叶全 N	-0.561*	ns	0.534*	ns	ns	ns	ns
枯叶全 P	ns	ns	ns	-0.467*	-0.512*	ns	ns
枯叶 N 回收效率	ns	ns	ns	ns	ns	ns	ns
枯叶 P 回收效率	ns	ns	ns	ns	ns	ns	ns

表中数据为相关系数。ns 代表显著性水平大于 0.05。*和**分别代表显著性水平小于 0.05 和 0.01

5）土壤 C∶N∶P 生态化学计量学特征与植物叶片性状的关系。两年降水量变化下（表 3-34），几个物种绿叶全 N 和全 P 浓度与土壤 C∶N∶P 生态化学计量学特征相关性较弱，仅猪毛蒿绿叶全 N 浓度与土壤有机 C 含量和 C∶N 显著负相关、白草绿叶全 P 浓度与土壤C∶N 显著正相关（$p<0.05$）。几个物种枯叶全 N 和全 P 浓度与土壤 C∶N∶P 生态化学计量学特征相关性较弱，仅猪毛蒿枯叶全 P 浓度与土壤 C∶N 显著负相关、苦豆子枯叶全 N 浓度与土壤全 N 含量显著正相关（$p<0.05$）。

表 3-34　土壤 C∶N∶P 生态化学计量学特征与植物叶片全 N 和全 P 浓度的相关性

物种	指标	土壤有机 C	土壤全 N	土壤全 P	土壤 C∶N	土壤 C∶P	土壤 N∶P
牛枝子 *L. potaninii*	绿叶全 N	ns	ns	ns	ns	ns	ns
	绿叶全 P	ns	ns	ns	ns	ns	ns
	枯叶全 N	ns	ns	ns	ns	ns	ns
	枯叶全 P	ns	ns	ns	ns	ns	ns
草木樨状黄芪 *A. melilotoides*	绿叶全 N	ns	ns	ns	ns	ns	ns
	绿叶全 P	ns	ns	ns	ns	ns	ns
猪毛蒿 *A. scoparia*	绿叶全 N	-0.483*	ns	ns	-0.630*	ns	ns
	绿叶全 P	ns	ns	ns	ns	ns	ns
	枯叶全 N	ns	ns	ns	ns	ns	ns
	枯叶全 P	ns	ns	ns	-0.518*	ns	ns
白草 *P. centrasiaticum*	绿叶全 N	ns	ns	ns	ns	ns	ns
	绿叶全 P	ns	ns	ns	0.507*	ns	ns
	枯叶全 N	ns	ns	ns	ns	ns	ns
	枯叶全 P	ns	ns	ns	ns	ns	ns

续表

物种	指标	土壤有机 C	土壤全 N	土壤全 P	土壤 C∶N	土壤 C∶P	土壤 N∶P
苦豆子 *S. alopecuroides*	绿叶全 N	ns	ns	ns	ns	ns	ns
	绿叶全 P	ns	ns	ns	ns	ns	ns
	枯叶全 N	ns	0.597 *	ns	ns	ns	ns
	枯叶全 P	ns	ns	ns	ns	ns	ns

表中数据为相关系数。ns 代表显著性水平大于 0.05。* 代表显著性水平小于 0.05

三年降水量变化下（表 3-35），土壤 C∶N∶P 生态化学计量学特征与植物叶片性状的相关性较弱：绿叶净光合速率与土壤有机 C 含量、C∶N、C∶P 显著负相关（$p<0.05$），枯叶全 P 浓度与土壤有机 C 含量、C∶N、C∶P 显著负相关（$p<0.05$），其他情况下叶片性状与土壤 C∶N∶P 生态化学计量学特征无显著的相关性（$p>0.05$）。

表 3-35　土壤 C∶N∶P 生态化学计量比与植物叶片性状的相关性

指标	土壤有机 C	土壤全 N	土壤全 P	土壤 C∶N	土壤 C∶P	土壤 N∶P
绿叶净光合速率	0.436 *	ns	ns	0.422 *	0.429 *	ns
绿叶蒸腾速率	ns	ns	ns	ns	ns	ns
绿叶水分利用效率	ns	ns	ns	ns	ns	ns
绿叶光合 N 利用效率	ns	ns	ns	ns	ns	ns
绿叶光合 P 利用效率	ns	ns	ns	ns	ns	ns
绿叶全 N	ns	ns	ns	ns	ns	ns
绿叶全 P	ns	ns	ns	ns	ns	ns
枯叶全 N	ns	ns	ns	ns	ns	ns
枯叶全 P	-0.535 *	ns	ns	-0.530 *	-0.541 *	ns
枯叶 N 回收效率	ns	ns	ns	ns	ns	ns
枯叶 P 回收效率	ns	ns	ns	ns	ns	ns

表中数据为相关系数。ns 代表显著性水平大于 0.05。* 代表显著性水平小于 0.05

就土壤基本性质与植物叶片性状的相关性上，两年降水量变化下（表 3-36），土壤含水量与牛枝子绿叶全 N 浓度、草木樨状黄芪绿叶全 N 和全 P 浓度、猪毛蒿绿叶全 N 和全 P 浓度、猪毛蒿绿叶全 N 和全 P 浓度显著负相关（$p<0.05$），土壤速效 P 浓度与猪毛蒿绿叶全 N 浓度、白草枯叶全 N 和全 P 浓度显著正相关（$p<0.05$）；三年降水量变化下（表 3-33），土壤基本性质与植物叶片性状的相关性亦较弱，仅绿叶净光合速率与土壤含水量和 NH_4^+-N 浓度显著正相关（$p<0.05$）、枯叶全 P 浓度与土壤含水量和 NH_4^+-N 浓度显著负相关（$p<0.05$）。

表 3-36　土壤基本性质与植物叶片全 N 和全 P 浓度的相关性

物种	指标	土壤含水量	土壤 NH_4^+-N	土壤 NO_3^--N	土壤速效 P
牛枝子 *L. potaninii*	绿叶全 N	-0.721 *	ns	ns	ns
	绿叶全 P	ns	ns	ns	ns

续表

物种	指标	土壤含水量	土壤 NH_4^+-N	土壤 NO_3^--N	土壤速效 P
牛枝子 *L. potaninii*	枯叶全 N	ns	ns	ns	ns
	枯叶全 P	ns	ns	ns	ns
草木樨状黄芪 *A. melilotoides*	绿叶全 N	-0.581 *	ns	ns	ns
	绿叶全 P	-0.505 *	ns	ns	ns
猪毛蒿 *A. scoparia*	绿叶全 N	-0.633 **	ns	ns	0.583 *
	绿叶全 P	-0.588 **	ns	ns	ns
	枯叶全 N	ns	ns	ns	ns
	枯叶全 P	-0.544 **	ns	ns	ns
白草 *P. centrasiaticum*	绿叶全 N	-0.476 *	ns	ns	ns
	绿叶全 P	ns	ns	ns	ns
	枯叶全 N	-0.734 *	ns	ns	0.634 *
	枯叶全 P	-0.762 **	ns	ns	0.735 **
苦豆子 *S. alopecuroides*	绿叶全 N	ns	ns	ns	ns
	绿叶全 P	ns	ns	ns	ns
	枯叶全 N	ns	ns	ns	ns
	枯叶全 P	ns	ns	ns	ns

表中数据为相关系数。ns 代表显著性水平大于 0.05。* 和 ** 分别代表显著性水平小于 0.05 和 0.01

6）植物 C∶N∶P 生态化学计量学特征与植物多样性的关系。两年降水量变化下［图 3-43（b）］，Patrick 丰富度指数与植物群落 C∶N、土壤含水量和土壤 C∶N 存在较强的正相关关系，与植物群落全 P 浓度、全 N 浓度和土壤速效 P 浓度存在较强的负相关关系。Shannon-Wiener 多样性指数与土壤含水量、植物群落 C∶N 和土壤 C∶N 存在较强的正相关关系，与植物群落全 N 浓度、土壤全 N 浓度和植物群落 N∶P 存在较强的负相关关系。Pielou 均匀度指数与植物群落全 P、全 C 以及土壤 NO_3^--N 浓度存在较强的正相关关系，与土壤全 N 浓度、土壤 N∶P 和植物群落 N∶P 存在较强的负相关关系。

7）微生物生物量 C∶N∶P 生态化学计量学特征与植物多样性的关系。三年降水量变化下（表 3-37），微生物生物量 C 含量与 Patrick 丰富度指数、Shannon-Wiener 多样性指数、Simpson 优势度指数显著正相关（$p<0.05$）；微生物生物量 N 含量与 4 个多样性指数均显著正相关（$p<0.05$）；微生物生物量 P 含量与 Patrick 丰富度指数和 Simpson 优势度指数显著正相关（$p<0.05$）；微生物生物量 C∶N 与 Patrick 丰富度指数、Pielou 均匀度指数及 Simpson 优势度指数显著负相关（$p<0.05$）；微生物生物量 N∶P 仅与 Shannon-Wiener 多样性指数显著正相关（$p<0.05$）。

表 3-37　微生物生物量 C：N：P 生态化学计量学特征与植物多样性的相关性

多样性指标	微生物生物量 C	微生物生物量 N	微生物生物量 P	微生物生物量 C：N	微生物生物量 C：P	微生物生物量 N：P
Patrick 丰富度指数	0.817**	0.713**	0.694**	-0.588**	ns	ns
Shannon-Wiener 多样性指数	0.401*	0.594**	ns	ns	ns	0.489**
Pielou 均匀度指数	ns	0.538**	0.446*	-0.408*	ns	ns
Simpson 优势度指数	0.454*	0.521**	ns	-0.443*	ns	ns

表中数据为相关系数。ns 代表显著性水平大于 0.05。* 和 ** 分别代表显著性水平小于 0.05 和 0.01

8）土壤 C：N：P 生态化学计量学特征与植物多样性的关系。三年降水量变化下（表 3-38），土壤有机 C 含量、C：N 和 C：P 均分别与 Patrick 丰富度指数和 Simpson 优势度指数显著正相关（$p<0.05$）；土壤有机 C 含量、C：N、C：P 和 N：P 均分别与 Pielou 均匀度指数显著正相关（$p<0.05$）。

表 3-38　土壤 C：N：P 生态化学计量学特征与植物多样性的相关性

指标	土壤有机 C	土壤全 N	土壤全 P	土壤 C：N	土壤 C：P	土壤 N：P
Patrick 丰富度指数	0.661**	ns	ns	0.647**	0.657**	ns
Shannon-Wiener 多样性指数	ns	ns	ns	ns	ns	ns
Pielou 均匀度指数	0.453*	ns	ns	0.420*	0.499*	0.541**
Simpson 优势度指数	0.409*	ns	ns	0.443*	0.403*	ns

表中数据为相关系数。ns 代表显著性水平大于 0.05。* 和 ** 分别代表显著性水平小于 0.05 和 0.01

三年降水量变化下（表 3-39），土壤含水量与 Patrick 丰富度指数以及 Simpson 优势度指数显著正相关（$p<0.05$）；土壤 NH_4^+-N 浓度与 Shannon-Wiener 多样性指数以及 Pielou 均匀度指数显著负相关（$p<0.05$）；土壤 NO_3^--N 浓度与 Patrick 丰富度指数显著正相关（$p<0.05$）。

表 3-39　土壤基本性质与植物多样性的相关性

多样性指标	土壤含水量	土壤 NH_4^+-N	土壤 NO_3^--N	土壤速效 P
Patrick 丰富度指数	0.848**	ns	0.517**	ns
Shannon-Wiener 多样性指数	ns	-0.445*	ns	ns
Pielou 均匀度指数	ns	-0.424*	ns	ns
Simpson 优势度指数	0.458*	ns	ns	ns

表中数据为相关系数。ns 代表显著性水平大于 0.05。* 和 ** 分别代表显著性水平小于 0.05 和 0.01

（3）生态系统碳交换

六年降水量变化下（表 3-40），对生态系统 C 交换影响显著的因子包括土壤电导率、微生物生物量 N 含量、微生物生物量 C：N 和蔗糖酶活性（$p<0.05$）。其中，NEE 与微生

物生物量 N 含量正相关，与电导率、微生物生物量 C：N 和土壤蔗糖酶活性负相关；ER 和 GEP 与以上指标呈相反的关系（图 3-44）。

表 3-40　生态系统碳交换与土壤因子的 RDA 中各土壤因子的显著性检验

土壤因子	EC	MBN	PA	SWC	pH	C：N_m	C：P_m	NO_3^-	AP	SA	NH_4^+	TP	C：N
贡献率（%）	78.1	11.7	2.4	2.3	1.8	1.4	0.6	0.6	0.5	0.4	<0.1	<0.1	<0.1
F	46.4	13.8	3.4	4.2	4.5	5.2	6.1	2.9	2.0	10.6	3.2	1.3	2.2
p	0.002	0.004	0.106	0.070	0.068	0.046	0.054	0.108	0.196	0.016	0.176	0.394	0.408

EC、MBN、PA、SWC、pH、C：N_m、C：P_m、NO_3^-、AP、SA、NH_4^+、TP、C：N 分别代表土壤电导率、微生物生物量 N、磷酸酶活性、含水量、pH、微生物生物量 C：N、微生物生物量 C：P、NO_3^--N、速效 P、蔗糖酶活性、NH_4^+-N、全 P 和 C：N。F 值小于 1.0 的土壤性质未列出

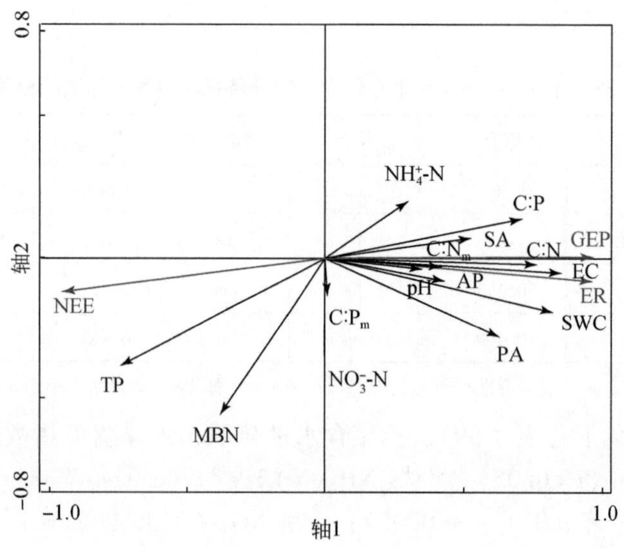

图 3-44　生态系统碳交换与土壤性质的 RDA

NEE、ER、GEP 分别代表净生态系统碳交换、生态系统呼吸、总生态系统生产力。EC、MBN、PA、SWC、pH、C：N_m、C：P_m、NO_3^--N、AP、SA、NH_4^+-N、TP、C：N 分别代表土壤电导率、微生物生物量 N、磷酸酶活性、含水量、pH、微生物生物量 C：N、微生物生物量 C：P、NO_3^--N、速效 P、蔗糖酶活性、NH_4^+-N、全 P 和 C：N

3.5.1.2　盆栽试验

（1）植物生物量

两年供水量变化下（图 3-45），甘草 6 ~ 8 月和 6 ~ 10 月相对生长速率均随土壤全 N 含量和 N：P 的增加而呈现出显著的先增加后降低的变化趋势（$p<0.05$），最高值出现在中等土壤全 N 含量和 N：P 水平下；二者均与土壤 C：N 无显著的关系（$p>0.05$）。

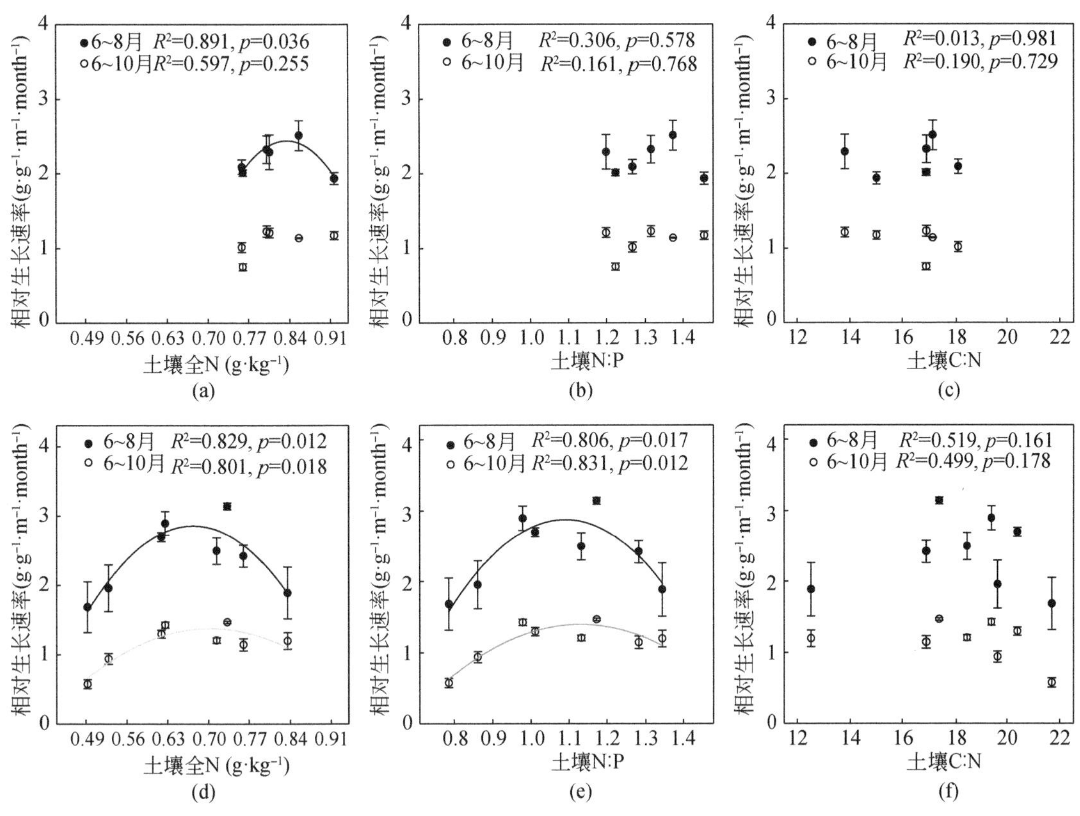

图 3-45 土壤 C：N：P 生态化学计量学特征与甘草相对生长速率的关系

（a）～（c）为 N 添加实验。（d）～（f）为水分供给试验

（2）植物养分利用

两年供水量变化下（图 3-46），土壤全 N 含量和 N：P 均与甘草枯叶 N 回收度和回收效率显著负相关（$p<0.01$）；土壤 C：N 则与枯叶 N 回收度和回收效率显著正相关（$p<0.01$）。

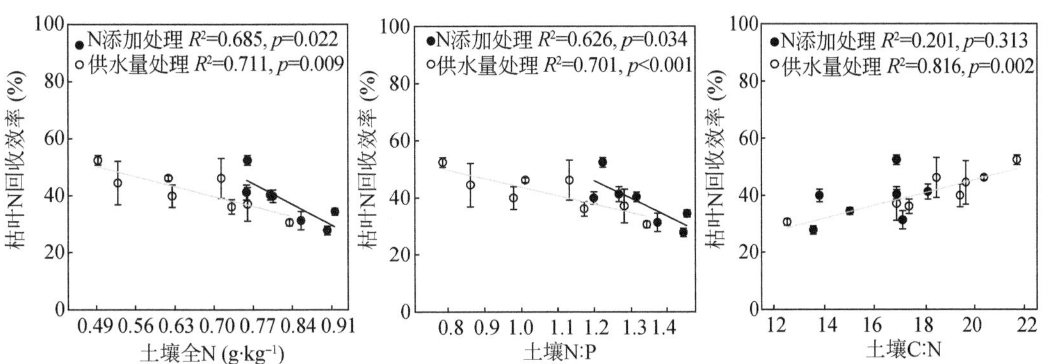

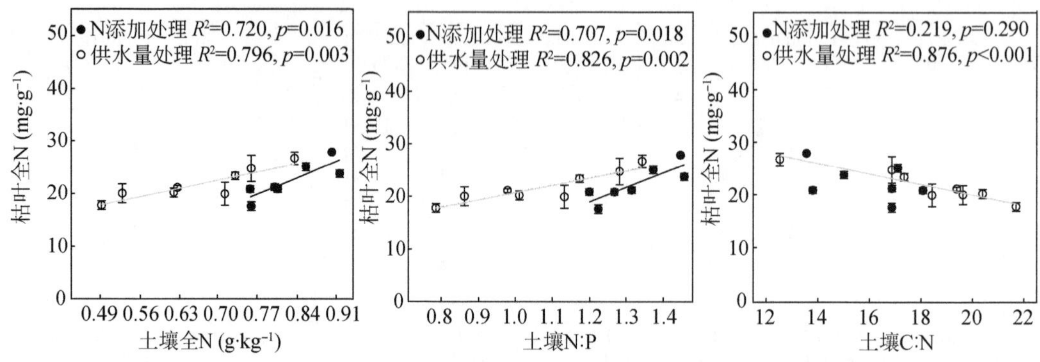

图 3-46　土壤 C∶N∶P 生态化学计量学特征与甘草枯叶 N 回收的关系

3.5.2　植被-土壤系统 C∶N∶P 生态化学计量学特征影响土壤性质和植被特征的机制分析

3.5.2.1　野外原位试验

(1) 土壤基本性质

1) 微生物生物量 C∶N∶P 生态化学计量学特征与土壤酶活性的关系。降水量变化下地上植被、土壤含水量和 pH 等因素的变化，会对微生物与植被、土壤之间的养分转化产生重要影响，从而改变微生物代谢过程、群落结构以及 C∶N∶P 生态化学计量学特征（许淼平等，2018），直接或间接地影响到土壤酶的分泌及活性。大量研究证实微生物生物量与酶活性有着密切联系（王杰等，2014a；闫钟清等，2017b）。本书研究结果显示，与自然降水量相比，减少降水量降低了微生物生物量 C 和 N 含量，增加降水量则表现出相反的效应；随着微生物生物量 C 和 N 含量的增加，蔗糖酶和磷酸酶活性呈线性增加。这说明，减少降水量限制了微生物生长，从而抑制了蔗糖酶和磷酸酶的分泌；增加降水量可以缓解土壤水分和 N 限制，从而提高了微生物活性、加速了微生物繁衍周期、增加了微生物生物量 C 和 N 的积累，进而促进了蔗糖酶和磷酸酶的分泌（刘雄等，2020）。但也有研究表明，过高的降水量会导致土壤养分淋溶损失，抑制微生物生长和生物量积累，从而对酶活性产生负影响（文都日乐等，2010；杨山等，2015）。

降水量可通过调控土壤含水量，影响植物地上部分的生长以及地下根系的生命活动，从而对酶活性产生重要影响（闫钟清等，2017a）。本书研究中，降水量变化下蔗糖酶和磷酸酶活性与植物群落和部分物种生物量存在正的线性关系。这可能是因为增加降水量可以提高荒漠草原土壤水分和养分有效性，从而促进植物地下部分养分摄取和地上部分光合作用，有利于植被生物量积累（李香云等，2020）。植物地下部分生物量的积累可为土壤酶的合成提供丰富的底物，促进蔗糖酶和磷酸酶的产生（乔文静等，2018）。此外，降水量增加 50% 处理提高了牛枝子生物量，而脲酶活性与牛枝子生物量呈负的线性关系。这可能是由于降水量的增加可以促进土壤养分的释放，提高植物对养分的利用（毛伟等，2016）。

这一过程不仅消耗了土壤养分，而且抑制了微生物活性，导致酶活性降低。但也有研究认为，增加降水量引起植物根生物量减少，进而导致酶活性降低（Henry et al., 2005）。因此，有待进一步深入研究。

2）土壤 C∶N∶P 生态化学计量学特征与土壤酶活性的关系。在所有土壤理化因子中，含水量是影响酶活性最主要的因子，其值过高或过低都会影响酶的活性（Kivlin & Treseder, 2014）。本书研究中，土壤含水量、NO_3^--N 浓度和 NH_4^+-N 浓度与蔗糖酶活性正相关，与脲酶活性负相关。一方面，降水量的增加提高了水分和 N 的有效性，导致 C 相对受限，从而刺激微生物分泌较多的 C 获取酶以促进有机 C 矿化（Rappe-George et al., 2017）。另一方面，一定程度的水分胁迫会刺激酶活性（周芙蓉等，2013），因而脲酶活性随降水量降低而增加。尽管研究表明，随着土壤 N 有效性增加，植物和微生物 P 受限性增强，植物根系和微生物会分泌较多的磷酸酶以促进有机 P 的矿化（Dong et al., 2019; Forstner et al., 2019），但本研究中磷酸酶活性与有机 C 含量和 C∶P 正相关，而与全 N 含量、全 P 含量和速效 P 浓度负相关。这一结果与以往研究类似（Allison et al., 2011），表明降水量变化下研究区磷酸酶活性主要受土壤 C 有效性的正调控。此外，脲酶活性与全 N 含量以及 N∶P 负相关，与速效 P 浓度正相关，与已有研究结论一致（尹伟等，2010）。这进一步意味着，高的 N 有效性抑制了脲酶活性；而当 P 有效性升高、N 相对 P 受限时，脲酶活性相应增加，反映了植物和微生物在土壤养分限制类型发生转变时通过积极分泌相应的酶来保证稳定的土壤生物学过程的应对机制（闫钟清等，2017b）。

（2）植物生长和多样性

1）植物生物量和养分利用。基于中国土壤 C∶N∶P 生态化学计量学特征数据，研究人员认为表层土壤 C∶N∶P 生态化学计量学特征可以很好地指示土壤养分供给状况（Tian et al., 2010）。因此，土壤 C∶N∶P 生态化学计量学特征可能与植物生长和养分策略具有一定的关联。本书研究中，除土壤 C∶N 与几个物种生物量存在较为一致的正相关外，其他土壤 C∶N∶P 指标与植物生物量、养分摄取和养分回收的相关性较弱。尽管增加 50% 降水量显著降低了土壤 NH_4^+-N、NO_3^--N 和速效 P 浓度，但对土壤全 N 含量、全 P 含量、C∶P 和 N∶P 并无明显的改变。因而，短期改变降水量条件下相对稳定的土壤 C、N、P 生态化学计量关系并不能很好地指示植物的养分受限状况。相比之下，土壤含水量分别与 5 个物种生物量、多数物种绿叶 N 和 P 摄取以及个别物种枯叶 N 和 P 回收显著相关，表明降水量变化下土壤含水量是调控植物生长和养分利用的主要因素。总而言之，随着土壤水分有效性增加，荒漠草原植物群落中物种数增加，植物和微生物间对养分的竞争随之加剧，进而可能使植物-微生物-土壤之间的养分关联性变得更为复杂。

鉴于土壤和植物叶片 C∶N∶P 生态化学计量学特征在生态系统 C 饱和状态和养分限制类型方面的指示性，一般认为二者亦与植物养分利用效率密切相关，从而驱动着植被生产力（He et al., 2008）。依据生态化学计量学原理，高的 C∶N 和低的 N∶P 代表着生态系统受 N 限制，高 C∶P 和 N∶P 代表着生态系统受 P 限制。因而，反映高 N 利用效率的植物叶片性状期望出现在高 C∶N、低 N∶P 水平下。反之，反映高 P 利用效率的植物叶片性状期望出现在高 C∶P、N∶P 水平下。这些期望在许多研究中已得到了验证。例如，近期的研究发现叶片 C∶N∶P 生态化学计量比与 P 回收特性存在密切联系（Ji et al., 2018;

Sohrt et al., 2018)。本书研究中，叶片 C：N：P 生态化学计量比与绿叶全 N 浓度、绿叶全 P 浓度、枯叶 N 回收效率密切相关，土壤 C：N：P 生态化学计量比与 P 回收度密切相关。土壤和叶片 C：N：P 生态化学计量比与绿叶净光合速率、蒸腾速率及水分利用效率存在不同程度的相关性，而与绿叶光合 N、P 利用效率无显著的相关性。研究表明，降水格局改变将会导致土壤和植物叶片元素生态化学计量关系解耦（Delgado-Baquerizo et al., 2013；Yuan & Chen, 2015）。因而，本书研究结果可能意味着解耦的元素生态化学计量学关系会直接影响到植物体元素内循环，从而对荒漠草原 C 固定和水分循环产生重要的影响（Ali et al., 2018）。

2）植物多样性。以往研究表明，植物群落多样性与植物群落 C：N：P 生态化学计量学特征密切相关。如在宁夏哈巴湖沙地油蒿（*Artemisia ordosica*）群落中，Shannon-Wiener 多样性指数与植物群落全 N 浓度和 N：P 正相关，与植物群落全 C 浓度、全 P 浓度以及C：N 负相关（杨祥祥等，2018）。针对藏北高寒草地植物群落中低 C：N 植物的研究发现，物种丰富度与植物群落全 C 浓度以及 C：N 负相关（马百兵等，2018）。针对亚高山草甸的研究表明，高产草地植物群落物种数与植物全 N 浓度和 N：P 显著正相关，与C：N 显著负相关；低产草地植物群落物种数与植物全 N 浓度和全 P 浓度呈极显著负相关关系，与 C：N和 C：P 呈显著正相关关系（陈军强等，2013）。此外，也有研究指出植物全 P 浓度升高是物种消失的重要原因之一（Wassen et al., 2005）。本书研究中，Shannon-Wiener 多样性指数和 Patrick 丰富度指数均与植物群落 C：N 存在较强的正相关关系，与植物群落全 N 浓度、全 P 和 N：P 存在较强的负相关关系，表明研究区植物群落主要受 N 和 P 的共同限制，与 Wassen 等（2005）以及陈军强等（2013）针对低产草地的研究结果较为相似。

土壤水分和养分动态变化直接影响着植物群落物种组成（杨崇曜等，2017）。一些研究发现，土壤全 N 和全 P 含量与植物多样性正相关（李新荣等，2000；杨小波等，2002；罗亚勇等，2014；宁志英等，2019）；土壤 C：N、C：P 和 N：P 与物种丰富度负相关（韩雪娇，2017）。本书研究中，Shannon-Wiener 多样性指数和 Patrick 丰富度指数与土壤 C：N 正相关，与土壤全 N 含量、速效 P 浓度以及 N：P 负相关，与以上研究结果不同，但与北方农牧交错带草地的结果类似（白可喻等，2013）。这可能是因为增加降水量刺激了多数植物生长，但同时促进了植物对土壤 N 和 P 的消耗、增强了土壤 N 和 P 淋溶损失，进而导致植物多样性与土壤全 N 含量和速效 P 浓度负相关；Shannon-Wiener 多样性指数和 Patrick 丰富度指数均与土壤含水量正相关，表明土壤元素及其生态化学计量关系协同调控着植物多样性，但短期降水量改变下土壤含水量是制约植物多样性的主要因子（王子婷等，2019；朱湾湾等，2019）。

3.5.2.2 盆栽试验

以往的研究表明，土壤 N 有效性增加引起的植物生长增强会导致较多可溶解有机 P 损失，从而引起生态系统 P 限制增加（Perring et al., 2008）。因此，较高的相对生长速率可能不会出现在最高或最低的土壤 C：N：P 生态化学计量比情况下。试验中，研究人员发现两年增加供水量提高了甘草相对生长速率，且最高值出现在中等水平的土壤全 N 含量和 N：P。进一步证实土壤 N 和 P 之间的平衡关系对于植物生物量累积等过程中扮演着重要的角色。通常认为，表层土壤 C：N、C：P 和 N：P 可指示土壤发育过程中养分供给状况（Tian et al. 2010）。本试验中，两年改变供水量显著影响着土壤全 N 含量，使得土壤 C：N：P 发生较大改变；因此供水量变化下甘草枯叶 N 回收效率和 N 回收度与土壤全 N 含量和 N：P 显著负相关（$p<0.05$），而与土壤 C：N 显著正相关（$p<0.05$）。这意味着供水量增加引起的 N 损失增强了土壤 N 限制，甘草因此会提高其枯叶 N 回收能力，反映了其有效的 N 利用策略。结合相对生长速率的研究结果，本研究证实土壤 C：N：P 生态化学计量比可以指示我国西北荒漠草原植物生长过程中养分受限性。

植物和土壤 C：N：P 生态化学计量学特征可指示植物生长过程中的 N 和 P 受限类型，因而二者可能与植物 N 和 P 利用策略密切相关。通常来说，高的 C：N、低的 N：P 代表 N 限制，高的 C：P 和 N：P 代表 P 限制。依据养分保持策略的概念，当植物和土壤具有高的 C：N、低的 N：P 时，植物会表现出高的 N 保持能力；当植物和土壤具有高的 C：P 和 N：P 时，植物则会表现出高的 P 保持能力。本试验中，三年供水量变化下甘草绿叶养分摄取和枯叶养分回收与 8 月份各组分 C：N：P 生态化学计量学特征（绿叶、根系和土壤）的联系。如我们所期望的，多数情况下甘草绿叶 N 摄取与各组分 C：N 和 C：P 负相关、P 摄取与各组分 C：P 和 N：P 负相关。与我们所期望的不同，N 和 P 回收度与各组分 C：N：P 生态化学计量学特征的关系较弱。这些结果意味着，供水量改变引起的 C：N：P 生态化学计量学关系变化，可能会通过其与甘草叶片养分摄取之间密切的联系改变甘草养分保持策略，反映了甘草应对 C：N：P 平衡关系改变的自调节能力。

3.6 本章结论

3.6.1 降水量变化下植被-土壤系统 C：N：P 生态化学计量学特征

3.6.1.1 野外原位试验

（1）植物 C：N：P 生态化学计量学特征

1）群落水平。除全 P 浓度外，短期减少降水量对植物群落 C：N：P 生态化学计量学特征影响较小。增加降水量的影响较大，如降低了植物群落全 C 浓度、全 N 浓度和 N：P。

2）叶片水平。与自然降水量相比，短期减少降水量对植物种绿叶 C：N：P 生态化学计量学特征影响较小，增加降水量改变了绿叶元素生态化学计量平衡，且具有物种差异性：减少 50% 降水量提高了牛枝子绿叶全 N 和全 P 浓度以及猪毛蒿绿叶全 P 浓度，增加降水量降低了猪毛蒿绿叶全 N 浓度；增加降水量提高了猪毛蒿绿叶 C：N，增加 30% 降水量提高了苦豆子绿叶 C：N。增加降水量降低了猪毛蒿绿叶 N：P，增加 30% 降水量降低了白草绿叶 N：P。相比之下，短期降水量变化下枯叶 C：N：P 生态化学计量学特征的变化幅度较小。

（2）凋落物 C：N：P 生态化学计量学特征

1）群落水平。480 d 的分解过程中，各处理下凋落物 C 释放平缓，N 和 P 释放呈现出先上升后平缓增加的趋势（前60 d释放最快）。因而，凋落物全C浓度缓慢降低，全N和全P浓度在分解前期快速降低而后缓慢降低，C∶N和C∶P则表现出相反的变化趋势。与自然降水量相比，减少和增加30%降水量对凋落物C∶N∶P生态化学计量学特征影响较小，增加50%降水量降低了凋落物全N和全P浓度、提高了凋落物C∶N和C∶P。因此，减少和适度增加降水量对凋落物元素释放影响较小，增加50%降水量有助于促进凋落物N和P释放。

2）个体水平。480 d的分解过程中，各处理下植物种凋落物C释放平缓，N和P释放率前期快于后期（0～60 d释放较快）；与自然降水量相比，减少降水量（尤其减少50%）不同程度地降低了猪毛蒿和白草元素累积释放量，增加降水量表现出相反的效应，但增加50%降水量降低了猪毛蒿C和N累积释放量；与减少降水量相比，增加降水量对四种植物凋落物C∶N∶P生态化学计量学特征影响较大，但缺乏明显的规律性。

（3）微生物生物量C∶N∶P生态化学计量学特征

与自然降水量相比，减少降水量不同程度地降低了微生物生物量C和N含量、提高了生物量C∶N和C∶P，对生物量P含量和N∶P影响较小；增加降水量不同程度地提高了微生物生物量C和N含量，对生物量P含量、C∶N、C∶P和N∶P影响较小。表明短期减少降水量降低了微生物生物量C和N固持，从而改变了其C∶N∶P生态化学计量关系；增加降水量促进了微生物生物量C和N固持，但对其C∶N∶P生态化学计量关系影响较小。

（4）土壤C∶N∶P生态化学计量学特征

短期减少和增加降水量对旺盛期土壤C∶N∶P生态化学计量学特征影响较小，仅增加30%降水量提高了土壤C∶N。凋落物分解过程中，各处理下土壤C∶N∶P生态化学计量学特征无明显的时间动态；与自然降水量相比，减少和增加30%降水量对土壤C∶N∶P生态化学计量学特征影响较小，增加50%降水量显著增加了土壤有机C含量、全N含量和C∶P。

（5）组分间C∶N∶P生态化学计量学特征的关系

1）土壤–植物C∶N∶P生态化学计量学特征。短期降水量变化下，土壤C∶N∶P生态化学计量学特征与草木樨状黄芪、猪毛蒿和白草绿叶C∶N∶P生态化学计量学特征的关系较强，与牛枝子和苦豆子绿叶C∶N∶P生态化学计量学特征的关系较弱，尤其土壤全N和全P含量。

2）土壤–凋落物C∶N∶P生态化学计量学特征。生长季，短期降水量变化下土壤C∶N∶P生态化学计量学特征与草木樨状黄芪、猪毛蒿和白草枯叶C∶N∶P生态化学计量学特征的关系较弱，与牛枝子和苦豆子枯叶C∶N∶P生态化学计量学特征的关系较强，尤其土壤有机C含量、C∶N和C∶P；除极个别情况外，土壤与种群凋落物C∶N∶P生态化学计量学特征相关性不强；土壤与群落凋落物C∶N∶P生态化学计量学特征相关性较强，尤其土壤C∶N和C∶P。

凋落物分解过程中，群落水平上，凋落物P释放量与土壤全P含量正相关。整体上，分解前期（0～180 d）土壤与凋落物C∶N∶P生态化学计量学特征相关性较强。分解后期，除凋落物全 C 浓度外，土壤与凋落物 C∶N∶P 生态化学计量学特征无相关性；种群水平上，猪毛蒿和草木樨状黄芪凋落物 P 释放量均与土壤全 P 正相关。除土壤有机 C 含量和 N∶P 外，土壤与凋落物 C∶N∶P 生态化学计量学特征存在一定的相关性，尤其草木樨状黄芪。

3）土壤-微生物生物量 C∶N∶P 生态化学计量学特征。短期降水量变化下，除土壤全 N 含量和 N∶P 外，大多情况下土壤与微生物生物量 C∶N∶P 生态化学计量学特征正相关。

4）植物-微生物生物量 C∶N∶P 生态化学计量学特征。短期降水量变化下，草木樨状黄芪绿叶、披针叶黄华和甘草绿叶与微生物生物量 C∶N∶P 生态化学计量学特征相关性较强（尤其甘草），牛枝子、猪毛蒿、白草、苦豆子绿叶与微生物的相关性较弱（尤其猪毛蒿）。

5）凋落物-微生物生物量 C∶N∶P 生态化学计量学特征。短期降水量变化下，叶片水平上，牛枝子、披针叶黄华、苦豆子凋落物与微生物生物量 C∶N∶P 生态化学计量学特征相关性较强，草木樨状黄芪、白草和猪毛蒿凋落物与微生物的相关性较弱；种群水平上，牛枝子和白草凋落物与微生物生物量 C∶N∶P 生态化学计量学特征相关性较强，草木樨状黄芪和猪毛蒿凋落物与微生物的相关性较弱；群落水平上，凋落物全 N 浓度和 C∶N 与微生物生物量 C∶N∶P 生态化学计量学特征相关性较强，全 C 浓度、全 P 浓度与微生物生物量 C∶N∶P 生态化学计量学特征相关性较弱。

3.6.1.2 盆栽试验

（1）植物 C∶N∶P 生态化学计量学特征

短期少量水分供给对甘草绿叶和枯叶 C∶N∶P 生态化学计量学特征影响较小，但是高量水分供给使得枯叶全 N 和全 P 浓度降低，导致枯叶 C∶N 升高，意味着过量水分供给可能会导致甘草枯叶 C∶N∶P 生态化学计量关系失衡。短期供水量改变对甘草根系 C∶N∶P 生态化学计量学特征影响亦较小，意味着供水量变化下甘草根系 C∶N∶P 生态化学计量关系相对稳定，尤其 8 月根系。

（2）土壤 C∶N∶P 生态化学计量学特征

短期少量改变供水量对土壤 C∶N∶P 生态化学计量学特征影响较小，过量增加供水量会降低土壤全 N 含量和 N∶P、提高土壤 C∶N，导致土壤 C∶N∶P 平衡关系发生改变。

3.6.2 降水量变化下土壤基本性质

3.6.2.1 物理性质

植物生长季，与自然降水量相比，减少降水量降低了土壤含水量，增加降水量提高了含水量；相比之下，降水量对土壤温度的影响较小。凋落物分解过程中，各降水量处理下两个指标呈波动式变化。

3.6.2.2 化学性质

植物生长季，与自然降水量相比，增减降水量对土壤 pH 和电导率均无明显的影响；减少和增加 30% 降水量对土壤 NH_4^+-N 和 NO_3^--N 浓度无明显影响，增加 50% 降水量明显降低了二者；减少降水量对土壤速效 P 浓度影响不明显，增加降水量明显降低了速效 P 浓度。凋落物分解过程中，各降水量处理下三个指标缺乏明显的时间动态。

3.6.2.3 生物学性质

植物生长季，减少降水量对土壤酶活性影响较小，尤其减少 30% 降水量下；增加降水量提高了土壤水分和 N 有效性，刺激了植物生长和微生物繁殖，从而提高了蔗糖酶活性。随着植物生物量增加，土壤有机 C 输入增多、微生物 P 受限性增强，磷酸酶活性相应增强以促进有机 P 的矿化。凋落物分解过程中，各降水量处理下酶活性没有明显的时间动态，总体来讲过氧化氢酶活性随降水量增加呈下降趋势，蔗糖酶和脲酶活性随降水量增加呈上升趋势，且减少 50% 降水量降低了脲酶活性。

3.6.3 降水量变化下植物生长与多样性

3.6.3.1 野外原位试验

(1) 植物生物量

与减少降水量相比，短期增加降水量对植物生物量影响较大：增加降水量促进了多数植物生长，但过量增加降水量抑制了牛枝子和猪毛蒿等物种生长、降低了群落生物量累积。

(2) 植物养分利用

短期增减降水量改变了植物种叶片功能性状，且其影响程度随物种而异。与自然降水量相比，减少降水量对叶片光合特性影响较小，增加降水量增强了牛枝子和白草叶片净光合速率和蒸腾速率、苦豆子叶片水分利用效率和大部分植物叶片光合 N 利用效率；减少和增加降水量对叶片 N 保持策略影响较小，增加降水量增强了叶片 P 保持。这意味着，短期干旱胁迫下植物能够维持稳定的叶片功能性状；当土壤环境变得比较湿润时，这些物种则会通过调节其叶片功能性状以适应短期降水量增加，尤其是叶片 P 性状；物种间，牛枝子通过降低叶片 P 摄取、提高叶片光合 N 和 P 利用、增强叶片 N 和 P 回收等途径减少其对土壤养分的依赖，以更好地适应极端湿润的环境条件。

(3) 植物多样性

短期减少降水量对植物多样性影响不明显，增加降水量提高了植物多样性，但过量增加降水量降低了 Shannon-Wiener 多样性指数。

3.6.3.2 盆栽试验

(1) 植物生物量

沿供水量增加梯度，甘草相对生长速率和生物量呈先增加后降低的变化特点，意味着短期适量增加供水量刺激了甘草生长、促进了甘草生物量积累，极端增加或减少供水量均减缓了甘草生长速率、抑制了甘草生物量积累。

(2) 植物养分利用

沿供水量增加梯度，甘草绿叶全 N 和全 P 浓度无明显的变化规律，枯叶全 N 和全 P 浓度降低，枯叶 N 回收效率和 P 回收效率上升，表明短期增减供水量对甘草叶片 N 和 P 摄取能力影响较小，但降低了土壤 N 和 P 有效性，从而提高了枯叶 N 和 P 回收能力。

3.6.4 降水量变化下生态系统碳交换

六年降水量变化下，在整个生长季内各降水量处理下 NEE 整体上呈先降低后增加的趋势，ER 和 GEP 表现出先增加后降低的趋势。沿降水量增加梯度，NEE 逐渐降低，ER 和 GEP 逐渐增加，但与自然降水量相比，仅减少 50% 降水量对 NEE 的影响达到显著水平。

3.6.5 降水量变化下基于 C∶N∶P 生态化学计量学的生态服务功能评价

3.6.5.1 野外原位试验

(1) 土壤基本性质

1) 植物 C∶N∶P 生态化学计量学特征与土壤性质的关系。植物种绿叶 C∶N∶P 生态化学计量学特征与土壤基本性质存在不同程度的相关性，且具有物种差异性。其中，甘草绿叶C∶N∶P 生态化学计量学特征与土壤性质的关系较强，牛枝子和猪毛蒿绿叶 C∶N∶P 生态化学计量学特征与土壤性质的关系较弱。

2) 凋落物 C∶N∶P 生态化学计量学特征与土壤性质的关系。凋落物 C∶N∶P 生态化学计量学特征与土壤基本性质存在不同程度的相关性，且具有物种差异性。其中，牛枝子和苦豆子枯叶 C∶N∶P 生态化学计量学特征与土壤性质的关系较强，草木樨状黄芪、猪毛蒿和白草枯叶 C∶N∶P 生态化学计量学特征与土壤性质的关系较弱；白草种群凋落物 C∶N∶P 生态化学计量学特征与土壤性质的关系较强，草木樨状黄芪种群凋落物 C∶N∶P 生态化学计量学特征与土壤性质的关系较弱；群落水平上，凋落物 C∶N 与土壤含水量和 NH_4^+-N 浓度呈负、正相关，凋落物 N∶P 与土壤含水量正相关。

3) 微生物生物量 C∶N∶P 生态化学计量学特征与土壤性质的关系。微生物生物量 C∶N∶P 生态化学计量学特征与土壤含水量和 NO_3^--N 浓度的关系较强，与土壤 NH_4^+-N 和速效 P 浓度关系较弱。具体而言，微生物生物量 C 和 N 含量与土壤含水量正相关，生物量 C 和 P 含量与土壤 NO_3^--N 浓度正相关。微生物生物量 C：N：P 生态化学计量学特征与土壤酶活性密切相关。其中，微生物生物量 C、N、P 含量与蔗糖酶活性正相关，生物量 C：N 与蔗糖酶、脲酶和磷酸酶活性负相关，生物量 C 含量、N 含量、C：P 和 N：P 与磷酸酶活性正相关。

4）土壤 C：N：P 生态化学计量学特征与土壤性质的关系。植物生长季，土壤 C：P、有机 C 含量、全 N 含量、C：N 显著影响着土壤酶活性。其中，土壤有机 C 和全 N 含量与蔗糖酶活性存在较强的正相关关系，土壤有机 C 含量、C：N 和 C：P 与脲酶活性存在较强的负相关关系、与磷酸酶活性存在较强的正相关关系。

凋落物分解过程中，土壤 N：P、全 N 含量、全 P 含量和 C：P 显著影响着土壤酶活性。其中，土壤 N：P、全 N 含量及 C：P 与过氧化氢酶和蔗糖酶活性存在较强的正相关关系，全 N 含量和 C：P 与脲酶存在较强的正相关关系。

（2）植物生长和多样性

1）植物 C：N：P 生态化学计量学特征与植物生物量的关系。植物群落 C：N 与植物种群生物量存在较强的正相关关系，植物群落全 N 和全 P 浓度与植物种群生物量存在较强的负相关关系。

2）微生物生物量 C：N：P 生态化学计量学特征与植物生物量。微生物生物量 C 含量、N 含量、P 含量及 N：P 与植物群落地上和地下生物量存在不同程度的正相关，生物量 C：N 与地上生物量负相关。

3）土壤 C：N：P 生态化学计量学特征与植物生物量的关系。土壤 C：N 与植物群落和种群生物量正相关，有机 C 含量和 C：P 与植物群落生物量正相关，全 N 和全 P 含量与植物生物量无相关性。

4）植物 C：N：P 生态化学计量学特征与植物叶片性状的关系。植物绿叶 C：N：P 生态化学计量学特征与叶片性状存在较强的相关性，尤其绿叶 N：P。

5）土壤 C：N：P 生态化学计量学特征与植物叶片性状的关系。土壤 C：N：P 生态化学计量学特征与绿叶光合特征、绿叶 N 和 P 摄取、枯叶 N 和 P 回收的相关性较弱，尤其土壤全 N 含量、全 P 含量和 N：P。

6）植物 C：N：P 生态化学计量学特征与植物多样性的关系。植物群落 C：N 与植物多样性指数存在较强的正相关关系，植物群落全 N 浓度、全 P 浓度以及 N：P 与植物多样性存在较强的负相关关系。

7）微生物生物量 C：N：P 生态化学计量学特征与植物多样性的关系。微生物生物量 C、N、P 含量与四个植物多样性指数存在不同程度的正相关，生物量 C：N 与 Patrick 丰富度指数、Pielou 均匀度指数、Simpson 优势度指数负相关。

8）土壤 C：N：P 生态化学计量学特征与植物多样性的关系。土壤有机 C 含量、C：N 和C：P 与 Patrick 丰富度指数、Pielou 均匀度指数、Simpson 优势度指数正相关，全 N 和全 P 含量与四个多样性指数无相关性。

（3）生态系统碳交换

微生物生物量 N 含量和 C：N 对生态系统 C 交换有显著影响，土壤 C：N：P 生态化学计量学特征对生态系统 C 交换的影响不显著。其中，微生物生物量 N 含量与 NEE 正相关，与 ER 和 GEP 负相关；生物量 C : N 与 NEE 负相关，与 ER 和 GEP 正相关。

3.6.5.2 甘草盆栽试验

当土壤 N : P 和 C : N 处于中等水平时，甘草地上部分相对生长速率较高。当土壤 C : N 高、全 N 含量和 N : P 低时，甘草枯叶 N 回收较高。这意味着土壤 C : N : P 生态化学计量学特征可以很好地指示甘草生长 N 限制程度。同时，供水量变化下，发生改变的土壤元素平衡关系会通过调控甘草枯叶 N 回收策略，对荒漠草原 N 循环产生影响。

第4章 氮添加下荒漠草原碳氮磷生态化学计量学特征

4.1 植被-土壤系统 C∶N∶P 生态化学计量学特征

基于2011年设立的野外原位试验，研究人员对一年N添加下生长季旺盛期植物叶片和0～20 cm土壤C∶N∶P生态化学计量学特征的变化进行了研究，分析了二者间的关系；并研究了两年N添加下旺盛期植物群落C∶N∶P生态化学计量学特征的变化。基于2015年设立的野外原位试验，研究了两年N添加对旺盛期0～20 cm土壤微生物生物量C∶N∶P生态化学计量学特征的影响。基于2011年设立的甘草盆栽试验，研究了三年N添加下旺盛期和末期叶片-根系C∶N∶P生态化学计量学特征和两年N添加下旺盛期0～10 cm土壤C∶N∶P生态化学计量学特征的响应格局，分析了三年N添加对旺盛期0～10 cm土壤C∶N∶P生态化学计量学特征的影响。

4.1.1 氮添加对植被-土壤系统 C∶N∶P 生态化学计量学特征的影响

4.1.1.1 野外原位试验

(1) 植物C∶N∶P生态化学计量学特征

一年N添加下（图4-1），四个物种叶片全C浓度无显著的变化规律（$p>0.05$）。除冰草外，其他三个物种叶片全N浓度均呈增加趋势，但过高N添加降低了针茅叶片全N浓度。牛枝子和老瓜头叶片C∶N呈显著的指数降低趋势（$p<0.05$），而冰草和针茅呈先降低后增加的趋势。

两年N添加下（图4-2），植物群落C库、N库和P库均表现出先增加后降低的变化特点。其中，群落N库在20 g·m^{-2}·a^{-1}的N水平下达到最大值1026.25 mg·m^{-2}，C库和P库则在10 g·m^{-2}·a^{-1}的N水平下分别达到最大值16 642.87 mg·m^{-2}和24.81 mg·m^{-2}；群落N∶P表现出持续增加的趋势，N水平超过10 g·m^{-2}·a^{-1}的施用量后，增加速度变缓。相比较之下，群落C∶N从20.43降低到12.32，群落C∶P没有明显的变化趋势。

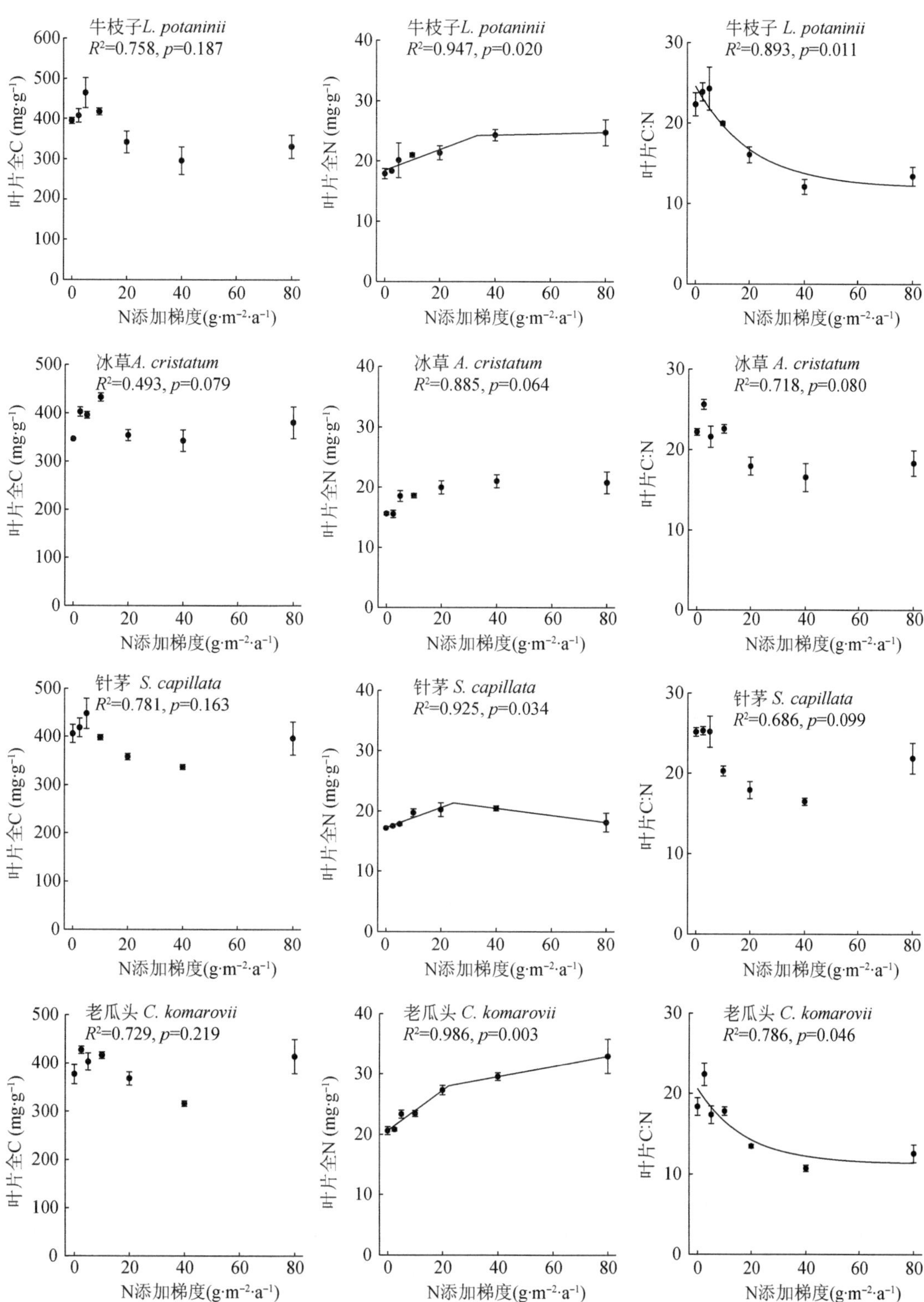

图 4-1　氮添加下植物叶片 C：N 生态化学计量学特征的变化

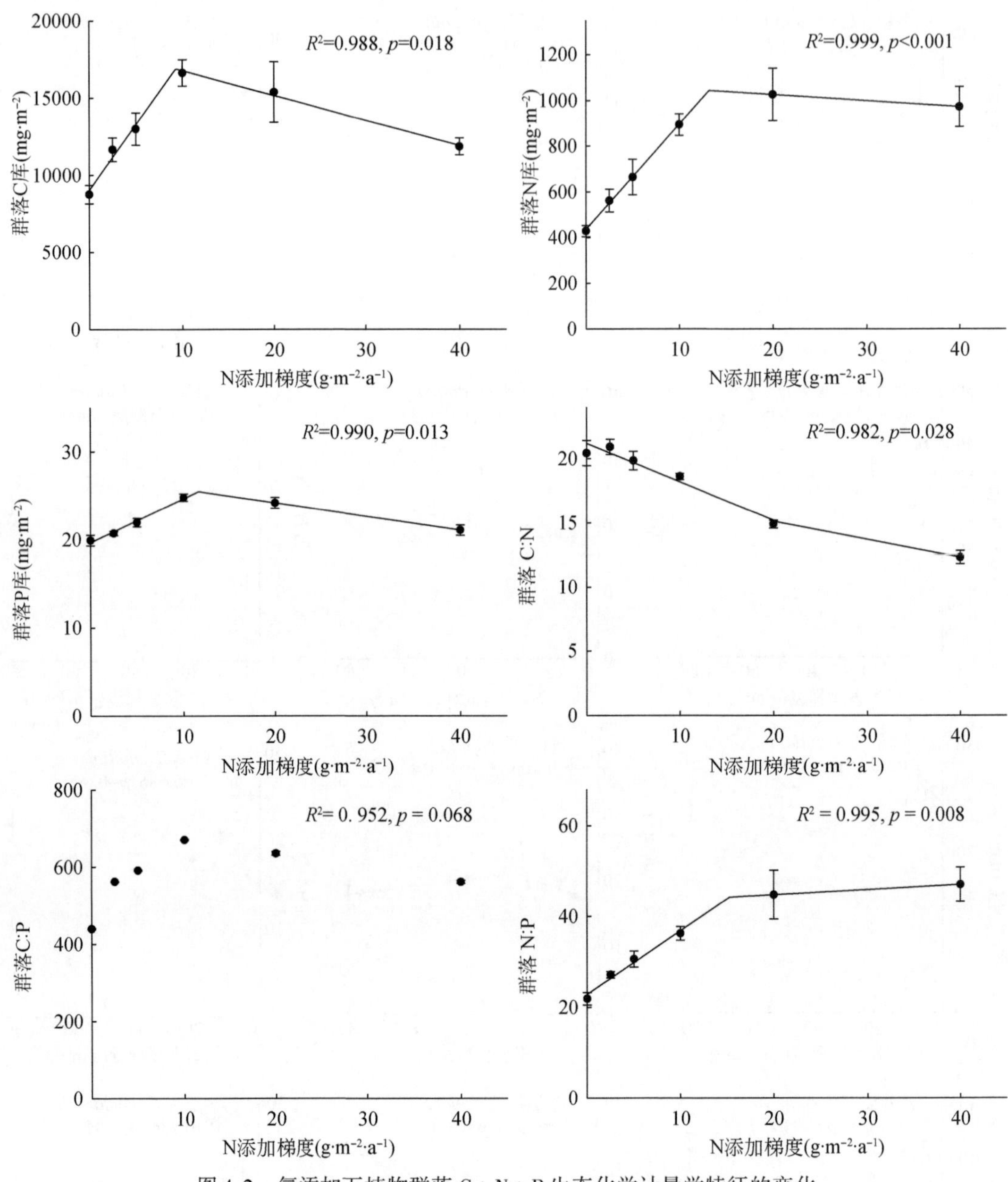

图 4-2　氮添加下植物群落 C∶N∶P 生态化学计量学特征的变化

（2）微生物生物量 C∶N∶P 生态化学计量学特征

连续两年 N 添加改变了微生物生物量 C∶N∶P 生态化学计量学特征（图 4-3）：与对照相比较，少量 N 添加对微生物生物量 N 含量、C∶N 和 N∶P 影响较小，N10 和 N20 处理显著提高了微生物生物量 N 含量（$p<0.05$），N20 处理显著提高了微生物生物量 N∶P（$p<0.05$），N5、N10 和 N20 处理显著降低了微生物生物量 C∶N（$p<0.05$）；相比之下，N 添加对微生物生物量 C 含量、P 含量和 C∶P 的影响较小。

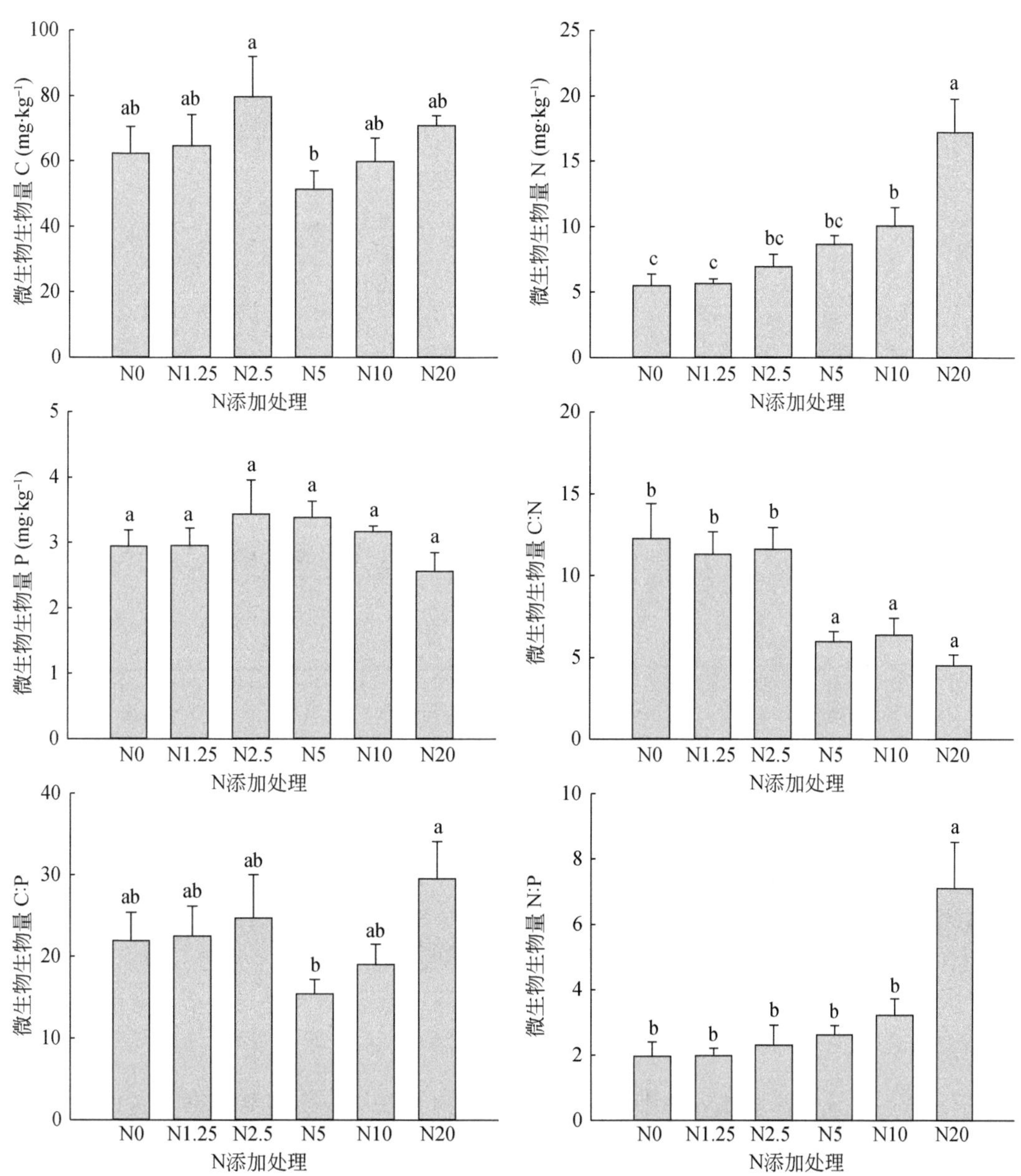

图 4-3　氮添加对微生物生物量 C：N：P 生态化学计量学特征的影响

不同小写字母表示氮处理间各指标的差异显著（$p<0.05$）

（3）土壤 C：N：P 生态化学计量学特征

一年少量 N 添加提高了土壤全 N 含量（图 4-4），当 N 添加量超过 10 $g \cdot m^{-2} \cdot a^{-1}$后全 N 含量增加幅度减缓。除此之外，其他土壤指标对 N 添加的响应不存在明显的规律性。土壤全 C 含量、全 N 含量、全 P 含量、C：N、C：P 和 N：P 的变化范围分别为 1.93～3.58 $g \cdot kg^{-1}$、0.41～0.49 $g \cdot kg^{-1}$、0.33～0.37 $g \cdot kg^{-1}$、3.97～8.43、5.28～9.58 和 1.19～1.41。

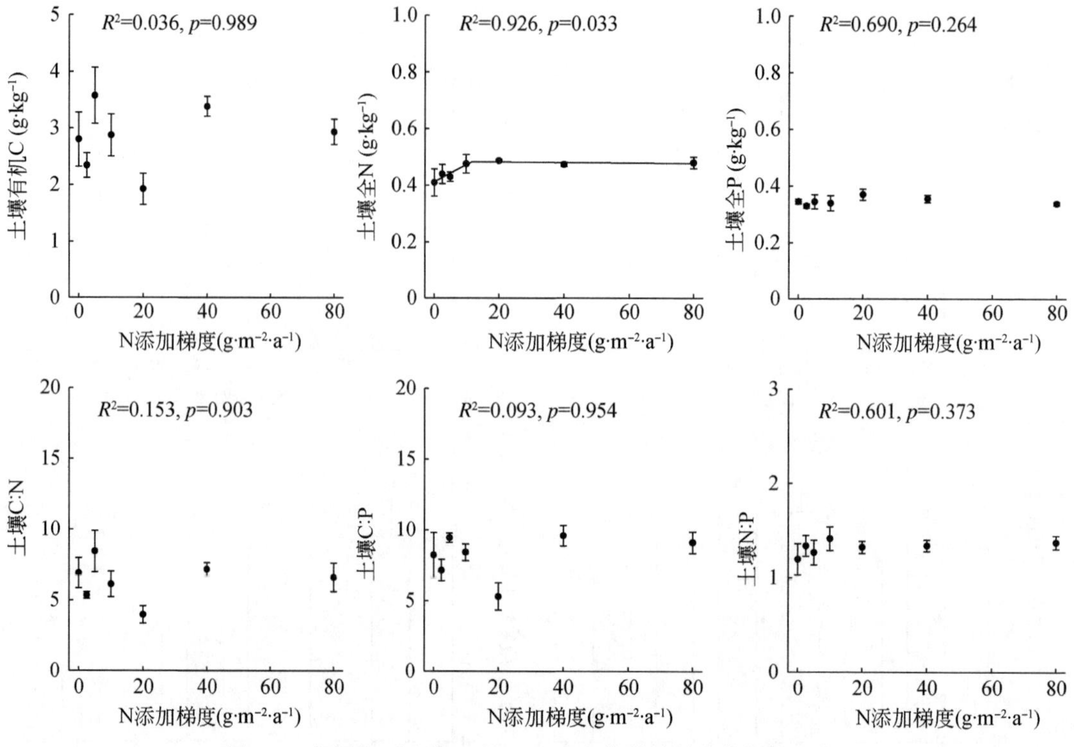

图 4-4　氮添加下土壤 C : N : P 生态化学计量学特征的变化

(4) 组分间 C : N : P 生态化学计量学特征的关系

Tian 等（2010）研究认为表层土壤 C : N 和 N : P 可以很好地指示土壤供 N 状况，因此本章将土壤全 N 含量、C : N 和 N : P 定义为"与 N 限制相关的指标"，分析了三者与植物叶片 C : N 生态化学计量学特征的关系。结果表明（表 4-1），一年 N 添加下，土壤 N 限制与叶片 C : N 生态化学计量学特征关系较弱，仅土壤全 N 含量与冰草和老瓜头叶片全 N 浓度显著正相关（$p<0.05$），与针茅和老瓜头叶片 C : N 显著负相关（$p<0.05$）。

表 4-1　土壤 N 限制相关指标与四个物种叶片 C : N 生态化学计量学特征的相关性

物种	指标	土壤全 N	土壤 C : N	土壤 N : P
牛枝子 *L. potaninii*	叶片全 C	ns	ns	ns
	叶片全 N	ns	ns	ns
	叶片 C : N	ns	ns	ns
冰草 *A. cristatum*	叶片全 C	ns	ns	ns
	叶片全 N	0.458 *	ns	ns
	叶片 C : N	ns	ns	ns
针茅 *S. capillata*	叶片全 C	ns	ns	ns
	叶片全 N	ns	ns	ns
	叶片 C : N	-0.452 *	ns	ns

续表

物种	指标	土壤全 N	土壤 C∶N	土壤 N∶P
老瓜头 *C. komarovii*	叶片全 C	ns	ns	ns
	叶片全 N	0.438 *	ns	ns
	叶片 C∶N	-0.461 *	ns	ns

表内数据为相关系数。ns 代表显著性水平大于 0.05。* 代表显著性水平小于 0.05

4.1.1.2 盆栽试验

(1) 甘草 C∶N∶P 生态化学计量学特征

1) 叶片 C∶N∶P 生态化学计量学特征。三年 N 添加下，枯叶 C∶N∶P 生态化学计量学特征较绿叶响应敏感（图 4-5）：绿叶各指标均无显著的变化趋势（$p>0.05$）；枯叶全 N 浓度、C∶P 和 N∶P 显著增加（$p<0.05$），全 P 浓度和 C∶N 显著降低（$p<0.05$），全 C 浓度无显著的变化趋势（$p>0.05$）。

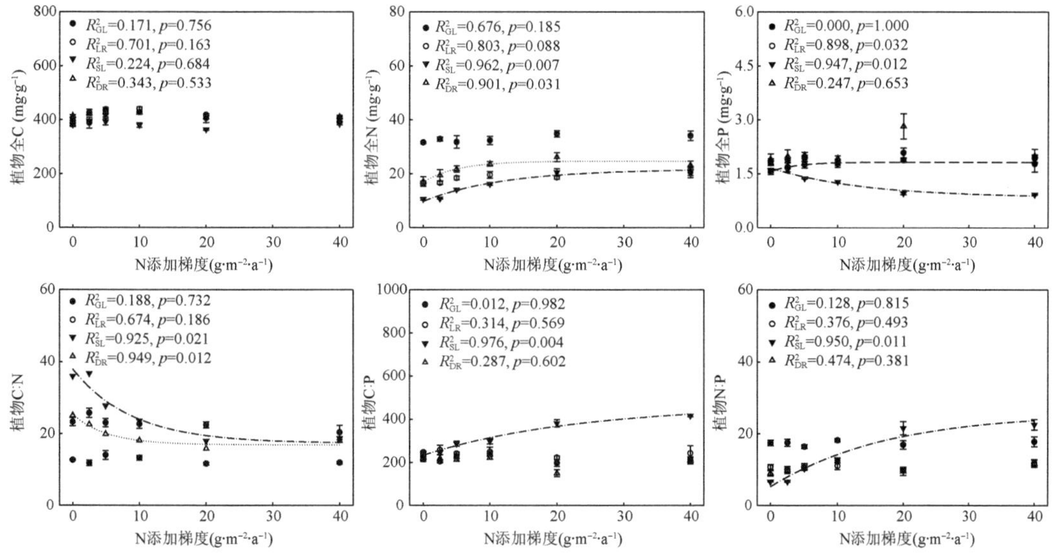

图 4-5 氮添加下甘草叶片和根系 C∶N∶P 生态化学计量学特征的变化

2) 根系 C∶N∶P 生态化学计量学特征。三年 N 添加下，根系 C∶N∶P 生态化学计量学特征整体变化趋势不明显（图 4-5）：8 月根系全 P 浓度显著增加（$p<0.05$），10 月根系全 N 浓度显著增加、C∶N 显著降低（$p<0.05$），其他指标变化趋势不显著（$p>0.05$）。

(2) 土壤 C∶N∶P 生态化学计量学特征

两年 N 添加下（图 4-6），土壤全 N 含量和 N∶P 的变化范围分别为 0.76 ~ 0.92 g · kg^{-1}和 1.22 ~ 1.46，呈显著的增加趋势（$p<0.05$）；有机 C 含量、全 P 含量、C∶N 和 C∶P 的变化范围分别为 12.82 ~ 13.77 g · kg^{-1}、0.62 ~ 0.63 g · kg^{-1}、15.01 ~ 16.87、16.18 ~ 21.83，未呈现出显著的变化趋势（$p>0.05$）。平均有机 C 含量、全 N 含量、全 P 含量、

C：N、C：P 和 N：P 分别为 13.21 g·kg^{-1}、0.82 g·kg^{-1}、0.63 g·kg^{-1}、16.29、21.26 和 1.31。

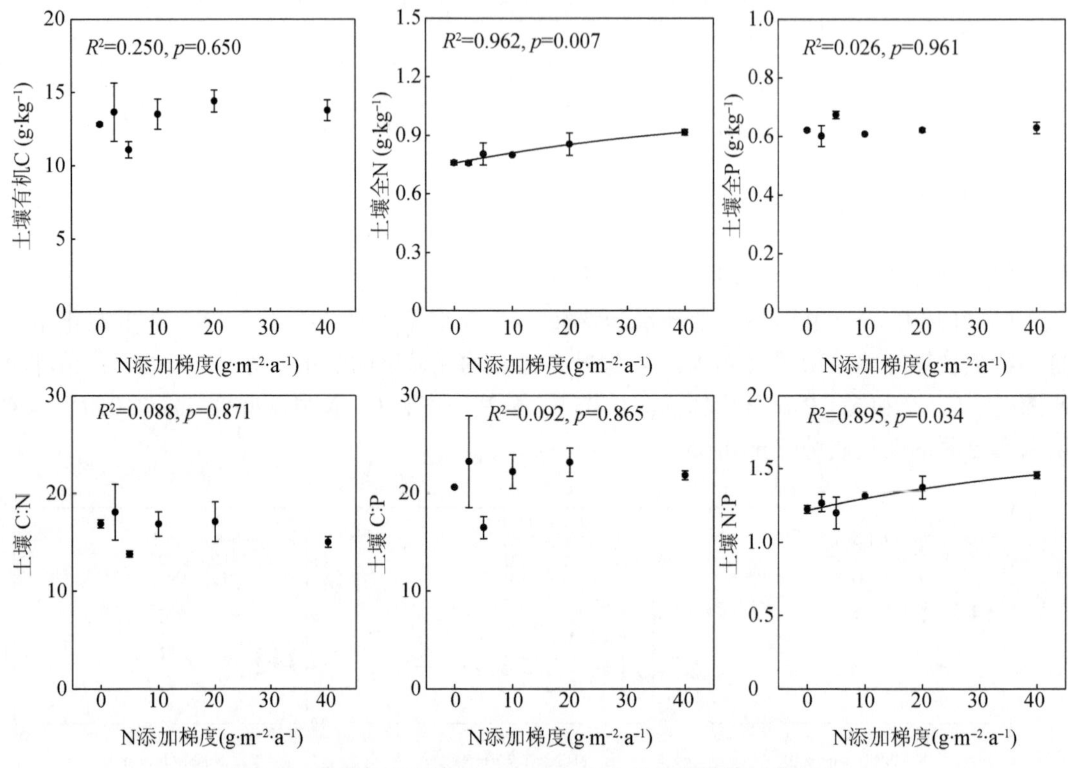

图 4-6　氮添加下土壤 C：N：P 生态化学计量学特征的变化

三年 N 添加显著提高了土壤全 N 含量和 N：P、降低了 C：N（表 4-2，$p<0.05$），对其他指标的影响不显著（$p>0.05$）。土壤有机 C 含量、全 N 含量、全 P 含量、C：N、C：P 和 N：P 的平均值分别为 9.54 g·kg^{-1}、0.92 g·kg^{-1}、0.63 g·kg^{-1}、10.61、15.12 和 1.45。

表 4-2　氮添加对土壤 C：N：P 生态化学计量学特征的影响

氮添加处理	土壤有机 C（g·kg^{-1}）	土壤全 N（g·kg^{-1}）	土壤全 P（g·kg^{-1}）	土壤 C：N	土壤 C：P	土壤 N：P
N0	8.56±0.15 a	0.78±0.05 a	0.62±0.05 a	11.05±0.80 ab	13.94±0.68 ac	1.28±0.13 a
N2.5	10.24±0.49 b	0.83±0.05 a	0.64±0.02 a	12.48±1.26 a	15.91± 0.86 ab	1.29±0.07 a
N5	10.55±0.46 b	0.88±0.05 ab	0.62±0.01 a	12.08±0.86 ac	16.90±0.86 b	1.41±0.08 ab
N10	8.43±0.32 a	0.98±0.06 bc	0.61±0.02 a	8.69±0.65 b	13.74±0.43 c	1.60±0.11 b
N20	9.43±0.51 ab	0.99±0.03 bc	0.64±0.02 a	9.57±0.53 b	14.65±0.63 ac	1.53±0.05 ab
N40	10.04±0.33 b	1.02±0.01 c	0.64±0.01 a	9.82±0.45 bc	15.57±0.44 abc	1.59±0.03 b

不同小写字母表示氮处理间各指标的差异显著（$p<0.05$）

4.1.2 氮添加影响植被–土壤系统 C∶N∶P 生态化学计量学特征的机制分析

4.1.2.1 野外原位试验

(1) 植物和土壤 C∶N∶P 生态化学计量学特征

自然生长状况下，牛枝子、冰草、针茅和老瓜头叶片平均全 C 浓度为 381.1 mg·g^{-1}，低于黄土高原常见植物（473.7 mg·g^{-1}）（王凯博和上官周平，2011）和全球尺度上 492 种陆生植物（464.0 mg·g^{-1}）（Elser et al.，2000）的平均值；4 个物种叶片平均全 N 浓度为 17.8 mg·g^{-1}，低于北方典型荒漠及荒漠化地区 214 种植物（李玉霖等，2010）和全球尺度上 1251 个陆地植物（Reich & Oleksyn，2004）的平均值；4 个物种叶片平均 C∶N 为 22.0，低于 8 种黄土高原植物（王凯博和上官周平，2011）和内蒙古典型草原植物（银晓瑞等，2010）的平均值；与内蒙古荒漠草原土壤的结果相比（阿穆拉等，2011；耿燕等，2011），研究区土壤具有较低的有机 C 含量（2.8 g·kg^{-1}）、全 N 含量（0.41 g·kg^{-1}）、C∶N（6.9）、N∶P（1.2）和略高的全 P 含量（0.34 g·kg^{-1}）。这表明，宁夏荒漠草原土壤有机质和全 N 含量极低，限制了植物生长和 N 摄取。而植物叶片较低的全 C 浓度导致 C∶N 降低，可能会有利于凋落物分解（Liu et al.，2010）。

适量 N 添加可以提高叶片全 N 浓度，但对叶片全 C 浓度、土壤全 C 含量和全 N 含量的影响报道结果不一。吴福忠等（2008）发现，轻度施 N 提高了白刺（*Sophora davidii*）叶片全 C 和全 N 浓度，因此认为适量施 N 强化了植物对 C 的固定以及对 N 的吸收和积累；安卓等（2011）的研究表明，N 添加显著提高了长芒草（*Stipa bungeana*）绿叶全 C 和全 N 浓度，对枯叶全 C 浓度几乎没有影响；赵志红（2010）研究表明，在旺盛期 N 添加使土壤全 N 和有机 C 含量分别提高了 9.4% 和 8.0%，在末期 N 添加处理的土壤有机 C 含量显著降低。本书研究中，一年 N 添加显著提高了 3 个物种叶片全 N 浓度和土壤全 N 含量，而对植物全 C 浓度、土壤全 C 和全 P 含量的影响不存在明显的规律性。这表明 N 添加促进了植物 N 吸收和土壤 N 积累，而其对植物和土壤 C∶N∶P 生态化学计量学特征的影响可能与植物生长发育阶段存在一定的关联。

由于植物体内光合代谢和矿质代谢间的内在联系，植物体内 C 的固定需要大量蛋白酶（Sterner & Elser，2002），因此植物叶片 C∶N 通常能反映植物对 N 的利用效率。对植物来说，高的生长速率对应低的 C∶N（He et al.，2008），尤其是当受 N 限制时（Yu et al.，2012）。本书研究中，一年 N 添加下牛枝子和老瓜头叶片 C∶N 逐渐降低，表明外源 N 添加削弱了两个物种 N 限制，因此两个物种生长迅速，同时对 N 的利用效率降低，与吴福忠等（2008）结果相似。

(2) 微生物生物量 C∶N∶P 生态化学计量学特征

微生物生物量 C∶N∶P 生态化学计量比决定了微生物活动的方向以及凋落物分解过程中养分释放与否，因此影响着土壤 C 状况和养分有效性（Heuck et al.，2015）。全球尺度上微生物生物量C:P变化幅度较大（平均值为59.5，摩尔比），但C:N（3~24）和N:P（1~55）变化幅度较小（Cleveland & Liptzin，2007）。2015年设立的野外原位试验中，转换后的微生物生物量C:N、C:P和N:P的变化范围分别为5.26~14.30、39.79~76.19和4.33~15.70，处于全球数据的变化范围之内，但是低于我国黄河三角洲湿地（Lu et al.，2018）以及高山草地的报道值（Zhao et al.，2017）。其原因一方面可能是N添加提高了土壤N有效性，因此刺激了微生物生长发育。另一方面，试验草地自1998年开始围封，连续18年的禁牧促进了微生物活动以及N和P的积累（曹成有等，2011；薛亚芳等，2018），进而可能导致C:N和C:P偏低。

N是影响微生物活性的重要因素，同时又是大多数陆地生态系统微生物生长发育的主要限制因子之一。因此，N沉降增加会影响微生物生物量积累，但其影响较为复杂，有关研究结论具有很大的不确定性（何亚婷等，2010）。基于全球尺度的数据分析表明，N添加显著提高了微生物生物量C:P和N:P，对生物量C:N的影响则受到生态系统类型的综合影响（Yue et al.，2017）。2015年的野外原位试验中，两年少量N添加对微生物生物量C:N:P生态化学计量学特征影响较小，中高量N添加提高了微生物生物量N含量和N:P，降低了C:N。微生物生物量C:N:P生态化学计量比可以反映生态系统养分的受限程度（Cleveland & Liptzin，2007），因此以上研究结果意味着中高量N添加缓解了研究区N受限性，但同时可能导致P限制风险增加，与全球尺度以及小尺度N添加试验结果相似（Yue et al.，2017；Zhou et al.，2017；Soong et al.，2018）。

4.1.2.2 盆栽试验

（1）甘草C:N:P生态化学计量学特征

通常来讲，植物全N浓度对N添加的反应较全C浓度和全P浓度敏感（Zhang C H et al.，2013；Sardans et al.，2017），从而使得N:P的反应较C:N和C:P敏感，但同时表现出物种差异性和剂量依赖性。例如，有研究发现，少量或短期N添加促进了植物N摄取（Li et al.，2015），长期或高量N添加导致植物P需求增加（Minocha et al.，2015）。类似地，N沉降增加提高了植物叶片和根系N:P、降低了C:N（Li et al.，2015；Yue et al.，2017）。本书研究中，除枯叶外三年N添加对甘草叶片和根系C:N:P生态化学计量学特征影响没有显著的规律性，与针对非固N植物的研究结果不同（Han et al.，2014；Li et al.，2017）。这可能与甘草通过与根瘤菌的共生关系进行固N的特性有关。试验结果表明，甘草相对稳定的C:N:P生态化学计量关系有助于其保持高的元素平衡性和低的环境敏感性。

（2）土壤C:N:P生态化学计量学特征

试验中，0 $g \cdot m^{-2} \cdot a^{-1}$的N添加下，土壤有机C、全N和全P含量分别为12.82 $g \cdot kg^{-1}$、0.76 $g \cdot kg^{-1}$和0.62 $g \cdot kg^{-1}$。在中国北方科尔沁半干旱沙地，三者分别为3.13 $g \cdot kg^{-1}$、0.26 $g \cdot kg^{-1}$和0.14 $g \cdot kg^{-1}$（Li et al.，2014a）。在临近研究区的另一个荒漠草原，经过4年的家畜禁牧，研究人员发现该地土壤有机C和全N含量的变化范围分别为1.62~2.01 $g \cdot kg^{-1}$和0.22~0.26 $g \cdot kg^{-1}$（Wen et al.，2013），低于本书试验结果。其可能原因

在于本书所述研究区自2001年围封。十年的封育极大地促进了土壤有机C和养分固持（Steffens et al.，2008；Zuo et al.，2010；Zheng et al.，2012）。然而与大尺度的研究相比，本书所述研究区土壤有机C水平和养分含量依然较低，严重地限制了植物生长和养分摄取。

许多研究发现，土壤C：N变异较小，C：P和N：P变异较大，因此认为土壤C和N具有强的耦合关系，而N和P的生态化学计量关系趋于解耦（Bui & Henderson，2013；Yang et al.，2014）。全球尺度上，土壤C：N、C：P和N：P摩尔比分别为14.3、186.0和13.1（Cleveland & Liptzin，2007）。全国尺度上，各指标的平均值分别为14.4、13.6和9.3（Tian et al.，2010）。本书研究中，转换的土壤C：N、C：P和N：P摩尔比分别为19.7、53.3和2.7。因此，研究区土壤具有较高的C：N和较低的N：P，这可能与其较低的土壤有机C和全N含量有关。

N添加影响着土壤养分有效性，因此与土壤C：N：P生态化学计量学特征密切相关。一般来说，短期N添加对土壤有机C和全P含量的影响缺乏一致的规律性，但会提高土壤N有效性（Liu et al.，2017），使得N：P升高、C：N降低（Zhang N Y et al.，2013；Yue et al.，2017）。本试验中，2012年和2013年的结果均表明N添加提高了土壤全N含量，但对土壤全P含量影响较小，从而导致N：P升高，与以往研究结果一致（Cui et al.，2010；Lü et al.，2013）；土壤C：N的变化范围为13.56～18.07，对N添加未表现出明显的响应格局，与Sardans等（2012）的研究结果不同。该研究发现N添加显著降低了土壤C：N。本试验中，提高的土壤全N含量和N：P，意味着N添加有助于增强土壤N有效性、缓解土壤N限制。

4.2 土壤基本性质

基于2015年设立的野外原位试验，分析了两年N添加对生长季旺盛期0～20 cm土壤基本性质的影响。

4.2.1 氮添加对土壤物理性质的影响

表4-3显示，土壤含水量的变化范围为2.64%～3.71%，且两年N添加对土壤含水量无显著影响（$p>0.05$）。

表4-3 氮添加对土壤基本性质的影响

氮添加处理	土壤含水量（%）	土壤pH	土壤电导率（μs・cm^{-1}）	土壤NH_4^+-N（mg・kg^{-1}）	土壤NO_3^--N（mg・kg^{-1}）	土壤速效P（mg・kg^{-1}）
N0	3.71±0.68 a	8.90±0.03 a	100.37±16.59 bc	0.98±0.10 c	2.55±0.94 d	1.38±0.28 a
N1.25	2.94±0.57 a	8.99±0.03 a	96.71±19.64 c	1.22±0.16 c	3.01±0.46 d	1.58±0.24 a
N2.5	3.33±0.31 a	8.93±0.03 a	102.09±24.04 bc	1.50±0.22 bc	6.23±1.35 cd	1.40±0.11 a
N5	2.64±0.34 a	8.96±0.04 a	94.42±20.48 c	1.91±0.68 ab	9.55±2.95 c	1.38±0.22 a

续表

氮添加处理	土壤含水量（%）	土壤 pH	土壤电导率（μs·cm^{-1}）	土壤 NH_4^+-N（mg·kg^{-1}）	土壤 NO_3^--N（mg·kg^{-1}）	土壤速效 P（mg·kg^{-1}）
N10	2.73±0.20 a	8.93±0.01 a	122.35±25.96 b	2.04±0.56 ab	17.17±3.05 b	1.58±0.16 a
N20	2.86±0.26 a	8.90±0.03 a	134.55±2.76 a	2.22±0.60 a	45.54±9.85 a	1.64±0.26 a

不同小写字母表示氮处理间各指标的差异显著（$p<0.05$）

4.2.2 氮添加对土壤化学性质的影响

表4-3中，两年N添加对土壤pH和速效P浓度无显著影响（$p>0.05$）；少量N添加对NH_4^+-N和NO_3^--N浓度无显著影响（$p>0.05$），高量N添加显著提高了二者（$p<0.05$）；N添加也改变了电导率，但其影响程度缺乏规律性。

4.3 植物生长和多样性

基于2011年设立的野外原位试验，研究人员对一年N添加下旺盛期植物生物量的变化进行了研究，分析了两年N添加对6～8月植物生物量和相对生长速率的影响。基于2015年设立的野外原位试验，研究了两年N添加对旺盛期植物生物量和多样性的影响。基于盆栽试验，研究了两年N添加对甘草6～10月地上生物量、6～10月相对生长速率及11月枯叶N回收的影响，分析了三年N添加对甘草8月绿叶N和P摄取、11月枯叶N和P回收度、11月枯叶N和P回收效率的影响。

4.3.1 氮添加对植物生长和多样性的影响

4.3.1.1 野外原位试验

（1）2011年设立

1）植物生物量。一年N添加提高了群落生物量，但过量N添加不利于群落生物量积累（图4-7），其最大生物量（30.9 g·m^{-2}）出现在10 g·m^{-2}·a^{-1}的N供给水平下；4个物种个体生物量对N添加的响应与群落生物量相似；物种间比较，个体生物量的大小依次为老瓜头（3.5 g·plant^{-1}）、牛枝子（2.5 g·plant^{-1}）、针茅（0.7 g·plant^{-1}）和冰草（0.4 g·plant^{-1}）。

两年N添加下，4个物种种群生物量均表现出增加的趋势，但存在明显的物种差异性（图4-8）：牛枝子和冰草3个月份种群生物量普遍在10 g·m^{-2}·a^{-1}的N水平下达到最大；老瓜头6月和7月种群生物量在40 g·m^{-2}·a^{-1}的N水平下达到最大，8月最大生物量出现在20 g·m^{-2}·a^{-1}的N水平下；针茅3个月份种群生物量均随N水平增加而增加。月份间比较，4个物种均在8月达到最大种群生物量。物种间比较，4个物种种群生物量从大到小的顺序依次为老瓜头>牛枝子>冰草>针茅。

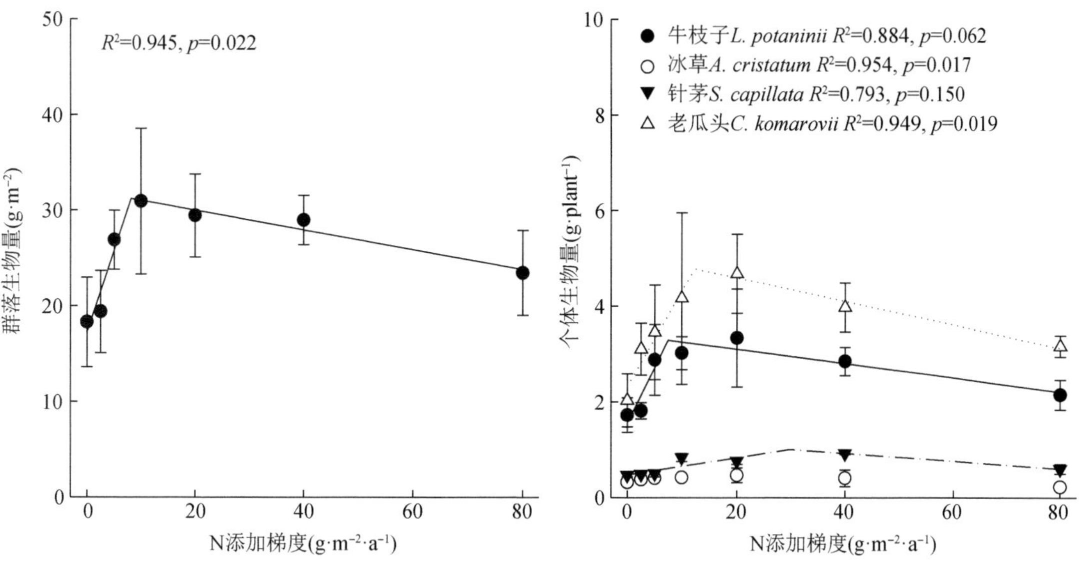

图 4-7　氮添加下植物群落和个体生物量的变化

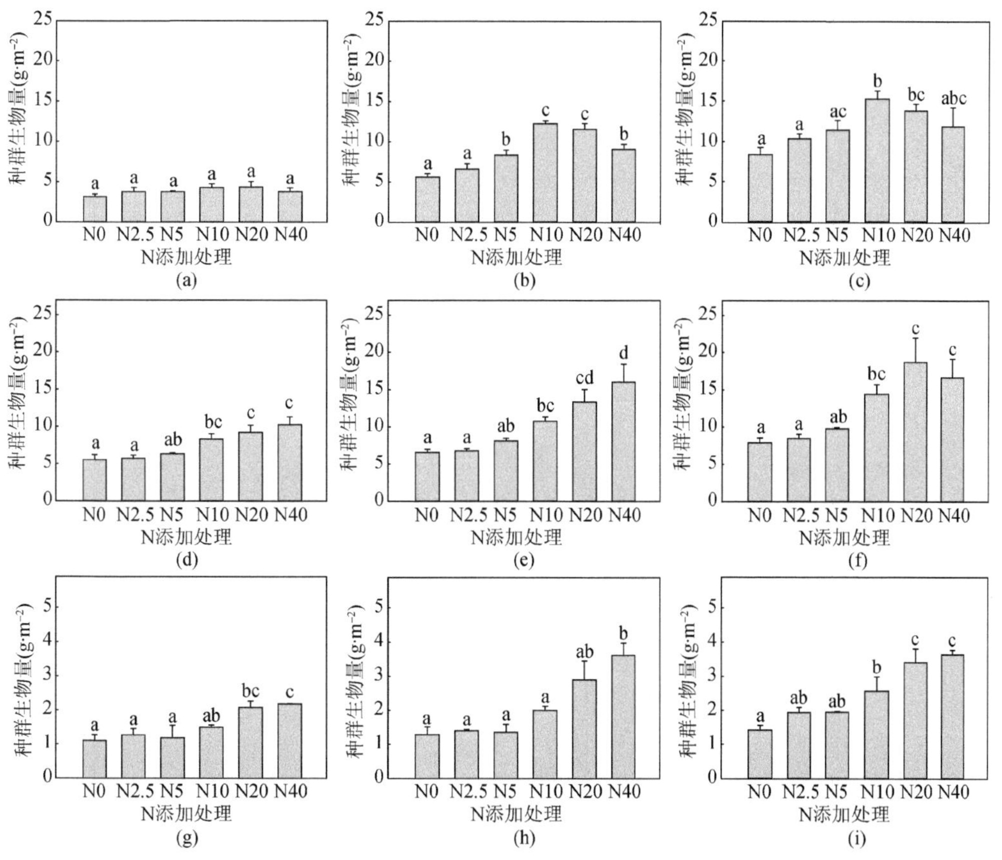

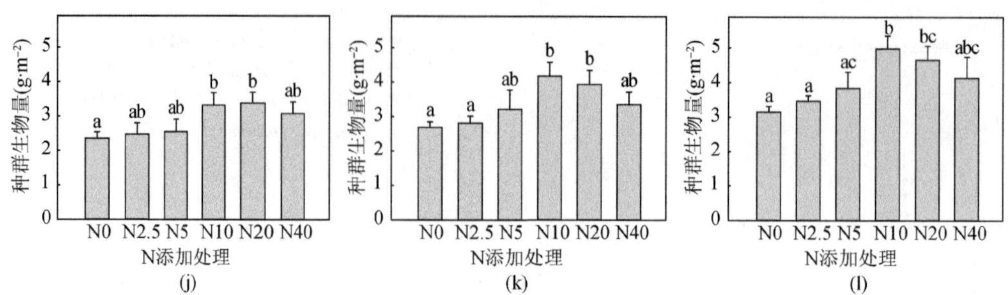

图 4-8　氮添加对 6 ~ 8 月植物种群生物量的影响

不同小写字母代表氮处理间种群生物量的差异显著（$p<0.05$）。(a) ~ (c) 分别为牛枝子 6 ~ 8 月种群生物量。(d) ~ (f) 分别为老瓜头 6 ~ 8 月种群生物量。(g) ~ (i) 分别为针茅 6 ~ 8 月种群生物量。(j) ~ (l) 分别为冰草 6 ~ 8 月种群生物量

两年 N 添加下，4 个物种相对生长速率表现出先增加后降低的特点（图 4-9）：牛枝子和冰草相对生长速率均在 10 $g \cdot m^{-2} \cdot a^{-1}$ 的 N 水平下达到最大，但 N 添加处理之间没有显著的差异（$p>0.05$）；老瓜头和针茅分别在 20 $g \cdot m^{-2} \cdot a^{-1}$ 和 5 $g \cdot m^{-2} \cdot a^{-1}$ 的 N 水平下达到最大，N 添加处理之间具有显著的差异（$p<0.05$）。物种间比较，牛枝子相对生长速率最大，冰草相对生长速率最小，老瓜头和针茅介于中间。

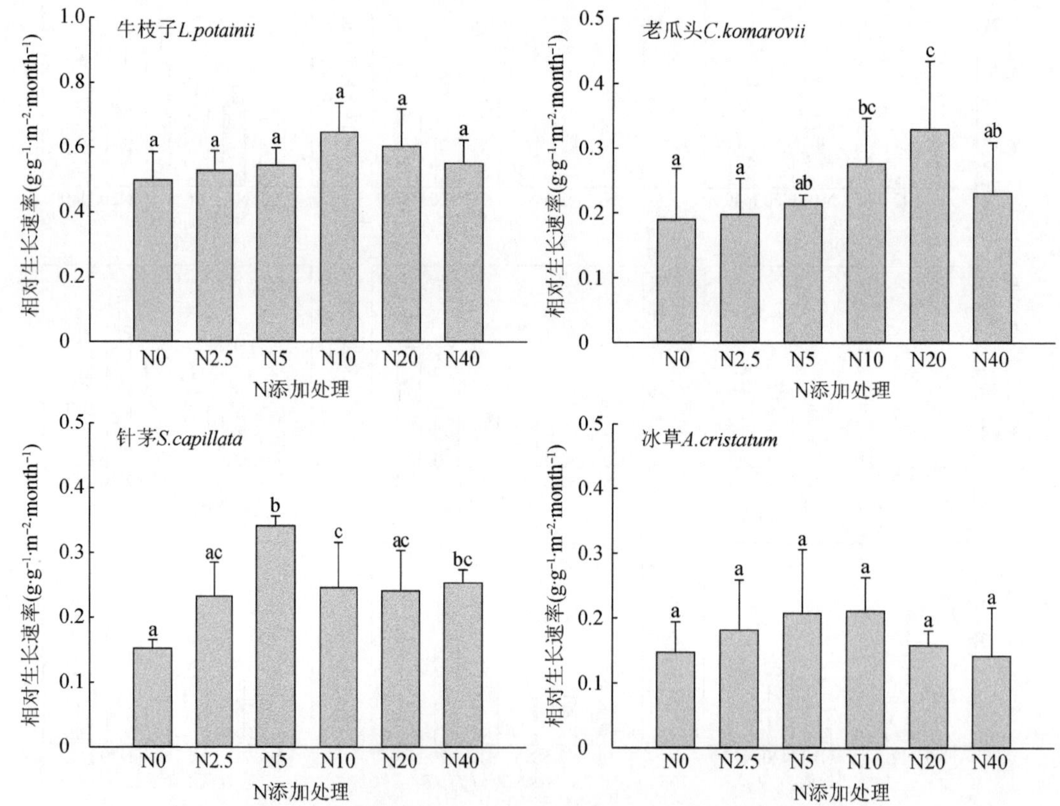

图 4-9　氮添加对 6 ~ 8 月份植物种相对生长速率的影响

不同小写字母代表氮处理间相对生长速率的差异显著（$p<0.05$）

2）植物养分利用。一年 N 添加有助于提高牛枝子、老瓜头和针茅绿叶 N 摄取，对冰草绿叶 N 摄取的影响不明显（图 4-1）。

（2）2015 年设立

1）植物生物量。连续两年 N 添加对植物生长的影响在物种间存在差异（图 4-10）：少量 N 添加对群落生物量的影响不显著（$p>0.05$），N5、N10 和 N20 处理显著提高了群落生物量（$p<0.05$）；与对照相比，除 N1.25 处理外，N 添加显著提高了猪毛菜生物量（提高幅度 163.1%～695.0%，$p<0.05$）、显著降低了牛枝子生物量（降低幅度 28.4%～56.3%，$p<0.05$）。随着 N 添加量增加，猪毛蒿、草木樨状黄芪和其他物种生物量呈降低趋势，但各处理间均无显著性差异（$p>0.05$）。

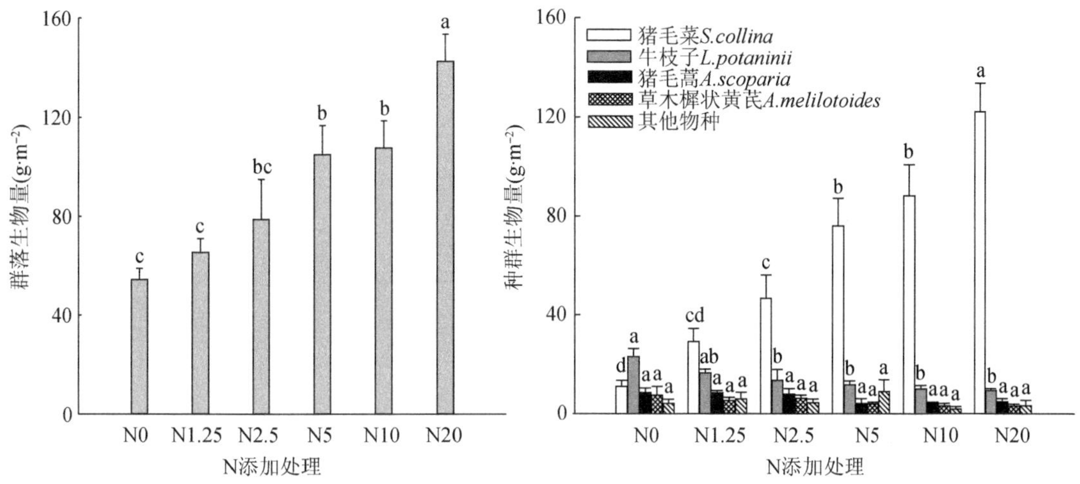

图 4-10　氮添加对植物群落和种群生物量的影响

不同小写字母表示氮处理间各指标的差异显著（$p<0.05$）

2）植物多样性。两年 N 添加对各植物多样性指数的影响存在差异（图 4-11）：与 N0 处理相比较，中低量 N 添加对 Shannon-Wiener 多样性指数与 Simpson 优势度指数无显著影响（$p>0.05$），N20 处理显著降低了 Shannon-Wiener 多样性指数（$p<0.05$），N10 和 N20 处理显著降低了 Simpson 优势度指数（$p<0.05$）；N1.25 和 N2.5 处理显著提高了 Patrick 丰富度指数（$p<0.05$），其他 N 处理对 Patrick 丰富度指数的影响不显著（$p>0.05$）；N2.5 处理显著降低了 Pielou 均匀度指数（$p<0.05$），其他 N 处理对 Pielou 均匀度指数无明显的影响（$p>0.05$）。

4.3.1.2　盆栽试验

（1）植物生物量

两年少量 N 添加提高了甘草相对生长速率（图 4-12），从而促进了地上生物量积累（图 4-13）。两年高量 N 添加降低了甘草相对生长速率，减缓了地上生物量积累。生长时期间，6～8 月平均相对生长速率为 2.19 $g \cdot g^{-1} \cdot m^{-2} \cdot month^{-1}$，高于 6～10 月的值；8 月和 10 月地上生物量高于 6 月地上生物量。

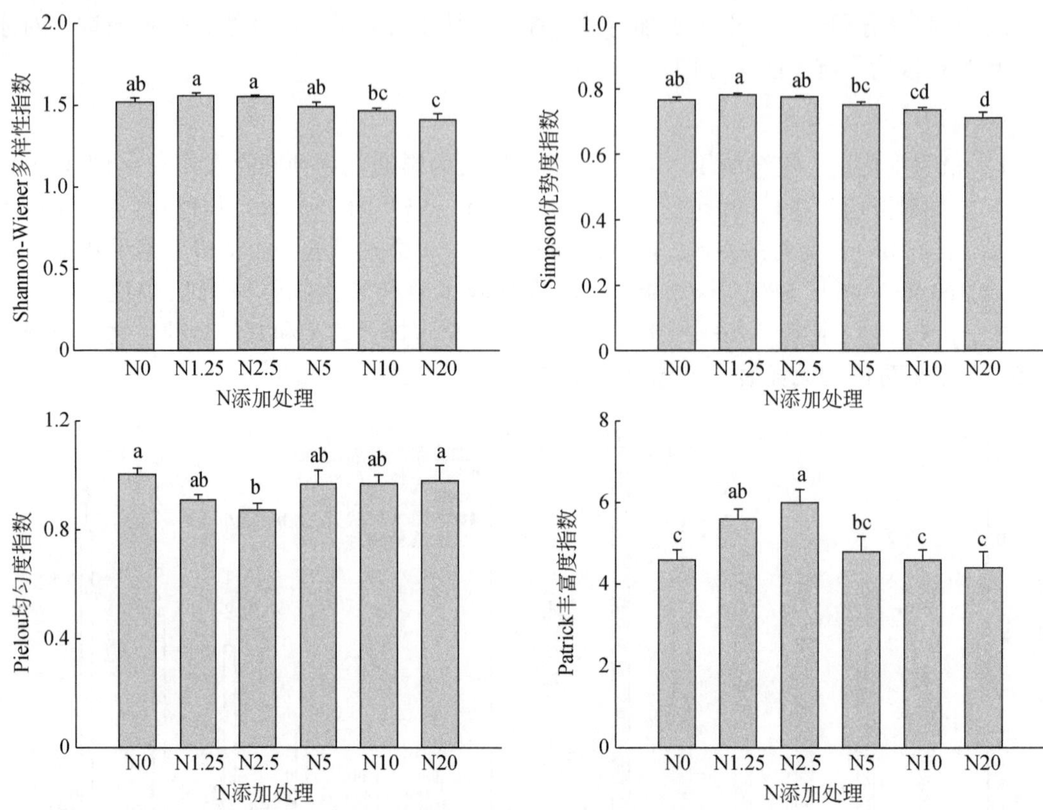

图 4-11　氮添加对植物多样性指数的影响

不同小写字母表示氮处理间各指标的差异显著（$p<0.05$）

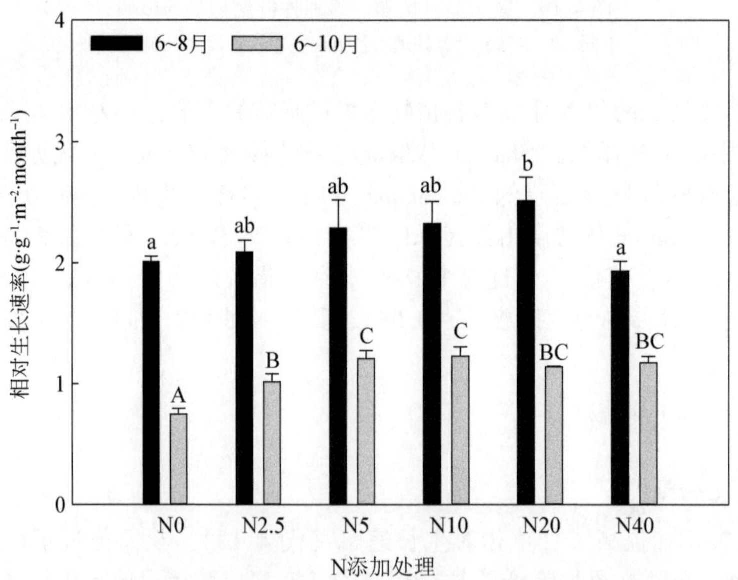

图 4-12　氮添加对 6～10 月甘草相对生长速率的影响

不同小写字母表示氮处理间 6～8 月各指标的差异显著（$p<0.05$）。

不同大写字母表示氮处理间 6～10 月各指标的差异显著（$p<0.05$）

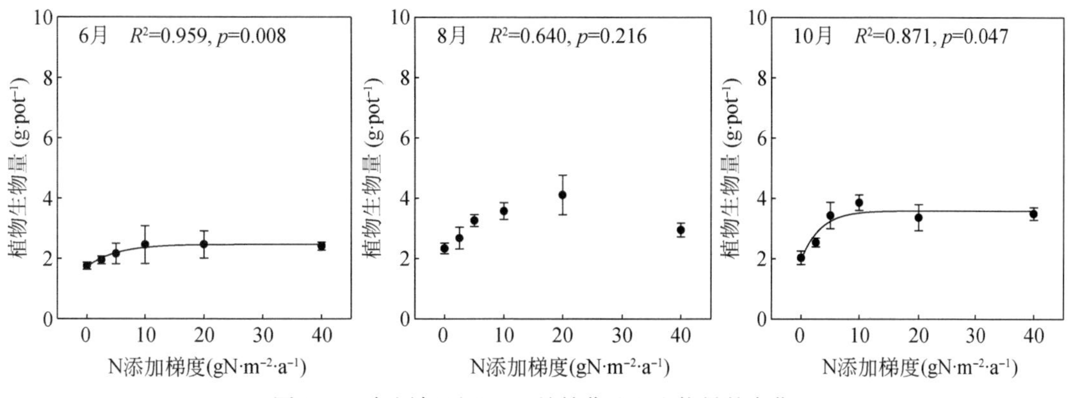

图 4-13　氮添加下 6 ~ 10 月甘草地上生物量的变化

（2）植物养分利用

两年 N 添加下（图 4-14），甘草枯叶 N 回收效率从 45.96% 降低至 34.49%、全 N 浓度从 17.58 mg · g^{-1} 增加至 27.86 mg · g^{-1}，二者的平均值分别为 37.08% 和 22.45 mg · g^{-1}。

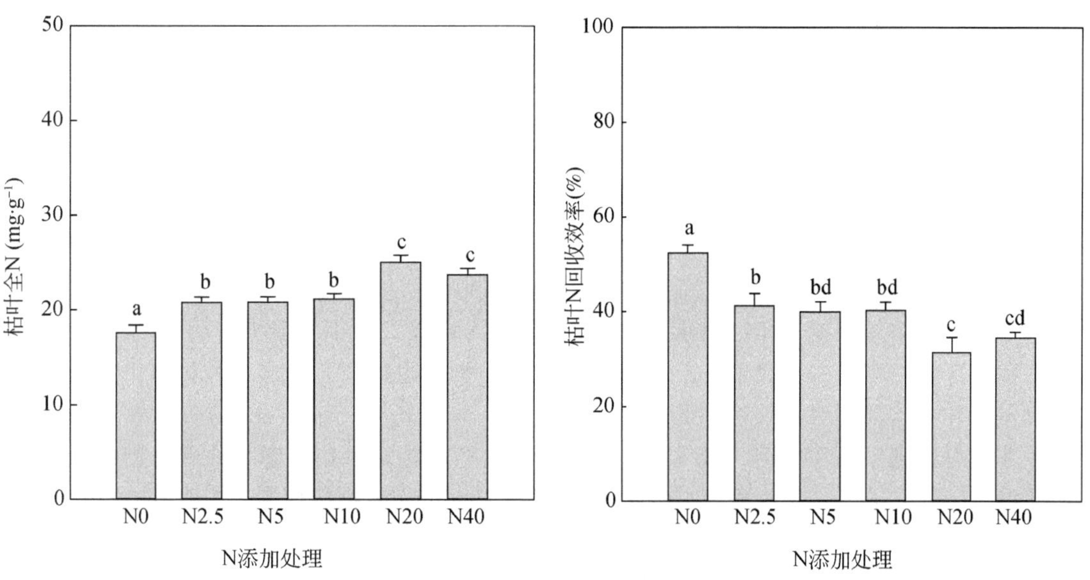

图 4-14　氮添加对甘草枯叶 N 回收的影响

不同小写字母代表氮处理间差异显著（p<0.05）

三年 N 添加下（图 4-5 和图 4-15），甘草绿叶 N 和 P 摄取无显著的变化趋势（p>0.05）；枯叶 N 回收度和回收效率显著降低、P 回收度和回收效率显著增加（p<0.05）。

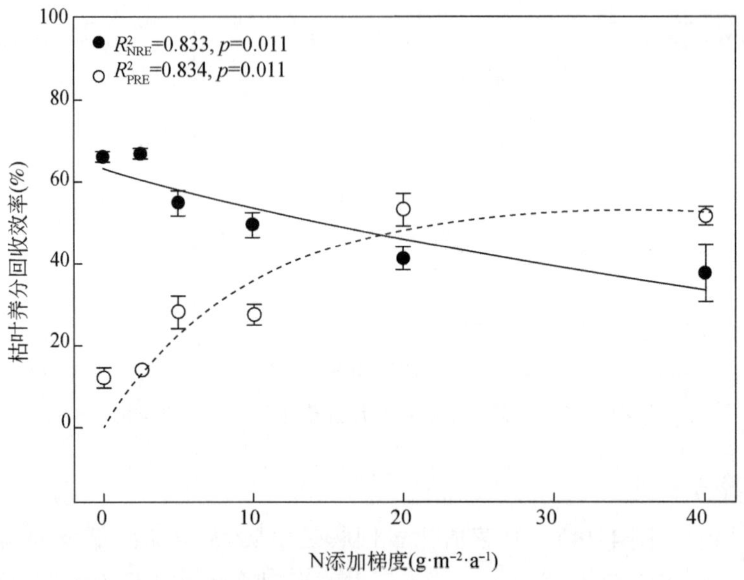

图 4-15 氮添加下甘草枯叶 N 和 P 回收效率的变化

4.3.2 氮添加影响植物生长和多样性的机制分析

4.3.2.1 植物生物量

相关研究表明，N 沉降增加对植物生长产生了重要影响，且其影响程度与生态系统 N 受限程度和 N 沉降量有关。一般而言，在受 N 限制的生态系统，少量或短期 N 沉降增加促进了植物生物量积累。2011 年设立的野外原位试验中，两年 N 添加下牛枝子相对生长速率和种群生物量基本都在 10 $g \cdot m^{-2} \cdot a^{-1}$的 N 水平下达到最大，在 8 月仍有一定程度的生物量积累。冰草相对生长速率和种群生物量也基本在 10 $g \cdot m^{-2} \cdot a^{-1}$的 N 水平下达到最大，在 8 月达到生长旺盛期。老瓜头和针茅在生长初期相对生长速率和种群生物量随 N 添加而增加，但到了 8 月后，高 N 添加不利于二者的生长和生物量积累，二者亦在 8 月达到生长旺期。因此，N 添加促进了 4 个物种的生长和生物量积累，但具有明显的物种差异性，且这种差异也存在于相同生活型的不同物种间，与其他研究结果一致（周晓兵等，2010；杨晓霞等，2014）。综合 4 个物种生长对 N 添加的响应特点，本书研究结果进一步证实了 N 沉降增加将直接改变脆弱生态系统群落结构（Faust et al.，2012）。对于宁夏荒漠草原，短期、少量的 N 沉降增加促进了物种的生长，但过量 N 沉降增加会使物种组成变得更加单一：可能由多物种共同占优势的群落转变成由针茅和老瓜头等物种占主要优势的群落。这类物种不但喜 N、喜光，而且通常具有较高的 P 获取能力，对低 P 环境具有较强的耐受性。

4.3.2.2 植物养分利用

全球尺度上，Yuan 和 Chen（2009a）发现非固 N 植物平均枯叶全 N 浓度为 10.0 mg · g^{-1}。在中国北方半干旱科尔沁沙地，先锋灌木盐蒿枯叶全 N 浓度的变化范围为 12.3 ~ 15.9 mg · g^{-1}（Li et al.，2014a）。早期全球尺度的综合分析表明，草本植物平均枯叶 N 回收效率为 50%，且固 N 植物枯叶 N 回收效率低于其他生活型植物（Aerts，1996）。在盆栽试验中，0 g · m^{-2} · a^{-1}的 N 水平下，甘草枯叶 N 回收度和回收效率分别为 17.6 mg · g^{-1}和 46.0%，表现出低的枯叶 N 回收特性，意味着其高的分解质量和土壤 N 归还量，从而有助于提高土壤 N 有效性。

在 N 添加对植物枯叶 N 回收的影响方面，许多研究发现 N 添加会降低枯叶 N 回收度，但对枯叶 N 回收效率影响缺乏一致的规律性（Van Heerwaarden et al.，2003；Lü et al.，2013；Wang M et al.，2014）。盆栽试验中，两年 N 添加降低了甘草枯叶 N 回收度和 N 回收效率，表明 N 添加降低了甘草对通过 N 回收途径保持 N 的依赖性；三年 N 添加对甘草绿叶 N 和 P 摄取的影响不明显，与温带灌木林两种灌木的结果不同（Zhang et al.，2015）。三年 N 添加亦降低了甘草枯叶 N 回收，但提高了枯叶 P 回收，与针对草本植物高山绢蒿（*Seriphidium rhodanthum*）的研究结果相似（Li et al.，2016b）。以上结果意味着，高 N 添加下甘草更多地通过调整枯叶养分回收途径缓解养分限制，而非通过绿叶养分摄取途径。

4.3.2.3 植物多样性

N 添加下植物群落组成的变化趋势常取决于土壤环境的初始条件。在较为贫瘠的土壤环境下，植物生物量和群落多样性具有较大的提高潜力，短时间内也不会发生植物种的淘汰式竞争。在土壤 N 含量较高的环境下，群落多样性提高空间变小，容易发生植物种被排斥的现象。因此，在土壤 N 受限时，N 添加会促进植物种生长；随着 N 有效性的提高，植物种 N 利用策略不同引起的生态位分离以及逐渐增强的植物种间对光照和 P 等资源的竞争，导致部分植物种被淘汰（Song et al.，2012；毛庆功等，2015）。2015 年设立的野外原位试验中，两年 N 添加促进了猪毛菜的生长发育，明显抑制了牛枝子生物量的积累。其原因可能是在长期围封的荒漠草原，牛枝子对有限资源具有较强的竞争能力，所以在群落中有较大的生态位宽度（张晶晶和许冬梅，2013）。

随着 N 肥的持续施入，其他植物种的 N 限制逐渐得到缓解，一年生、二年生藜科植物猪毛菜凭借其较强的生存能力（R 对策）开始大量繁殖（周晓兵等，2010；王晶等，2016），与其他植物种产生资源竞争，使这些植物种逐渐从群落中淘汰。所研究植物种的各异反应导致了群落多样性的改变：少量 N 添加显著提高了 Patrick 丰富度指数，中高量 N 添加显著降低了 Shannon-Wiener 多样性指数、Simpson 优势度指数以及 Patrick 丰富度指数。因此，少量 N 添加促进了多数植物生长，从而提高了群落物种数；但中高量 N 添加会抑制部分植物生长，导致群落多样性降低，反映了研究区植物种对低量 N 添加具有较高的敏感性，与其他针对草原生态系统的研究结果相似（Tang et al.，2017；杨倩等，2018）。

4.4 生态系统碳交换

基于2015年设立的野外原位试验，研究了六年N添加下8～10月生态系统C交换的时间动态（月和日），分析了N添加和月份对生态系统C交换的影响。

4.4.1 生态系统碳交换的时间动态

不同N添加水平对生态系统C交换月动态和日动态的变化趋势影响较小（图4-16和图4-17）。六年N添加下，NEE在生长季期间呈现先降低后增加的变化趋势，而ER和GEP月动态均呈现先增加后降低的变化趋势，且三者均在9月初达到峰值；对于日动态而言，NEE随时间呈现逐渐增强趋势，而ER和GEP则整体呈现先升高后下降趋势，其中ER和GEP分别在12:00和9:30达到峰值。

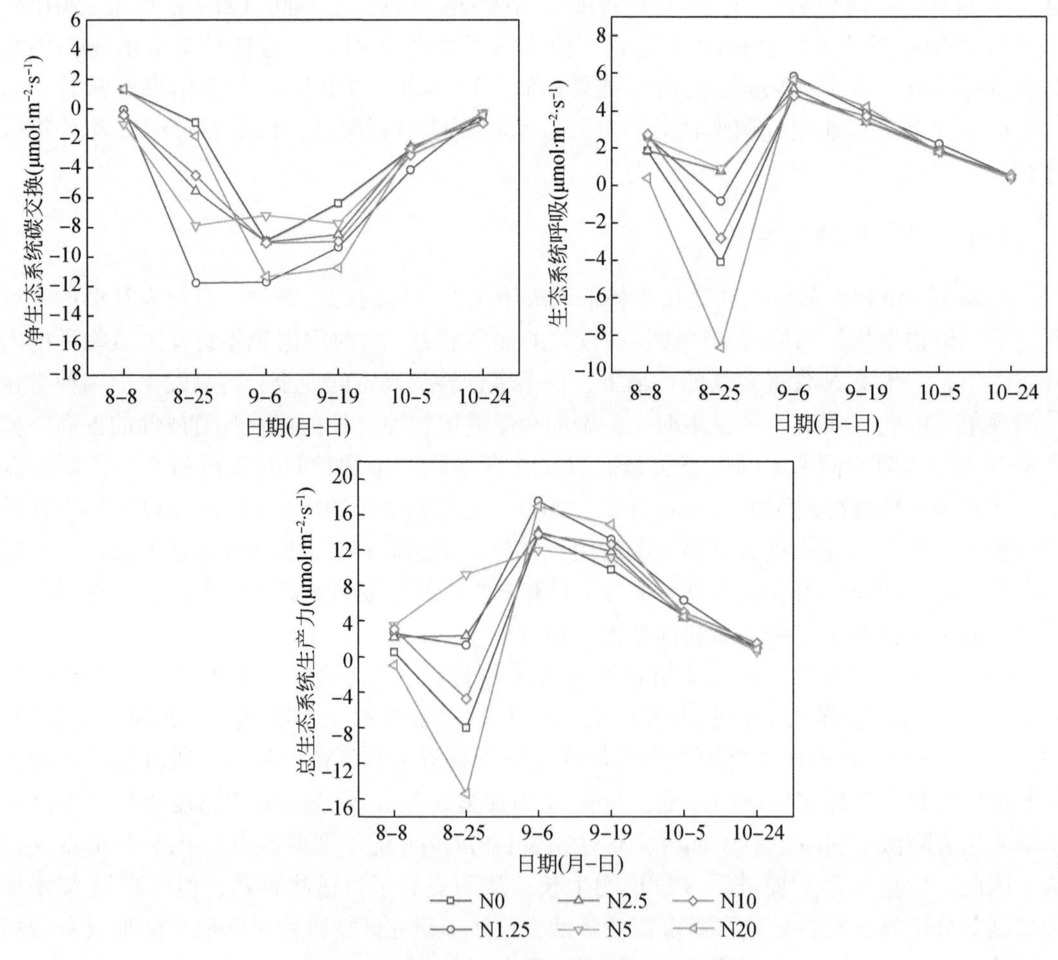

图4-16　氮添加下生态系统碳交换的月动态

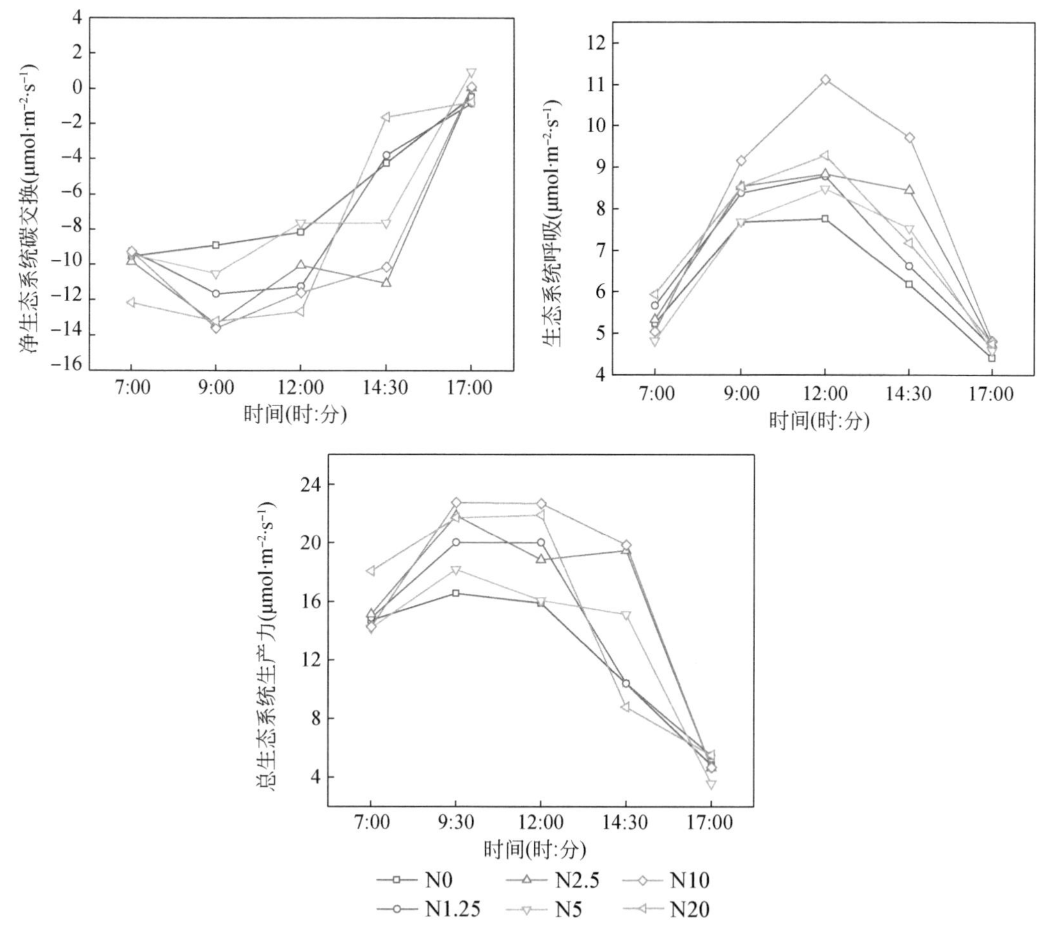

图 4-17　氮添加下生态系统碳交换的日动态

4.4.2　生态系统碳交换的响应特征

重复测量方差分析表明（表 4-4），N 添加对 NEE、ER 和 GEP 的影响均不显著（$p>0.05$），月份对 NEE、ER 和 GEP 均有显著影响（$p<0.05$），N 添加和月份对 ER 有显著的交互作用（$p<0.05$）。

表 4-4　氮添加和月份对生态系统碳交换影响的重复测量方差分析

变异来源	自由度	NEE		ER		GEP	
		F	*P*	*F*	*P*	*F*	*P*
氮处理	5	1.200	0.366	7.663	0.846	0.681	0.646
月份	5	85.950	0.000	211.541	0.000	107.693	0.000
氮处理×月份	25	2.538	0.086	3.138	0.049	2.773	0.069

NEE、ER、GEP 分别代表净生态系统碳交换、生态系统呼吸、总生态系统生产力

4.5 基于 C : N : P 生态化学计量学的生态服务功能评价

基于2011年设立的野外原位试验，研究人员分析了一年N添加下土壤N限制与植物生物量的关系，并研究了两年N添加下植物叶片C∶N∶P生态化学计量学特征、植物群落N限制和土壤N限制与植物生物量和相对生长速率的关系。基于2015年设立的野外原位试验，分析了两年N添加下微生物生物量C∶N∶P生态化学计量学特征与植物生物量和多样性的关系，探讨了六年N添加下植物-微生物-土壤C∶N∶P生态化学计量学特征与生态系统C交换的关系。基于盆栽试验，研究了两年N添加下土壤N限制和甘草相对生长速率及枯叶N回收的关系，同时结合盆栽控水试验数据，分析了三年供水量和N添加下叶片-根系-土壤C∶N∶P；生态化学计量比与甘草叶片N和P保持的关系。

4.5.1 植被-土壤系统 C∶N∶P 生态化学计量学特征与土壤性质和植被特征的关系

4.5.1.1 野外原位试验

(1) 2011 年设立

1) 土壤C∶N∶P生态化学计量学特征与植物生物量的关系。一年N添加下（表4-5），土壤N限制相关指标与牛枝子、冰草和针茅个体生物量的相关性不显著（$p>0.05$），土壤全N含量和N∶P则与老瓜头个体生物量显著正相关（$p<0.05$）。

表 4-5 土壤 N 限制相关指标与四个物种个体生物量的相关性

土壤N限制指标	牛枝子 *L. potaninii*	冰草 *A. cristatum*	针茅 *S. capillata*	老瓜头 *C. komarovii*
土壤全N	ns	ns	ns	0.503 *
土壤C∶N	ns	ns	ns	ns
土壤N∶P	ns	ns	ns	0.550 **

表中数据为相关系数。ns代表显著性水平大于0.05。*和**分别代表显著性水平小于0.05和0.01

2) 植物叶片C∶N∶P生态化学计量学特征与植物生物量和相对生长速率的关系。两年N添加下（表4-6），牛枝子种群生物量与叶片N∶P正相关；老瓜头种群生物量与全N浓度和N∶P比正相关，与C∶N负相关；针茅种群生物量与全N浓度正相关，与C∶N负相关；冰草种群生物量与C∶N∶P生态化学计量比无显著的相关性（$p>0.05$）。

表 4-6 植物叶片 C∶N∶P 生态化学计量学特征与植物生物量和相对生长速率的相关性

植物生长指标		叶片全C	叶片全N	叶片全P	叶片C∶N	叶片C∶P	叶片N∶P
牛枝子 *L. potaninii*	种群生物量	ns	ns	ns	ns	ns	0.824 *
	6~8月相对生长速率	ns	ns	ns	ns	ns	0.889 *

续表

植物生长指标		叶片全 C	叶片全 N	叶片全 P	叶片 C : N	叶片 C : P	叶片 N : P
老瓜头 *C. komarovii*	种群生物量	ns	0.887 *	ns	-0.865 *	ns	0.988 **
	6 ~ 8 月相对生长速率	ns	ns	ns	ns	ns	0.802 *
冰草 *A. cristatum*	种群生物量	ns	ns	ns	ns	ns	ns
	6 ~ 8 月相对生长速率	ns	ns	ns	ns	ns	ns
针茅 *S. capillata*	种群生物量	ns	0.950 **	ns	-0.836 *	ns	ns
	6 ~ 8 月相对生长速率	-0.869 *	ns	ns	ns	-0.920 **	ns

表中数字为相关系数。ns 代表显著性水平大于 0.05。* 和 ** 分别代表显著性水平小于 0.05 和 0.01

两年 N 添加下（表 4-6），与种群生物量比较，四个物种 6 ~ 8 月相对生长速率与叶片 C : N : P 生态化学计量比关系较弱；牛枝子和老瓜头相对生长速率与叶片 N : P 正相关，针茅相对生长速率与叶片全 C 浓度和 C : P 比负相关，冰草相对生长速率与 C : N : P 生态化学计量比无显著的相关性（p>0.05）。

3）植物群落 C : N : P 生态化学计量学特征与植物生物量和相对生长速率的关系。两年 N 添加下（图 4-18），四个物种种群生物量均随群落 N 库的增加而增加。牛枝子和冰草种群生物量随群落 N : P 的增加而增加，而与群落 C : N 无显著的线性关系（p>0.05）。老瓜头和针茅种群生物量随群落 C : N 的增加而降低，而与群落 N : P 无显著的线性关系（p>0.05）。

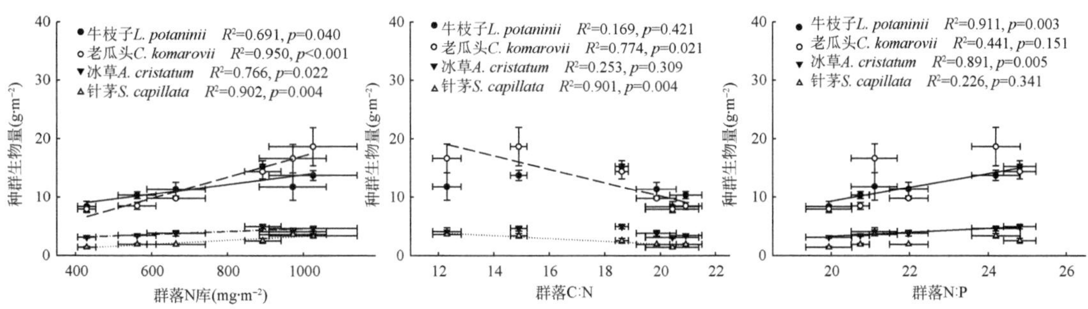

图 4-18　植物群落 N 限制与植物种群生物量的关系

两年 N 添加下（图 4-19），老瓜头 6 ~ 8 月份相对生长速率随群落 N 库的增加而增加，其他三个物种相对生长速率与 N 库无显著的线性关系（p>0.05）；四个物种相对生长速率均与群落 C : N 无显著的线性关系（p>0.05）；牛枝子和冰草相对生长速率随群落 N : P 的增加而增加；其他两个物种相对生长速率与 N : P 无显著的线性关系（p>0.05）。

4）土壤 C : N : P 生态化学计量学特征与植物生物量和相对生长速率的关系。两年 N 添加下（图 4-20），牛枝子、老瓜头和冰草种群生物量均与土壤全 N 含量和 N : P 有显著的线性关系（p<0.05），与土壤 C : N 无显著的线性关系（p>0.05）。针茅种群生物量也随土壤全 N 含量的增加而增加，但随 C∶N 和 N∶P 的变化无显著的变化趋势（p>0.05）。

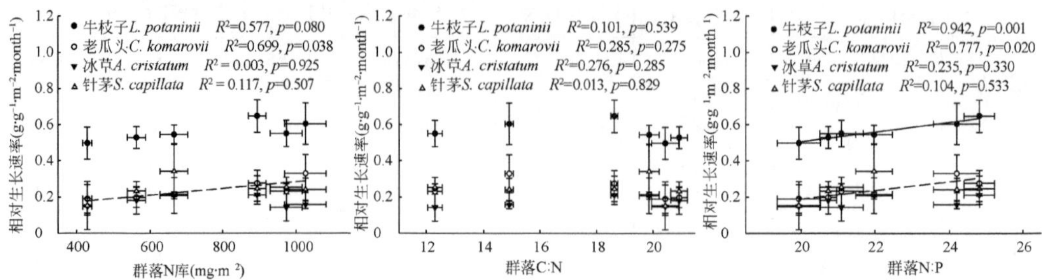

图 4-19　植物群落 N 限制指标与植物种相对生长速率的关系

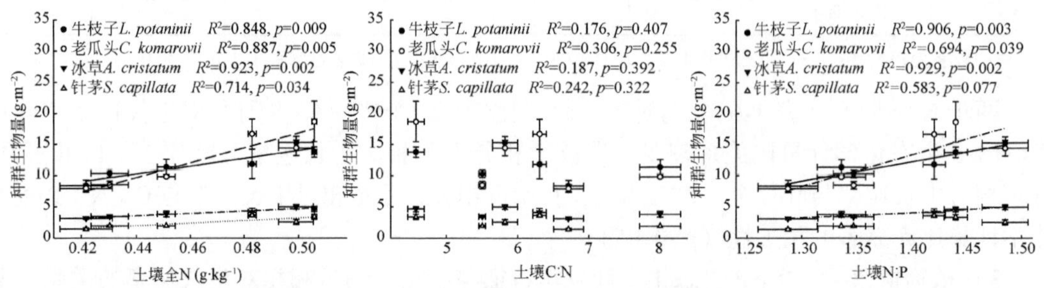

图 4-20　土壤 N 限制指标与植物种种群生物量的关系

两年 N 添加下（图 4-21），牛枝子和老瓜头 6～8 月份相对生长速率均与土壤全 N 含量和 N∶P 有一定程度的线性关系，与土壤 C∶N 的关系不显著（p>0.05）。两个禾本科植物相对生长速率与土壤全 N 含量、C∶N 和 N∶P 均无显著的关系（p>0.05）。

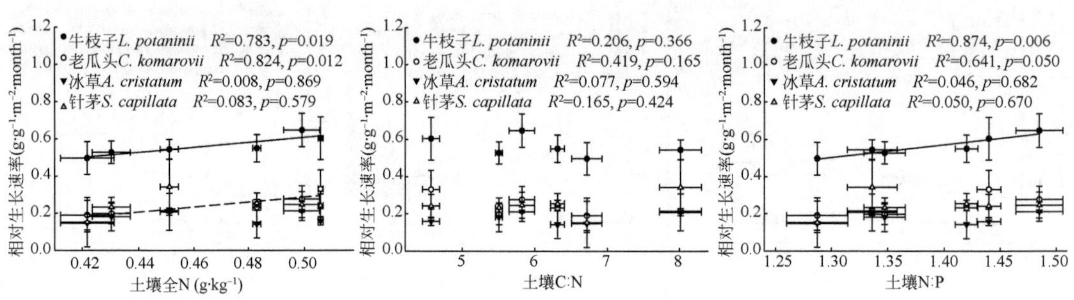

图 4-21　土壤 N 限制指标与植物种 6～8 月相对生长速率的关系

5）土壤 C∶N∶P 生态化学计量学特征与植物绿叶 N 摄取的关系。一年 N 添加下（表 4-1），土壤全 N 含量与冰草和老瓜头绿叶 N 摄取显著正相关（p<0.05），与牛枝子和针茅绿叶 N 摄取无显著的相关性（p>0.05）。

（2）2015 年设立

1）微生物生物量 C∶N∶P 生态化学计量学特征与植物生物量的关系。两年 N 添加下，土壤因子与植物种群生物量的 RDA 中［图 4-22（a）］，两个典范轴累计方差解释率为

0.725；猪毛菜生物量与微生物生物量 N 含量、微生物生物量 N∶P、土壤 NH_4^+-N 浓度、土壤 NO_3^--N 浓度以及土壤全 P 含量具有较强的正相关关系，与微生物生物量 C∶N 具有较强的负相关关系；猪毛蒿、草木樨状黄芪和牛枝子生物量与各土壤因子的关系同猪毛菜相反。

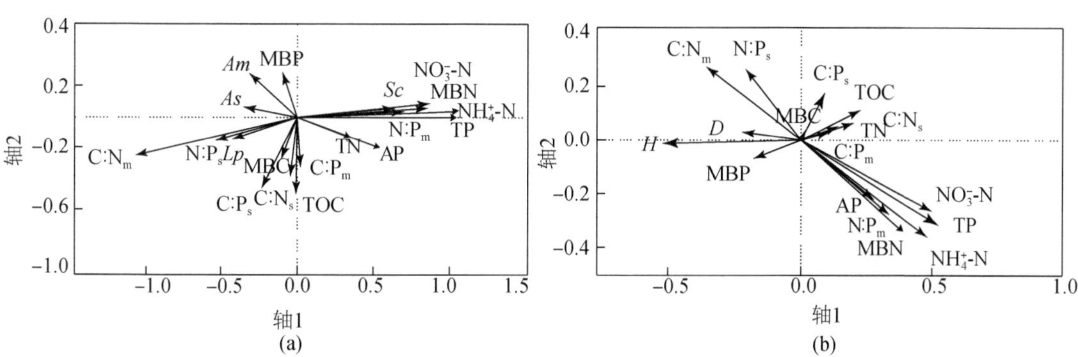

图 4-22　土壤因子与植物种群生物量（a）以及群落多样性指数（b）的 RDA

Sc、*Am*、*As* 和 *Lp* 分别代表猪毛菜、草木樨状黄芪、猪毛蒿和牛枝子。*H* 和 *D* 分别代表 Shannon-Wiener 多样性指数和 Simpson 优势度指数。MBC、MBN、MBP、C∶N_m、C∶P_m 和 N∶P_m 分别代表微生物生物量 C、N、P、C∶N、C∶P 和 N∶P。TOC、TN、TP、C∶N_s、C∶P_s、N∶P_s、NH_4^+-N、NO_3^--N 和 AP 分别代表土壤有机 C、全 N、全 P、C∶N、C∶P、N∶P、NH_4^+-N、NO_3^--N 和速效 P

两年 N 添加下，土壤因子与植物种群生物量的变差分解结果显示［图 4-23（a）］，被土壤因子所解释的植物种群生物量变差总 R^2 为 0.71，不能解释部分 R^2 为 0.29；各组土壤因子中，仅 X_3 有独立的解释力；X_1 与其他两组土壤因子共同解释部分 R^2 较小，但三组土壤因子共同解释部分 R^2 较大，表明在对植物种群生物量的影响方面，微生物生物量 C∶N∶P 生态化学计量学特征与其他土壤因子高度相关。

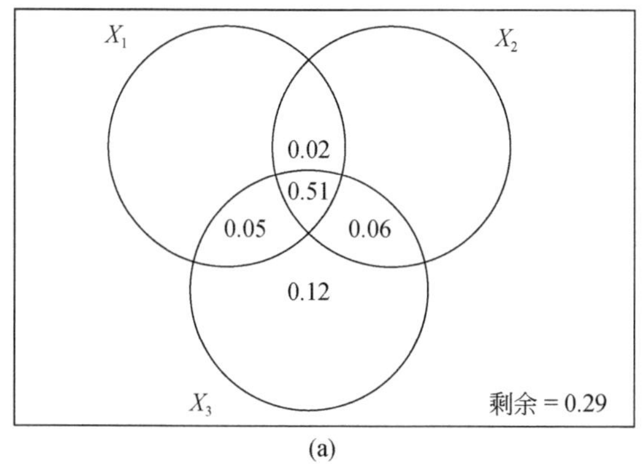

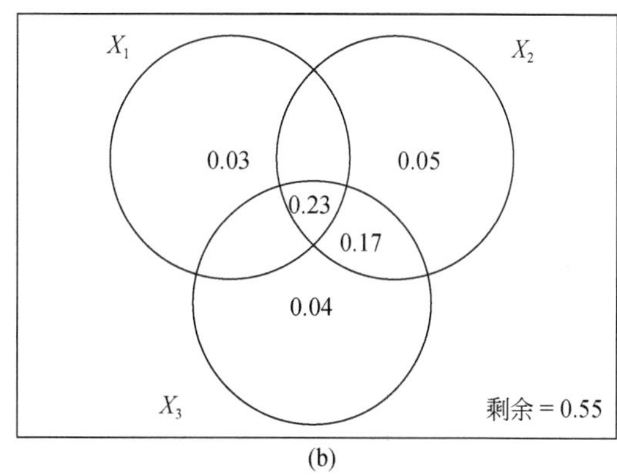

图 4-23　土壤因子组合对植物种群生物量（a）和群落多样性指数（b）的变差分解

单个圆圈内数字代表该土壤因子组合能解释的变差，圆圈重合部分内数字代表几个土壤因子组合共同解释的变差。X_1：微生物生物量 C∶N∶P 生态化学计量学特征。X_2：土壤 C∶N∶P 生态化学计量学特征。X_3：NO_3^--N、NH_4^+-N 和速效 P。解释变差小于 0 不显示

2）微生物生物量 C∶N∶P 生态化学计量学特征与植物多样性的关系。两年 N 添加

下，土壤因子与植物多样性指数的 RDA 中［图 4-22（b）］，两个典范轴累计方差解释率为 0.832：Shannon-Wiener 多样性指数和 Simpson 优势度指数均与微生物生物量 P 含量以及 C∶N 具有较强的正相关关系，与微生物生物量 N 含量、微生物生物量 N∶P、土壤 NH_4^+-N 浓度、土壤 NO_3^--N 浓度、土壤全 P 含量和土壤速效 P 浓度具有较强的负相关关系。

两年 N 添加下，土壤因子与植物多样性指数的变差分解结果显示［图 4-23（b）］：被土壤因子所解释的植物多样性变差总 R^2 为 0.45，不能解释部分 R^2 为 0.55；各组土壤因子独立的解释量均较小；X_1 与其他两组土壤因子未表现出共同的解释力，但三组土壤因子共同解释部分 R^2 为 0.23，表明在对植物多样性的影响方面，微生物生物量 C∶N∶P 生态化学计量学特征同样与其他土壤因子高度相关。

3）土壤–植物–微生物 C∶N∶P 生态化学计量学特征与生态系统 C 交换的关系。对生态系统 C 交换与植物、土壤和微生物所有环境因子的关系进行了 RDA 排序（图 4-24）：前两个排序轴的特征值分别为 0.900 和 0.032，占总特征值的 93.2%。对生态系统 C 交换组分影响显著的因子分别为微生物生物量 N∶P、Shannon-Wiener 多样性指数、土壤 N∶P 和植物地上生物量（$p<0.05$，表 4-7）。其中，NEE 主要和土壤 N∶P 呈较强的正相关，与微生物生物量 N∶P 呈较强的负相关；ER 和 GEP 与 Shannon-Wiener 多样性指数、微生物生物量 N∶P 呈较强的正相关，与土壤 N∶P 呈较强的负相关关系。

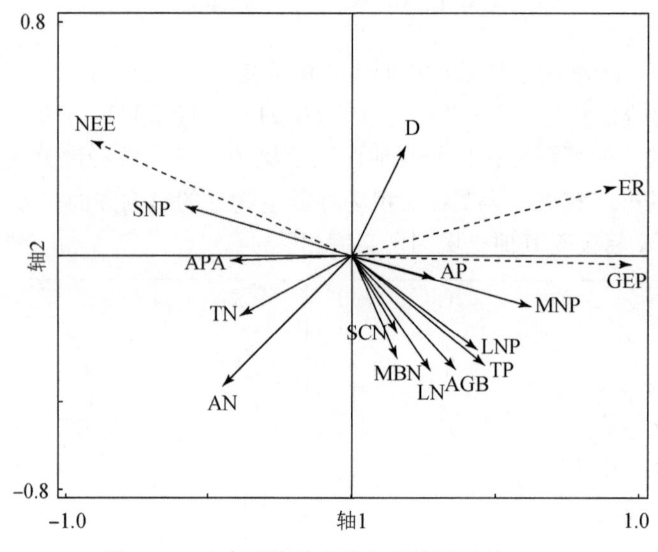

图 4-24　生态系统碳交换与环境因子的 RDA

NEE、ER、GEP 分别代表净生态系统碳交换、生态系统呼吸、总生态系统生产力。MNP、D、SNP、MBN、AN、AGB、TN、APA、TP、SCN、AP、LN 和 LNP 分别代表微生物生物量 N∶P、Shannon-Wiener 多样性指数、土壤 N∶P、微生物生物量 N、土壤 NH_4^+-N、植物地上生物量、土壤全 N、土壤磷酸酶活性、土壤全 P、土壤 C∶N、土壤速效 P、叶片全 N 和叶片 N∶P

表 4-7　生态系统碳交换与环境因子 RDA 中各因子的显著性检验

指标	MNP	D	SNP	MBN	AN	AGB	TN	APA	TP	SCN	AP	LN	LNP
贡献率（%）	35.5	16.9	11.9	7.2	6.0	4.6	4.4	4.4	0.9	0.9	0.3	0.2	<0.1

续表

指标	MNP	D	SNP	MBN	AN	AGB	TN	APA	TP	SCN	AP	LN	LNP
F	8.8	5.3	4.6	3.3	3.6	4.5	3.2	2.2	0.9	0.8	0.2	0.1	<0.1
p	0.020	0.042	0.040	0.072	0.070	0.032	0.076	0.176	0.362	0.442	0.714	0.784	0.942

MNP、D、SNP、MBN、AN、AGB、TN、APA、TP、SCN、AP、LN 和 LNP 分别代表微生物生物量 N：P、Shannon-Wiener 多样性指数、土壤 N：P、微生物生物量 N、土壤 NH_4^+-N、植物地上生物量、土壤全 N、土壤磷酸酶活性、土壤全 P、土壤 C：N、土壤速效 P、叶片全 N 和叶片 N：P

4.5.1.2 盆栽试验

(1) 土壤 C：N：P 生态化学计量学特征与甘草相对生长速率的关系

两年 N 添加下（图 3-45），甘草 6 ~ 8 月相对生长速率与土壤全 N 含量呈显著的二项式关系（$p<0.05$），其他情况下无显著的关系（$p>0.05$）。

(2) 土壤 C：N：P 生态化学计量学特征与甘草枯叶 N 回收的关系

两年 N 添加下（图 3-46），土壤全 N 含量和 N：P 与甘草枯叶 N 回收呈显著的负线性关系（$p<0.05$），土壤 C：N 与枯叶 N 回收无显著关系（$p>0.05$）。

(3) 土壤-甘草 C：N：P 生态化学计量学特征与甘草叶片 N 和 P 保持的关系

三年 N 添加下（图 4-25），土壤和甘草 C：N：P 生态化学计量比与绿叶全 N 浓度关

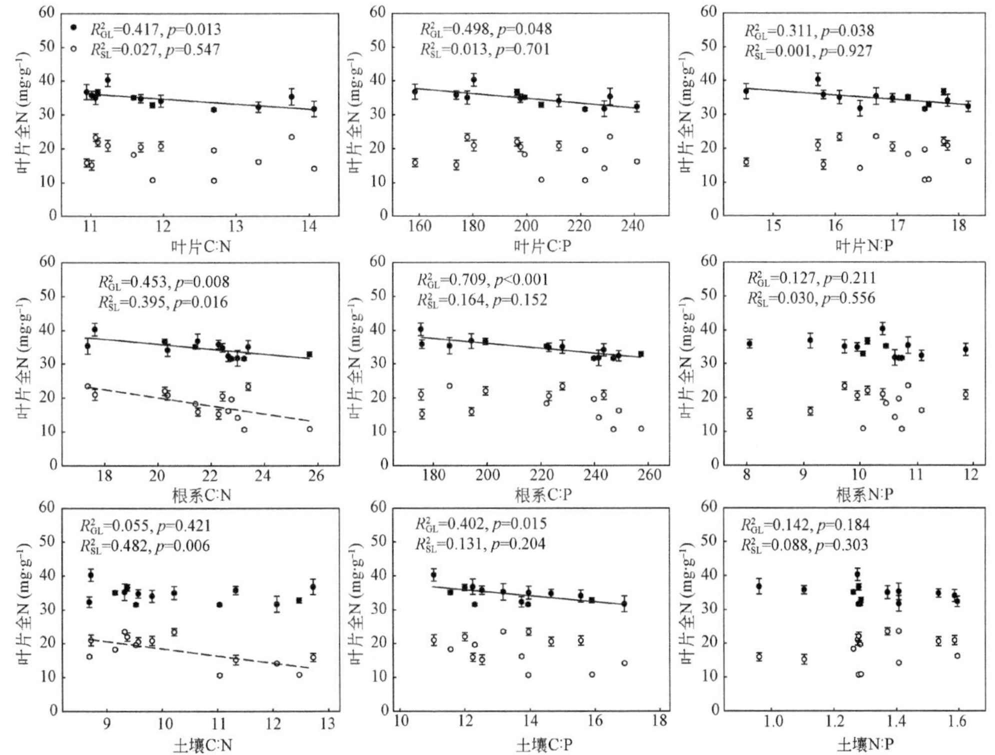

图 4-25 土壤和甘草 C：N：P 生态化学计量比与甘草叶片全 N 浓度的关系

黑色圆圈为绿叶（R_{GL}）。白色圆圈为枯叶（R_{SL}）

系较强，与枯叶全 N 浓度关系较弱：叶片 C∶N∶P、根系 C∶N 和 C∶P、土壤 C∶P 均与绿叶全 N 浓度呈显著负的线性关系（$p<0.05$），仅根系和土壤 C∶N 与枯叶全 N 浓度呈显著的负线性关系（$p<0.05$），其他指标间关系不显著（$p>0.05$）。

三年 N 添加下（图 4-26），土壤和甘草 C∶N∶P 生态化学计量比与绿叶全 P 浓度关系较强，与枯叶全 P 浓度关系较弱：叶片 C∶N∶P、根系 C∶P 和 N∶P、土壤 C∶P 和 N∶P 均与绿叶全 P 浓度呈显著的负线性关系（$p<0.05$），其他指标间关系不显著（$p>0.05$）。

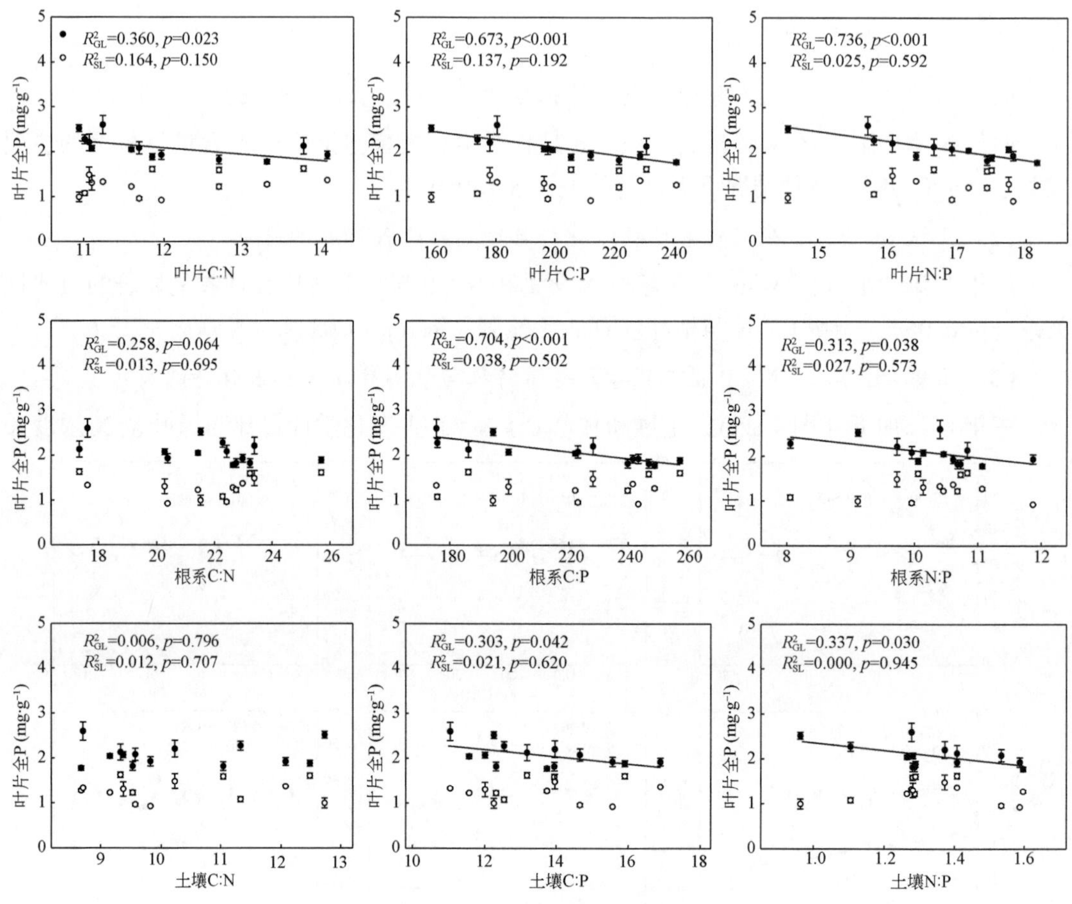

图 4-26　土壤和甘草 C∶N∶P 生态化学计量比与甘草叶片全 P 浓度的关系

黑色圆圈为绿叶（R_{GL}）。白色圆圈为枯叶（R_{SL}）

三年 N 添加下（图 4-27），甘草和土壤 C∶N∶P 生态化学计量比与甘草枯叶养分回收效率的关系整体弱，仅枯叶 P 回收效率随叶片 C∶P 的增加显著降低、随根系 C∶N 显著先增加后降低（$p<0.05$），枯叶 N 回收效率随土壤 C∶N 增加显著增加（$p<0.05$），其他情况下曲线拟合不显著（$p>0.05$）。

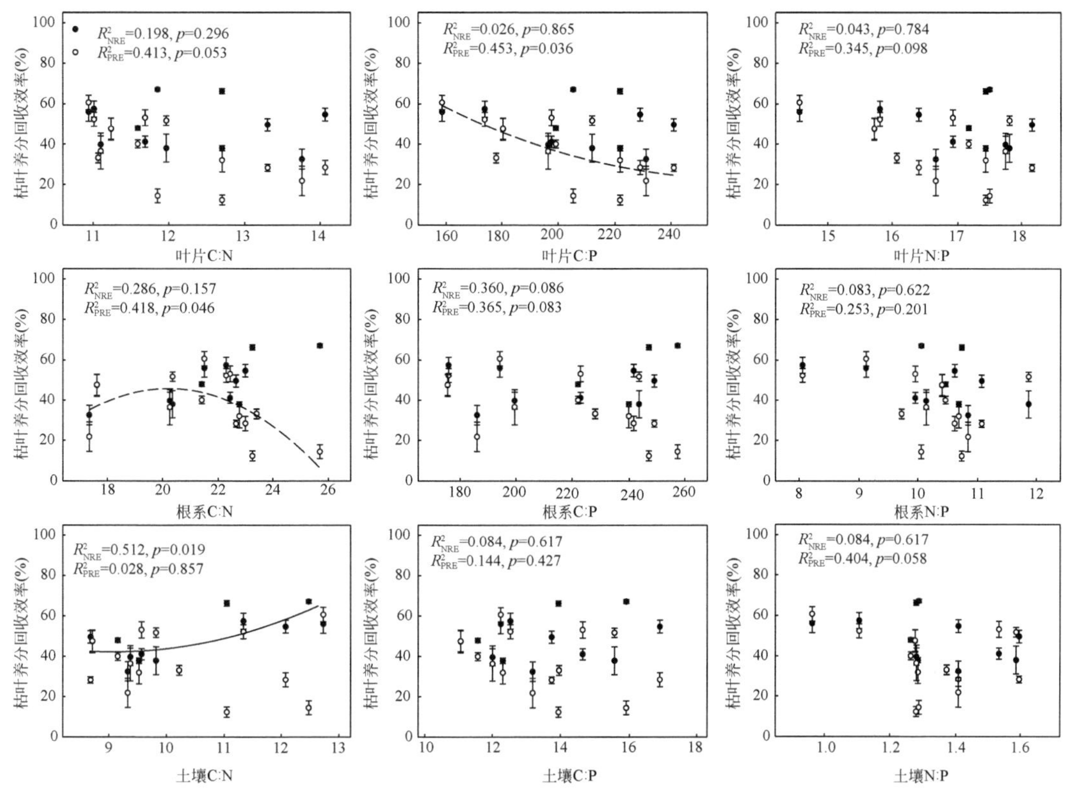

图 4-27　土壤和甘草 C：N：P 生态化学计量比与甘草枯叶养分回收效率的关系
黑色圆圈为枯叶 N 回收效率（R_{NRE}）。白色圆圈为枯叶 P 回收效率（R_{PRE}）

4.5.2　植被-土壤系统 C：N：P 生态化学计量学特征影响土壤性质和植被特征的机制分析

4.5.2.1　野外原位试验

（1）2011 年设立

1）土壤 C：N：P 生态化学计量学特征与植物生长和养分利用的关系。土壤 C：N：P 生态化学计量学特征是确定土壤 C、N、P 平衡特征的一个重要参数（王绍强和于贵瑞，2008）。土壤 N：P 可以指示土壤 N 和 P 限制，一般可以接受的观点是较低的 N：P 反映植物受 N 限制，较高的 N：P 反映植物受 P 限制。土壤 N：P 通过改变植物 N：P，从而对植物生长产生影响。本书试验中，一年 N 添加下老瓜头个体生物量与土壤全 N 含量和 N：P 正相关，冰草和老瓜头叶片全 N 浓度与土壤全 N 含量正相关，说明 N 添加一定程度上提高了土壤 N：P，两个物种叶片 N：P 随之升高，因此两个物种生长受 N 限制的程度逐渐变弱。这与顾大形（2010）对四季竹（*Oligostachyum lubricum*）的研究结果一致。Tian 等（2010）综合分析了中国土壤 C：N：P 生态化学计量学特征，认为除了 N：P，表层土壤

C∶N 也能够很好地指示土壤供 N 状况。但在本试验中，土壤 C∶N 与植物生物量和叶片 C∶N 均无显著相关性，这可能意味着土壤 C∶N 对土壤供 N 状况的指示作用受研究区域和植被类型等因素的共同影响。

2）植物 C∶N∶P 生态化学计量学特征与植物生物量和相对生长速率的关系。依据生长速率假说理论，植物相对生长速率与其体内 C∶N∶P 生态化学计量比存在显著的相关关系（Elser et al.，2003；He et al.，2008）。相关的研究进一步认为，二者之间的相关性受植物生长养分限制类型的影响：当受 N 限制时，相对生长速率主要与 C∶N 负相关；当受 P 限制时，主要受 C∶P 的调控；而当 N 或 P 不再是限制性元素时，植物会过量吸收这种元素贮存在体内，造成该元素利用效率降低（Ågren，2004；Yu et al.，2012）。本书试验中，两年 N 添加下仅针茅相对生长速率与其叶片 C∶P 负相关，表明随着 N 的添加，N 的受限性逐渐削弱、P 的受限性逐渐增强，叶片全 P 浓度的变化对其相对生长速率起决定性作用，与 Ågren（2004）和 Yu 等（2012）结果一致。对于老瓜头、牛枝子和冰草等三个物种，其相对生长速率与叶片 C∶N、C∶P 和群落 C∶N 无显著的相关性，而与植物 N∶P 正相关，这和生长速率假说理论矛盾。

一方面，由于生长速率假说理论是基于浮游动物和细菌的研究提出的，而高等植物无论在物质组成、生长机理，还是营养获得方式上，都与这些低等生物存在很大的不同（Berman-Frank & Dubinsky，1999），因此三个物种相对生长速率与 C∶N∶P 生态化学计量比之间的关系可能更为复杂。此外，本书研究分析了四个常见物种一年的试验观测数据，Yu 等（2012）针对典型草原物种的研究结果是否适用于荒漠草原物种，还需要通过长期的观测在多物种水平上进行验证。与相对生长速率相比较，种群生物量与植物群落和叶片 C∶N∶P 生态化学计量比具有较强的关系，意味着全球变化背景下趋于解耦的植物 C、N、P 平衡关系（Yuan & Chen，2015），将会影响物种生长、改变群落结构。

3）植物-土壤 C∶N∶P 生态化学计量学特征与植物生物量和相对生长速率的关系。通过对中国 0～10 cm 层土壤 C∶N∶P 生态化学计量比变化特征的综合分析，Tian 等（2010）认为表层土壤 C∶N 和 N∶P 能够很好地指示土壤 N 的供给状况。Yang 等（2014）的研究进一步表明，表层土壤 C∶N 相对稳定，而 N∶P 的变异性相对较大，证实了全球变化会逐渐改变土壤 N 和 P 之间的耦合关系。因此，与 C∶N 相比较，土壤 N∶P 能够较好地指示生态系统的养分受限性。本试验中，两年 N 添加下几个物种种群生物量和 6～8 月相对生长速率均与 0～10 cm 土壤全 N 含量和 N∶P 存在不同程度的正相关，而与土壤 C∶N 不存在相关性，表明随着土壤 N 有效性的增加，土壤全 N 含量和 N∶P 有相继升高的趋势，几个荒漠草原物种受 N 的限制性逐渐缓解，因而可供植物摄取的 N 增多、促进了植物群落生长和生物量积累。因此，土壤 N∶P 的变化状况将直接影响到荒漠草原植物生长和养分利用策略。由于长期、大量 N 沉降增加会显著提高土壤 N∶P（Yue et al.，2017），如果能够进行适当人为干扰（如 P 添加），可能会通过改变土壤 N∶P，削弱 N 沉降增加对生态系统群落结构的不利影响。

（2）2015 年设立

微生物通过对土壤养分的固持与矿化，调节着土壤养分有效性以及植物养分利用策略。反之，植物通过其地下部分与土壤性质的改变而影响微生物活动的方向（Van der

Heijden et al., 2008；宿晓琳等，2018）。因此，微生物和植物地下部分与养分的相互关系直接影响着植物群落结构（蒋婧和宋明华，2010）。RDA 结果表明，两年 N 添加下植物多样性指数与微生物生物量 P 含量以及 C：N 正相关，与微生物生物量 N 含量以及 N：P 负相关，表明随着土壤 N 有效性的提高，微生物与植物对 P 的竞争随之增加，具体表现为微生物对 P 的消耗加剧、植物可利用的 P 减少，从而导致植物多样性降低；当微生物生物量 N：P 处于较低水平时，微生物对 P 的矿化作用增强，植物可利用的 P 增加、群落多样性升高。这一结果也证实了微生物生物量 C：N：P 生态化学计量学特征可以指示系统养分的受限程度（Cleveland & Liptzin，2007）。

在其他相关性较高的土壤因子中，NO_3^--N 和 NH_4^+-N 浓度与植物多样性指数负相关，说明在连续两年 N 添加下土壤 N 的多寡仍是植物群落组成变化的决定性因素之一（Zhang et al.，2014）。此外，尽管随着土壤 N 有效性增加，全 P 含量亦略有增加，但激增的无机 N 浓度导致其与速效 P 浓度的比值显著加大。依据生态化学计量学原理，土壤 P 有效性相对 N 有效性明显不足，导致植物多样性降低，具体表现为全 P 含量和速效 P 浓度与植物多样性指数负相关，与全球尺度整合分析结果类似（Li et al.，2016a）。

进一步的变差分解结果显示，微生物生物量 C：N：P 生态化学计量学特征对植物种群生物量和群落多样性指数的独立解释力较低，但与其他土壤因子有较强的共同解释力，表明微生物元素生态化学计量关系与这些土壤因子高度相关，共同作用于植物群落结构变化。可能原因在于：一方面，微生物在生长过程中需要土壤养分的协调供应，所以土壤 C：N：P生态化学计量学特征会显著影响微生物生物量 C：N：P 生态化学计量学特征和代谢活动（周正虎和王传宽，2016b）；另一方面，微生物通过自身的固 N 和硝化作用，会对土壤中有效 N 的含量产生影响（Leff et al.，2015）。而且，微生物胞外酶的释放作用和对底物的分解也会影响到土壤中 P 等养分的供给状况（Makino et al.，2003）。因而微生物和土壤之间 N 和 P 传递和转化的耦合关系，将直接作用于植物元素化学平衡特征乃至群落结构。

4.5.2.2 盆栽试验

（1）土壤 C：N：P 生态化学计量学特征与甘草相对生长速率的关系

以往研究认为，土壤 N 有效性提高引起的植物生长加快会刺激植物提高其保持 P 的能力，这可能是因为 N 添加导致土壤可溶性有机 P 损失，从而土壤 P 限制增加（Perring et al.，2008）。因此，植物最高的相对生长速率可能不会出现在最高或最低的 C：N：P 生态化学计量比条件下（分别代表高的 N 限制或 P 限制）。本试验中，两年少量 N 添加提高了甘草相对生长速率，其最大值出现在中等土壤全 N 含量和 N：P 水平下，证实土壤 N 和 P 之间的平衡关系对植物生物量积累至关重要。

（2）土壤 C：N：P 生态化学计量学特征与甘草枯叶 N 回收的关系

野外模拟试验结果表明，N 沉降增加会降低土壤 P 可利用性，使生态系统从 N 限制转变为 P 限制或 N 和 P 共同限制（Van Heerwaarden et al.，2003；Menge & Field，2007；Sitters et al.，2013），从而引起植物枯叶 N 回收能力降低。本试验中，两年 N 添加下甘草枯叶 N 回收度和回收效率与土壤全 N 含量和 N∶P 显著负相关，而与土壤 C∶N 无显著的关系，表明 N 添加缓解了植物生长 N 限制，进而降低了植物对枯叶 N 回收途径的依赖。

(3) 土壤-甘草 C∶N∶P 生态化学计量学特征与甘草叶片 N 和 P 保持的关系

三年 N 添加下，甘草绿叶养分摄取和枯叶养分回收与甘草-土壤 C∶N∶P 生态化学计量学特征的拟合分析表明，绿叶 N 摄取普遍与三个库 C∶N 和 C∶P 负相关、P 摄取普遍与三个库 C∶P 和 N∶P 负相关，但是枯叶 N 回收度和 P 回收度与三个库生态化学计量比的关系较弱。依据 C∶N∶P 生态化学计量比的指示意义，以上结果意味着，在受 N 限制时甘草会降低绿叶全 N 浓度以延长 N 在其体内的滞留时间、在受 P 限制时甘草会降低绿叶全 P 浓度以实现高的 P 保持能力；同时，N 添加导致的元素生态化学计量关系改变会通过对绿叶养分摄取的影响改变植物养分保持策略，反映了甘草应对环境 C∶N∶P 平衡关系变化的自调节适应性。

4.6 本章结论

本节中，将 N 添加处理时间小于 5 年定义为短期 N 添加，将处理时间大于等于 5 年定义为长期 N 添加。

4.6.1 氮添加下植被-土壤系统 C∶N∶P 生态化学计量学特征

4.6.1.1 野外原位试验

短期 N 添加下，植物叶片全 C 浓度无显著的变化规律，全 N 浓度普遍升高，C∶N 的变化表现出一定的物种差异性，反映了植物对环境变化的弹性适应。植物群落 C 库、N 库和 P 库均表现出先增加后降低的变化特点，N∶P 先增加后趋于稳定，C∶N 逐渐降低，而 C∶P 无明显的变化趋势；微生物生物量 N 含量和 N∶P 显著升高，生物量 C∶N 显著降低，其他指标变化幅度较小或缺乏规律性；土壤全 N 含量显著增加，而其他土壤指标无明显的响应格局。这表明短期 N 添加对土壤 C∶N∶P 生态化学计量学特征的影响较小，但在一定程度上提高了土壤 N 供给水平；此外，土壤与植物 C∶N∶P 生态化学计量学特征关系较弱。

4.6.1.2 盆栽试验

短期 N 添加下，甘草绿叶和根系 C∶N∶P 生态化学计量学特征的变化较小或无明显的响应格局，而枯叶 C∶N∶P 平衡关系发生改变。具体表现为，枯叶全 N 浓度、C∶P 和 N∶P 升高，枯叶全 P 浓度和 C∶N 降低，8 月根系全 P 浓度升高，10 月根系全 N 浓度升高、C∶N 降低；土壤全 N 含量升高、N∶P 降低，全 P 含量变化幅度较小，有机 C 含量、C∶N 和 C∶P 虽有较大变异，但未呈现出明显的规律。

4.6.2 氮添加下土壤基本性质

野外原位试验中，短期 N 添加提高了土壤无机 N 有效性，对其他基本性质的影响不明显或缺乏规律性。

4.6.3 氮添加下植物生长与多样性

4.6.3.1 野外原位试验

短期 N 添加提高了植物相对生长速率、促进了植物生长，但具有明显的种间差异性，且这种差异也存在于相同生活型的不同物种间。总的来说，少量 N 添加缓解了土壤 N 限制，因而促进了大部分植物生长，使得 Shannon-Wiener 多样性指数、Simpson 优势度指数和 Patrick 丰富度指数有所提高；中高量 N 添加可能会导致 P 相对不足、P 限制风险相应增加，降低了植物相对生长速率，因此降低了植物多样性和异质性，使群落结构趋于单一。

4.6.3.2 盆栽试验

短期少量 N 添加提高了甘草相对生长速率、促进了地上生物量积累，高量 N 添加降低了相对生长速率、减缓了地上生物量积累。此外，短期 N 添加提高了土壤 N 有效性、加剧了 P 限制，从而降低了甘草枯叶 N 回收、提高了枯叶 P 回收，但对绿叶 N 和 P 摄取的影响缺乏明显的规律性。

4.6.4 氮添加下生态系统碳交换

野外原位试验中，长期 N 添加下，生态系统 C 交换表现出明显的时间动态，其受 N 添加的影响较小、受月份的影响较大。

4.6.5 氮添加下基于 C∶N∶P 生态化学计量学的生态服务功能评价

4.6.5.1 野外原位试验

(1) 2011 年设立

短期 N 添加下，老瓜头个体生物量与土壤全 N 含量和 N∶P 呈正相关，冰草和老瓜头叶片全 N 浓度与土壤全 N 含量呈正相关，表明短期 N 添加一定程度上缓解了荒漠草原 N 限制，因此提高了一些植物绿叶 N 摄取、促进了生物量积累；此外，植物和土壤 N∶P 对植物生长具有较强的指示作用，即随着土壤 N 受限性逐渐缓解，土壤全 N 含量和 N∶P 相继升高，可供植物摄取的 N 增多，因而有利于植物生长和群落 N 库积累。

（2）2015 年设立

短期 N 添加下，植物群落组成与微生物生物量 N 含量、微生物生物量 C∶N、微生物生物量 N∶P、土壤 NO_3^--N 浓度、土壤 NH_4^+-N 浓度以及土壤全 P 含量有较强的相关关系；微生物生物量 C∶N∶P 生态化学计量学特征对植物种群生物量和群落多样性变化的独立解释力较弱，但却与其他土壤因子共同解释了较大变差，意味着 N 添加下微生物生物量 C∶N∶P生态化学计量学特征对植物群落组成的影响与其他土壤因子高度相关。

长期 N 添加下，土壤 N∶P 与 NEE 呈较强的正相关，微生物生物量 N∶P 与 NEE 呈较强的负相关。Shannon-Wiener 多样性指数、微生物生物量 N∶P 与 ER 和 GEP 呈较强的正相关，土壤 N∶P 与 ER 和 GEP 呈较强的负相关。

4.6.5.2 盆栽试验

短期 N 添加下，土壤全 N 含量和 N∶P 与甘草相对生长速率呈二项式关系，证实土壤 N 和 P 之间的平衡关系对植物生物量积累至关重要。土壤全 N 含量和 N∶P 与甘草枯叶 N 回收负相关，表明 N 添加缓解了植物生长 N 限制，进而降低了植物对枯叶 N 回收途径的依赖。综合而言，土壤 C∶N∶P 生态化学计量比能够很好地指示植物生长养分受限状况；此外，甘草和土壤 C∶N∶P 生态化学计量比与甘草绿叶 N 和 P 摄取关系较强，与 N 和 P 回收关系较弱。意味着 N 添加下改变的甘草-土壤元素平衡关系会通过影响植物绿叶养分摄取改变其养分保持策略，从而会对荒漠草原元素生物地球化学循环产生重要影响。

第5章 降水量变化及氮添加下荒漠草原碳氮磷生态化学计量学特征

5.1 植被-土壤系统C∶N∶P生态化学计量学特征

基于野外原位试验，研究人员对两年降水量及N添加对生长季旺盛期植物、微生物（0～20 cm）和土壤（0～20 cm）C∶N∶P生态化学计量学特征的影响进行了研究，探讨了植物和微生物元素内稳性，分析了植物-微生物-土壤C∶N∶P生态化学计量学特征的内在联系；研究了三年降水量及N添加对5～10月0～20 cm土壤C∶N∶P生态化学计量学特征和旺盛期0～20 cm微生物生物量C∶N∶P生态化学计量学特征的影响。

5.1.1 降水量及氮添加对植被-土壤系统C∶N∶P生态化学计量学特征的影响

5.1.1.1 植物C∶N∶P生态化学计量学特征

（1）变化范围及内稳性

两年降水量变化及N添加下，植物C∶P和N∶P的变异系数较大（均超过了20%），其他C∶N∶P生态化学计量学特征指标的变异系数较小，尤其全C浓度（图5-1）。

依据Sterner和Elser（2002）提出的生态化学计量内稳性模型，植物全C浓度、全P浓度、C∶N和C∶P的方程拟合结果不显著（$p> 0.05$），均表现为绝对稳态；植物全N浓度和N∶P的方程拟合结果显著（$p<0.05$），全N浓度内稳性指数小于1.33，表现为敏感型，N∶P内稳性指数大于1.33，表现为弱敏感型（图5-2）。以上结果说明植物全N浓度和N∶P对土壤环境变化反应敏感，可较好地表征土壤N供给水平以及N、P受限类型。

（2）响应特征

裂区设计方差分析中（图5-3），两年降水量处理对植物全C浓度具有显著影响（$p<0.05$），对全N浓度及C∶N、C∶P、N∶P具有极显著影响（$p<0.01$）；两年N添加对植物全N浓度具有显著影响（$p<0.05$）；二者对植物全C浓度、全P浓度、C∶P以及N∶P具有极显著交互作用（$p<0.01$）。

与自然降水量相比，增加降水量改变了植物C∶N∶P生态化学计量学特征，且其效应同时受N添加的影响（图5-3）。在0 $g\cdot m^{-2}\cdot a^{-1}$的N添加条件下，减少和增加降水量均降低了植物全N和全P浓度，提高了C∶N和C∶P，而对全C浓度和N∶P无显著影响

(p>0.05)。在 5 g·m^{-2}·a^{-1}的 N 添加条件下，增加降水量显著降低了全 N 浓度（p<0.05）。减少和增加降水量均显著降低了植物全 C 浓度、C：P 和 N：P（p<0.05），显著提高了全 P 浓度（p<0.05）。总体而言，相同 N 添加下，降水量增减 50% 对植物 C：N：P 生态化学计量学特征的影响大于降水量增减 30% 处理，且与自然降水量的差异大多达到显著水平（p<0.05）。

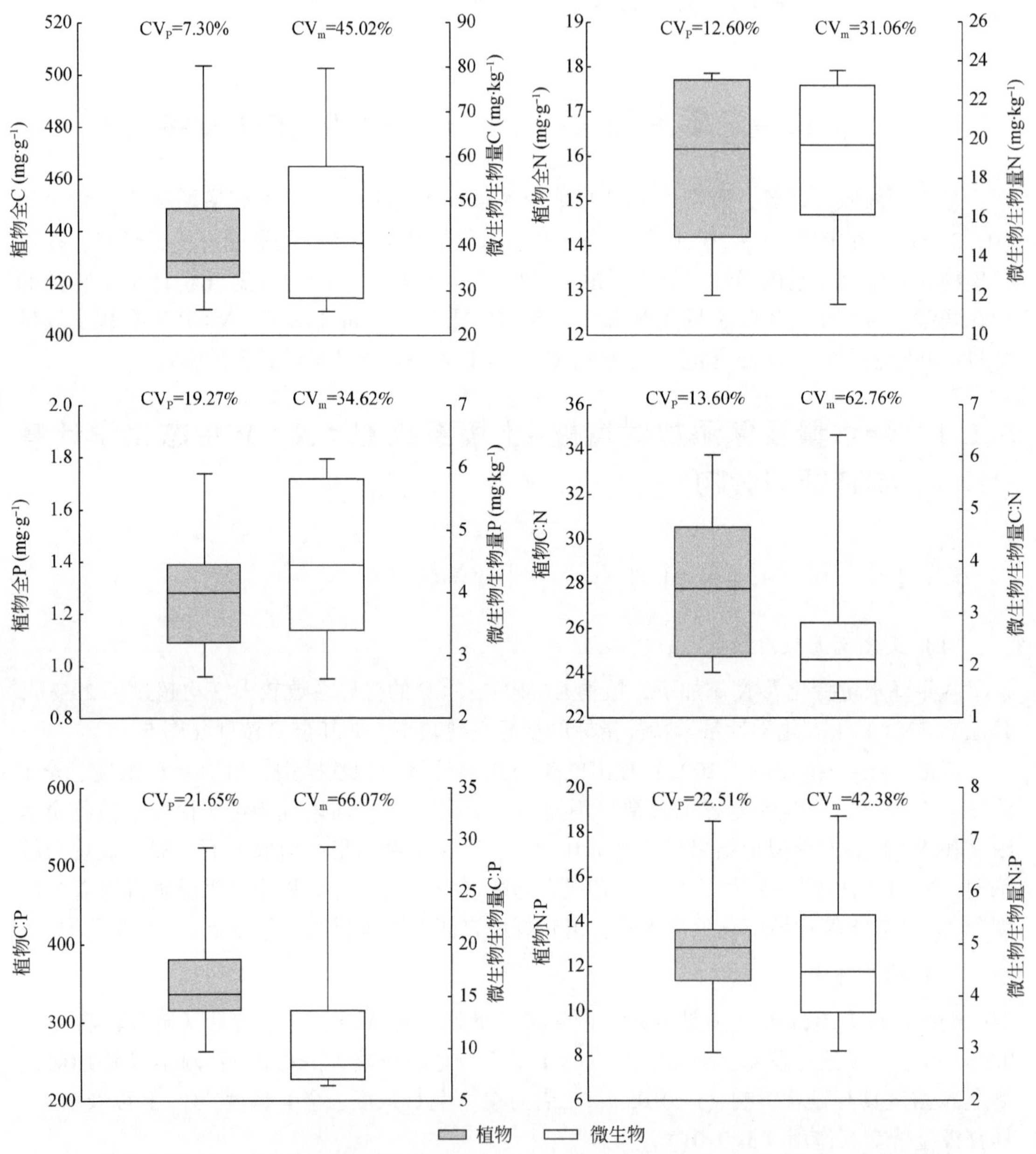

图 5-1　植物（CV_P）和微生物生物量（CV_m）C：N：P 生态化学计量学特征的变化范围

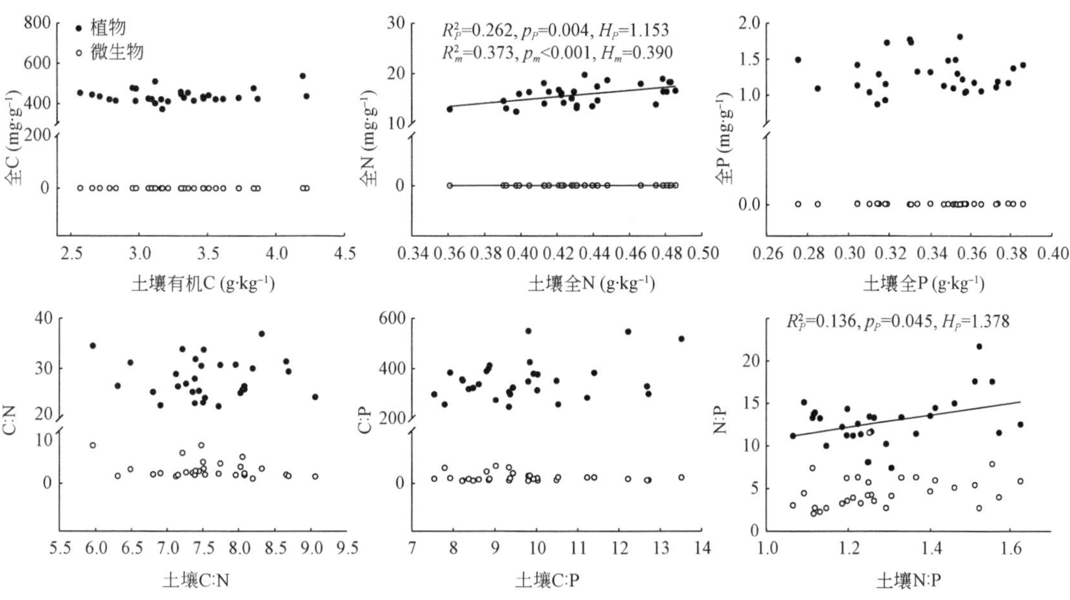

图 5-2 植物（H_P）和微生物生物量（H_m）C：N：P 生态化学计量学内稳性

此外，相同降水量条件下（图 5-3），N 添加效应在降水量增减 30% 时较弱，而在自

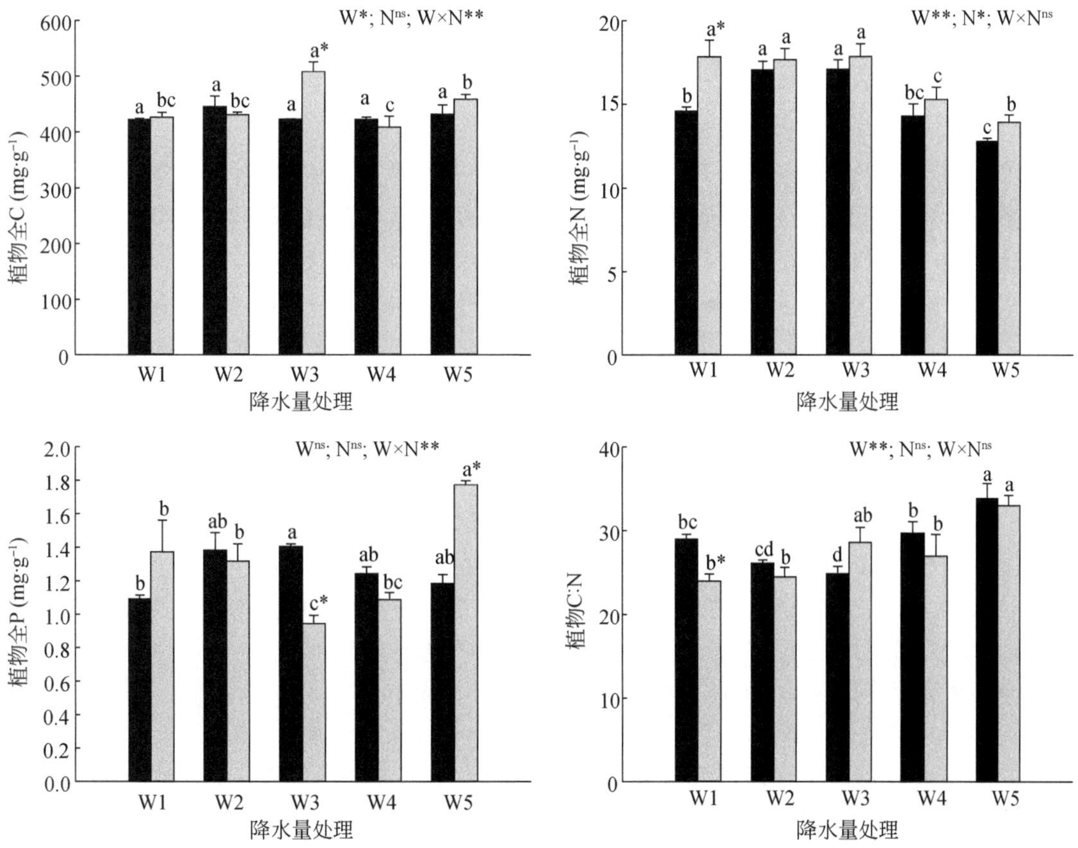

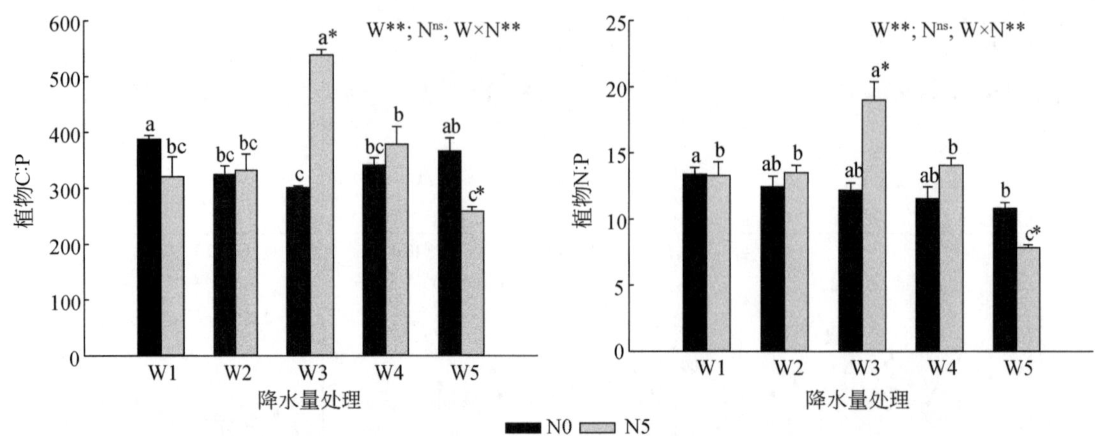

图 5-3 降水量和氮添加对植物 C∶N∶P 生态化学计量学特征的影响

不同小写字母表示相同氮水平下降水量处理间各指标的差异显著（$p<0.05$）。* 表示相同降水量下氮添加处理间各指标的差异显著（$p<0.05$）。W、N、W×N 是裂区设计方差分析的结果

然降水量以及降水量增减50%时较强。在减少50%降水量时，N 添加显著提高了植物全 N 浓度、降低了 C∶N（$p<0.05$）。在自然降水量时，N 添加提高了植物全 C 浓度、C∶P 和 N∶P，显著降低了全 P 浓度（$p<0.05$）。在增加50%降水量时，N 添加显著提高了植物全 P 浓度、降低了 C∶P 和 N∶P（$p<0.05$）。

5.1.1.2 微生物生物量 C∶N∶P 生态化学计量学特征

(1) 变化范围及内稳性

两年降水量变化及 N 添加下，与植物相比，微生物生物量 C∶N∶P 生态化学计量学特征各指标均具有较高的变异系数，尤其 C∶N 和 C∶P（均超过60%）（图 5-1）。

依据 Sterner 和 Elser（2002）提出的生态化学计量学内稳性模型，微生物生物量 C 含量、P 含量、C∶N、C∶P 和 N∶P 的方程拟合结果不显著（$p>0.05$），均表现为绝对稳态，其 N 含量方程拟合结果显著（$p<0.05$），但内稳性指数明显小于 1.33，表现为敏感型（图 5-2）。这说明微生物生物量 N 含量对土壤环境变化反应敏感，可较好地表征土壤 N 供给水平。

(2) 响应特征

1）2018 年。两年降水量变化及 N 添加下，裂区设计方差分析中（图 5-4），降水量对微生物生物量 N 含量具有显著影响（$p<0.05$），对 C 含量、C∶N 以及 C∶P 具有极显著影响（$p<0.01$）；N 添加对微生物生物量 C 含量、P 含量、C∶N 以及 C∶P 具有显著影响（$p<0.05$）；二者对微生物生物量 C 含量和 C∶P 具有极显著交互作用（$p<0.01$），对 C∶N 具有显著交互作用（$p<0.05$）。

两年降水量变化及 N 添加下，单因素方差分析中，与自然降水量相比，增加降水量对微生物生物量 C∶N∶P 生态化学计量学特征的影响比减少降水量大，且降水量激发了 N 添加效应（图 5-4）。在 0 $g \cdot m^{-2} \cdot a^{-1}$ 的 N 添加条件下，减少和增加降水量仅比自然降水

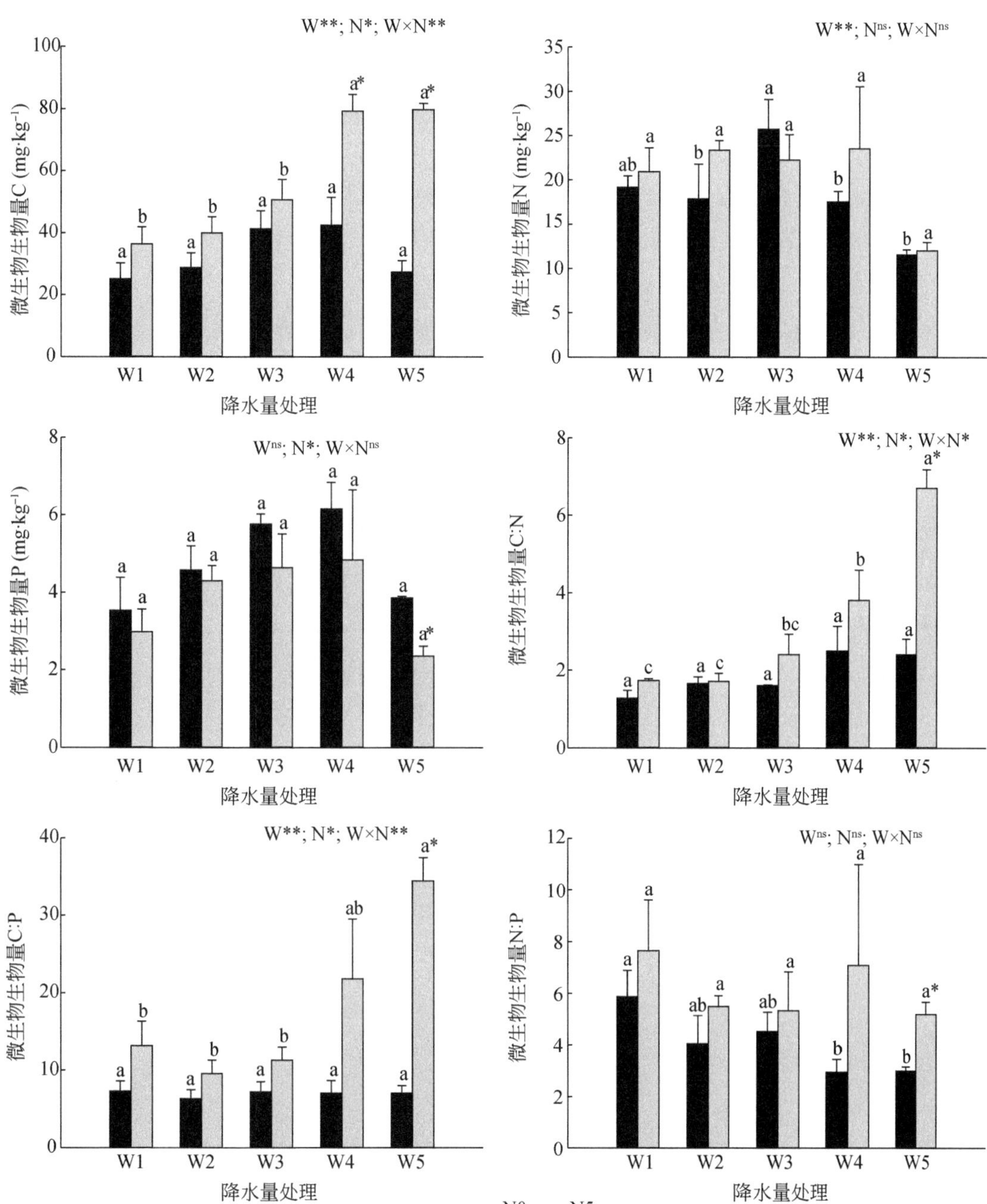

图 5-4　2018 年降水量和氮添加对微生物生物量 C∶N∶P 生态化学计量学特征的影响

不同小写字母表示相同氮水平下降水量处理间各指标的差异显著（$p<0.05$）。* 表示相同降水量下氮添加处理间各指标的差异显著（$p<0.05$）。W、N、W×N 是裂区设计方差分析的结果

量显著降低了微生物生物量 N 含量（$p<0.05$），而对其余指标无显著影响（$p>0.05$）。在 5 g·m^{-2}·a^{-1}的 N 添加条件下，增加降水量仅比自然降水量显著提高了微生物生物量 C 含量、C∶N 和 C∶P（$p<0.05$），减少降水量对各指标均无显著影响（$p>0.05$）。相同降水

量处理间，N 添加效应在减少降水量和自然降水量时较弱，在增加降水量时较强。在增加 30% 降水量时，N 添加显著提高了微生物生物量 C 含量（$p<0.05$）。在增加 50% 降水量时，N 添加显著提高了微生物生物量 C 含量、C：N、C：P 和 N：P（$p<0.05$），却显著降低了 P 含量（$p<0.05$）。

2）2019 年。三年降水量变化及 N 添加下，裂区设计方差分析结果显示（表 5-1），降水量对微生物生物量 P 含量以及 C：P 有极显著的影响（$p<0.01$）；N 添加对微生物生物量 C：P 有显著的影响（$p<0.05$）；二者对微生物生物量 C：P 有显著的交互作用（$p<0.05$）。

表 5-1　降水量、氮添加及其交互作用对微生物生物量 C：N：P 生态化学计量学特征的影响

差异来源	微生物生物量 C	微生物生物量 N	微生物生物量 P	微生物生物量 C：N	微生物生物量 C：P	微生物生物量 N：P
降水量	2.238	0.379	8.972**	0.758	7.461**	0.918
氮添加	0.254	1.340	1.285	1.705	50.413*	4.621
降水量×氮添加	2.959	0.088	0.270	0.900	4.341*	0.906

表中数据为 F 值。* 和 ** 分别代表显著性水平小于 0.05 和 0.01

三年降水量变化及 N 添加下，单因素方差分析结果显示（图 5-5），0 $g \cdot m^{-2} \cdot a^{-1}$ 的 N 添加下，与自然降水量相比，减少 50% 降水量显著降低了微生物生物量 C 含量、C：P 以及 N：P、提高了微生物生物量 P 含量（$p<0.05$），增加降水量对微生物生物量 C：N：P 生态化学计量学特征的影响未达到显著水平（$p>0.05$）；5 $g \cdot m^{-2} \cdot a^{-1}$ 的 N 添加下，与自然降水量相比，减少 50% 降水量显著降低了微生物生物量 C 含量、C：P 以及 N：P、提高了微生物生物量 P 含量（$p<0.05$），增加 30% 降水量显著降低了微生物生物量 C：P（$p<0.05$），增加 50% 降水量显著降低了微生物生物量 P 含量以及 C：P（$p<0.05$）；相同降水量条件下，N 添加改变了微生物生物量 C：N：P 生态化学计量学特征，但未达到显著水平（$p>0.05$）。

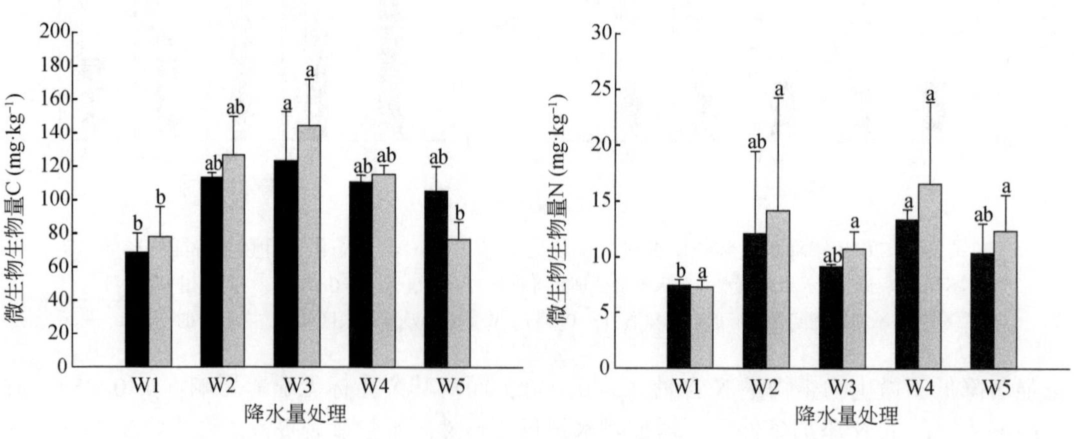

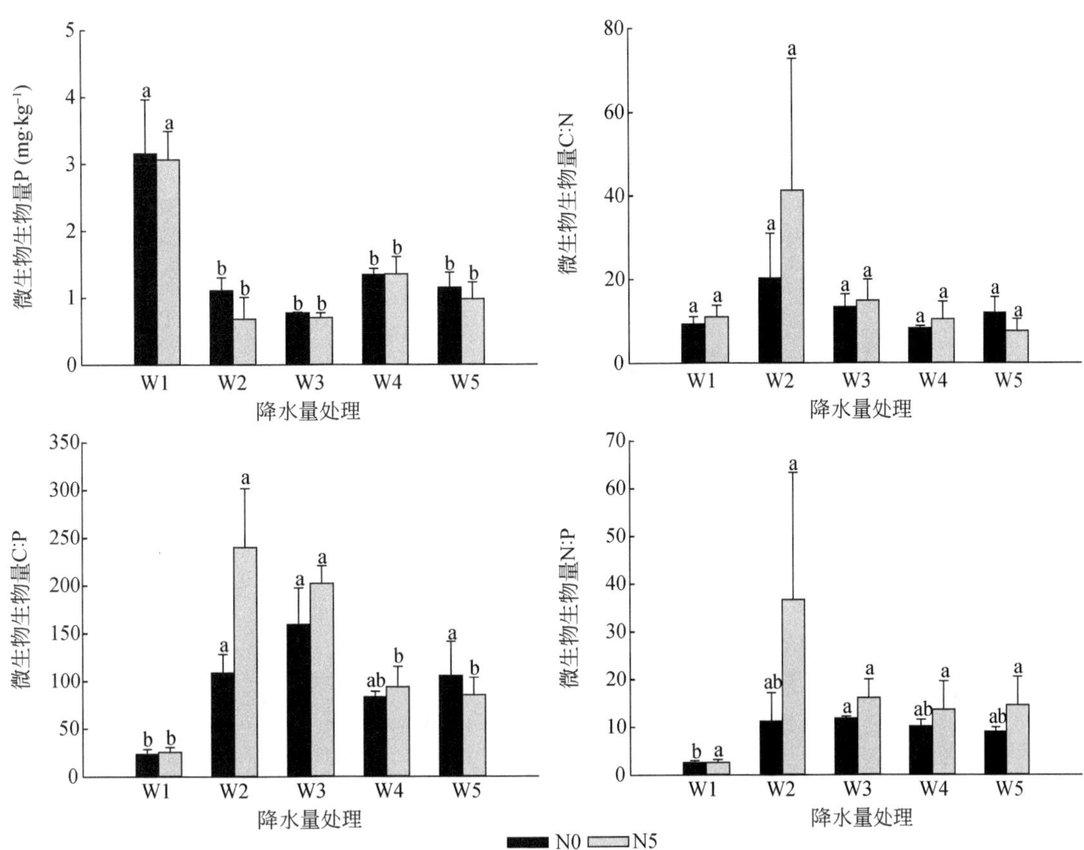

图 5-5　2019 年降水量和氮添加对微生物生物量 C : N : P 生态化学计量学特征的影响

不同小写字母表示相同氮水平下降水量处理间各指标的差异显著（$p<0.05$）。* 表示相同降水量下氮添加处理间各指标的差异显著（$p<0.05$）。W、N、W×N 是裂区设计方差分析的结果

5.1.1.3　土壤 C : N : P 生态化学计量学特征

(1) 2018 年

两年降水量变化及 N 添加下（表 5-2），降水量对有机 C 含量、全 N 含量以及 N : P 具有显著影响（$p<0.05$），N 添加对全 N 含量、全 P 含量、C : P 以及 N : P 有显著影响（$p<0.05$），二者仅对土壤 C : N 以及 C : P 有显著的交互作用（$p<0.05$）。

表 5-2　降水量、氮添加及其交互作用对土壤 C : N : P 生态化学计量学特征的影响

差异来源	自由度	土壤有机 C	土壤全 N	土壤全 P	土壤 C : N	土壤 C : P	土壤 N : P
降水量	4	3.618	10.261 **	1.142	0.297	2.970	4.694 *
氮添加	1	1.586	13.772 **	8.458 *	0.138	9.219 *	19.919 **
降水量×氮添加	4	2.617	3.115	2.535	3.818 *	5.109 *	2.769

表中数据为 F 值。* 和 ** 分别代表显著性水平小于 0.05 和 0.01

两年降水量和 N 添加改变了土壤 C∶N∶P 生态化学计量学特征（图 5-6）：0 g · m^{-2} · a^{-1} 的 N 添加下，降水量对全 P 含量、C∶N 和 C∶P 无显著影响（$p>0.05$），减少和增加降水

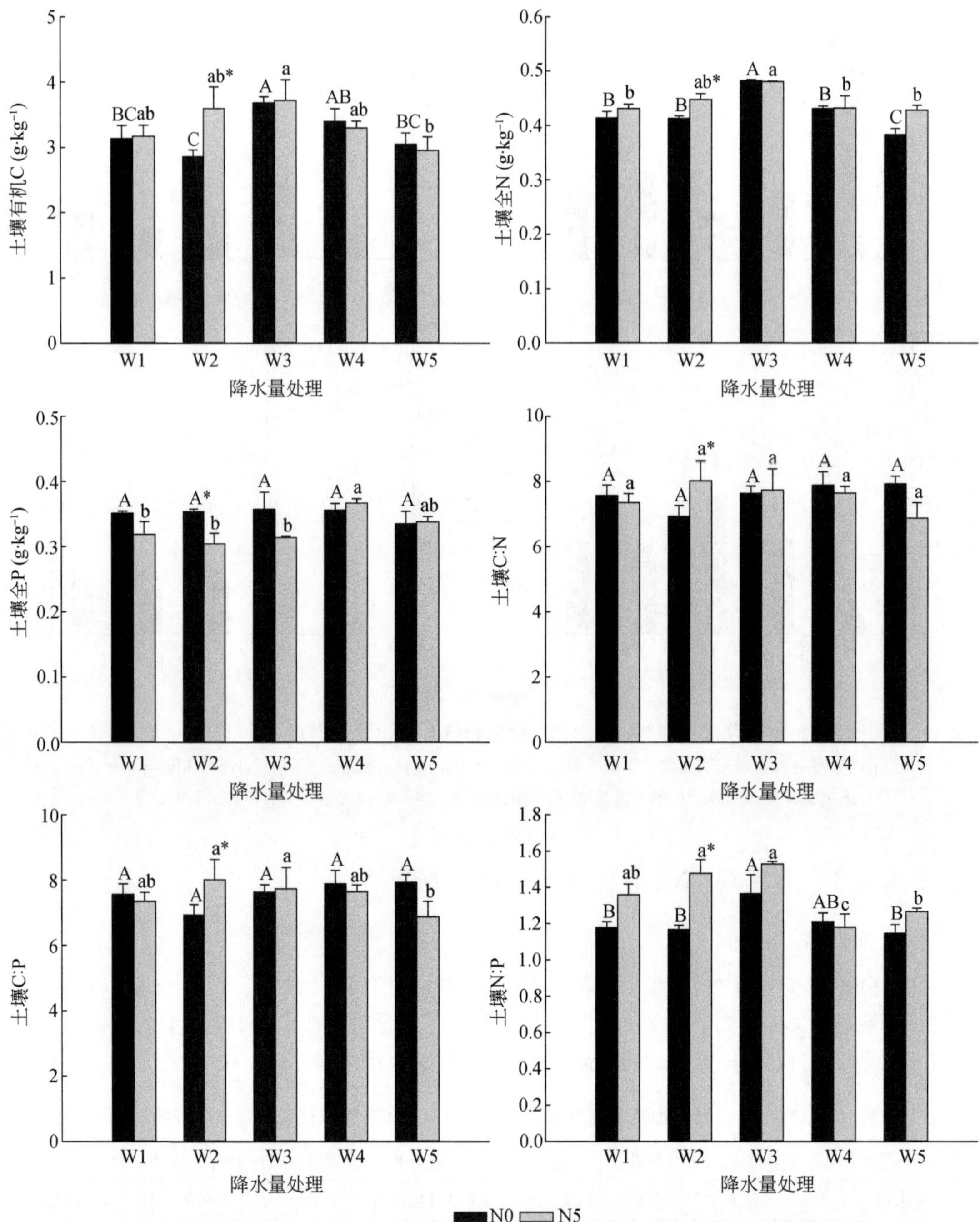

图 5-6　降水量和 N 添加对土壤 C∶N∶P 生态化学计量学特征的影响（2018 年）

不同大写字母表示 0 g · m^{-2} · a^{-1} 的氮添加下降水量处理间各指标的差异显著（$p<0.05$）。

不同小写字母表示 5 g · m^{-2} · a^{-1} 的氮添加下降水量处理间各指标的差异显著（$p<0.05$）。

* 表示相同降水量处理间氮添加对各指标有显著影响（$p<0.05$）

量降低了有机 C 含量、全 N 含量和 N：P；5 g·m^{-2}·a^{-1}的 N 添加下，降水量对 C：N 无显著影响（$p>0.05$），增加降水量提高了全 P 含量，一定程度上减少和增加降水量降低了有机 C 含量、全 N 含量、C：P 和 N：P；相同降水量处理间，N 添加对土壤 C：N：P 生态化学计量学特征影响较小，仅在降水量减少 30% 处理下提高了有机 C 含量、全 N 含量、C：N、C：P 和 N：P，降低了全 P 含量。

（2）2019 年

三年降水量变化及 N 添加下（表 5-3），降水量对土壤有机 C 含量以及 C：P 有极显著的影响（$p<0.01$，表 5-3），对全 N 含量以及 C：N 有显著影响（$p<0.05$）；N 添加对全 N 含量以及 C：N 有显著影响（$p<0.05$）；月份对全 N 含量、C：N 以及 N：P 有显著的影响（$p<0.05$）；降水量和 N 添加对有机 C 含量以及 C：N 有显著的交互作用（$p<0.05$）；降水量和月份对有机 C 含量、全 N 含量、全 P 含量以及 C：N 有显著的交互作用（$p<0.05$）；N 添加和月份对全 N 含量、全 P 含量、C：N 以及 C：P 有显著的交互作用（$p<0.05$）；降水量、N 添加和月份三者对全 N 含量以及 C：N 有显著的交互作用（$p<0.05$）。

表 5-3　降水量、氮添加、月份及其交互作用对土壤 C：N：P 生态化学计量学特征的影响

差异来源	自由度	土壤有机 C	土壤全 N	土壤全 P	土壤 C：N	土壤 C：P	土壤 N：P
降水量	4	25.334**	6.001*	2.003	4.556*	8.975**	2.112
氮添加	1	2.999	8.996*	1.337	4.325*	1.702	1.022
月份	5	1.874	5.006*	1.212	3.459*	2.789	3.037*
降水量×氮添加	4	4.228*	2.314	0.915	3.453*	2.119	1.012
降水量×月份	20	4.097*	4.135*	3.230*	3.532*	2.766	2.519
氮添加×月份	5	2.227	3.553*	3.019*	3.175*	3.095*	2.097
降水量×氮添加×月份	20	2.589	5.880*	1.874	3.453**	2.855	2.314

表中数据为 F 值。* 和 ** 分别代表显著性水平小于 0.05 和 0.01

三年降水量和 N 添加改变了生长季不同月份土壤 C：N：P 生态化学计量学特征。其中，5 月（图 5-7），0 g·m^{-2}·a^{-1}的 N 添加下，与自然降水量相比，增加降水量显著提高了有机 C 含量、C：N 以及 C：P（$p<0.05$）；5 g·m^{-2}·a^{-1}的 N 添加下，与自然降水量相比，减少降水量显著提高了有机 C 含量以及 C：N（$p<0.05$），增加 30% 降水量显著提高了有机 C 含量（$p<0.05$），增加 50% 降水量显著降低了全 P 含量、提高了 C：P 以及 N：P（$p<0.05$）；相同降水量条件下，N 添加改变了土壤 C：N：P 生态化学计量学特征，仅在减少 30% 降水量条件下显著降低了 C：N（$p<0.05$），自然降水量条件下显著提高了有机 C 含量以及 C：P（$p<0.05$），增加 30% 降水量条件下显著降低了 C：N、提高了全 N 含量（$p<0.05$），增加 50% 降水量条件下显著降低了全 P 含量、提高了有机 C 含量、C：P 以及 N：P（$p<0.05$）。

6 月（图 5-8），0 g·m^{-2}·a^{-1}的 N 添加下，与自然降水量相比，增加降水量显著提高了有机 C 含量、C：N 以及 C：P（$p<0.05$）；5 g·m^{-2}·a^{-1}的 N 添加下，与自然降水量相比，减少 50% 的降水量显著降低了 C：N 以及 C：P（$p<0.05$），减少 30% 降水量显著降

低了 C：P（$p<0.05$），增加 30% 降水量显著提高了有机 C 含量、C：N 以及 C：P（$p<0.05$）；相同降水量条件下，N 添加改变了土壤 C：N：P 生态化学计量学特征，仅在增加 30% 降水量条件下显著提高了有机 C 含量（$p<0.05$），增加 50% 降水量条件下显著降低了 C：N 以及 C：P（$p<0.05$），其他条件下未达到显著水平（$p>0.05$）。

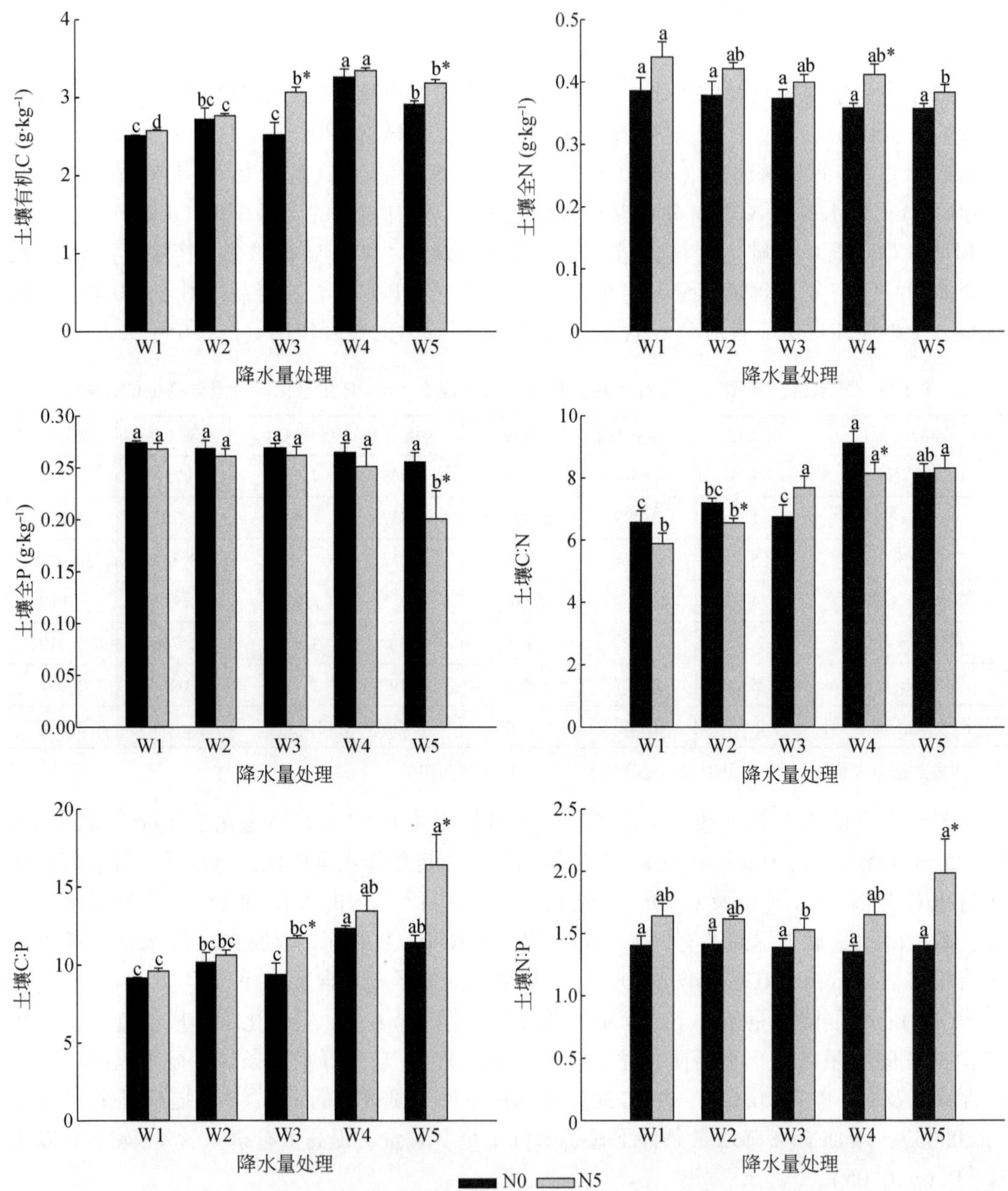

图 5-7　降水量和氮添加对 5 月份土壤 C：N：P 生态化学计量学特征的影响

不同小写字母表示相同氮水平下降水量处理间各指标的差异显著（$p<0.05$）。* 表示相同降水量下氮添加处理间各指标的差异显著（$p<0.05$）

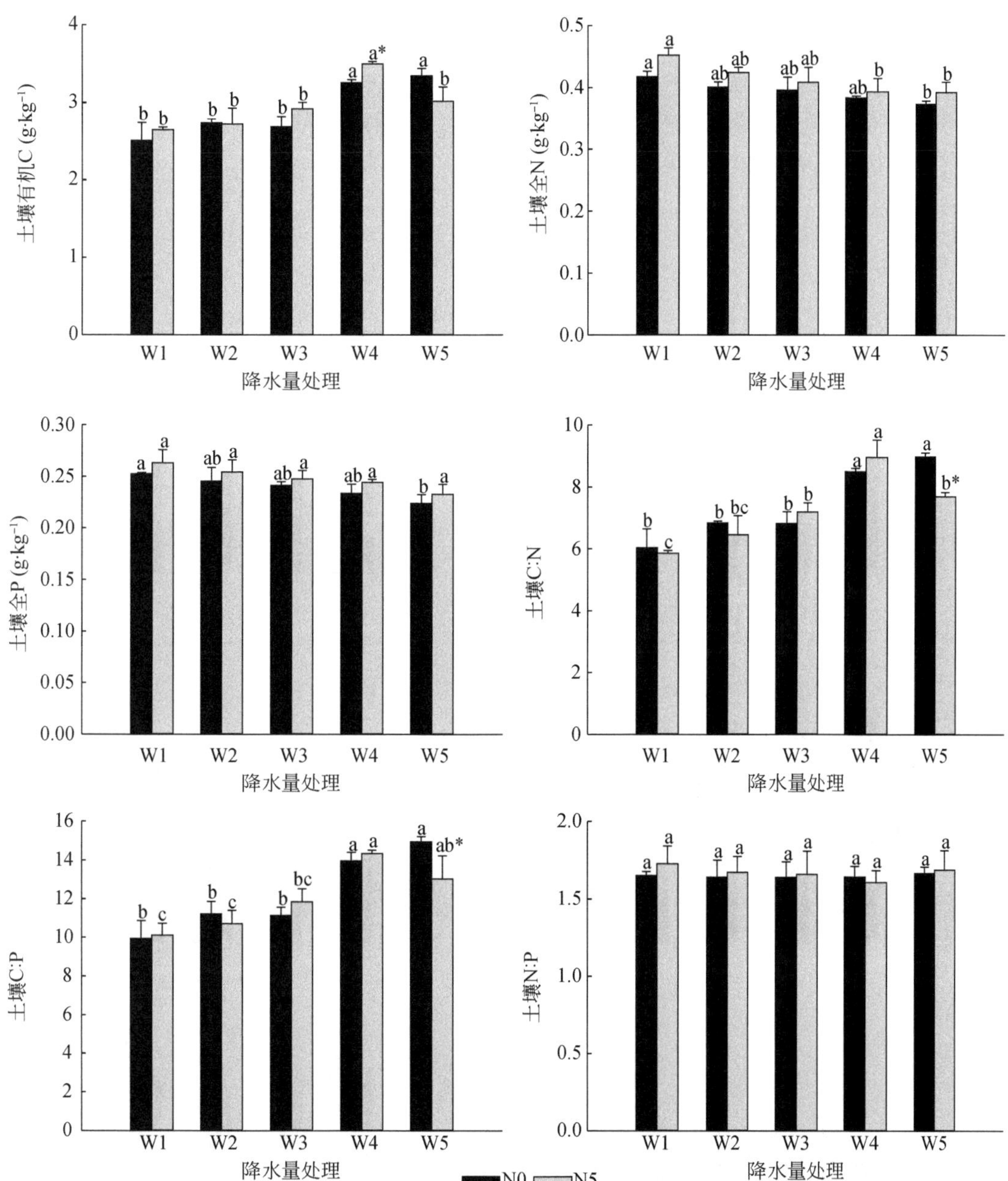

图 5-8 降水量和氮添加对 6 月份土壤 C : N : P 生态化学计量学特征的影响

不同小写字母表示相同氮水平下降水量处理间各指标的差异显著（$p<0.05$）。* 表示相同降水量下氮添加处理间各指标的差异显著（$p<0.05$）

7 月（图 5-9），0 g · m^{-2} · a^{-1}的 N 添加下，与自然降水量相比，减少 50% 降水量显著降低了 C : N、提高了全 N 含量以及 N : P（$p<0.05$），减少 30% 降水量显著提高了全 P 含量（$p<0.05$），增加降水量显著提高了有机 C 含量、C : N 以及 C : P（$p<0.05$）；5 g · m^{-2} · a^{-1}的 N 添加下，与自然降水量相比，减少降水量显著降低了有机 C 含量、C :

N 以及 C：P、提高了全 N 含量（$p<0.05$），增加 30% 降水量显著提高了有机 C 含量、C：N 以及 C：P（$p<0.05$）；相同降水量条件下，N 添加改变了土壤 C：N：P 生态化学计量学特征，仅在减少 50% 降水量条件下显著提高了有机 C 含量（$p<0.05$），减少 30% 降水量条件下显著提高了全 N 含量以及 N：P（$p<0.05$），自然降水量条件下显著提高了有机 C 含量（$p<0.05$），增加 30% 降水量条件下显著提高了有机 C 含量、C：N 以及 C：P（$p<0.05$）。

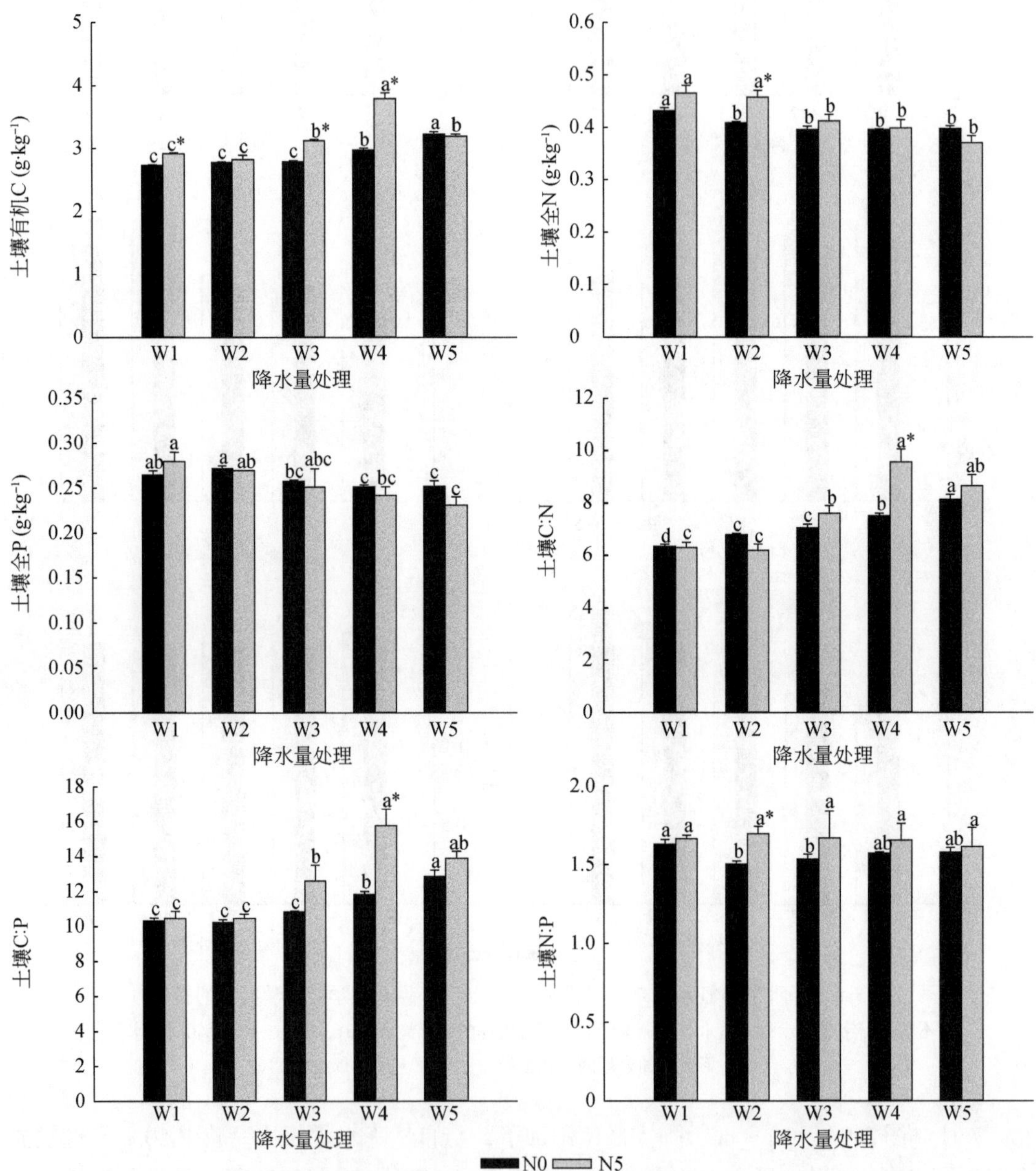

图 5-9　降水量和氮添加对 7 月份土壤 C：N：P 生态化学计量学特征的影响

不同小写字母表示相同氮水平下降水量处理间各指标的差异显著（$p<0.05$）。* 表示相同降水量下氮添加处理间各指标的差异显著（$p<0.05$）

8 月份（图 5-10），0 g · m^{-2} · a^{-1}的 N 添加下，与自然降水量相比，减少 50% 降水量显著降低了有机 C 含量和 C : N（$p<0.05$），增加降水量条件下未达到显著水平；5 g · m^{-2} · a^{-1}的 N 添加下，与自然降水量相比，减少 30% 降水量显著降低了有机 C 含量（$p<0.05$），增加降水量条件下未达到显著水平（$p>0.05$）；相同降水量条件下，N 添加改变了土壤 C : N : P 生态化学计量学特征，如在减少 50% 降水量条件下显著提高了有机 C 含量（$p<0.05$），增加降水量条件下显著提高了全 N 含量（$p<0.05$）。

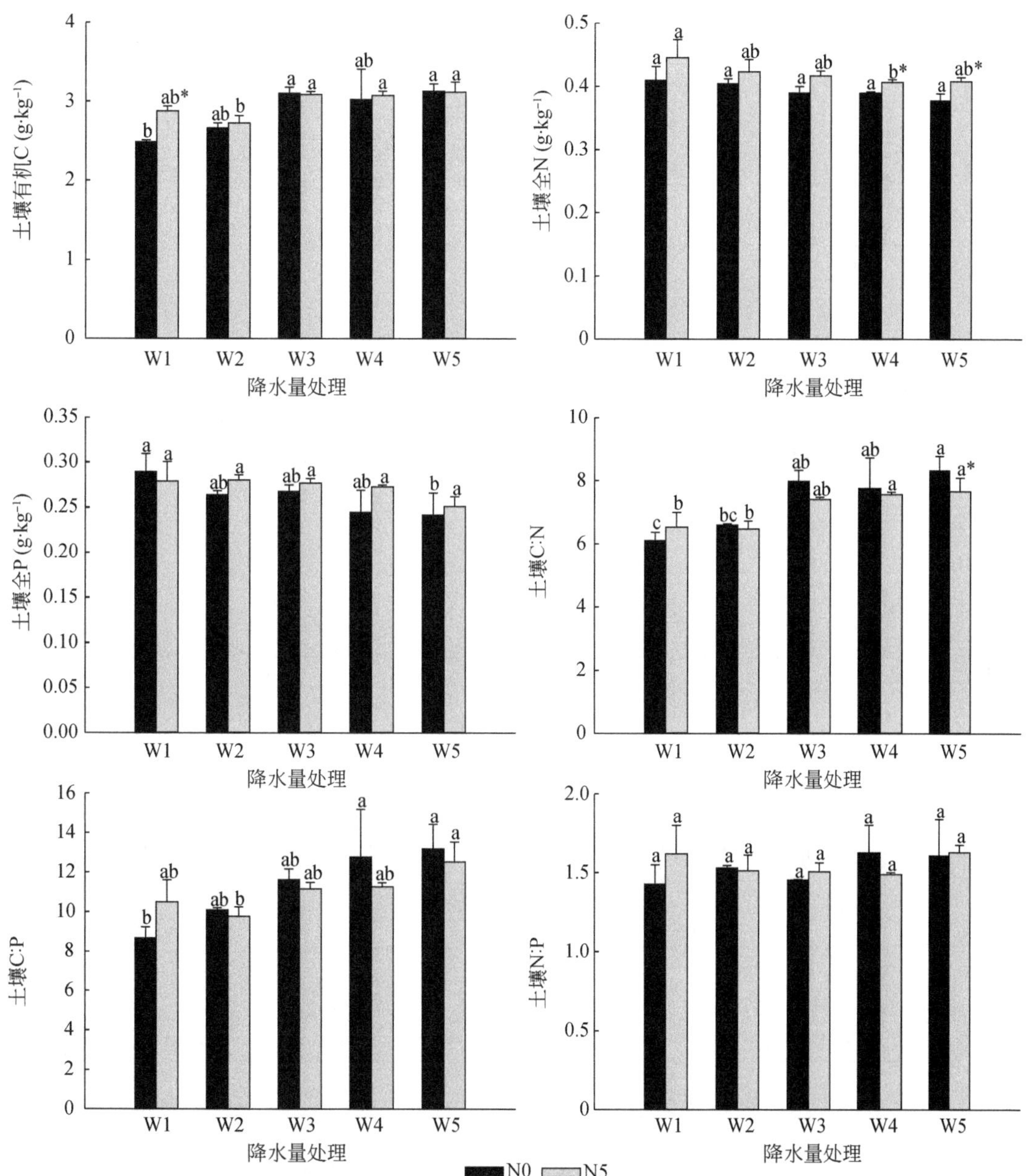

图 5-10　降水量和氮添加对 8 月份土壤 C : N : P 生态化学计量学特征的影响

不同小写字母表示相同氮水平下降水量处理间各指标的差异显著（$p<0.05$）。* 表示相同降水量下氮添加处理间各指标的差异显著（$p<0.05$）

9 月（图 5-11），0 g·m^{-2}·a^{-1}的 N 添加下，与自然降水量相比，减少 50% 降水量显著降低了有机 C 含量、C：N 及 C：P、提高了全 N 含量（$p<0.05$），增加 30% 降水量提高了有机 C 含量、C：N 及 C：P，但未达到显著水平（$p>0.05$），增加 50% 降水量显著降低

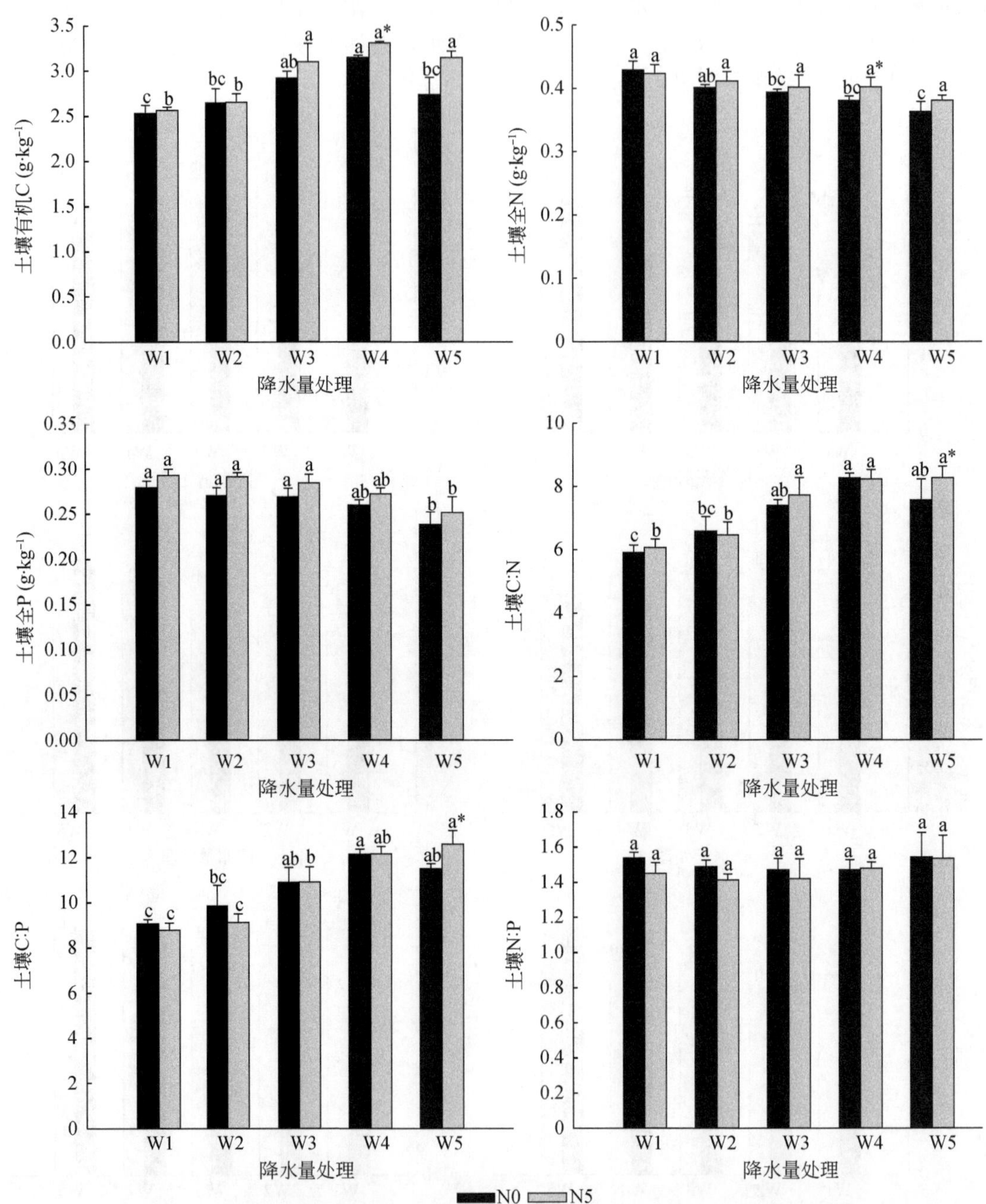

图 5-11　降水量和氮添加对 9 月份土壤 C：N：P 生态化学计量学特征的影响

不同小写字母表示相同氮水平下降水量处理间各指标的差异显著（$p<0.05$）。* 表示相同降水量下氮添加处理间各指标的差异显著（$p<0.05$）

了 C∶P（p<0.05）；5 $g \cdot m^{-2} \cdot a^{-1}$的 N 添加下，与自然降水量相比，减少降水量显著降低了有机 C 含量、C∶N 及 C∶P（p<0.05），增加 50% 降水量显著降低了全 P 含量、提高了 C∶P（p<0.05）；相同降水量条件下，N 添加改变了土壤 C∶N∶P 生态化学计量学特征，仅在增加 30% 降水量时显著提高了有机 C 及全 N 含量（p<0.05），增加 50% 降水量显著提高了 C∶N 及 C∶P（p<0.05）。

10 月（图 5-12），0 $g \cdot m^{-2} \cdot a^{-1}$的 N 添加下，与自然降水量相比，减少 50% 降水量显著降低了有机 C 含量以及 C∶P、提高了全 N 及全 P 含量（p<0.05），增加 30% 降水量显著提高了有机 C 含量、C∶N 及 C∶P（p<0.05），增加 50% 降水量显著降低了全 P 含量、提高了 C∶N 及 C∶P（p<0.05）；5 $g \cdot m^{-2} \cdot a^{-1}$的 N 添加下，与自然降水量相比，减少 50% 降水量显著降低了有机 C 含量、C∶N 及 C∶P、提高了全 N 含量（p<0.05），减少 30% 降水量显著降低了有机 C 含量及 C∶N（p<0.05），增加 30% 降水量显著提高了有机 C 含量、C∶N 及 C∶P（p<0.05），增加 50% 降水量显著降低了全 P 含量、提高了 C∶N 及 C∶P（p<0.05）；相同降水量条件下，N 添加改变了土壤 C∶N∶P 生态化学计量学特征，仅在减少 30% 降水量时显著提高了全 P 含量（p<0.05），在自然和增加 30% 降水量条件下显著提高了有机 C 及全 N 含量（p<0.05）。

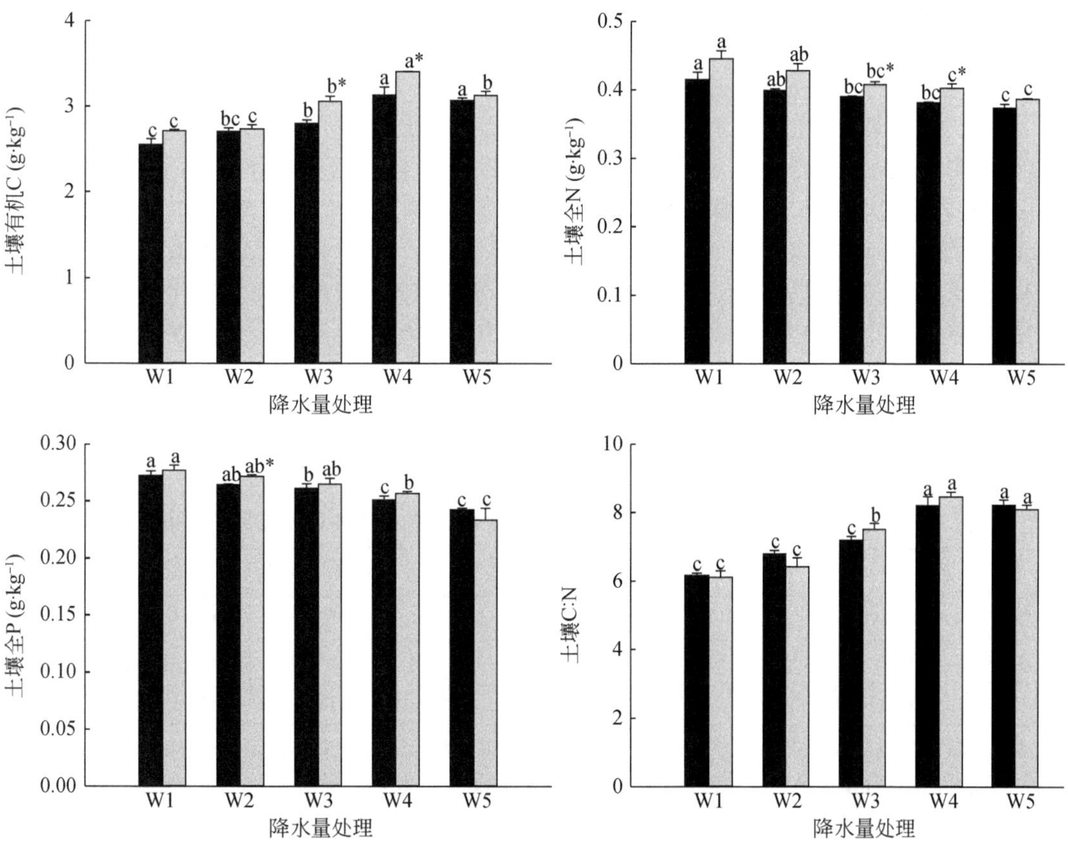

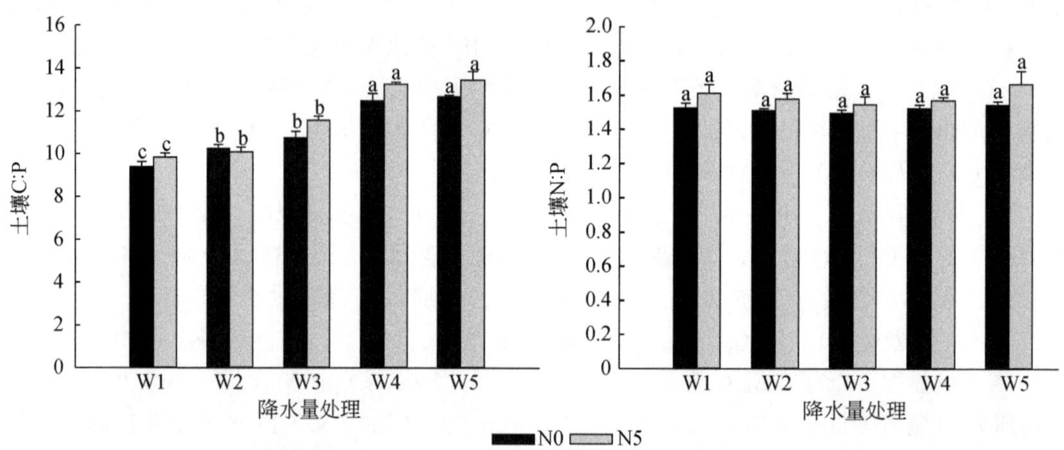

图 5-12　降水量和氮添加对 10 月份土壤 C∶N∶P 生态化学计量学特征的影响

不同小写字母表示相同氮水平下降水量处理间各指标的差异显著（$p<0.05$）。* 表示相同降水量下氮添加处理间各指标的差异显著（$p<0.05$）

5.1.1.4　组分间 C∶N∶P 生态化学计量学特征的关系

（1）植物-土壤 C∶N∶P 生态化学计量学特征

对植物 C∶N∶P 生态化学计量学特征影响显著的土壤因子分别是速效 P 浓度、磷酸酶活性、电导率、C∶P 和有机 C 含量（$p<0.05$，表 5-4）。所有土壤因子中［图 5-13(a)］，植物全 C 浓度与土壤脲酶活性和 C∶N 呈较强的正相关，与 NO_3^--N 浓度和全 P 含量呈较强的负相关；植物全 N 浓度与土壤全 N 含量和 N∶P 呈较强的正相关，与电导率和含水量呈较强的负相关；植物全 P 浓度与土壤电导率和含水量呈较强的正相关，与磷酸酶和脲酶活性呈较强的负相关；植物 C∶N 与土壤电导率和含水量呈较强的正相关，与全 N 含量和 N∶P 呈较强的负相关；植物 C∶P 与土壤脲酶活性和 C∶N 呈较强的正相关，与电导率和含水量呈较强的负相关；植物 N∶P 与土壤速效 P 浓度和 C∶P 呈较强的正相关，与电导率和含水量呈较强的负相关。

表 5-4　植物 C∶N∶P 生态化学计量学特征与土壤因子 RDA 中各土壤因子的条件效应

指标	AP	PA	EC	$C:P_s$	SOC	SWC	UA	TN	$N:P_s$	NO_3^-	$C:N_s$	pH	NH_4^+	TP	SA
贡献率（%）	39.9	35.6	22.1	13.4	12.4	12.4	11.6	11.5	10.4	6.6	6.2	2.6	2.4	1.9	1.0
F	13.2	11.2	6.1	3.4	3.1	3.1	2.9	2.8	2.5	1.6	1.5	0.6	0.6	0.4	0.2
p	0.002	0.002	0.006	0.036	0.048	0.060	0.050	0.064	0.100	0.178	0.266	0.568	0.588	0.634	0.848

SOC、TN、TP、$C:N_s$、$C:P_s$ 和 $N:P_s$ 分别代表土壤有机 C、全 N、全 P、C∶N、C∶P 和 N∶P。NH_4^+、NO_3^-、AP、EC、SWC、SA、UA 和 PA 分别代表土壤 NH_4^+-N、NO_3^--N、速效 P、电导率、含水量、蔗糖酶活性、脲酶活性和磷酸酶活性

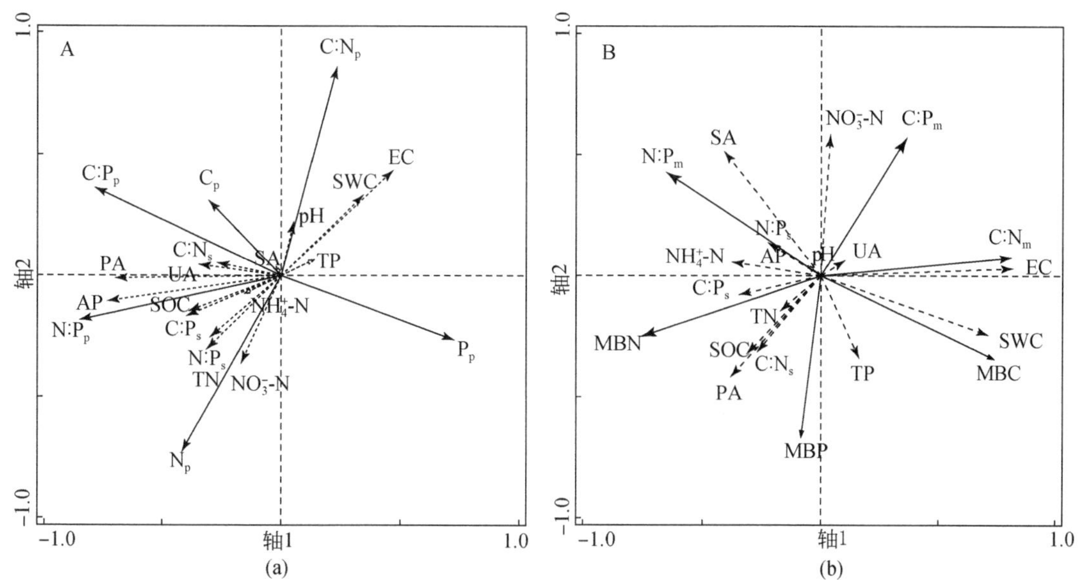

图 5-13　植物（a）与微生物生物量（b）C：N：P 生态化学计量学特征与土壤因子的 RDA

SOC、TN、TP、C：N_p、C：P_p和 N：P_p分别代表土壤有机 C、全 N、全 P、C：N、C：P 和 N：P。NH_4^+、NO_3^-、AP、EC、SWC、SA、UA 和 PA 分别代表土壤 NH_4^+-N、NO_3^--N、速效 P、电导率、含水量、蔗糖酶活性、脲酶活性和磷酸酶活性

（2）微生物-土壤 C：N：P 生态化学计量学特征

对微生物生物量 C：N：P 生态化学计量学特征影响较大的土壤因子为电导率、含水量、蔗糖酶活性和磷酸酶活性（表 5-5）。其中［图 5-13（b）］，微生物生物量 C 含量与土壤电导率呈较强的正相关，与 N：P 呈较强的负相关；微生物生物量 N 含量与土壤有机 C 含量呈较强的正相关，与电导率呈较强的负相关；微生物生物量 P 含量与土壤磷酸酶活性呈较强的正相关，与蔗糖酶活性呈较强的负相关；微生物生物量 C：N 与土壤电导率呈较强的正相关，与 NH_4^+-N 浓度呈较强的负相关；微生物生物量 C：P 与土壤电导率和磷酸酶活性分别呈较强的正、负相关；微生物生物量 N：P 与土壤蔗糖酶活性和电导率分别呈较强的正、负相关。

表 5-5　微生物生物量 C：N：P 生态化学计量学特征与土壤因子 RDA 中各土壤因子的条件效应

指标	EC	SWC	SA	PA	NO_3^-	SOC	NH_4^+	C：P_s	C：N_s	TP	N：P_s	TN	AP	UA	pH
贡献率（%）	47.9	38.4	21.4	17.0	12.3	11.3	11.1	9.9	9.3	6.4	5.5	4.0	3.7	1.5	0.3
F	11.8	8.7	4.3	3.3	2.3	2.1	2.1	1.8	1.7	1.2	1.0	0.7	0.7	0.3	<0.1
p	0.002	0.002	0.020	0.048	0.122	0.128	0.116	0.176	0.208	0.346	0.424	0.520	0.540	0.790	0.964

SOC、TN、TP、C：N_s、C：P_s和 N：P_s分别代表土壤有机 C、全 N、全 P、C：N、C：P 和 N：P。NH_4^+、NO_3^-、AP、EC、SWC、SA、UA 和 PA 分别代表土壤 NH_4^+-N、NO_3^--N、速效 P、电导率、含水量、蔗糖酶活性、脲酶活性和磷酸酶活性

5.1.2 降水量及氮添加影响植被–土壤系统 C∶N∶P 生态化学计量学特征的机制分析

5.1.2.1 植物 C∶N∶P 生态化学计量学特征

在受水分和养分限制的荒漠草原，降水量和 N 沉降通过对土壤水分和养分有效性的影响，改变植物养分利用策略，从而直接影响着植物 C∶N∶P 生态化学计量学特征。本书研究中，在 0 g · m^{-2} · a^{-1}的 N 添加下，减少和增加降水量降低了植物全 N 和全 P 浓度，提高了 C∶N 和 C∶P。这可能是由于研究区土壤为砂壤土，保水保肥能力差。在干旱情况下，土壤中 N 和 P 的可利用性较低，限制了植物根系对 N 和 P 的吸收。随着降水量增加，土壤中 N 和 P 的淋溶损失增加（尤其 N），导致土壤 N 和 P 受限性增强、植物 N 和 P 摄取能力降低（何茂松等，2019）；N 添加对植物 C∶N∶P 生态化学计量学特征影响较小，但其与降水量存在显著的交互作用。如增加 50% 降水量处理下，N 添加提高了植物全 P 浓度，降低了 C∶P 和 N∶P，表明增加降水量促进了 N 肥效应的释放，增强了植物对 P 的协同吸收，从而改变了植物体元素的再分配模式及其生态化学计量关系，与以往研究结果相似（Lü et al.，2010；白春利等，2013）；此外，研究发现内稳性较高的植物种群对于土壤水分和养分有效性的响应变化较小（Yu et al.，2015；Viciedo et al.，2019）。本书研究中，植物全 C 浓度、全 P 浓度、C∶N 以及 C∶P 为绝对稳态，全 N 浓度为敏感型，N∶P 为弱敏感型，意味着降水量和 N 添加下植物全 N 浓度和 N∶P 对土壤环境变化反应敏感，可反映土壤 N 供给水平以及 N、P 受限类型。

5.1.2.2 微生物生物量 C∶N∶P 生态化学计量学特征

与植物相比，微生物对土壤环境的变化较为敏感，因此在受水分和养分限制的生态系统土壤微生物会随着水分、养分以及两者的变化而改变（闫钟清等，2017b）。本书研究中，减少降水量对微生物生物量 C∶N∶P 生态化学计量学特征影响较小，反映了微生物对短期干旱的适应性（朱义族等，2019）。增加降水量降低了微生物生物量 N 含量，其与 N 添加交互作用提高了微生物生物量 C 含量、C∶N 和 C∶P。这可能是因为适当的水分添加不但提高了土壤水分有效性，而且激发了 N 效应，因此促进了植物生长，进一步增加了土壤有机 C 输入。而土壤有机 C 的不断积累，为微生物生长提供了较多的有效 C 源，增强了微生物代谢活性及其对 C 源的利用能力（Bi et al.，2011；Vanegas et al.，2013；王杰等，2014a）；增加降水量条件下，N 添加提高了微生物生物量 C 含量、C∶N、C∶P 和 N∶P，这可能是由于适量 N 添加使土壤可利用 N 含量增加，缓解了植物和微生物间的竞争，从而促进了微生物生物量的积累，与针对黄土高原盐碱草地的结果一致（Wang et al.，2014a）；此外，一定环境压力下微生物能够通过自我调节以维持元素化学计量平衡，因此其生物量可表征生物地球化学过程及其相关生态反馈变化（Wang et al.，2014）。本研究中，微生物生物量 N 含量为敏感型，其他指标为绝对稳态，证实土壤微生物 N 固持能力对土壤环境变化反应敏感（邓健等，2019）。

5.1.2.3 土壤 C：N：P 生态化学计量学特征

降水量和 N 沉降调控着土壤有机质分解和养分迁移转化等过程，从而会对土壤 C：N：P 生态化学计量关系产生影响，且其影响程度与降水量、N 沉降量、土壤水分以及 N 素饱和程度有关。本书研究中，降水量减少 30% 条件下 N 添加提高了土壤有机 C 和全 N 含量、降低了全 P 含量，导致 C：P 和 N：P 升高，表明土壤 P 受限性增强，与以往研究结果相似（Zhang N Y et al.，2013）。依据利比希最小因子定理，5 $g \cdot m^{-2} \cdot a^{-1}$的 N 添加有助于缓解中度水分胁迫引起的生长限制，从而刺激了植物对 P 的摄取，导致土壤全 P 含量降低（Cheng et al.，2018）；无 N 添加下，增加 30% 和 50% 降水量降低了土壤全 N 含量和N：P，可能是水分增多引起植物和微生物 N 消耗增加（Ren et al.，2011）以及土壤中 N 淋溶损失增强（Huang et al.，2009）等方面综合作用的结果，且这种影响在过量增加降水量条件下尤为明显。5 $g \cdot m^{-2} \cdot a^{-1}$的 N 添加缓解了植物 N 消耗以及土壤 N 淋溶损失引起的 N 含量降低，同时提高了土壤全 P 含量，从而降低了 C：P 和 N：P，与周纪东等（2016）对内蒙古温带典型草原研究结果相似。土壤中 P 的来源主要为成土母质、植物地上凋落物以及地下部分 P 输入。由于本书研究仅为短期试验结果，因此还需要通过长期的观测深入揭示降水量及 N 添加交互作用对土壤 P 状况的影响机制。

5.1.2.4 组分间 C：N：P 生态化学计量学特征的联系

植物体元素间相互作用及其与土壤环境的关系共同决定着植物养分水平（Güsewell，2004；李婷等，2015）。本书研究中，对植物 C：N：P 生态化学计量学特征影响较强的土壤因子分别是速效 P 浓度、磷酸酶活性、C：P、有机 C 含量和脲酶活性。具体来说，植物全 N 浓度与以上土壤指标关系较弱，植物全 P 浓度与土壤磷酸酶活性和脲酶活性呈较强的负相关，植物 C：P 与脲酶活性呈较强的正相关，植物 N：P 与速效 P 浓度和 C：P 呈较强的正相关。较高的植物 C：P 和 N：P 意味植物生长主要为 P 限制，结合植物全 P 浓度、C：P 和 N：P 较高的变异系数，以上结果可能意味着降水量和 N 添加及其交互作用下植物 P 摄取能力及 P 受限程度较易受到土壤环境改变的影响，即当植物生长 P 受限性增强时，植物根系和微生物会分泌较多的胞外酶以促进有机 C、N 和 P 的矿化（Nannipieri et al.，2011；Crous et al.，2015；Deng et al.，2017），改变土壤 C：N：P 平衡关系，进而对植物元素生态化学计量学特征产生影响。此外，本书研究发现植物全 N 浓度与土壤全 N 浓度和 N：P 呈较强的正相关，与土壤含水量呈较强的负相关；植物全 P 浓度与土壤含水量和全 P 浓度均呈较强的正相关。这可能也意味着降水量、N 添加及其交互作用下，荒漠草原植物 N 摄取主要受土壤 N 供给水平的正调控，而植物 P 摄取除受酶活性的影响外，还受土壤水分有效性和 P 供给水平的综合影响。

微生物对土壤环境具有一定的适应性，能够根据土壤 C：N：P 平衡关系调整自身 C：N：P 平衡特征（Mooshammer et al.，2014；周正虎和王传宽，2016b）。本书研究中，微生物生物量 C：N：P 生态化学计量学特征与土壤 C：N：P 生态化学计量学特征关系较弱，与含水量、蔗糖酶活性和磷酸酶活性关系较强。具体而言，微生物生物量 C 含量和C：N 与土壤含水量正相关，但微生物生物量 N 含量和 N：P 与土壤含水量负相关。这可能是因为土壤水分调节了微生物可用基质和细胞水化基质的扩散速率（Manzoni et al.，2012），因此提高了微生物生物量 C 含量和 C∶N（王杰等，2014a）；但过多水分引起试验样地砂壤土 NO_3^--N 淋溶损失，导致微生物生长 N 限制增加、N 积累减少和 N∶P 降低。此外，一般认为当微生物生长 C 或 P 源不足时，植物根系和微生物自身会分泌蔗糖酶或磷酸酶以促进有机 C 或 P 的矿化，进而提高微生物对 C 和 P 的可利用性以维持其体内元素的相对平衡（Deng et al.，2017；闫钟清等，2017b）。本书研究中，微生物生物量 C 含量与土壤蔗糖酶活性负相关；微生物生物量 P 含量与土壤磷酸酶活性正相关，与土壤蔗糖酶活性负相关；微生物生物量 C∶P 与土壤蔗糖酶活性正相关，与土壤磷酸酶活性负相关；微生物生物量 N∶P 与土壤蔗糖酶活性正相关，与闫钟清等（2017b）的研究结果略有不同。这可能意味着降水量和 N 添加及其交互作用下，荒漠草原微生物生物量积累与土壤酶活性的协同关系可能受到土壤水分有效性、N 供给水平以及上覆植被组成等因素的共同影响。

5.2 土壤基本性质

基于野外原位试验，研究了三年降水量及 N 添加对旺盛期 0～20 cm 土壤含水量、pH、电导率、NH_4^+-N 浓度、NO_3^--N 浓度和速效 P 浓度的影响，以及两年/三年降水量和 N 添加对旺盛期 0～20 cm 土壤酶活性的影响。

5.2.1 降水量及氮添加对土壤基本性质的影响

5.2.1.1 土壤物理性质

在三年 0 和 5 $g \cdot m^{-2} \cdot a^{-1}$ 的 N 添加水平下，与自然降水量相比，增加降水量显著提高了土壤含水量（$p<0.05$）。相同降水量条件下，N 添加处理间土壤含水量差别较小。

5.2.1.2 土壤化学性质

与自然降水量相比，三年 0 和 5 $g \cdot m^{-2} \cdot a^{-1}$ 的 N 添加水平下（表 5-6），增减降水量对 pH 和速效 P 浓度均无显著影响（$p>0.05$）；0 和 5 $g \cdot m^{-2} \cdot a^{-1}$ 的 N 水平下，减少降水量对电导率均无显著影响（$p>0.05$），增加降水量均显著提高电导率（$p<0.05$）；0 $g \cdot m^{-2} \cdot a^{-1}$ 的 N 水平下，增减降水量对 NH_4^+-N 浓度无显著影响（$p>0.05$）。5 $g \cdot m^{-2} \cdot a^{-1}$ 的 N 水平下，减少降水量显著提高了 NH_4^+-N 浓度（$p<0.05$），增加降水量无显著影响（$p>0.05$）；0 $g \cdot m^{-2} \cdot a^{-1}$ 的 N 水平下，增减降水量对 NO_3^--N 浓度的影响较小。5 $g \cdot m^{-2} \cdot a^{-1}$ 的 N 水平下，减少和增加降水量均显著提高了 NO_3^--N 浓度（$p<0.05$）。相同降水量条件下，N 添加对 pH 和速效 P 浓度无显著影响（$p<0.05$），对电导率、NH_4^+-N 浓度和 NO_3^--N 浓度影响较大。

表 5-6　降水量和氮添加对土壤理化性质的影响

处理	含水量（%）	pH	电导率（μs·cm^{-1}）	NH_4^+-N（mg·kg^{-1}）	NO_3^--N（mg·kg^{-1}）	速效 P（mg·kg^{-1}）
W1N0	5.96±0.09 c	8.31±0.01 a	136.63±6.58 b	3.80±0.11 a	4.62±0.36 ab	1.54±0.20 a
W2N0	6.06±0.17 c	8.42±0.03 a	119.15±2.81 b	2.80±0.71 a	2.99±0.38 b	1.64±0.29 a
W3N0	7.10±0.28 c	8.36±0.04 a	160.03±42.69 b	2.58±0.78 a	2.82±0.35 b	1.71±0.09 a
W4N0	10.12±1.46 b	8.41±0.06 a	420.33±33.02 a	4.45±1.30 a	5.00±0.26 a	1.85±0.38 a
W5N0	13.10±1.08 a	8.39±0.06 a	456.33±21.18 a	3.50±1.97 a	4.92±0.57 ab	1.66±0.12 a
W1N5	5.63±0.38 c	8.14±0.04 a	201.40±19.06 c*	6.61±2.35 a*	20.21±1.41 a*	1.79±0.57 a
W2N5	5.98±0.23 c	8.23±0.03 a	183.33±14.86 c*	5.32±0.36 a*	14.30±1.80 a*	2.11±0.35 a
W3N5	6.99±0.44 c	8.27±0.01 a	141.83±3.64 c	3.33±0.35 b	10.81±0.97 b*	2.16±0.35 a
W4N5	10.00±0.98 b	8.34±0.04 a	363.67±48.27 b*	2.94±0.60 b	13.20±2.01 a*	2.22±0.18 a
W5N5	12.45±1.02 a	8.21±0.03 a	531.67±39.14 a*	4.16±1.16 ab	16.03±3.25 a*	2.23±0.32 a

同一氮添加水平下，不同小写字母表示降水量处理间各指标在 0.05 水平存在显著性差异（$p<0.05$）。* 表示相同降水量条件下氮添加对各指标存在显著影响（$p<0.05$）

5.2.1.3　土壤生物学性质

表 5-7 中，年份、降水量、N 添加、年份与降水量的交互作用对蔗糖酶和脲酶活性有极显著影响（$p<0.01$）；降水量与 N 添加及年份、降水量与 N 添加对脲酶活性有显著的交互作用（$p<0.05$）；年份、降水量及其与 N 添加的交互作用对磷酸酶活性有极显著影响（$p<0.01$）。

表 5-7　年份（α）、降水量（β）、氮添加（γ）及其交互作用对土壤酶活性的影响

差异来源	α	β	γ	$\alpha\times\beta$	$\alpha\times\gamma$	$\beta\times\gamma$	$\alpha\times\beta\times\gamma$
SA	25.571**	4.421**	24.767**	5.802**	0.179	0.433	0.472
UA	385.536**	5.662**	8.980**	4.755**	0.563	3.530*	2.959*
PA	186.338**	7.070**	3.716	16.133	1.207	1.143	3.945**

表中数据为 F 值。SA、UA 和 PA 分别代表蔗糖酶、脲酶和磷酸酶活性。* 和 ** 分别代表显著性水平小于 0.05 和 0.01

2018 年，与减少降水量相比，增加降水量对三种酶活性影响较大，且其影响程度与 N 添加有关（图 5-14）：在 0 g·m^{-2}·a^{-1}的 N 水平下，与自然降水量相比，仅增加 30% 降水量显著影响了脲酶活性（$p<0.05$）；在 5 g·m^{-2}·a^{-1}的 N 水平下，与自然降水量相比，增减 30% 和 50% 降水量对蔗糖酶活性无显著影响（$p>0.05$），而增减 30% 和 50% 降水量均显著降低了脲酶活性、增减 50% 降水量均显著降低了磷酸酶活性（$p<0.05$）；两个 N 水平间，自然以及增加 50% 降水量条件下 N 添加显著提高了蔗糖酶活性（$p<0.05$），自然以及增减 50% 降水量条件下 N 添加显著提高了脲酶活性（$p<0.05$），减少 50% 降水量条件下 N 添加显著降低了磷酸酶活性（$p<0.05$）。

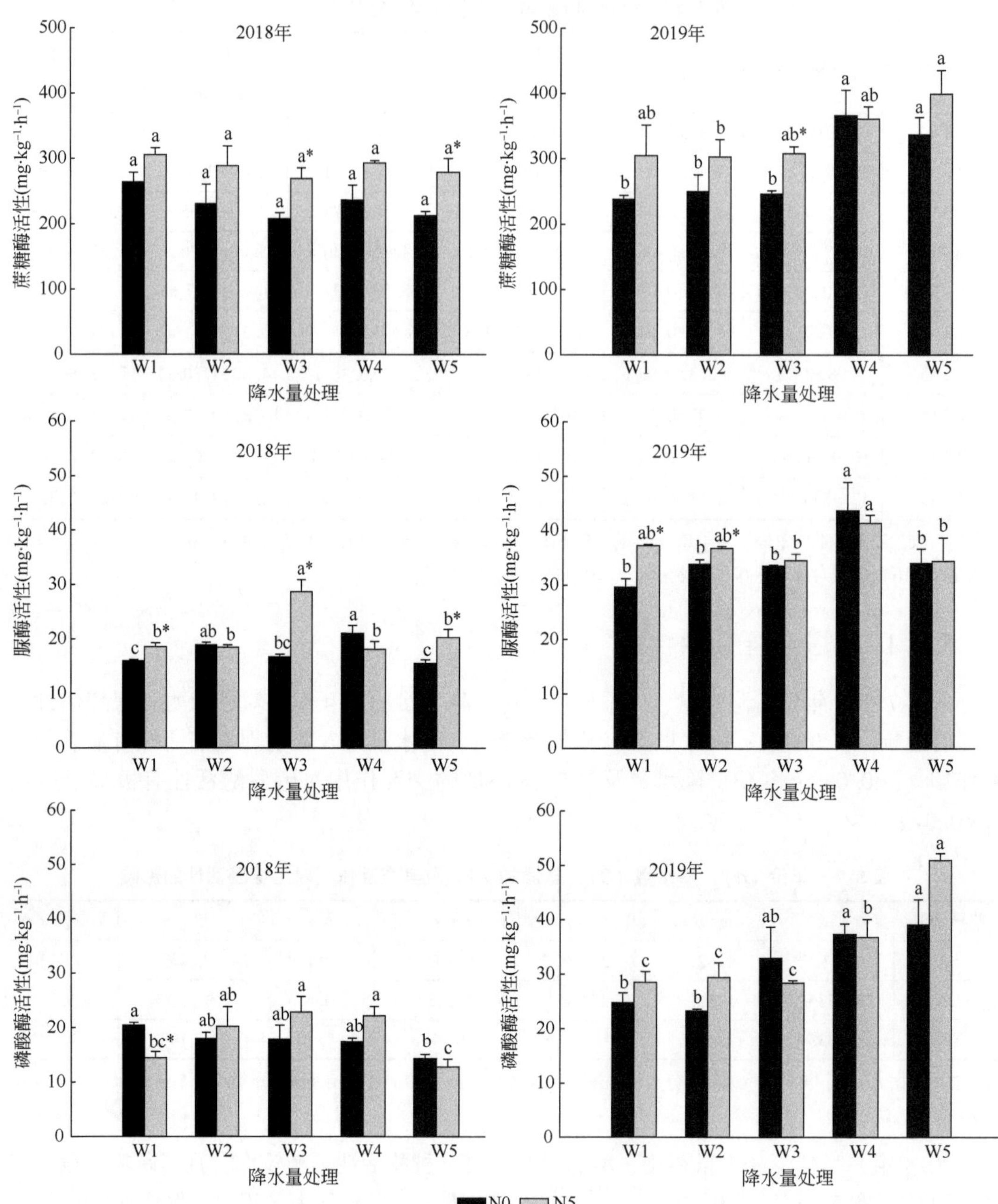

图 5-14　降水量和氮添加对土壤酶活性的影响

不同小写字母表示相同氮水平下降水量处理间各指标的差异显著（$p<0.05$）。＊表示相同降水量下氮添加处理间各指标的差异显著（$p<0.05$）

2019 年，与自然降水量相比，增加降水量不同程度地提高了三种酶活性，且其效应在 N 添加处理间差异小（图 5-14）：在 0 g · m^{-2} · a^{-1}的 N 添加水平下，与自然降水量相比，增加 30% 和 50% 降水量均显著提高了蔗糖酶活性（$p<0.05$），增加 30% 降水量显著提高

了脲酶活性（$p<0.05$）；在 5 g · m^{-2} · a^{-1}的 N 水平下，与自然降水量相比，增加 30% 降水量显著增加了脲酶活性（$p<0.05$），增加 30% 和 50% 降水量显著增加了磷酸酶活性（$p<0.05$）；两个 N 水平间，自然降水量下 N 添加显著提高了蔗糖酶活性（$p<0.05$），减少 30% 和 50% 降水量条件下 N 添加显著提高了脲酶活性（$p<0.05$）。

5.2.2 降水量及氮添加影响土壤基本性质的机制分析

水分和 N 素是荒漠草原的主要限制因子。二者有效性的变化会改变土壤微环境，刺激植物和微生物对水分和养分的吸收利用，从而影响土壤酶活性。本研究中，减少降水量对蔗糖酶、脲酶和磷酸酶活性的影响较小，增加降水量不同程度地影响三种酶的活性。这可能是由于研究区植物和微生物长期处于低水平的土壤水分环境下，二者对于旱具有高的适应性（胡小文等，2004；朱义族等，2019），因而减少降水量对其生长繁殖以及酶的分泌影响较小。相比之下，增加降水量提高了土壤含水量，从而加速凋落物淋溶、促进表层凋落物和腐殖质中可溶性物质进入土壤（豆鹏鹏等，2018），使微生物可利用底物增加，进而刺激微生物向环境中释放酶（Schimel et al.，2007）。此外，本研究发现增加降水量对酶活性的影响与 N 添加存在交互作用，与其他研究结果相似（王杰等，2014a）。表明水分有利于 N 素肥效的释放，二者的交互作用促进了植物生长（白春利等，2013）、凋落物积累以及微生物活动（王杰等，2014b），进而刺激土壤酶的分泌、导致土壤酶活性增强（闫钟清等，2017a）。

5.3 植物生长和多样性

基于野外原位试验，研究了两年降水量和 N 添加对旺盛期植物生物量和多样性的影响；研究了三年降水量和 N 添加对 5 ~ 10 月植物生物量和多样性的影响。

5.3.1 降水量及氮添加对植物生长和多样性的影响

5.3.1.1 植物生物量

（1）2018 年

表 5-8 和表 5-9 中，降水量对牛枝子、草木樨状黄芪、猪毛蒿、白草以及群落生物量有显著影响（$p<0.05$），N 添加对猪毛蒿、白草、糙隐子草以及群落生物量有显著影响（$p<0.05$），二者交互作用仅对针茅、猪毛蒿和白草种群生物量有显著影响（$p<0.05$）；降水量对 4 个多样性指数有显著影响（$p<0.05$），N 添加对 Pielou 均匀度指数有极显著影响（$p<0.05$）。

表 5-8　降水量、氮添加及其交互作用对植物种群生物量的影响

差异来源	自由度	*Lp*	*Am*	*Sc*	*As*	*Pc*	*Cs*	*Ha*
降水量	4	6.649*	6.238*	3.636	34.717**	7.113**	1.882	0.730
氮添加	1	1.300	3.343	4.645	15.058**	8.955*	5.269*	4.603
降水量×氮添加	4	2.379	0.467	3.609*	6.720**	5.144*	0.991	1.870

Lp、*Am*、*Sc*、*As*、*Pc*、*Cs* 和 *Ha* 分别代表牛枝子、草木樨状黄芪、针茅、猪毛蒿、白草、糙隐子草和阿尔泰狗娃花。表中数据为 *F* 值。* 和 ** 分别代表显著性水平小于 0.05 和 0.01

降水量和 N 添加改变了植物生物量，且其影响程度具有明显的物种差异性（图 5-15 和图 5-16）：0 g · m^{-2} · a^{-1}的 N 添加下，随降水量增加牛枝子和猪毛蒿种群生物量以及群落生物量呈增加趋势，草木樨状黄芪、糙隐子草、白草、阿尔泰狗娃花以及其他物种种群生物量呈先增加后降低的趋势，针茅种群生物量无明显的变化规律；5 g · m^{-2} · a^{-1}的 N 添加下，草木樨状黄芪和猪毛蒿种群生物量以及群落生物量呈增加趋势，牛枝子、针茅、糙隐子草、白草、阿尔泰狗娃花以及其他物种种群生物量呈先增加后降低的趋势；相同降水量处理间，N 添加对群落生物量无显著影响（$p > 0.05$），但对种群生物量有所影响，如降水量减少 50% 处理下 N 添加显著提高了草木樨状黄芪种群生物量（$p<0.05$），降水量减少 30% 处理下 N 添加显著提高了白草种群生物量（$p<0.05$），降水量增加 50% 处理下 N 添加显著降低了牛枝子和针茅种群生物量、显著提高了猪毛蒿种群生物量（$p<0.05$）。

表 5-9　降水量、氮添加及其交互作用对植物群落生物量以及多样性的影响

差异来源	自由度	群落生物量	*R*	*H'*	*E*	*D*
降水量	4	33.331**	31.286**	5.126*	6.138*	5.950*
氮添加	1	10.882**	4.000	0.095	11.418**	0.486
降水量×氮添加	4	1.037	0.700	1.048	0.181	2.564

R、*H'*、*E* 和 *D* 分别代表 Patrick 丰富度指数、Shannon-Wiener 多样性指数、Pielou 均匀度指数和 Simpson 优势度指数。表中数据为 *F* 值。* 和 ** 分别代表显著性水平小于 0.05 和 0.01

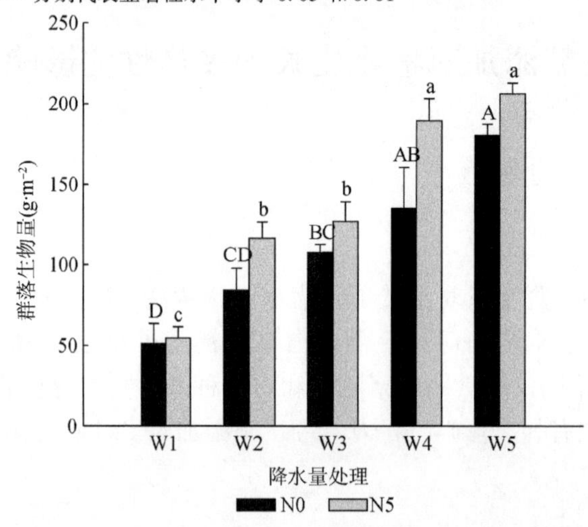

图 5-15　降水量和氮添加对植物群落生物量的影响

不同大写字母表示 0 g · m^{-2} · a^{-1}的氮添加下，降水量处理间各指标的差异显著（$p<0.05$）。不同小写字母表示 5 g · m^{-2} · a^{-1}的氮添加下，降水量处理间各指标的差异显著（$p<0.05$）。* 表示相同降水量处理间，氮添加对各指标有显著影响（$p<0.05$）

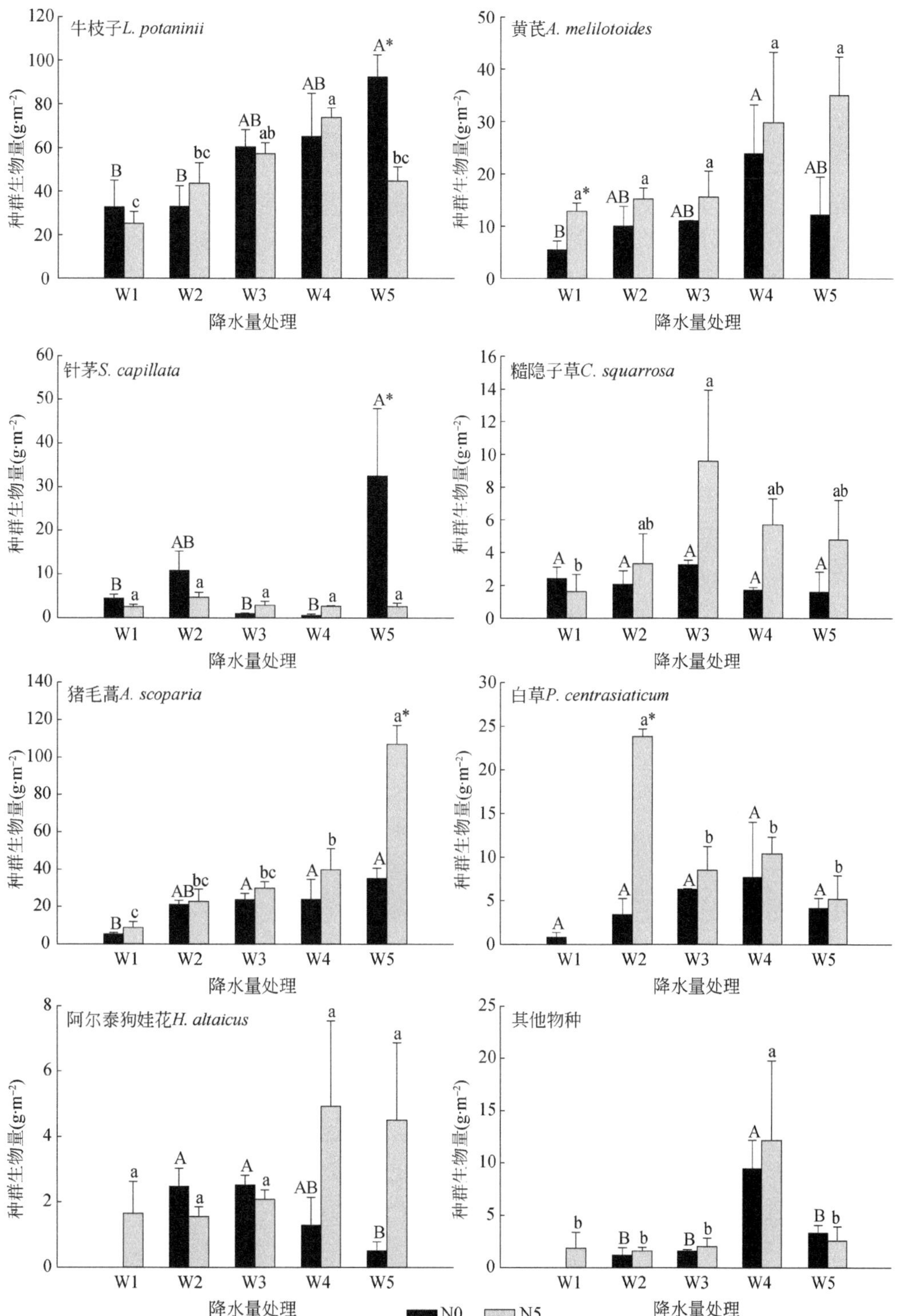

图5-16　降水量和氮添加对植物种群生物量的影响

不同大写字母表示0 g·m^{-2}·a^{-1}的氮添加下降水量处理间各指标的差异显著（$p<0.05$）。
不同小写字母表示5 g·m^{-2}·a^{-1}的氮添加下降水量处理间各指标的差异显著（$p<0.05$）。
*表示相同降水量处理间氮添加对各指标有显著影响（$p<0.05$）

（2）2019 年

表 5-10 中，降水量、月份均对植物群落生物量、牛枝子以及白草种群生物量有极显著影响（$p<0.01$），对草木樨状黄芪、针茅以及糙隐子草种群生物量有显著影响（$p<0.05$）；N 添加对植物群落生物量、牛枝子、草木樨状黄芪以及针茅种群生物量有显著影响（$p<0.05$）；降水量和 N 添加对植物群落生物量具有极显著的交互作用（$p<0.01$），对牛枝子、草木樨状黄芪以及针茅种群生物量具有显著的交互作用（$p<0.05$）；降水量与月份的交互作用对植物群落生物量有极显著影响（$p<0.01$），对牛枝子、草木樨状黄芪、白草、针茅以及糙隐子草种群生物量有显著影响（$p<0.05$）；N 添加与月份的交互作用对牛枝子以及针茅种群生物量有显著影响（$p<0.05$）；降水量、N 添加与月份三者的交互作用对植物群落生物量、牛枝子以及草木樨状黄芪种群生物量有显著影响（$p<0.05$）。

表 5-10　降水量、氮添加、月份及其交互作用对植物生物量的影响

差异来源	群落水平	牛枝子 *L. potaninii*	草木樨状黄芪 *A. melilotoides*	白草 *P. centrasiaticum*	针茅 *S. capillata*	糙隐子草 *C. squarrosa*
降水量	19.898**	13.754**	7.926*	13.963**	10.443*	9.978*
氮添加处理	10.488*	8.787*	9.161*	4.193	10.175*	0.771
月份	25.571**	24.767**	9.053*	14.229**	9.119*	8.178*
降水量×氮添加	8.980**	9.331*	7.343*	3.335	10.210*	0.161
降水量×月份	8.945**	11.998*	8.246*	10.182*	8.990*	8.112*
氮添加×月份	3.959	7.113*	5.339	3.971	8.718*	2.339
降水量×氮添加×月份	9.945*	8.519*	7.131*	3.759	4.009	3.178

表中数据为 F 值。* 和 ** 分别代表显著性水平小于 0.05 和 0.01

图 5-17 显示，5 月，0 $g\cdot m^{-2}\cdot a^{-1}$的 N 添加下，增减降水量对群落生物量的影响不显著（$p>0.05$）。5 $g\cdot m^{-2}\cdot a^{-1}$的 N 添加下，与自然降水量相比，减少 50% 降水量显著降低了群落生物量（$p<0.05$），增加降水量显著提高了群落生物量（$p<0.05$）。相同降水量条件下，N 添加提高了群落生物量，且其效应在增加降水量时显著（$p<0.05$）；6 月，0 $g\cdot m^{-2}\cdot a^{-1}$的 N 添加下，与自然降水量相比，减少 50% 降水量显著降低了群落生物量，增加降水量显著提高了群落生物量（$p<0.05$）。5 $g\cdot m^{-2}\cdot a^{-1}$的 N 添加下，增减降水量对群落生物量的影响不显著（$p>0.05$）。相同降水量条件下，N 添加提高了群落生物量，且其效应在减少 50% 降水量时达到显著水平（$p<0.05$）；7 月份，0 和 5 $g\cdot m^{-2}\cdot a^{-1}$的 N 添加下，与自然降水量相比，减少降水量显著降低了群落生物量（$p<0.05$），增加降水量提高了群落生物量但未达到显著水平（$p>0.05$）。相同降水量条件下，N 添加提高了群落生物量，且其效应在减少 30% 和增加 50% 降水量时达到显著水平（$p<0.05$）；8 月，0 $g\cdot m^{-2}\cdot a^{-1}$的 N 添加下，与自然降水量相比，增加 30% 降水量显著提高了群落生物量（$p<0.05$）。5 $g\cdot m^{-2}\cdot a^{-1}$的 N 添加下，群落生物量随降水量的增加而增加，但未达到显著水平（$p>0.05$）。相同降水量条件下，N 添加提高了群落生物量，且其效应在减少 30% 和增加 50% 降水量时达到显著水平（$p<0.05$）；9 月，0 $g\cdot m^{-2}\cdot a^{-1}$的 N 添加下，与自然降水量相比，增加 50% 降水量显著提高了群落生物量（$p<0.05$）。5 $g\cdot m^{-2}\cdot a^{-1}$的 N 添加下，与自然降水量相比，减少 50% 降水量显著降低了群落生物量（$p<0.05$）。相同降水量

条件下，N 添加提高了群落生物量，且其效应在自然和增加 50% 降水量时达到显著水平（$p<0.05$）；10 月，0 和 5 $g\cdot m^{-2}\cdot a^{-1}$的 N 添加下，与自然降水量相比，减少 50% 降水量显著降低了群落生物量（$p<0.05$）。相同降水量条件下，N 添加提高了群落生物量，且其效应在自然降水量时达到显著水平（$p<0.05$）。

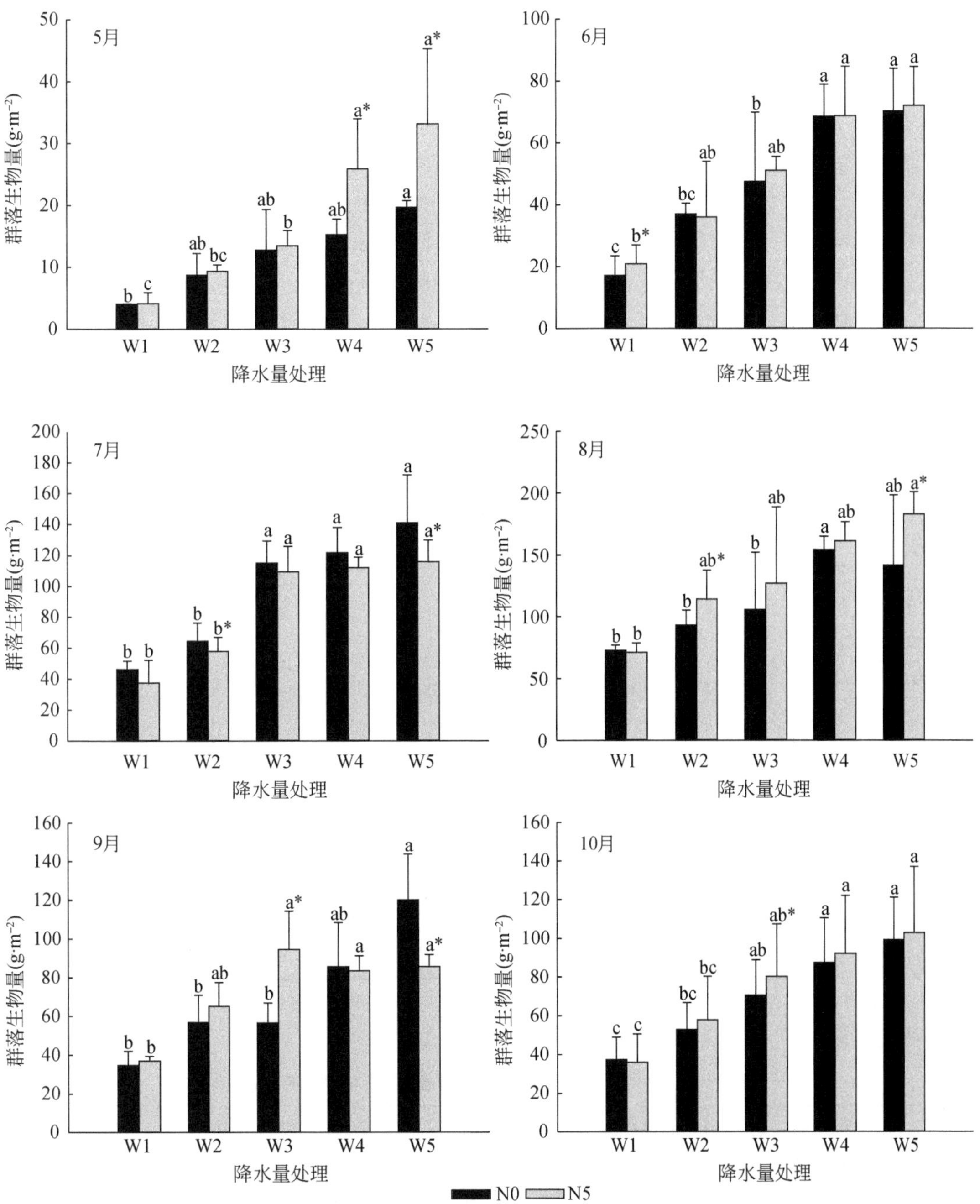

图 5-17　降水量和氮添加对 5～10 月份植物群落生物量的影响

不同小写字母表示相同氮水平下降水量处理间各指标的差异显著（$p<0.05$）。

* 表示相同降水量氮添加处理间各指标的差异显著（$p<0.05$）

5 月份，植物种群生物量随降水量增加的规律不明显（表 5-11）。其中，0 g · m^{-2} · a^{-1}的 N 添加下，与自然降水量相比，减少 50% 降水量显著降低了草木樨状黄芪、白草和针茅生物量（$p<0.05$），减少 30% 降水量显著降低了牛枝子和白草生物量（$p<0.05$），增加 50% 降水量显著提高了白草生物量、降低了草木樨状黄芪生物量（$p<0.05$）；5 g · m^{-2} · a^{-1}的 N 添加下，与自然降水量相比，减少 50% 降水量显著降低了草木樨状黄芪和针茅生物量（$p<0.05$），减少 30% 降水量显著降低了牛枝子和针茅生物量（$p<0.05$），增加 30% 降水量显著提高了糙隐子草生物量（$p<0.05$），增加 50% 降水量显著提高了针茅生物量（$p<0.05$）；相同降水量条件下，N 添加提高了种群生物量，且其效应在增加和自然降水量时达到显著水平（$p<0.05$）。

6 月份（表 5-12），0 g · m^{-2} · a^{-1}的 N 添加下，与自然降水量相比，减少 50% 降水量显著降低了牛枝子生物量（$p<0.05$），增加 30% 降水量显著提高了牛枝子生物量（$p<0.05$），增加 50% 降水量显著提高了白草和针茅生物量（$p<0.05$）；5 g · m^{-2} · a^{-1}的 N 添加下，减少降水量显著降低了牛枝子生物量（$p<0.05$），增加 30% 降水量显著提高了牛枝子和白草生物量（$p<0.05$），增加 50% 降水量显著提高了白草生物量（$p<0.05$）；相同降水量条件下，N 添加提高了种群生物量，且其效应在增加和自然降水量时达到显著水平（$p<0.05$）。

表 5-11　降水量和氮添加对 5 月份植物种群生物量的影响

处理	牛枝子 *L. potaninii*	草木樨状黄芪 *A. melilotoides*	白草 *P. centrasiaticum*	针茅 *S. capillata*	糙隐子草 *C. squarrosa*	其他物种
W1N0	2.13±1.51 a	0.30±0.11 b	0.17±0.00 c	0.31±0.00 c	nd	2.76±0.00 b
W2N0	0.20±0.00 b	1.18±0.00 a	0.80±0.00 c	11.98±0.00 a	0.65±0.00 a	nd
W3N0	1.34±0.80 a	2.12±1.40 a	5.38±0.00 b	5.22±0.00 b	0.77±0.33 a	7.97±0.00 a
W4N0	3.17±0.46 a	1.00±0.00 a	4.85±3.27 b	3.35±1.84 b	nd	5.24±0.00 a
W5N0	3.27±0.38 a	0.16±0.00 b	10.76±0.00 a	7.80±0.10 ab	0.23±0.00 a	6.04±0.00 a
W1N5	nd	0.14±0.00 b	nd	0.12±0.00 c	nd	0.41±0.00 c
W2N5	0.82±0.00 b	nd	nd	3.03±0.00 c*	nd	7.30±0.00 b
W3N5	2.35±1.58 a	2.53±1.73 a	2.63±1.59 a	11.99±0.00 b*	nd	nd
W4N5	3.73±0.82 a	1.36±0.00 a	5.89±0.00 a	10.07±2.70 b*	1.1±0.00 a	15.81±0.00 a*
W5N5	0.78±0.29 b*	nd	3.01±0.77 a*	28.94±0.25 a*	nd	0.74±0.00 c*

nd 代表样方内无该物种。不同小写字母表示相同氮水平下降水量处理间各指标存在显著性差异（$p<0.05$）。* 表示相同降水量下氮添加处理间各指标存在显著性差异（$p<0.05$）

表 5-12　降水量和氮添加对 6 月份植物种群生物量的影响

处理	牛枝子 *L. potaninii*	草木樨状黄芪 *A. melilotoides*	白草 *P. centrasiaticum*	针茅 *S. capillata*	糙隐子草 *C. squarrosa*	其他物种
W1N0	5.21±1.66 c	1.14±0.12 b	8.31±7.63 b	4.17±2.29 b	nd	1.35±0.00 c
W2N0	24.26±7.49 b	0.95±0.14 b	1.72±0.81 b	5.88±2.27 b	1.36±0.31 b	nd
W3N0	27.85±2.18 b	2.48±0.84 ab	6.92±1.62 b	9.79±0.44 b	1.43±0.24 ab	5.92±4.15 b

续表

处理	牛枝子 *L. potaninii*	草木樨状黄芪 *A. melilotoides*	白草 *P. centrasiaticum*	针茅 *S. capillata*	糙隐子草 *C. squarrosa*	其他物种
W4N0	50.14±4.40 a	4.33±1.16 a	9.19±6.70 b	10.32±0.31 b	2.45±1.55 ab	31.60±0.00 a
W5N0	23.52±3.26 b	3.96±1.17 a	35.45±0.00 a	30.77±5.18 a	5.35±2.52 a	5.79±0.39 b
W1N5	11.16±2.44 c	1.94±1.36 a	5.56±4.36 c	2.52±0.28 a	2.43±0.74 a	21.69±0.00 a*
W2N5	10.78±0.89 c	1.84±0.97 a	8.68±1.31 c	6.22±4.65 a	3.59±1.30 a	2.56±0.77 b
W3N5	26.90±6.68 b	5.30±3.17 a	1.67±0.86 c	7.26±5.88 a	6.28±3.06 a*	5.92±1.58 b
W4N5	42.47±2.63 a*	8.64±3.23 a	18.71±13.25 ab*	10.88±6.18 a	6.40±2.51 a*	5.57±3.94 b*
W5N5	29.25±0.63 b*	9.14±2.21 a*	35.96±0.00 a	15.69±12.12 a*	6.51±3.84 a	nd

nd 代表样方内无该物种。不同小写字母表示相同氮水平下降水量处理间各指标的差异显著（$p<0.05$）。* 表示相同降水量下氮添加处理间各指标的差异显著（$p<0.05$）

7 月（表 5-13），0 $g \cdot m^{-2} \cdot a^{-1}$的 N 添加下，与自然降水量相比，增加降水量提高了牛枝子、白草、针茅以及糙隐子草生物量，但未达到显著（$p>0.05$）。5 $g \cdot m^{-2} \cdot a^{-1}$的 N 添加下，与自然降水量相比，减少 50% 降水量显著降低了牛枝子、草木樨状黄芪以及糙隐子草生物量（$p<0.05$），减少 30% 降水量显著降低了草木樨状黄芪生物量（$p<0.05$）；相同降水量下，N 添加提高了种群生物量，且其效应在减少 50% 和自然降水量时显著（$p<0.05$）。

表 5-13 降水量和氮添加对 7 月份植物种群生物量的影响

处理	牛枝子 *L. potaninii*	草木樨状黄芪 *A. melilotoides*	白草 *P. centrasiaticum*	针茅 *S. capillata*	糙隐子草 *C. squarrosa*	其他物种
W1N0	36.88±6.47 b	4.61±4.43 a	1.53±1.52 b	2.88±2.24 a	0.23±0.13 a	0.18±0.02 b
W2N0	33.85±4.30 b	7.20±0.43 a	6.50±6.00 ab	8.57±4.86 a	5.72±3.83 a	2.86±2.22 b
W3N0	73.78±8.20 ab	9.78±4.66 a	4.39±4.39 ab	7.45±5.38 a	3.79±2.46 a	12.62±1.39 a
W4N0	80.69±19.57 ab	7.75±0.69 a	8.74±4.10 ab	8.37±2.44 a	6.03±2.89 a	13.60±1.61 a
W5N0	87.60±35.44 a	8.76±2.10 a	13.08±2.24 a	9.30±6.39 a	8.23±4.93 a	14.09±1.53 a
W1N5	21.91±0.37 b	1.49±0.36 b	4.59±4.59 a	4.59±2.88 ab	0.34±0.23 c	4.76±0.41 c*
W2N5	35.69±9.10 ab	0.35±0.26 b*	7.59±3.64 a	1.98±1.16 b	0.98±0.98 b	2.41±0.88 c
W3N5	69.11±21.31 a	11.27±2.54 a	6.41±6.41 a	5.75±1.86 ab	11.84±1.88 ab	5.08±0.51 c*
W4N5	57.93±16.27 ab	11.13±2.76 a	9.44±7.10 a	8.80±4.12 ab	12.94±0.88 ab	12.02±0.04 b
W5N5	46.75±11.49 ab	11.00±2.58 a	12.46±8.02 a	11.84±1.67 a	14.05±1.43 a	19.79±2.73 a

不同小写字母表示相同氮水平下降水量处理间各指标的差异显著（$p<0.05$）。* 表示相同降水量下氮添加处理间各指标的差异显著（$p<0.05$）

8 月（表 5-14），0 $g \cdot m^{-2} \cdot a^{-1}$的 N 添加下，与自然降水量相比，增加 50% 降水量显著提高了白草生物量（$p<0.05$）；5 $g \cdot m^{-2} \cdot a^{-1}$的 N 添加下，减少降水量显著降低了草木樨状黄芪和针茅生物量（$p<0.05$），增加 50% 降水量显著提高了白草、针茅和糙隐子草生物量（$p<0.05$）；相同降水量下，N 添加提高了种群生物量，尤其自然和增加降水量时。

表 5-14　降水量和氮添加对 8 月份植物种群生物量的影响

处理	牛枝子 *L. potaninii*	草木樨状黄芪 *A. melilotoides*	白草 *P. centrasiaticum*	针茅 *S. capillata*	糙隐子草 *C. squarrosa*	其他物种
W1N0	58.18±7.79 a	1.22±0.30 b	14.84±5.17 b	6.98±0.65 b	1.15±0.42 a	14.67±0.00b
W2N0	55.11±5.58 a	1.42±0.78 b	16.99±7.63 b	9.37±4.71 b	5.16±2.13 a	3.42±2.40b
W3N0	80.87±36.33 a	3.26±1.53 ab	16.39±1.60 b	31.57±12.28 ab	5.84±1.53 a	9.27±2.95b
W4N0	77.27±10.69 a	4.26±1.74 ab	32.28±15.64 ab	41.13±11.63 a	6.65±1.37 a	25.69±13.40a
W5N0	63.3±15.15 a	7.32±2.27 a	47.46±6.78 a	30.82±13.38 ab	7.67±5.80 a	48.62±47.57a
W1N5	40.37±19.58 b	0.75±0.26 b	11.30±3.75 b	8.17±3.57 b	5.15±2.05 b	2.10±0.76b
W2N5	53.93±12.42 ab	0.73±0.40 b	8.26±3.75 b	5.88±1.91 b	7.62±3.87 b	11.83±0.83ab
W3N5	63.2±5.52 ab	13.41±6.22 a*	14.92±6.85 b	19.99±14.59 a	14.47±7.63 b*	34.7±15.82a
W4N5	76.88±38.14 ab	16.22±10.68 a*	34.00±16.36 b	35.73±27.16 a	15.73±14.53 a*	11.34±8.31ab
W5N5	98.32±24.53 a*	17.85±6.36 a*	71.55±17.23 a*	14.31±7.00 b*	42.18±23.49 a*	20.17±7.97ab*

不同小写字母表示相同氮水平下降水量处理间各指标的差异显著（$p<0.05$）。* 表示相同降水量下氮添加处理间各指标的差异显著（$p<0.05$）

9 月（表 5-15），0 $g \cdot m^{-2} \cdot a^{-1}$的 N 添加下，与自然降水量相比，增加 50% 降水量显著提高了白草和针茅生物量（$p<0.05$）；5 $g \cdot m^{-2} \cdot a^{-1}$的 N 添加下，增加降水量显著提高了白草生物量（$p<0.05$）；相同降水量条件下，N 添加提高了植物生物量，且其效应在自然和增加降水量时达到显著水平（$p<0.05$）。

表 5-15　降水量和氮添加对 9 月份植物种群生物量的影响

处理	牛枝子 *L. potaninii*	草木樨状黄芪 *A. melilotoides*	白草 *P. centrasiaticum*	针茅 *S. capillata*	糙隐子草 *C. squarrosa*	其他物种
W1N0	17.03±5.67 a	3.58±1.10 a	7.27±1.97 b	4.97±0.00 b	1.50±1.05 b	3.25±2.47 a
W2N0	19.36±6.20 a	4.42±0.45 a	4.35±0.10 b	10.17±5.29 b	3.74±0.99 ab	3.40±1.27 a
W3N0	24.27±10.05 a	4.80±1.05 a	10.42±2.81 b	10.94±4.84 b	7.32±3.49 ab	8.23±4.09 a
W4N0	40.05±16.80 a	nd	22.73±13.00 ab	12.04±7.00 ab	4.36±2.52 ab	21.16±12.31 a
W5N0	33.97±2.73 a	nd	33.72±0.53 a	19.46±10.06 a	18.69±17.85 a	37.06±31.68 a
W1N5	18.81±0.42 b	1.36±0.03 b	3.37±2.20 c	6.56±3.56 a	1.74±0.65 b	5.90±2.95 b
W2N5	20.89±1.14 ab	1.01±0.31 b	11.71±6.27 b	6.34±3.84 a	7.76±1.06 ab	13.66±6.00 ab
W3N5	22.45±10.88 ab	4.35±3.16 ab	5.66±2.86 bc	7.21±1.64 a	8.00±7.19 ab	47.91±19.09 a*
W4N5	25.87±11.87 ab	10.19±5.16 ab	26.55±14.56 a	11.92±1.35 a	20.65±5.96 a*	8.76±1.38 b*
W5N5	36.86±10.06 a	11.15±0.00 a	32.46±12.96 a	7.69±2.32 a*	12.32±7.88 ab	11.57±4.41 ab*

nd 代表样方内无该物种。不同小写字母表示相同氮水平下降水量处理间各指标的差异显著（$p<0.05$）。* 表示相同降水量下氮添加处理间各指标的差异显著（$p<0.05$）

10 月（表 5-16），0 g $m^{-2}\cdot a^{-1}$的 N 添加下，与自然降水量相比，增加 30% 降水量显著提高了针茅生物量（$p<0.05$），增加 50% 降水量显著提高了白草生物量（$p<0.05$）；5 g $m^{-2}\cdot a^{-1}$的 N 添加下，增加 50% 降水量显著提高了牛枝子、草木樨状黄芪以及针茅生物量（$p<0.05$）；相同降水量条件下，N 添加提高了种群生物量，且其效应在增加降水量时达到显著水平（$p<0.05$）。

表 5-16　降水量和氮添加对 10 月份植物种群生物量的影响

处理	牛枝子 *L. potaninii*	草木樨状黄芪 *A. melilotoides*	白草 *P. centrasiaticum*	针茅 *S. capillata*	糙隐子草 *C. squarrosa*	其他物种
W1N0	9.09±2.92 a	1.94±0.54 b	4.23±0.66 bc	2.87±0.12 b	1.04±0.36 b	1.98±1.35 b
W2N0	10.35±2.88 a	2.64±0.35 ab	2.98±0.27 c	6.76±2.61 b	2.19±0.50 ab	5.12±1.33 b
W3N0	13.20±4.60 a	3.18±0.31 ab	7.54±1.48 bc	7.92±2.56 b	4.04±1.76 ab	5.50±0.38 b
W4N0	15.25±7.96 a	3.81±0.41 a	13.79±7.02 ab	21.75±3.68 a	2.56±1.21 ab	11.06±0.72 a
W5N0	18.62±1.34 a	4.40±1.03 a	20.98±0.41 a	13.63±6.94 ab	4.62±0.13 a	4.91±2.07 b
W1N5	9.79±0.23 b	1.51±0.50 c	3.00±0.73 b	3.69±1.94 b	1.75±0.40 b	4.40±1.40 b
W2N5	11.62±0.24 b	1.30±0.34 c	4.30±1.21 ab	5.09±1.78 b	5.74±0.46 ab	6.86±0.56 b
W3N5	13.09±5.58 b	3.44±2.02 bc	8.13±3.68 ab	9.25±0.53 b	6.30±3.61 ab	9.01±1.88 b
W4N5	15.25±6.68 ab	7.44±2.28 ab	16.08±7.85 a	11.00±0.15 ab*	12.69±2.69 a*	11.25±4.20 b
W5N5	21.57±4.43 a	9.66±1.90 a*	13.10±1.14 ab*	18.32±5.34 a*	9.59±4.22 ab	22.76±4.05 a*

不同小写字母表示相同氮水平下降水量处理间各指标的差异显著（$p<0.05$）。* 表示相同降水量下氮添加处理间各指标的差异显著（$p<0.05$）

5.3.1.2　植物多样性

（1）2018 年

0 g · $m^{-2}\cdot a^{-1}$的 N 添加下（图 5-18），随降水量增加 Patrick 丰富度指数和 Shannon-Wiener 多样性指数均呈先增加后降低的变化趋势，Pielou 均匀度指数逐渐降低，Simpson 优势度指数无规律；5 g · $m^{-2}\cdot a^{-1}$的 N 添加下，随降水量增加 Simpson 优势度指数逐渐升高，其他 3 个指数则呈先增加后降低的趋势；相同降水量处理间，N 添加对 4 个多样性指数的影响较小。

（2）2019 年

表 5-17 中，降水量对 Patrick 丰富度指数有显著影响（$p<0.05$）；N 添加对 Patrick 丰富度指数以及 Shannon-Wiener 多样性指数有显著影响（$p<0.05$）；月份对 Shannon-Wiener 多样性指数以及 Pielou 均匀度指数有显著影响（$p<0.05$）；降水量和 N 添加对 Shannon-Wiener 多样性指数以及 Simpson 优势度指数具有显著的交互作用（$p<0.05$）；降水量和月份对 Patrick 丰富度指数以及 Simpson 优势度指数具有显著的交互作用（$p<0.05$）；N 添加和月份对 Shannon-Wiener 多样性指数具有显著的交互作用（$p<0.05$）；降水量、N 添加和

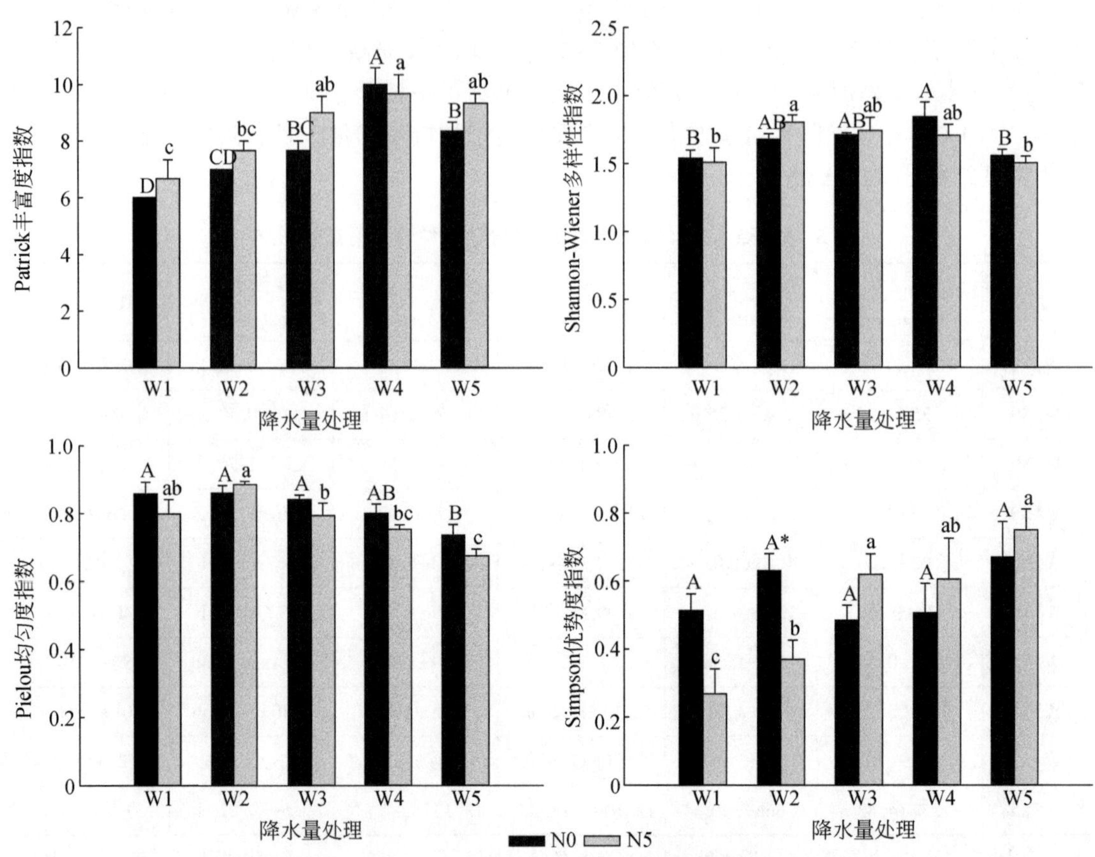

图 5-18　降水量和氮添加对植物多样性的影响

不同大写字母表示 0 g · m^{-2} · a^{-1}的氮添加下降水量处理间各指标的差异显著（p<0.05）。
不同小写字母表示 5 g · m^{-2} · a^{-1}的氮添加下降水量处理间各指标的差异显著（p<0.05）。
* 表示相同降水量处理间氮添加对各指标有显著影响（p<0.05）

月份三者对 Shannon-Wiener 多样性指数具有显著的交互作用（p<0.05）。

5 月（图 5-19），0 g · m^{-2} · a^{-1}的 N 添加下，与自然降水量相比，减少 30% 降水量显著降低了 Shannon-Wiener 多样性指数、Pielou 均匀度指数以及 Simpson 优势度指数（p<0.05）；5 g · m^{-2} · a^{-1}的 N 添加下，与自然降水量相比，减少 30% 降水量显著降低了 Shannon-Wiener 多样性指数（p<0.05），增加 50% 降水量显著降低了 Pielou 均匀度指数、提高了 Simpson 优势度指数（p<0.05）；相同降水量条件下，N 添加对 4 个多样性指数的影响未呈现出明显的规律性。

表 5-17　降水量、氮添加、月份及其交互作用对植物多样性的影响

差异来源	自由度	*R*	*H*′	*E*	*D*
降水量	4	5.783*	2.160	1.211	1.334
氮添加	1	3.982*	3.001*	0.987	1.012
月份	5	2.002	3.130*	1.309	3.503*

续表

差异来源	自由度	*R*	*H'*	*E*	*D*
降水量×氮添加	4	2.096	2.807 *	2.557 *	1.956
降水量×月份	20	2.777 *	2.005	1.095	2.911 *
氮添加×月份	5	1.978	2.881 *	2.003	1.999
降水量×氮添加×月份	20	2.218	2.635 *	1.901	2.220

表中数据为 *F* 值。*R*、*H'*、*E* 和 *D* 分别代表 Patrick 丰富度指数、Shannon-Wiener 多样性指数、Pielou 均匀度指数和 Simpson 优势度指数。* 代表显著性水平小于 0.05

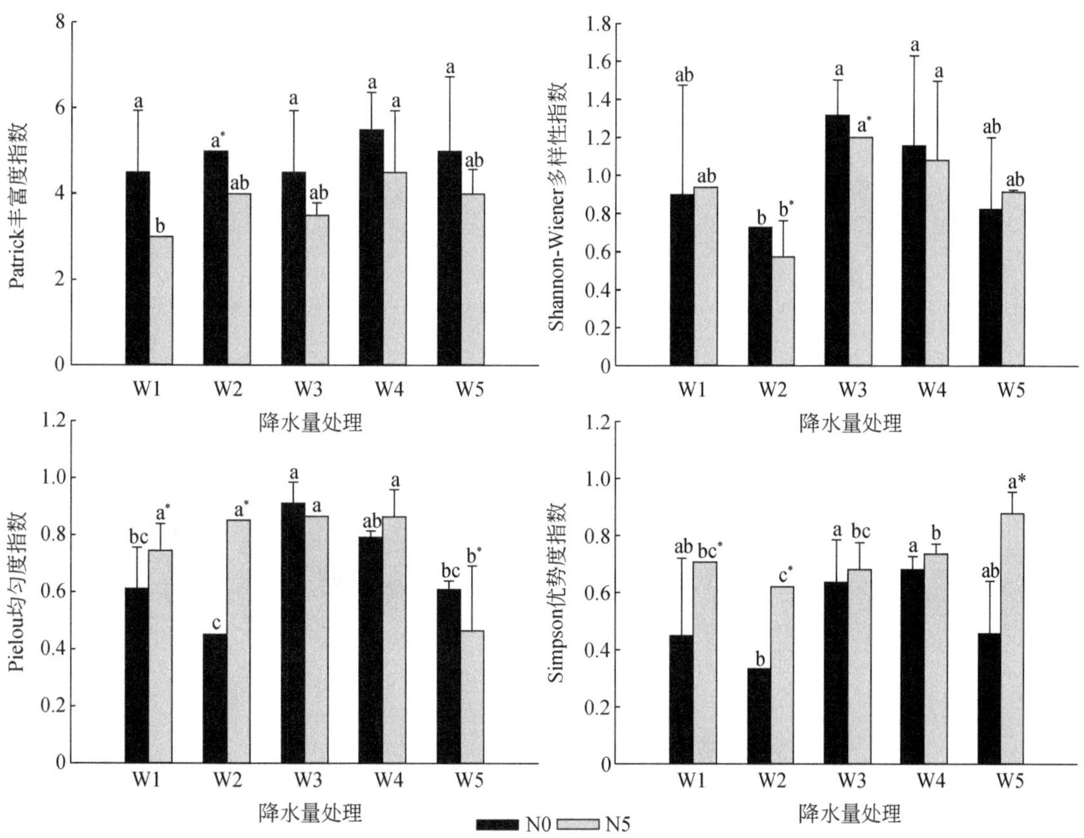

图 5-19　降水量和氮添加对 5 月份植物多样性的影响

不同小写字母表示相同氮添加下降水量处理间各指标的差异显著（$p<0.05$）。

* 表示相同降水量处理间氮添加对各指标有显著影响（$p<0.05$）

6 月（图 5-20），0 g · m^{-2} · a^{-1}的 N 添加下，与自然降水量相比，减少 50% 降水量显著降低了 Patrick 丰富度指数（$p<0.05$）；5 g · m^{-2} · a^{-1}的 N 添加下，与自然降水量相比，减少 50% 降水量显著降低了 Pielou 均匀度指数（$p<0.05$）；相同降水量条件下，N 添加改变了 4 个多样性指数，其效应在自然降水量和增加降水量时达到显著水平（$p<0.05$）。

7 月（图 5-21），随降水量增加 Patrick 丰富度指数以及 Pielou 均匀度指数均先增加后降低，Simpson 优势度指数呈增加趋势。0 g · m^{-2} · a^{-1}的 N 添加下，与自然降水量相比，减少 50% 降水量显著降低了 Patrick 丰富度指数以及 Simpson 优势度指数（$p<0.05$），减少 30% 降水量显著降低了 Patrick 丰富度指数、提高了 Pielou 均匀度指数（$p<0.05$），增加 50% 降水量显著提高了 Pielou 均匀度指数（$p<0.05$）；5 g · m^{-2} · a^{-1}的 N 添加下，与自然降水量相比，减少 50% 降水量显著降低了 Patrick 丰富度指数以及 Shannon-Wiener 多样性指数（$p<0.05$）；相同降水量条件下，N 添加效应在减少 50%、自然以及增加降水量时达到显著水平（$p<0.05$）。

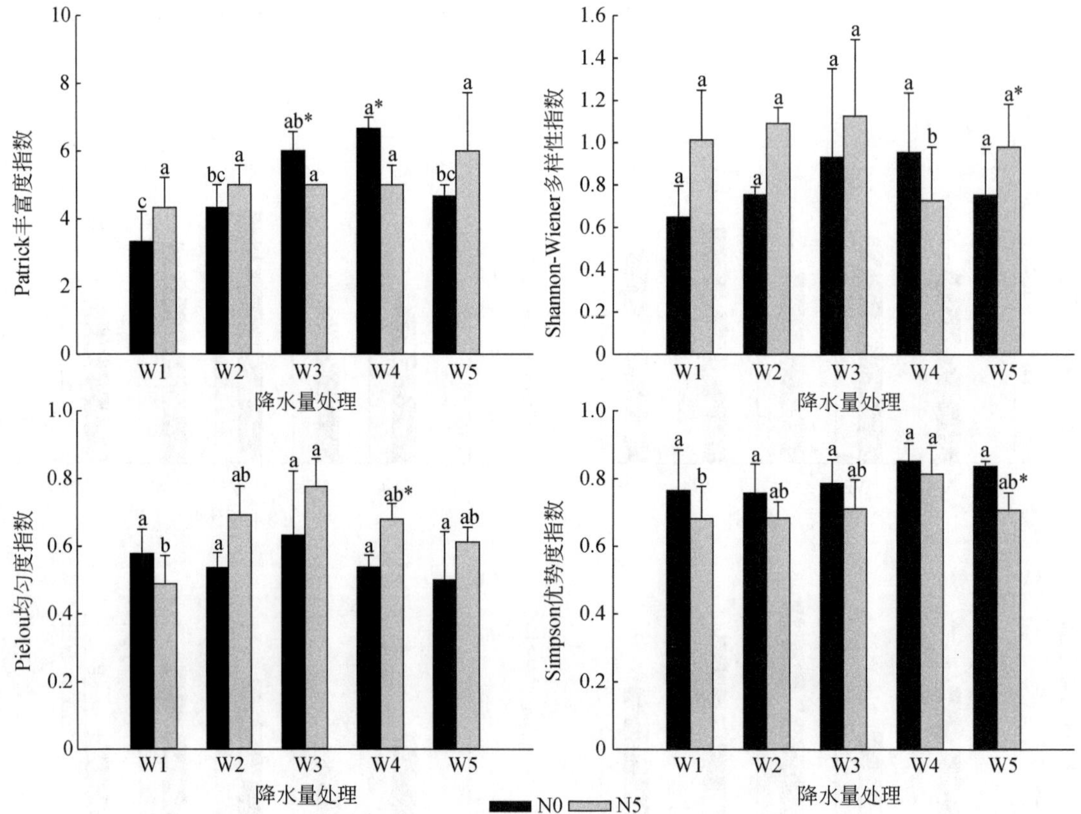

图 5-20　降水量和氮添加对 6 月份植物多样性的影响

不同小写字母表示相同氮添加下降水量处理间各指标的差异显著（$p<0.05$）。

* 表示相同降水量处理间氮添加对各指标有显著影响（$p<0.05$）

8 月（图 5-22），Shannon-Wiener 多样性指数以及 Pielou 均匀度指数均呈先增加后降低的趋势，Simpson 优势度指数呈增加趋势。0 g · m^{-2} · a^{-1}的 N 添加下，与自然降水量相比，增减 50% 降水量显著降低了 Shannon-Wiener 多样性指数（$p<0.05$），增加 30% 降水量显著提高了 Simpson 优势度指数（$p<0.05$）；5 g · m^{-2} · a^{-1}的 N 添加下，与自然降水量相比，减少 50% 降水量显著降低了 Patrick 丰富度指数（$p<0.05$）；相同降水量条件下，N 添加改变了 4 个多样性指数，其效应在自然以及增加降水量时达到显著水平（$p<0.05$）。

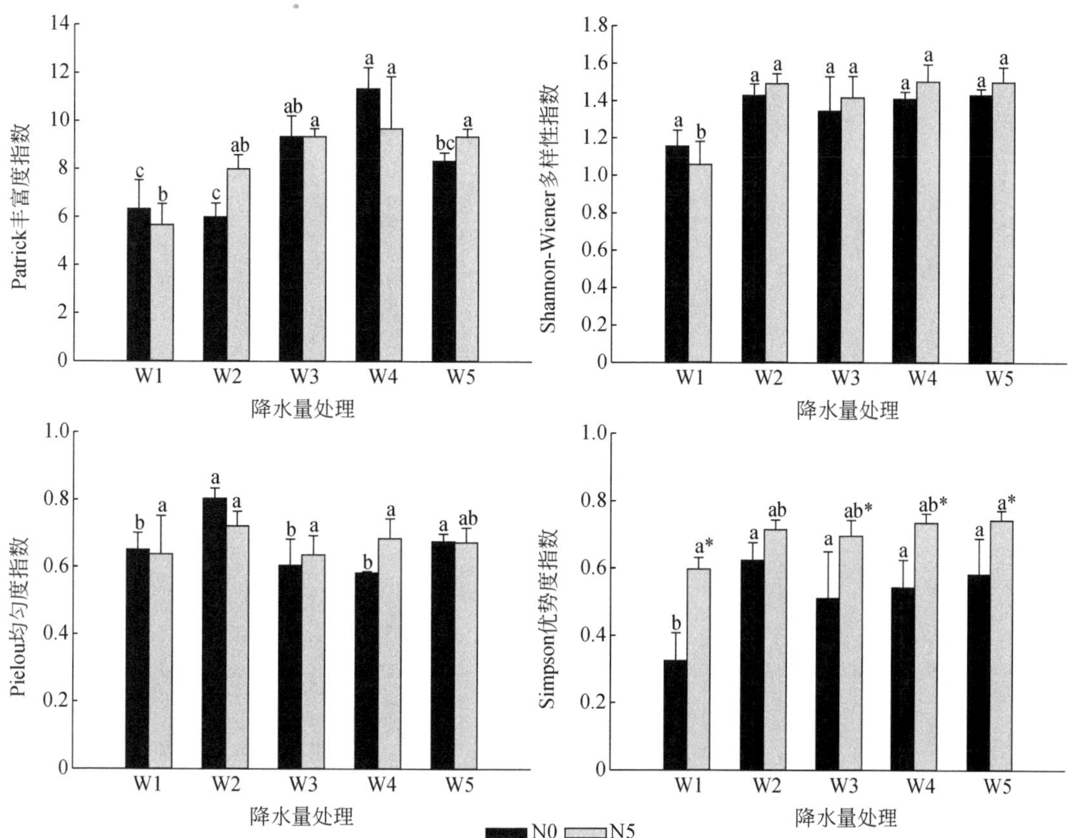

图 5-21　降水量和氮添加对 7 月份植物多样性的影响

不同小写字母表示相同氮添加下降水量处理间各指标的差异显著（$p<0.05$）。

* 表示相同降水量处理间氮添加对各指标有显著影响（$p<0.05$）

9 月（图 5-23），0 $g \cdot m^{-2} \cdot a^{-1}$的 N 添加下，与自然降水量相比，减少 50% 降水量显著降低了 Patrick 丰富度指数、Shannon-Wiener 多样性指数以及 Pielou 均匀度指数（$p<0.05$），增加降水量显著降低了 Shannon-Wiener 多样性指数（$p<0.05$）；5 $g \cdot m^{-2} \cdot a^{-1}$的 N 添加下，与自然降水量相比，减少 50% 降水量显著降低了 Patrick 丰富度指数以及 Shannon-Wiener 多样性指数（$p<0.05$）；相同降水量条件下，N 添加效应在减少 50%、自然以及增加降水量时达到显著水平（$p<0.05$）。

10 月（图 5-24），0 $g \cdot m^{-2} \cdot a^{-1}$的 N 添加下，与自然降水量相比，减少降水量显著降低了 Shannon-Wiener 多样性指数以及 Pielou 均匀度指数（$p<0.05$），增加 50% 降水量显著降低了 Shannon-Wiener 多样性指数以及 Pielou 均匀度指数（$p<0.05$）；5 $g \cdot m^{-2} \cdot a^{-1}$的 N 添加下，与自然降水量相比，减少 50% 降水量显著降低了 Shannon-Wiener 多样性指数以及 Pielou 均匀度指数（$p<0.05$），增加 50% 降水量显著降低了 Pielou 均匀度指数、提高了 Simpson 优势度指数（$p<0.05$）；相同降水量下，N 添加对 4 个多样性指数的影响较小，N 添加效应在减少 30% 及增加降水量时达到显著水平（$p<0.05$）。

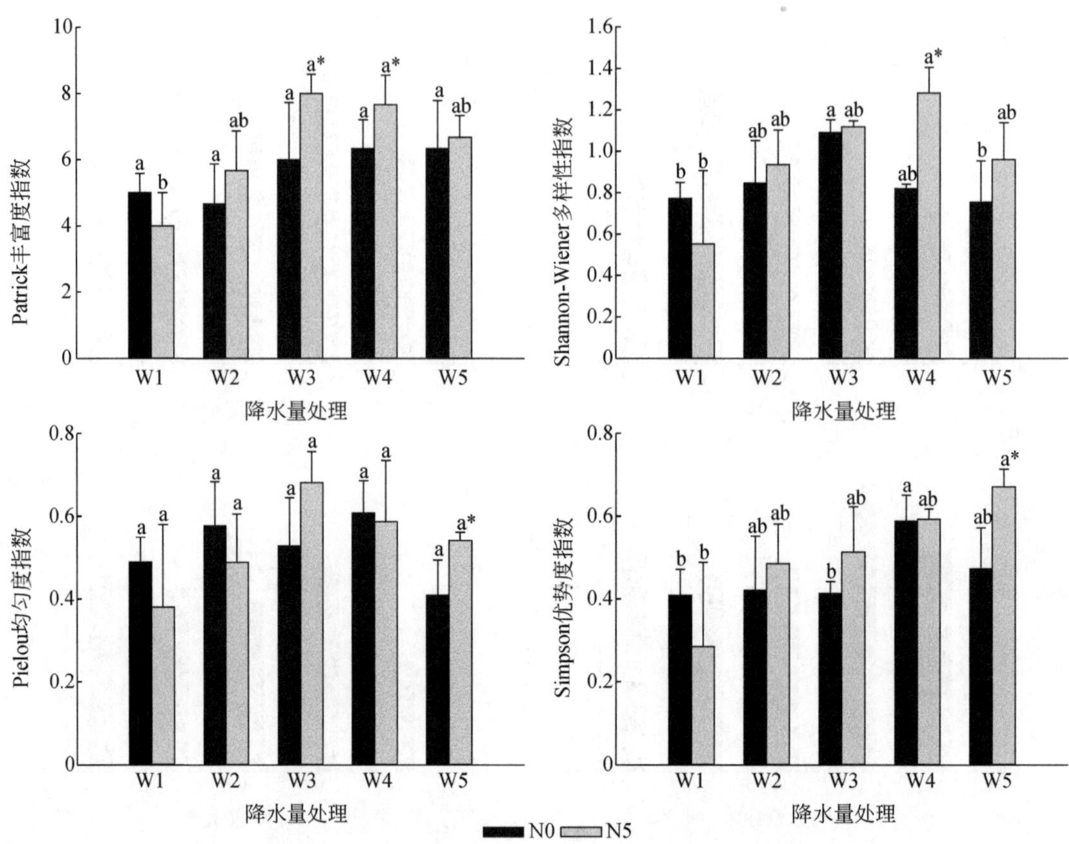

图 5-22　降水量和氮添加对 8 月份植物多样性的影响

不同小写字母表示相同氮添加下降水量处理间各指标的差异显著（$p<0.05$）。

* 表示相同降水量处理间氮添加对各指标有显著影响（$p<0.05$）

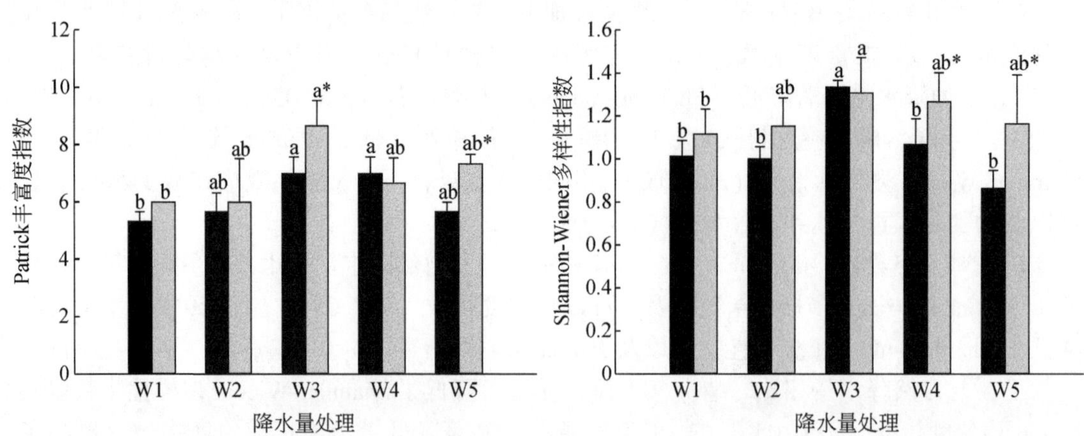

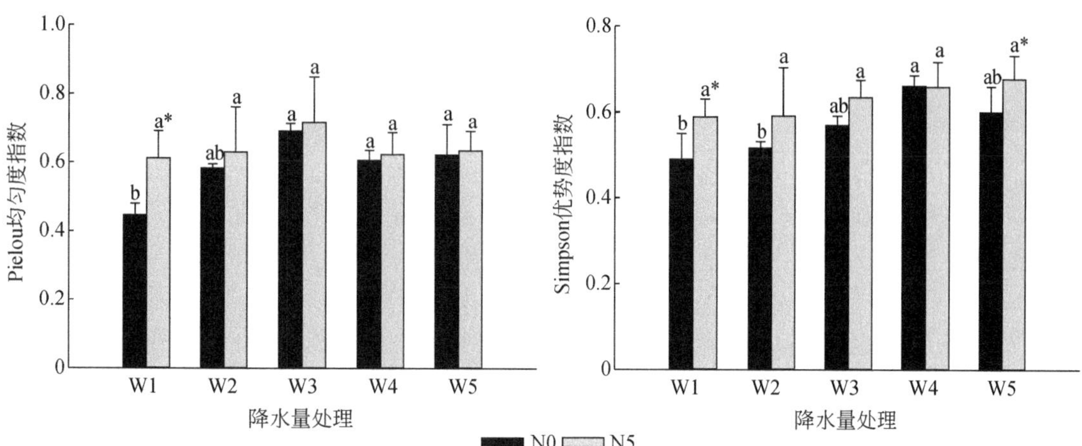

图 5-23　降水量和氮添加对 9 月份植物多样性的影响

不同小写字母表示相同氮添加下降水量处理间各指标的差异显著（$p<0.05$）。

* 表示相同降水量处理间氮添加对各指标有显著影响（$p<0.05$）

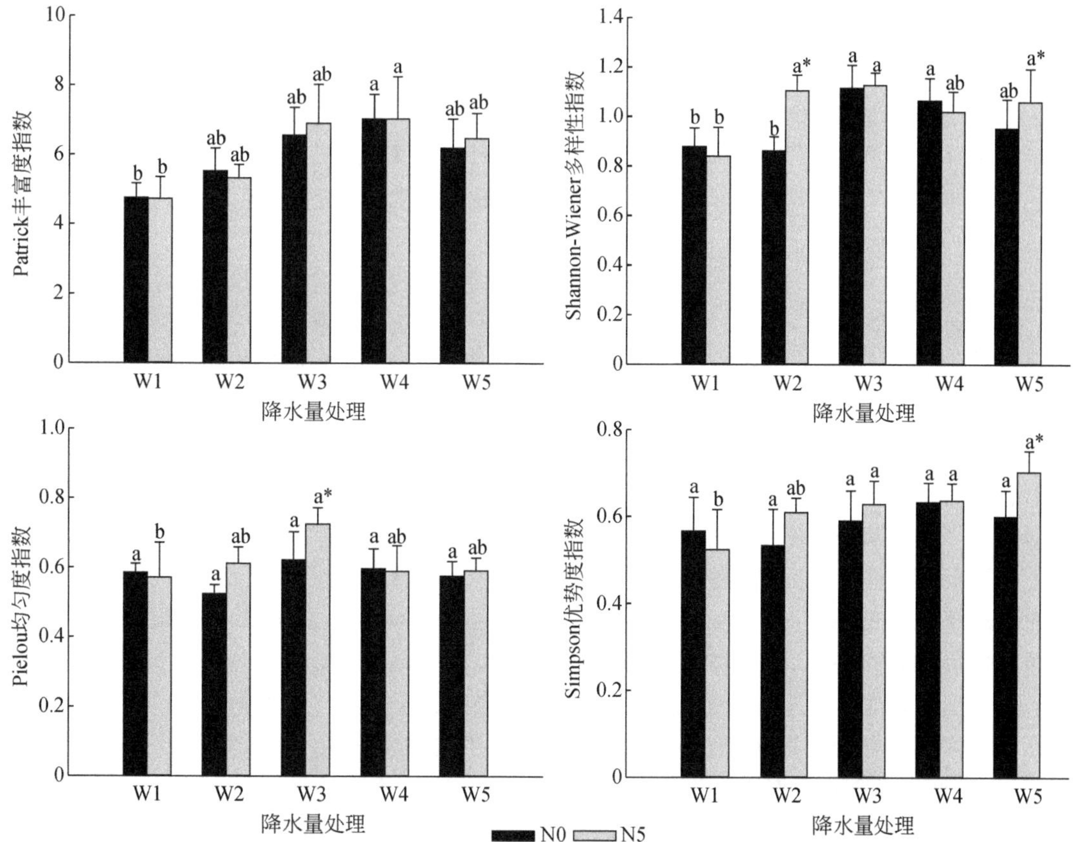

图 5-24　降水量和氮添加对 10 月份植物多样性的影响

不同小写字母表示相同氮添加下降水量处理间各指标的差异显著（$p<0.05$）。

* 表示相同降水量处理间氮添加对各指标有显著影响（$p<0.05$）

5.3.2 降水量及氮添加影响植物生长和多样性的机制分析

5.3.2.1 降水量和氮添加的独立效应

降水量和N有效性是荒漠草原植物生长的主要限制因子。适量增加降水量以及提高N有效性通过影响土壤水分和养分有效性，间接调节着植物生长和群落组成（Clark & Tilman，2008；Niu et al.，2008）。由于不同植物对水分和N素的利用能力不同，使得植物群落发生相应的变化（Johansson et al.，2012；黄菊莹和余海龙，2016）。本书研究中，自然生长状况下，增加降水量提高了牛枝子、草木樨状黄芪、针茅、猪毛蒿以及白草种群生物量，但过量增加降水量（增加50%）显著抑制了其他物种生长。这表明降水量增加缓解了水分限制，因此促进了多数植物生长、提高了群落多样性，与以往研究结果相似（Niu et al.，2010；Beier et al.，2012）；过量增加降水量时，牛枝子和猪毛蒿等凭借其较强的生存能力开始大量繁殖，与其他物种产生资源竞争关系（杜峰等，2005），导致这些物种地上生物量积累降低。相同降水量条件下，N添加提高了草木樨状黄芪、糙隐子草、猪毛蒿和白草种群生物量，表明少量N添加缓解了土壤N限制，因此促进了多数植物生物量积累，与潘庆民等（2005）和LeBaue & Treseder（2008）针对荒漠草原的研究结果相似。以往研究发现N添加促进了植物群落优势种生长，导致优胜劣汰现象的出现，从而降低了植物群落多样性（Tang et al.，2017；李文娇等，2015；杨倩等，2018）。本书研究中，N添加对群落多样性影响较小，意味着短期N添加较难改变荒漠草原植被群落组成。

5.3.2.2 降水量和氮添加的交互效应

研究表明，降水在调控N添加促进植物生长等方面发挥着重要的介导作用（Lü et al.，2012；李文娇等，2015）。因此在受降水和N有效性共同限制的荒漠草原，降水量和N添加的交互作用可能对多数植物生长具有正效应。本书研究中，与0 $g \cdot m^{-2} \cdot a^{-1}$的N添加水平相比较，5 $g \cdot m^{-2} \cdot a^{-1}$的N添加下随降水量增加针茅、白草和猪毛蒿种群生物量均有不同程度的提高，且降水量和N添加具有显著的交互作用，表明增加降水量可以促进N肥效应的释放，从而刺激了3个植物种的生长。相比之下，二者对其他物种种群生物量以及三个群落多样性指数无显著的交互作用，与针对青海高寒草原（李长斌等，2016）、内蒙古典型草原（Xu et al.，2012）以及新疆荒漠草原（赵新风等，2014）的研究结果相似。其可能原因一方面在于，相同降水量条件下N添加对牛枝子、针茅和阿尔泰狗娃花等物种生长表现出负效应，降水量正效应与N添加负效应的相互抵消可能使得二者交互作用不明显。另一方面，有研究发现降水量与N添加的交互作用具有一定的时滞性（白春利等，2013），因此短期降水量对N添加效应的促进作用未达到显著水平。

5.4 生态系统碳交换和土壤呼吸

基于野外原位试验，研究了三年降水量变化及N添加下5～10月生态系统C交换和土壤呼吸速率的时间动态；选取 7 ~8 月进行了日动态的测定；分析了短期降水量和 N 添加对生态系统 C 交换和土壤呼吸的影响。

5.4.1 降水量及氮添加对生态系统碳交换和土壤呼吸的影响

5.4.1.1 生态系统碳交换

(1) 时间动态

降水量和 N 添加对生态系统 C 交换月动态变化趋势的影响较小，但改变了 NEE、ER 和 GEP 的峰值（图 5-25）：0 和 5 g · m^{-2} · a^{-1}的 N 添加下，NEE、ER 和 GEP 月动态均呈现先增强后减弱的趋势，在 8 月底或 9 月初达到峰值。从整体看，增加降水量的条件下 NEE、ER 和 GEP 均强于自然降水量和减少降水量。同时，生态系统由生长季初期的 C 源转变为 C 汇。0 g · m^{-2} · a^{-1}的 N 添加下，增加 30% 降水量时 NEE、ER 和 GEP 分别在 8 月 29 日、9 月 10 日、9 月 10 日达到最大值−7.84±0.45 μmol · m^{-2} · s^{-1}、7.54±0.43 μmol · m^{-2} · s^{-1}和 15.34±0.54 μmol · m^{-2} · s^{-1}。5 g · m^{-2} · a^{-1}的 N 添加下，增加 30% 降水量时 NEE、ER 和 GEP 达到最大值−8.06±0.42 μmol · m^{-2} · s^{-1}、8.59±0.51 μmol · m^{-2} · s^{-1}和 15.92±0.37 μmol · m^{-2} · s^{-1}。

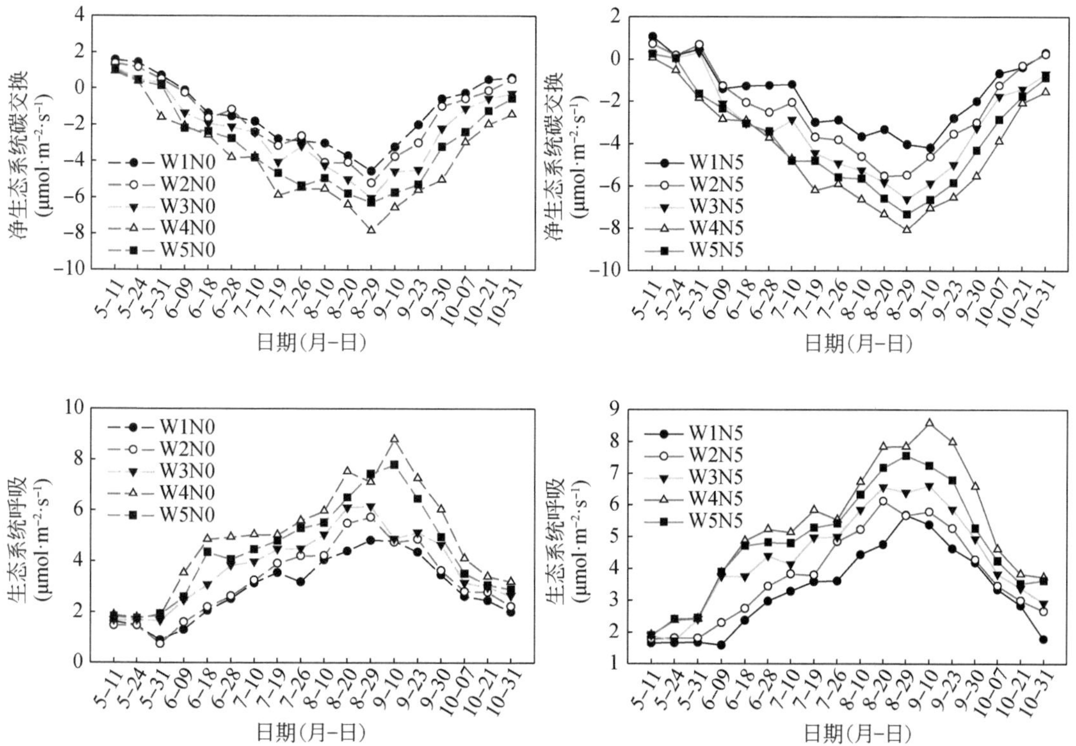

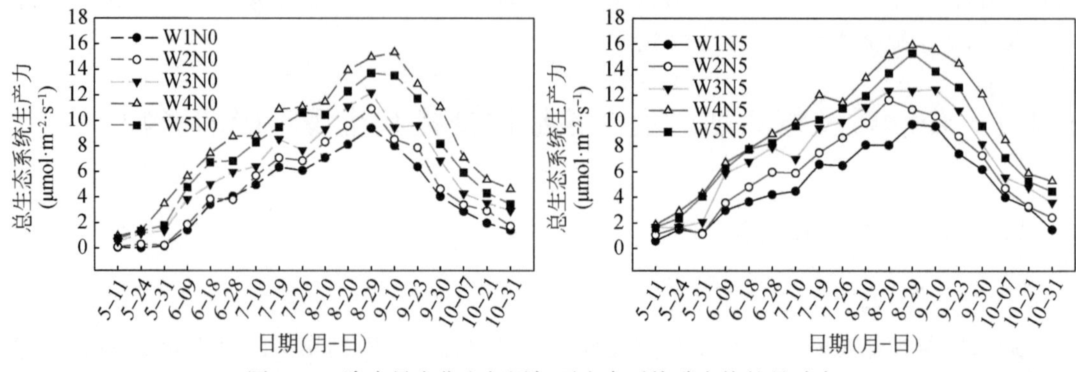

图 5-25　降水量变化和氮添加下生态系统碳交换的月动态

降水量和 N 添加对生态系统 C 交换日动态变化趋势的影响较小，但改变了 NEE、ER 和 GEP 的峰值：7 月日动态结果显示（图 5-26），降水量和 N 添加改变了 NEE、ER 和 GEP 的峰值。NEE、ER 和 GEP 日动态亦整体上呈现先增强后减弱的趋势，NEE 和 GEP 在上午 9:30 左右最强，ER 在 12:00 左右达到峰值。0 $g \cdot m^{-2} \cdot a^{-1}$的 N 添加下，增加 30% 降水量时 NEE、ER 和 GEP 分别在 9:30、12:00 以及 9:30 达到最大值 -5.03 ± 0.49 $\mu mol \cdot m^{-2} \cdot s^{-1}$、$5.97 \pm 0.18$ $\mu mol \cdot m^{-2} \cdot s^{-1}$和 10.26 ± 0.54 $\mu mol \cdot m^{-2} \cdot s^{-1}$。5 $g \cdot m^{-2} \cdot a^{-1}$的 N 添加下，增加 30% 降水量时 NEE、ER 和 GEP 分别在 9:30、12:00 以及 9:30 达到最大值 -5.60 ± 0.41 $\mu mol \cdot m^{-2} \cdot s^{-1}$、$6.13 \pm 0.15$ $\mu mol \cdot m^{-2} \cdot s^{-1}$和 11.11 ± 0.49 $\mu mol \cdot m^{-2} \cdot s^{-1}$。

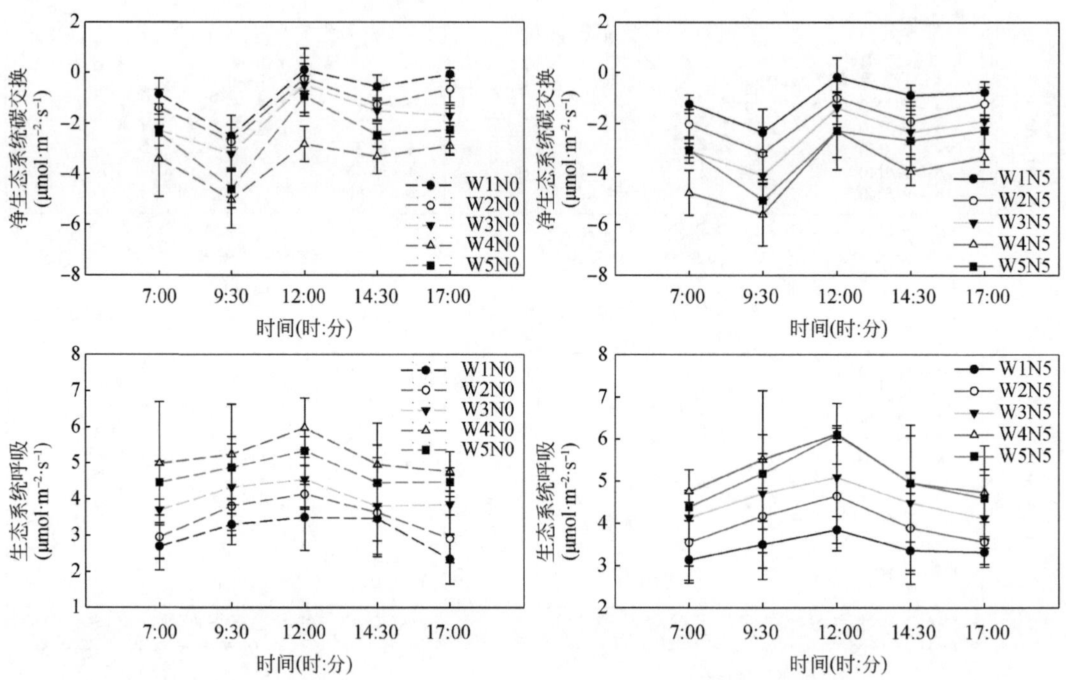

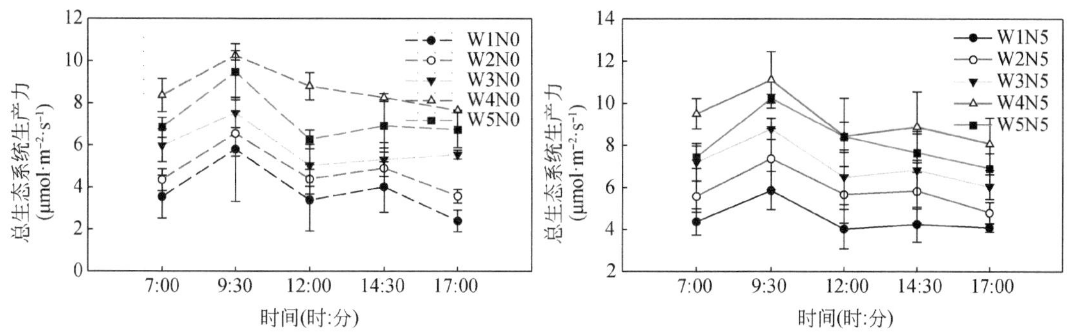

图 5-26　降水量变化和氮添加下 7 月生态系统碳交换的日动态

8 月日动态结果显示（图 5-27），降水量和 N 添加对生态系统 C 交换的影响表现出一致的规律。NEE、ER 和 GEP 的峰值发生改变，而改变的幅度不一致。NEE、ER 和 GEP

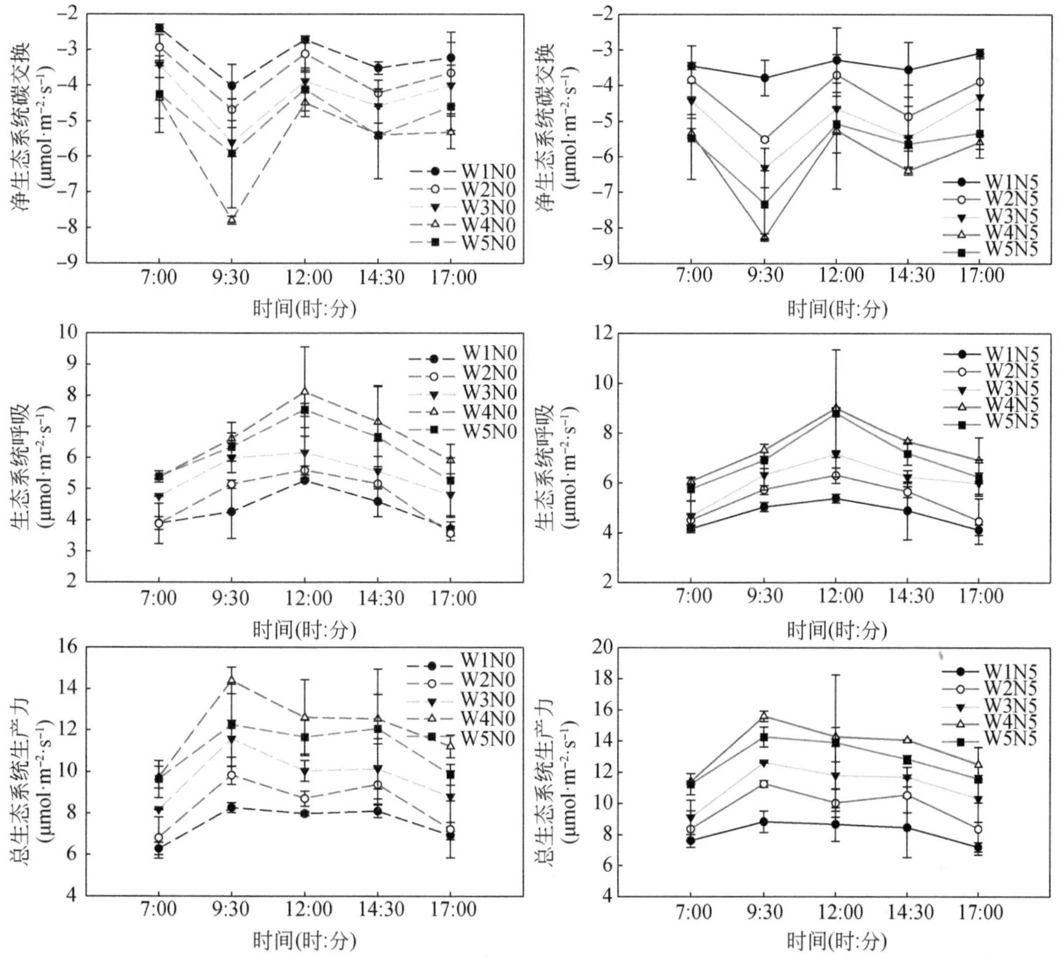

图 5-27　降水量变化和氮添加下 8 月生态系统碳交换的日动态

日动态亦整体上呈现先增强后减弱的趋势，NEE 和 GEP 在上午 9:30 左右最强，ER 在 12:00 左右达到峰值。0 $g \cdot m^{-2} \cdot a^{-1}$的 N 添加下，增加 30% 降水量时 NEE、ER 和 GEP 分别在 9:30、12:00 以及 9:30 达到最大值−7.79±0.37 $\mu mol \cdot m^{-2} \cdot s^{-1}$、8.12±0.92 $\mu mol \cdot m^{-2} \cdot s^{-1}$和 14.40±0.87 $\mu mol \cdot m^{-2} \cdot s^{-1}$。5 $g \cdot m^{-2} \cdot a^{-1}$的 N 添加下，增加 30% 降水量时 NEE、ER 和 GEP 分别在 9:30、12:00 以及 9:30 达到最大值−8.27±0.31 $\mu mol \cdot m^{-2} \cdot s^{-1}$、9.01±0.61 $\mu mol \cdot m^{-2} \cdot s^{-1}$和 15.57±0.48 $\mu mol \cdot m^{-2} \cdot s^{-1}$。

生长季每个月的动态变化如图 5-28、图 5-29 和图 5-30。5 月，随降水量的增加该系统由 C 源转为 C 汇。其中，0 $g \cdot m^{-2} \cdot a^{-1}$的 N 添加下，增加 30% 降水量时生态系统表现为 C 汇；5 $g \cdot m^{-2} \cdot a^{-1}$的 N 添加下，增加 30% 和 50% 降水量时由 C 源转为 C 汇。0 $g \cdot m^{-2} \cdot a^{-1}$的 N 添加下，与自然降水量相比，减少 30% 降水量显著降低了 ER 和 GEP（26.63% 和 80.39%，$p<0.05$），增加 30% 降水量显著提高了 GEP（91.09%，$p<0.05$）；5 $g \cdot m^{-2} \cdot a^{-1}$的 N 添加下，与自然降水量相比，增加 30% 降水量显著提高了 NEE 和 GEP（491.90% 和 67.22%，$p<0.05$）；相同降水量下，N 添加增强了 NEE、ER 和 GEP，且其效应在增加降水量时达到显著（$p<0.05$）。

6 月，0 $g \cdot m^{-2} \cdot a^{-1}$的 N 添加下，与自然降水量相比，减少 50% 降水量显著降低了 ER 和 GEP（35.78% 和 36.17%，$p<0.05$），减少 30% 降水量显著降低了 ER 和 GEP（30.89% 和 33.44%，$p<0.05$），增加 30% 降水量显著提高了 NEE、ER 和 GEP（57.45%、41.90% 和 47.31%，$p<0.05$）；5 $g \cdot m^{-2} \cdot a^{-1}$的 N 添加下，与自然降水量相比，减少 50% 降水量显著降低了 NEE、ER 和 GEP（57.57%、38.90%、46.95%，$p<0.05$），增加 30% 降水量显著提高了 ER（20.70%，$p<0.05$）；相同降水量下，N 添加增强了 NEE、ER 和 GEP，且其效应在减少 30% 降水量和自然降水量时达到显著（$p<0.05$）。

7 月，0 $g \cdot m^{-2} \cdot a^{-1}$的 N 添加下，与自然降水量相比，减少 50% 降水量显著降低了 ER 和 GEP（24.02% 和 23.11%，$p<0.05$），增加 30% 降水量显著提高了 NEE、ER 和 GEP（56.70%、20.79% 和 36.11%，$p<0.05$），增加 50% 降水量显著提高了 NEE 和 GEP（43.30% 和 25.65%，$p<0.05$）；5 $g \cdot m^{-2} \cdot a^{-1}$的 N 添加下，与自然降水量相比，减少 50% 降水量显著降低了 NEE、ER 和 GEP（42.26%，25.71% 和 33.33%，$p<0.05$），增加 30% 降水量显著提高了 NEE、ER 和 GEP（37.59%、17.03% 和 26.59%，$p<0.05$）；相同降水量下，N 添加效应不显著（$p>0.05$）。

8 月，0 $g \cdot m^{-2} \cdot a^{-1}$的 N 添加下，与自然降水量相比，减少 50% 降水量显著降低了 ER 和 GEP（28.80% 和 28.56%，$p<0.05$），增加 30% 降水量显著提高了 NEE 和 GEP（39.18% 和 24.27%，$p<0.05$）；5 $g \cdot m^{-2} \cdot a^{-1}$的 N 添加下，与自然降水量相比，减少 50% 降水量显著降低了 NEE、ER 和 GEP（40.04%、20.32% 和 30.17%，$p<0.05$），增加 30% 降水量显著提高了 NEE 和 GEP（30.96% 和 23.29%，$p<0.05$）；相同降水量下，N 添加增强了 NEE 和 GEP，且其效应在自然和减少 30% 降水量时达到显著（$p<0.05$）。

9 月，0 $g \cdot m^{-2} \cdot a^{-1}$的 N 添加下，与自然降水量相比，减少 50% 降水量显著降低了 NEE 和 GEP（48.43% 和 28.90%，$p<0.05$），增加 30% 降水量显著提高了 NEE、ER 和 GEP（52.35%、50.57% 和 51.34%，$p<0.05$），增加 50% 降水量显著提高了 ER 和 GEP（31.06% 和 28.90%，$p<0.05$）；5 $g \cdot m^{-2} \cdot a^{-1}$的 N 添加下，与自然降水量相比，减少

50%降水量显著降低了 NEE、ER 和 GEP（36.31%、18.48%和 26.4%，$p<0.05$），增加 30%降水量显著提高了 NEE、ER 和 GEP（35.30%、32.91%和 33.98%，$p<0.05$）；相同降水量下，N 添加增强了 NEE 和 GEP，且其效应在减少 50%降水量时达到显著（$p<0.05$）。

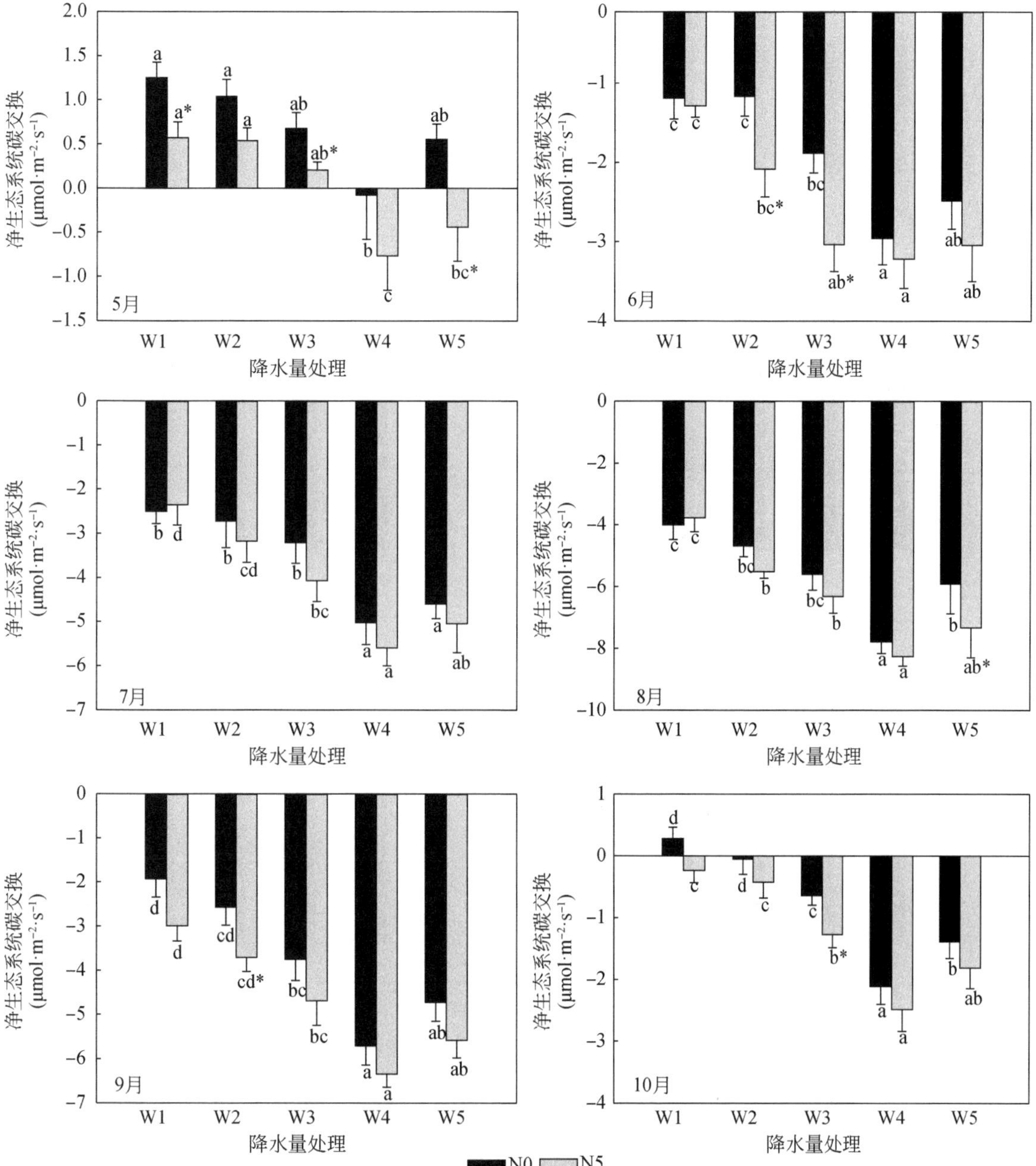

图 5-28　降水量和氮添加对 5～10 月份净生态系统碳交换的影响

不同小写字母表示相同氮添加下降水量处理间各指标的差异显著（$p<0.05$）。

*表示相同降水量处理间氮添加对各指标有显著影响（$p<0.05$）

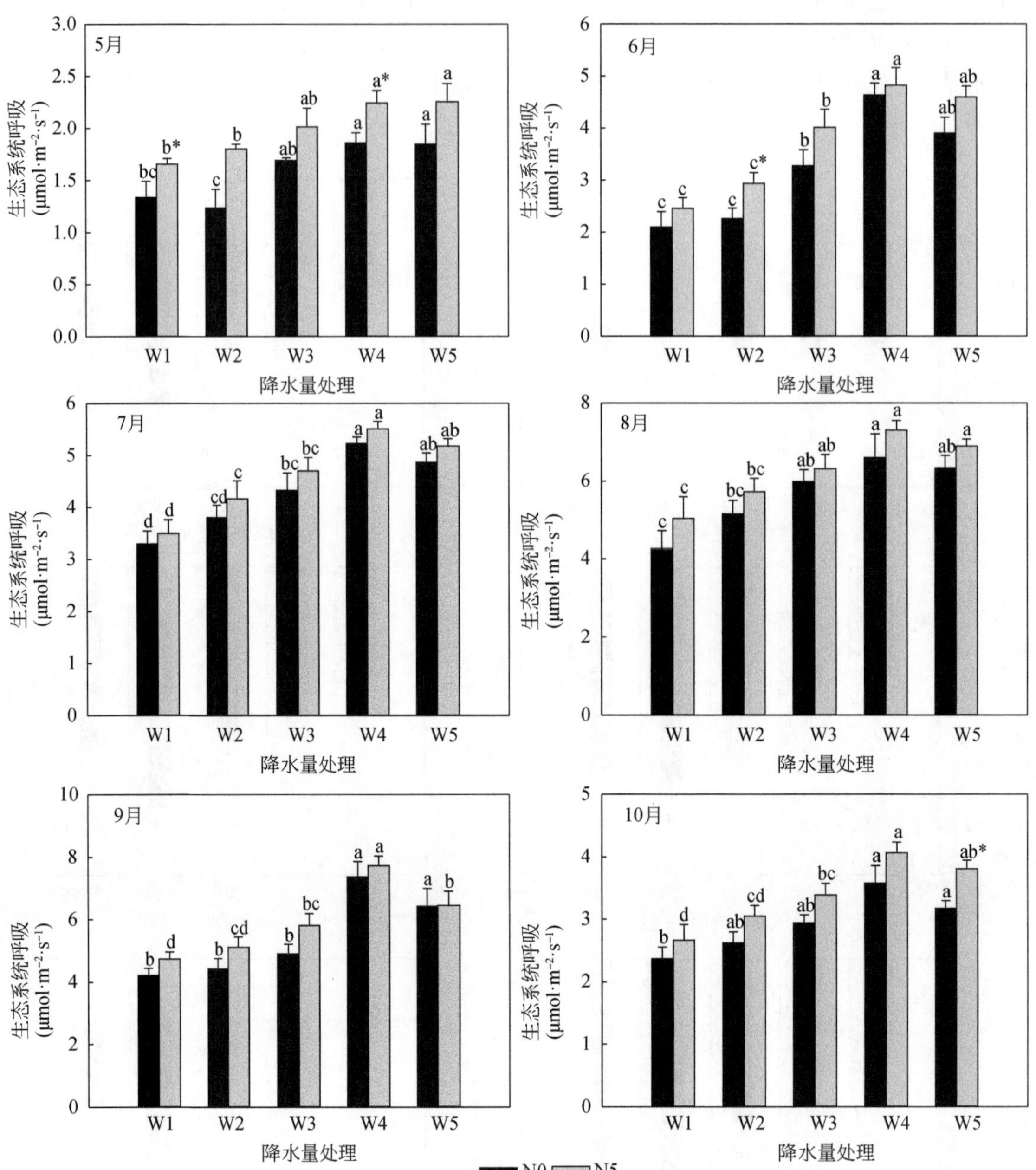

图 5-29 降水量和氮添加对 5 ~ 10 月份生态系统呼吸的影响

不同小写字母表示相同氮添加下降水量处理间各指标的差异显著（$p<0.05$）。

*表示相同降水量处理间氮添加对各指标有显著影响（$p<0.05$）

10 月，0 g · m^{-2} · a^{-1}的 N 添加下，与自然降水量相比，减少 50% 降水量显著降低了 NEE 和 GEP（143.63% 和 41.67%，$p<0.05$），减少 30% 降水量显著降低了 NEE 和 GEP（91.27% 和 25.33%，$p<0.05$），增加 30% 降水量显著提高了 NEE 和 GEP（229.05% 和 59.05%，$p<0.05$），增加 50% 降水量显著提高了 NEE 和 GEP（115.55% 和 27.22%，$p<$

0.05)；5 g·m^{-2}·a^{-1}的 N 添加下，与自然降水量相比，减少 50% 降水量显著降低了 ER 和 GEP（21.38% 和 37.68%，$p<0.05$），增加 30% 降水量显著提高了 ER 和 GEP（20.11% 和 40.77%，$p<0.05$）；相同降水量下，N 添加增强了 NEE、ER 和 GEP，且其效应在增加和自然降水量时达到显著（$p<0.05$）。

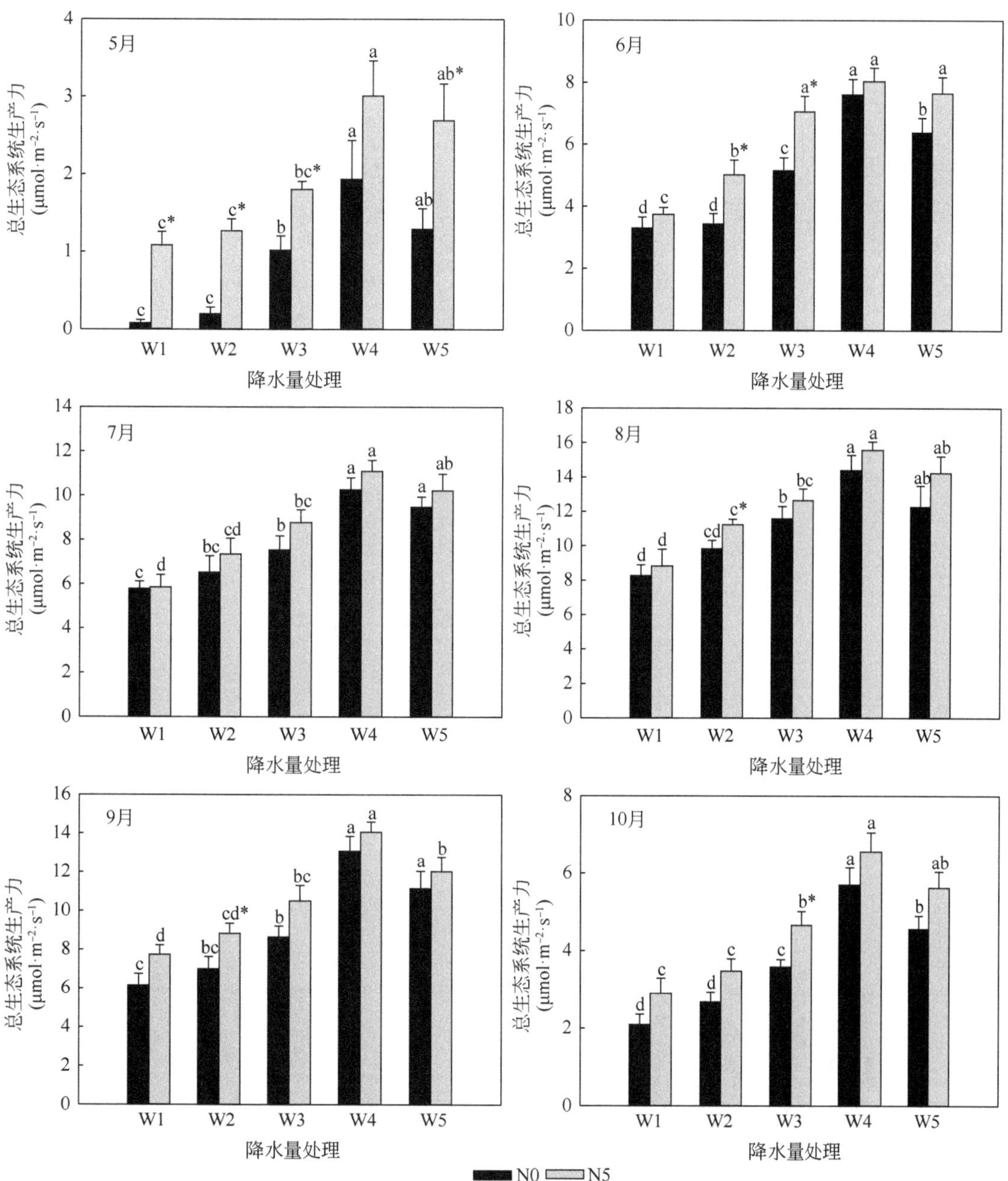

图 5-30 降水量和氮添加对 5～10 月份总生态系统生产力的影响

不同小写字母表示相同氮添加下降水量处理间各指标的差异显著（$p<0.05$）。

* 表示相同降水量处理间氮添加对各指标有显著影响（$p<0.05$）

（2）响应特征

5～10月的综合结果显示（表5-18），降水量和N添加对NEE、ER和GEP均有极显著影响（$p<0.01$）；降水量和N添加对NEE有极显著交互作用（$p<0.01$），对GEP有显著交互作用（$p<0.05$）。

表5-18　降水量、氮添加及其交互作用对生态系统碳交换的影响

差异来源	自由度	NEE	ER	GEP
降水量	4	118.816**	76.413**	199.137**
氮添加	1	233.957**	58.426**	401.467**
降水量×氮添加	4	5.090**	1.767	4.598*

NEE、ER和GEP分别代表净生态系统碳交换、生态系统呼吸和总生态系统生产力。表中数据为F值。*和**分别代表显著性水平小于0.05和0.01

单因素方差分析中（图5-31）：NEE在整个生长季表现为负值，即生态系统表现为C吸收。0 g m^{-2} a^{-1}的N添加水平下，与自然降水量相比，减少降水量显著降低了NEE、ER和GEP（$p<0.05$），增加降水量显著提高了NEE、ER和GEP（$p<0.05$）。5 g m^{-2} a^{-1}的N添加水平下，与自然降水量相比，减少降水量显著降低了NEE、ER和GEP（$p<0.05$），增加

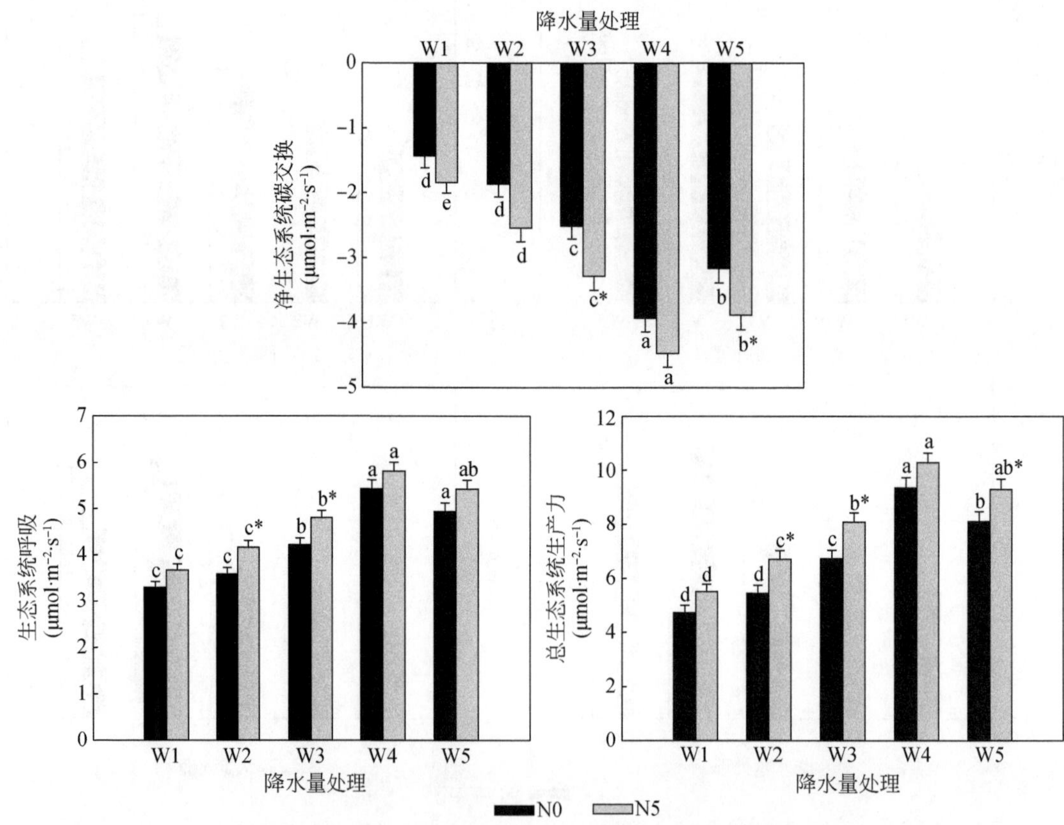

图5-31　降水量和氮添加对生长季生态系统碳交换的影响

不同小写字母表示相同氮添加下降水量处理间各指标存在显著性差异（$p<0.05$）。

*表示相同降水量下氮添加处理间各指标存在显著性差异（$p<0.05$）

30% 和 50% 降水量显著提高了 NEE、增加 30% 降水量显著提高了 ER 和 GEP（$p<0.05$）。相同降水量条件下，N 添加增强了 NEE、ER 和 GEP，且其效应在自然降水量和增加 50% 降水量时达到显著水平（$p<0.05$），而在其他增减降水量条件下未达到显著水平（$p>0.05$）。

5.4.1.2 土壤呼吸

（1）时间动态

三年降水量变化和 N 添加下（图 5-32），随着生长季的推进，各处理的土壤呼吸速率均表现为先增加后降低的变化，最大值出现在 7 月下旬至 8 月下旬。

日动态上，各降水量和 N 添加处理下 7 月和 8 月土壤呼吸速率均表现为先增加后降低的变化趋势，其最大值基本都出现在 12:00 的时间点（图 5-33、图 5-34 和图 5-35）。

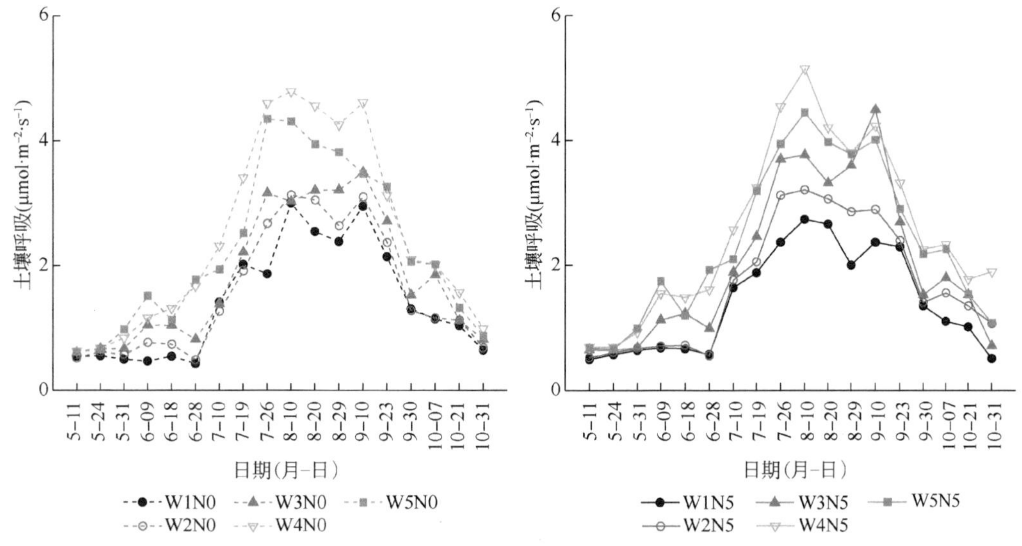

图 5-32 降水量变化和氮添加下土壤呼吸的时间动态

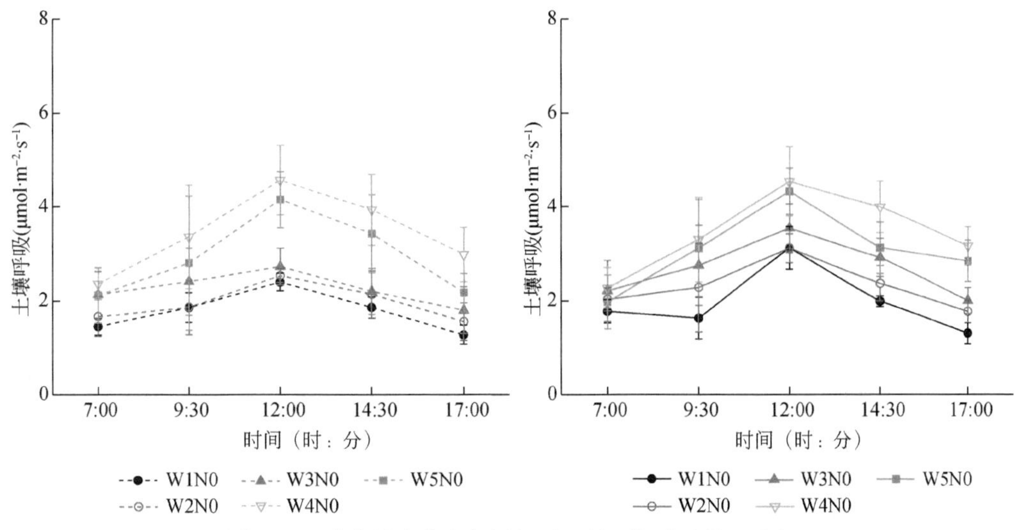

图 5-33 降水量变化和氮添加下 7 月土壤呼吸的日动态

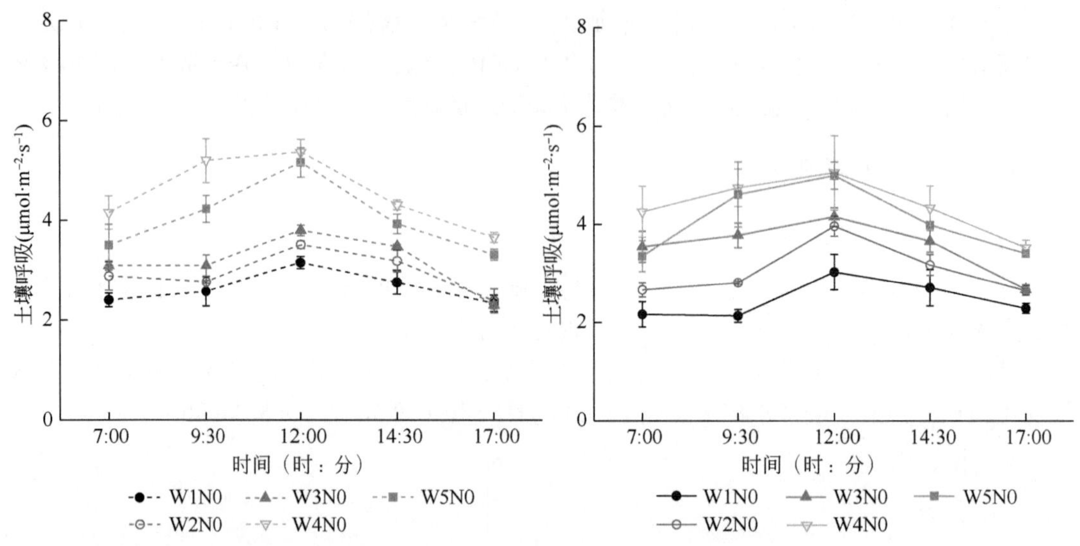

图 5-34　降水量变化和氮添加下 8 月土壤呼吸的日动态

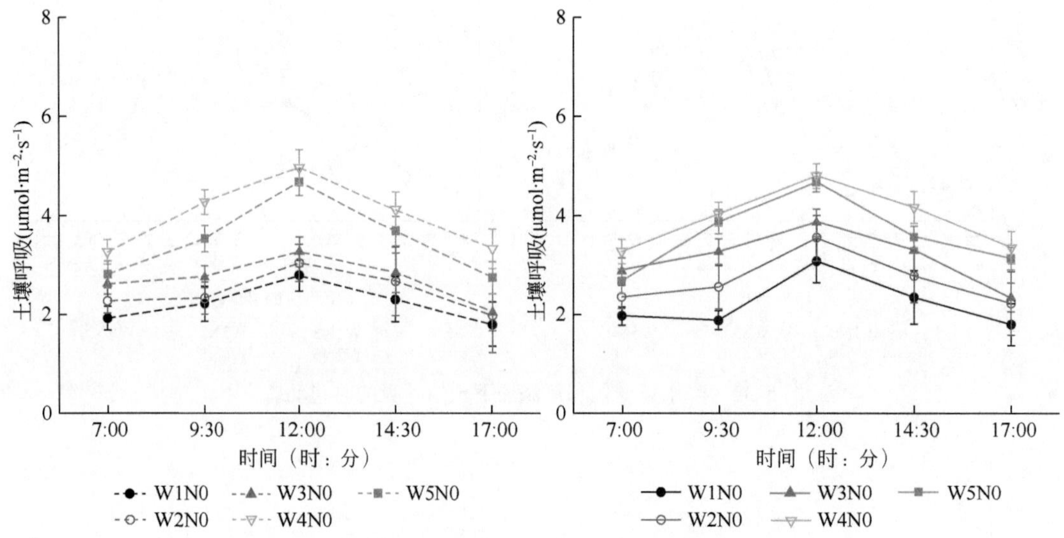

图 5-35　降水量变化和氮添加下 7 ~ 8 月土壤呼吸的日动态

（2）响应特征

综合 5 ~ 10 月的结果显示（表 5-19），降水量对土壤呼吸速率有极显著影响（$p<0.01$），N 添加及其与降水量的交互作用对土壤呼吸速率无显著影响（$p>0.05$）。

表 5-19　降水量、氮添加及其交互作用对土壤呼吸速率的影响

变异来源	自由度	土壤呼吸
降水量	4	5. 420 **
氮添加	1	0. 375
降水量×氮添加	4	0. 048

表中数据为 F 值。** 代表显著性水平小于 0. 01

沿降水量增加梯度，各月份土壤呼吸速率均增加，但各个月份表现不同（图 5-36）：5 月、9 月和 10 月，两个 N 添加水平下，各降水量处理间土壤呼吸速率无显著差异（$p>0.05$）；6 月，0 g m^{-2} a^{-1}的 N 添加水平下，减少和增加 50% 降水量分别显著降低、提高了

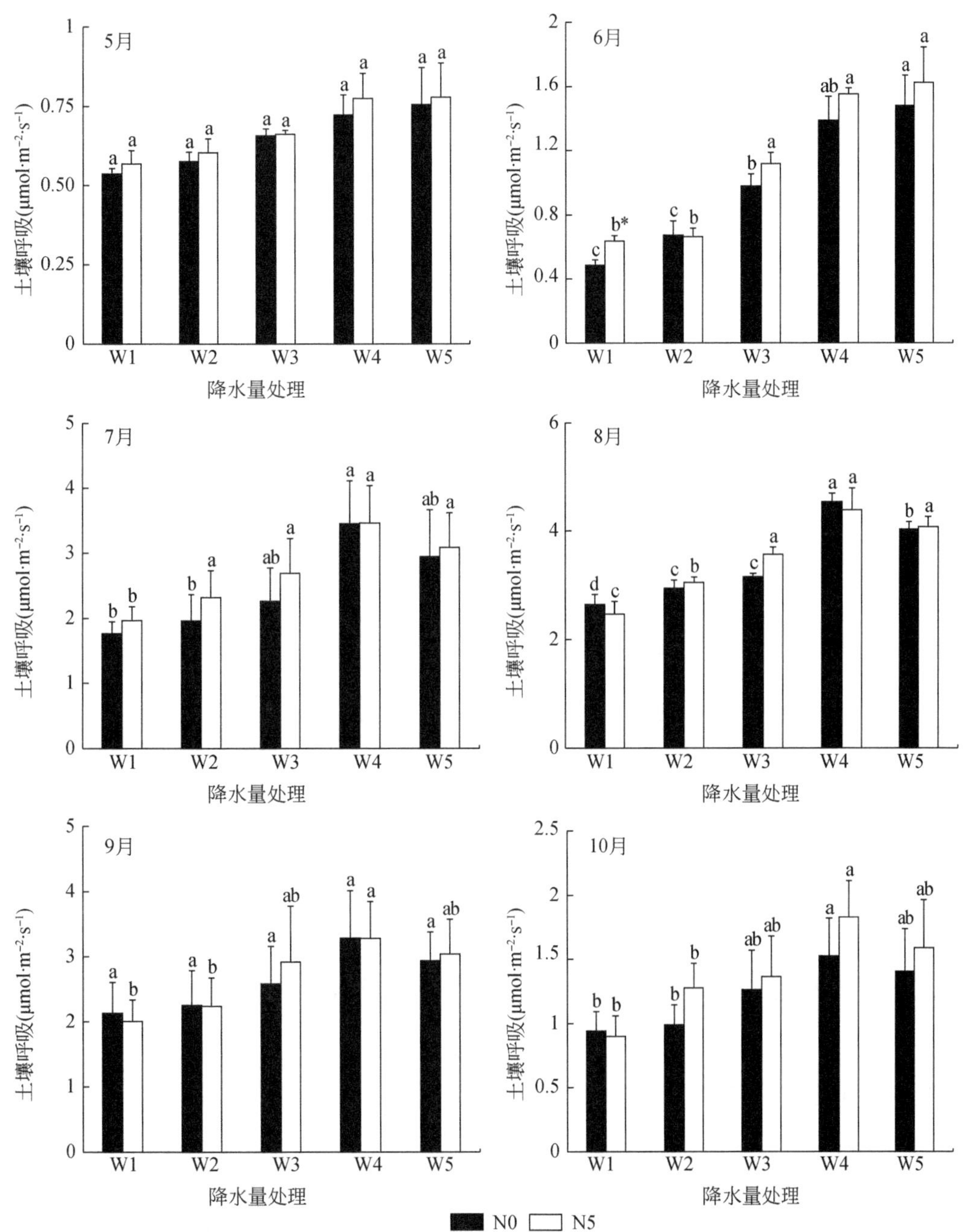

图 5-36　不同氮添加处理下降水量对 5 ~ 10 月份土壤呼吸的影响

不同小写字母代表同一氮水平下降水量处理间土壤呼吸速率的差异显著（$p<0.05$）

土壤呼吸速率（$p<0.05$），5 g m^{-2} a^{-1}的 N 添加水平下，减少降水量显著降低了土壤呼吸速率（$p<0.05$）；7 月份，0 g m^{-2} a^{-1}的 N 添加水平下，减少和增加降水量均未显著影响土壤呼吸速率（$p>0.05$），5 g m^{-2} a^{-1}的 N 添加水平下，减少 50% 降水量显著降低了土壤呼吸速率（$p<0.05$）；8 月份，0 g m^{-2} a^{-1}的 N 添加水平下，减少 50% 和增加降水量分别显著降低、提高了土壤呼吸速率（$p<0.05$）。5 g m^{-2} a^{-1}的 N 添加水平下，减少 50% 和 30% 降水量显著降低了土壤呼吸速率（$p<0.05$）。

六个月份的综合结果显示（图 5-37），0 g m^{-2} a^{-1}和 5 g m^{-2} a^{-1}的 N 添加水平下，土壤呼吸速率均随着降水量增加而增加。与自然降水量相比，增加和减少降水量对土壤呼吸速率的影响均未达到显著水平（$p>0.05$）。相同降水量条件下，N 添加对土壤呼吸速率的影响不显著。

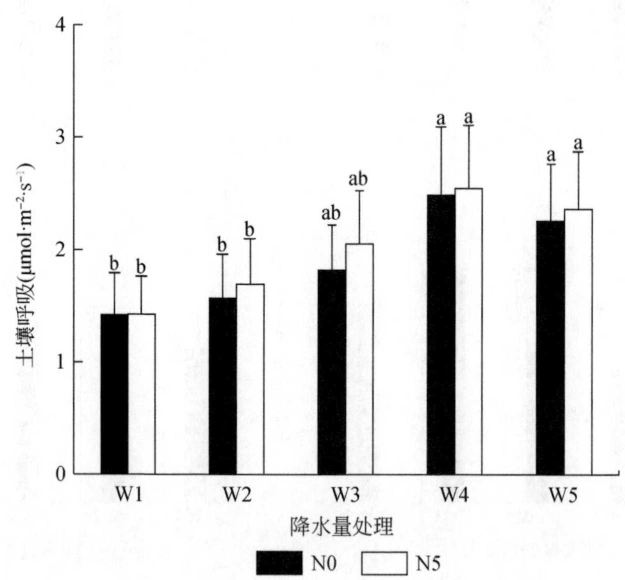

图 5-37　不同氮添加处理下降水量对土壤呼吸的影响

不同小写字母代表同一氮水平下降水量处理间土壤呼吸速率的差异显著（$p<0.05$）

5.4.2　降水量及氮添加影响生态系统碳交换的机制分析

5.4.2.1　生态系统碳交换的时间动态

降水量和 N 添加及其交互作用对生态系统 C 交换的影响取决于土壤本底条件。作为驱动生态过程的关键影响因子，降水量的改变和 N 添加能够影响生态系统 C 源汇功能（Reichstein et al.，2013；文海燕等，2019）。降水量和 N 添加下生态系统 C 交换月动态的结果显示，在生长季期间荒漠草原由 C 源转为 C 汇，NEE、ER 和 GEP 呈先增大后减小的趋势，与针对黄土高原典型草原的研究结果类似（文海燕等，2019）。这可能是由于随着生长季推移，植物生长加快，叶片光合作用增强，从而植被 C 吸收能力提高（牛亚毅等，

2014)；同时，GEP 的增加幅度大于 ER（Niu et al.，2010），故生态系统逐渐转变为 C 汇。降水量和 N 添加下生态系统 C 交换日动态的结果显示，-NEE 在中午前后明显降低，出现“午休”现象。这可能是由于夏季高温、强辐射和低空气湿度等因素使叶片气孔导度下降或者关闭，植物呼吸速率变大，导致光合作用受到一定程度的抑制（许疆维等，2019）。

5.4.2.2 生态系统碳交换对降水量及氮添加的响应特征

本书研究中，与减少降水量相比，增加降水量不同程度地提高了 NEE、ER 和 GEP，与针对内蒙古典型草原的研究结果一致（Niu et al.，2008）。可能是由于研究区长期处于干旱环境，NEE 等 C 循环过程对增加降水量的响应敏感性高于减少降水量（Knapp et al.，2017)；另外，降水量通过影响土壤含水量间接影响生态系统 C 交换过程（耿晓东等，2018)，即降水量增加使得土壤湿度和养分有效性增加，一定程度上促进了土壤呼吸作用（Knapp et al.，2017)；此外，在增加 50% 降水量条件下，N 添加显著增强了 NEE 和 GEP。一方面，N 添加能够促进叶片 N 摄取，从而增强光合速率（马俐等，2016）、提高 CO_2 吸收能力（安卓等，2011）。另一方面，N 添加效应受到降水量的影响，即一定量的土壤水分能够更好地激发 N 肥肥效的释放，进而提高植被生产力、增强植物光合固定作用。同时，降水量和 N 添加的交互作用具有一定的时滞性（白春利等，2013；李香云等，2020)，因而减少（30% 和 50%）、自然和增加 30% 降水量条件下，短期 N 添加对 NEE 的正效应未达到显著水平。

5.5 基于 C：N：P 生态化学计量学的生态服务功能评价

依据 5.1 节、5.2 节、5.3 节和 5.4 节的研究结果，以土壤酶活性为例，研究人员分析了①植物生物量、植物多样性、微生物-土壤 C：N：P 生态化学计量学特征与土壤性质的关系，②土壤 C：N：P 生态化学计量学特征与植物生物量和多样性的关系，③植物生物量、植物多样性、微生物-土壤 C：N：P 生态化学计量学特征与生态系统 C 交换的关系，④微生物-土壤 C：N：P 生态化学计量学特征与土壤呼吸速率的关系，从 C：N：P 生态化学计量学角度评估了降水量及 N 添加对荒漠草原生态系统服务的影响。

5.5.1 植被-土壤系统 C：N：P 生态化学计量学特征与土壤性质和植被特征的关系

5.5.1.1 土壤基本性质

(1) 植物生物量与土壤酶活性的关系

图 5-38 中，蔗糖酶活性随着白草以及糙隐子草种群生物量的增加而显著增加（$p<0.05$)；脲酶活性随着草木樨状黄芪种群生物量的增加而显著减少、随着糙隐子草种群生物量的增加而显著增加（$p<0.05$)；磷酸酶活性随着草木樨状黄芪种群生物量的增加而显著减少、随着糙隐子草种群生物量的增加而显著增加（$p<0.05$)。

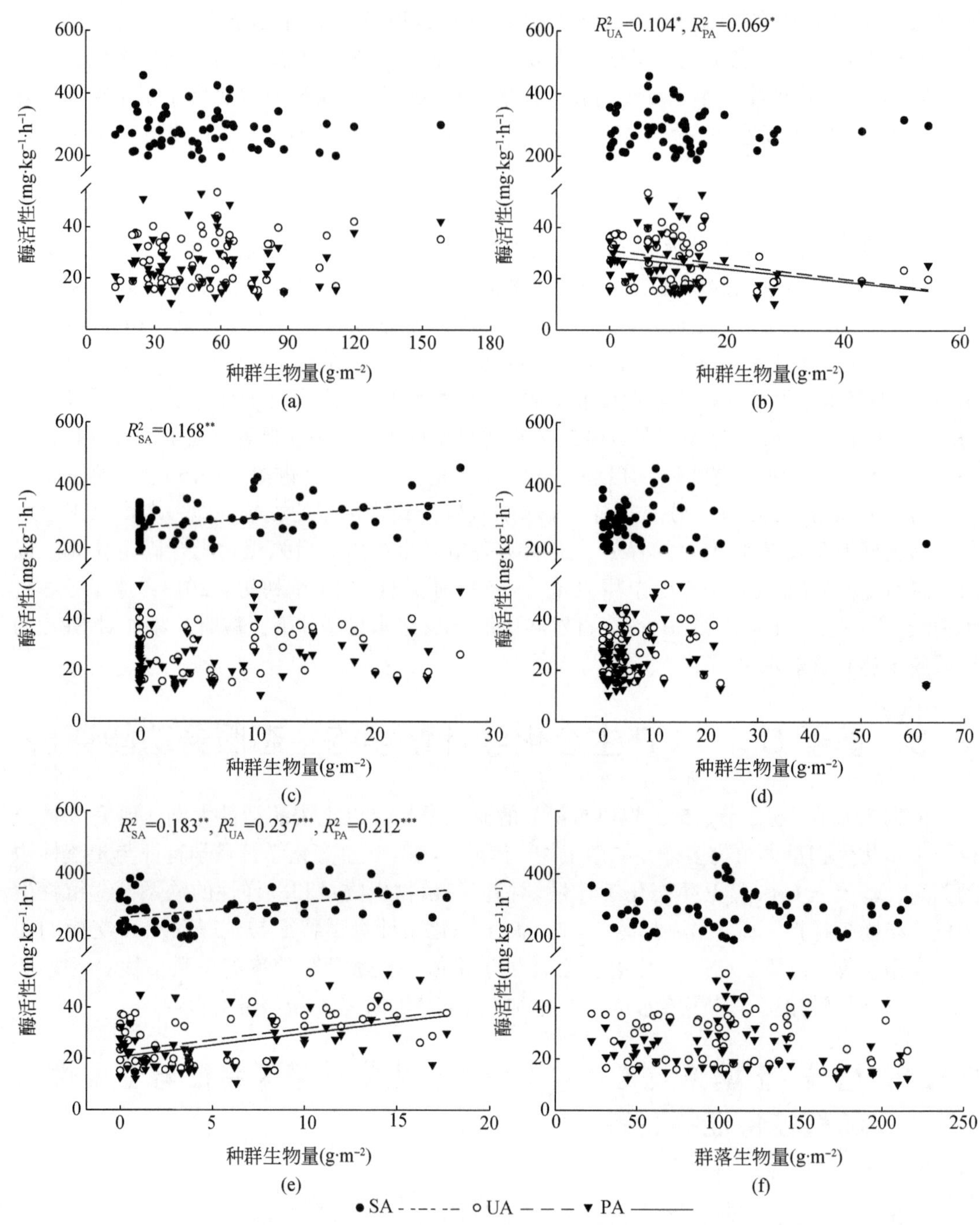

图 5-38 植物生物量与土壤酶活性的关系

(a)、(b)、(c)、(d) 和 (e) 分别表示牛枝子、草木樨状黄芪、白草、针茅和糙隐子草种群生物量。(f) 代表群落生物量。SA、UA 和 PA 分别代表蔗糖酶、脲酶和磷酸酶活性。*、** 和 *** 分别表示 $p<0.05$、$p<0.01$ 和 $p<0.001$

(2) 植物多样性与土壤酶活性的关系

如图 5-39 所示，蔗糖酶活性随着 Patrick 丰富度指数的增加而显著增加、随着 Pielou

均匀度指数以及 Simpson 优势度指数的增加而显著减小（$p<0.05$）；脲酶活性随着 Shannon-Wiener 多样性指数以及 Pielou 均匀度指数的增加而显著减小（$p<0.05$）；磷酸酶活性随着 Shannon-Wiener 多样性指数、Pielou 均匀度指数以及 Simpson 优势度指数的增加而显著减小（$p<0.05$）。

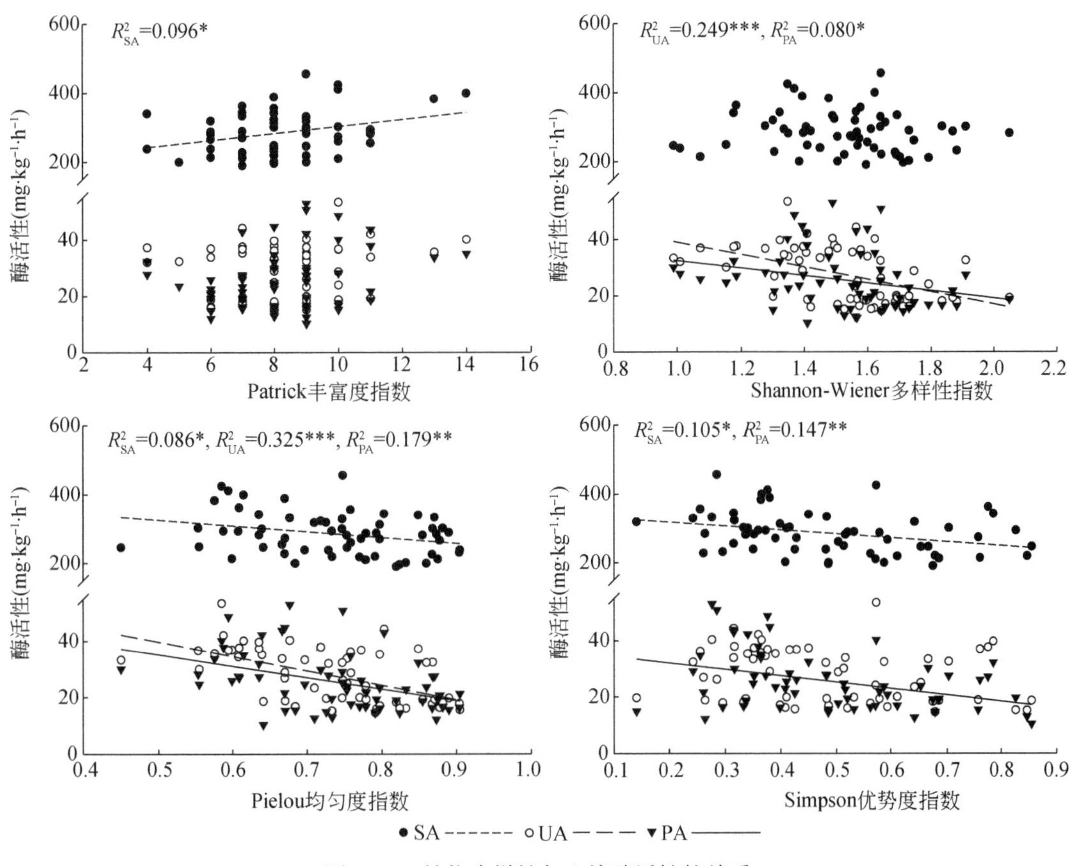

图 5-39　植物多样性与土壤酶活性的关系

SA、UA 和 PA 分别代表蔗糖酶、脲酶和磷酸酶活性。*、** 和 *** 分别表示 $p<0.05$、$p<0.01$ 和 $p<0.001$

（3）微生物-土壤 C∶N∶P 生态化学计量学特征与土壤酶活性的关系

两个典范轴累计方差解释率为 64%。对土壤酶活性影响显著的因子包括土壤 pH、土壤全 P 含量、微生物生物量 C∶P、微生物生物量 C∶N、土壤 N∶P、微生物生物量 C 含量、微生物生物量 P 含量、土壤 C∶P、土壤 NH_4^+-N 浓度、微生物生物量 N 含量和土壤 NO_3^--N 浓度（表 5-20 和图 5-40）。其中，蔗糖酶活性与土壤 pH、土壤全 P 含量、微生物生物量 P 含量、微生物生物量 N 含量以及土壤 NO_3^--N 浓度呈较强的正相关，与微生物生物量 C∶P、微生物生物量 C∶N、土壤 N∶P、微生物生物量 C 含量、土壤 C∶P 以及土壤 NH_4^+-N 浓度呈较强的负相关；脲酶和磷酸酶活性与以上因子的关系均与蔗糖酶活性的相反。

表 5-20　土壤酶活性与土壤因子 RDA 中各土壤因子的条件效应

指标	pH	TP	C：P_m	C：N_m	N：P_s	MBC	MBP	C：P_s	NH_4^+	MBN	NO_3^-	N：P_m	SWC	SOC	TN	EC	AP	C：N_s
F	53.7	37.3	28.4	28.0	27.2	22.4	20.1	18.4	17.9	16.4	5.9	2.5	1.1	1.0	0.9	0.4	0.3	0.2
P	0.002	0.002	0.002	0.002	0.002	0.002	0.002	0.002	0.002	0.002	0.016	0.110	0.266	0.318	0.356	0.638	0.676	0.776

SOC、TN、TP、C：Ns、C：Ps 和 N：Ps 分别代表土壤有机 C、全 N、全 P、C：N、C：P 和 N：P。MBC、MBN、MBP、C：N_m、C：P_m 和 N：P_m 分别代表微生物生物量 C、N、P、C：N、C：P 和 N：P。NH_4^+、NO_3^-、AP、pH、EC 和 SWC 分别代表土壤 NH_4^+-N、NO_3^--N、速效 P、pH、电导率和含水量

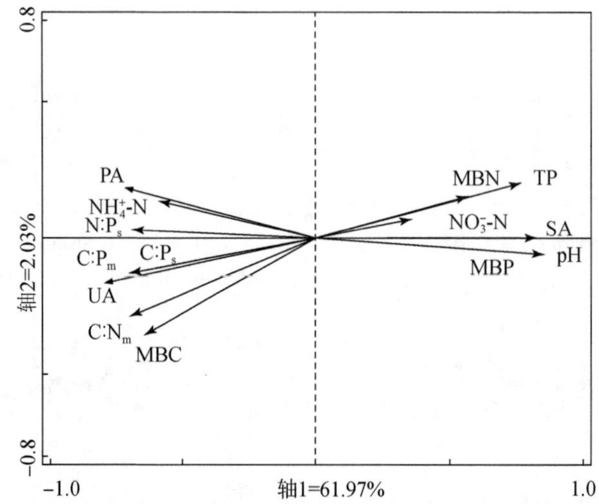

图 5-40　微生物–土壤 C：N：P 生态化学计量学特征及其他因子与土壤酶活性的 RDA

SA、UA 和 PA 分别代表蔗糖酶、脲酶和磷酸酶活性。TP、C：P_s 和 N：P_s 分别代表土壤全 P、C：P 和 N：P。MBC、MBN、MBP、C：N_m 和 C：P_m 分别代表微生物生物量 C、N、P、C：N 和 C：P。NH_4^+-N、NO_3^--N 和 pH 分别代表土壤 NH_4^+-N、NO_3^--N 和 pH

5.5.1.2　植物生长和多样性

(1) 土壤 C：N：P 生态化学计量学特征与植物生物量的关系

在土壤因子与植物种群生物量的 RDA 结果中［图 5-41（a）］，两个典范轴累计方差解释率为 75.07%。二者的对应关系存在物种差异性，如牛枝子种群生物量与含水量、有机 C 含量、N：P、C：P 以及 C：N 正相关，与 pH、NH_4^+-N 浓度和 NO_3^--N 浓度负相关；草木樨状黄芪种群生物量与含水量、全 N 含量、有机 C 含量、N：P、C：P、速效 P 浓度、全 P 含量以及 C：N 正相关，与 pH 负相关；猪毛蒿种群生物量与含水量、全 N 含量、有机 C 含量、N：P、C：P、速效 P 浓度和 C：N 正相关，与 pH、NH_4^+-N 浓度和 NO_3^--N 浓度负相关。

(2) 土壤 C：N：P 生态化学计量学特征与植物多样性的关系

土壤因子与植物多样性指数的 RDA 结果显示［图 5-41（b）］，两个典范轴累计方差解释率为 92.26%：Patrick 丰富度指数与含水量、有机 C 含量、C：N、全 N 含量、pH 和

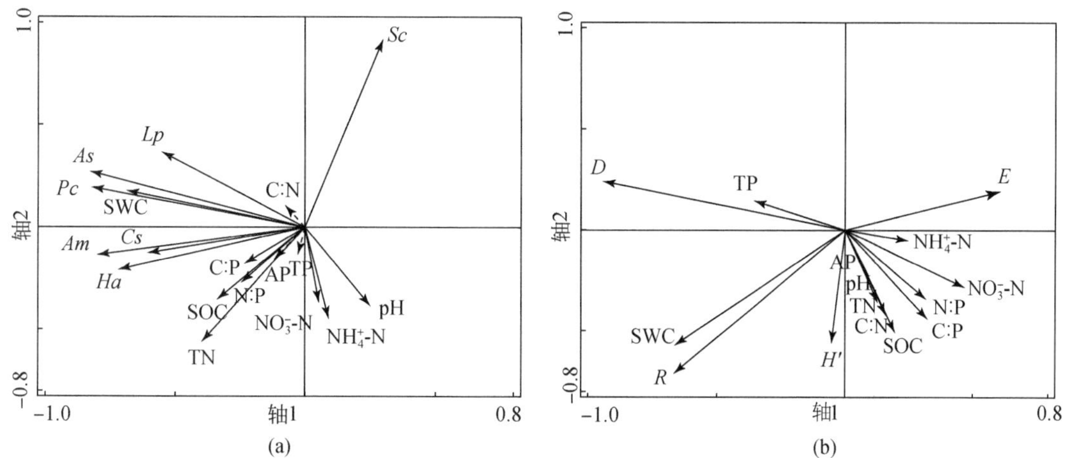

图 5-41　土壤 C : N : P 生态化学计量学特征及其他因子与植物种群生物量（a）和多样性（b）的 RDA

Lp、*Am*、*Sc*、*As*、*Pc*、*Cs* 和 *Ha* 分别代表牛枝子、草木樨状黄芪、针茅、猪毛蒿、白草、糙隐子草和阿尔泰狗娃花。SWC、SOC、TN、TP、C : N、C : P、N : P、AP、pH、NH_4^+-N 和 NO_3^--N 分别代表土壤含水量、有机 C、全 N、全 P、C : N、C : P、N : P、速效 P、pH、NH_4^+-N 和 NO_3^--N

速效 P 浓度正相关；Shannon-Wiener 多样性指数与含水量、有机 C 含量、C : P、C : N、N : P、全 N 含量、pH 和速效 P 浓度正相关；Pielou 均匀度指数与 NO_3^--N 浓度、C : P、N : P 和 NH_4^+-N 浓度正相关，与含水量负相关；Simpson 优势度指数与含水量和全 P 含量正相关，与其他指标呈不同程度的负相关关系。

5.5.1.3　生态系统碳交换和土壤呼吸

(1) 植物生物量与生态系统碳交换的关系

-NEE 和 GEP 均与牛枝子和草木樨状黄芪种群生物量以及群落生物量存在显著正的线性关系（图 5-42，$p<0.05$）。ER 与牛枝子、草木樨状黄芪、针茅、糙隐子草种群生物量以及群落生物量存在显著正的线性关系（$p<0.05$）。

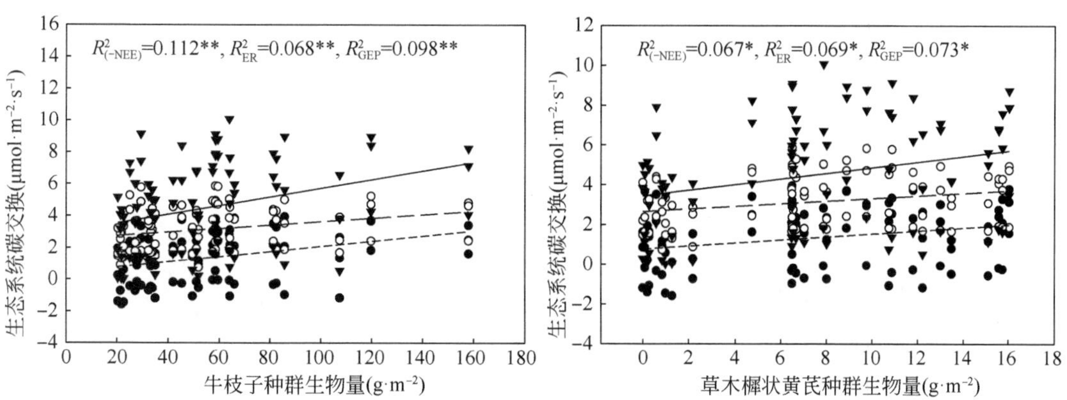

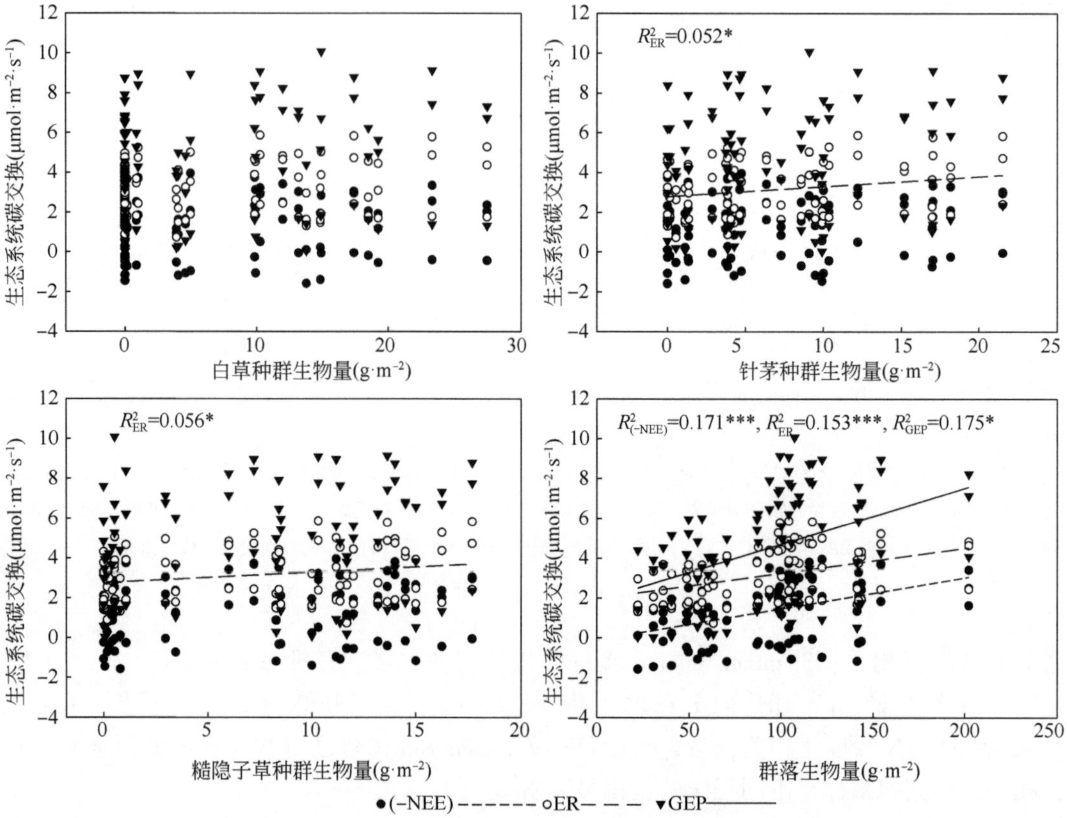

●(−NEE)------ ○ER— — — ▼GEP———

图 5-42　植物生物量与生态系统碳交换的关系

*、**、***分别代表显著性水平小于 0.05、0.01 和 0.001

(2) 植物多样性与生态系统碳交换的关系

−NEE、ER 和 GEP 均与 Patrick 丰富度指数以及 Shannon-Wiener 多样性指数存在较强的线性关系（图 5-43，$p<0.01$），即三者随着 Patrick 丰富度指数以及 Shannon-Wiener 多样性指数的增加而增加。

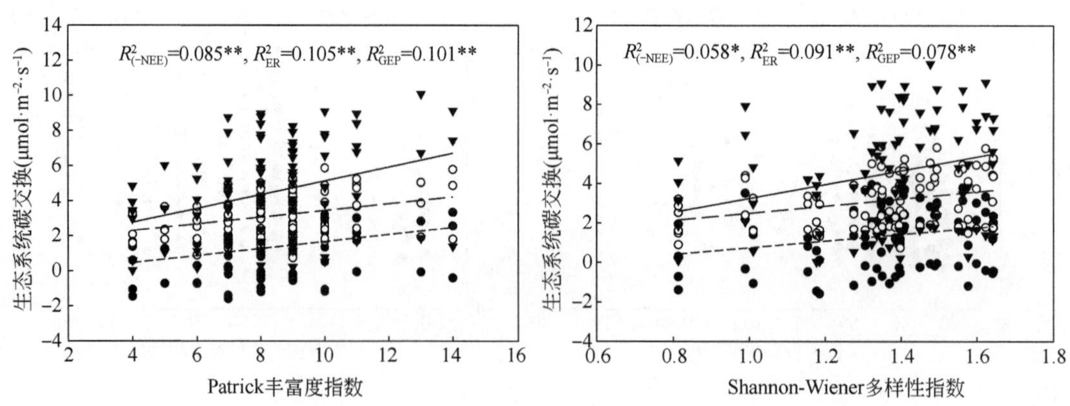

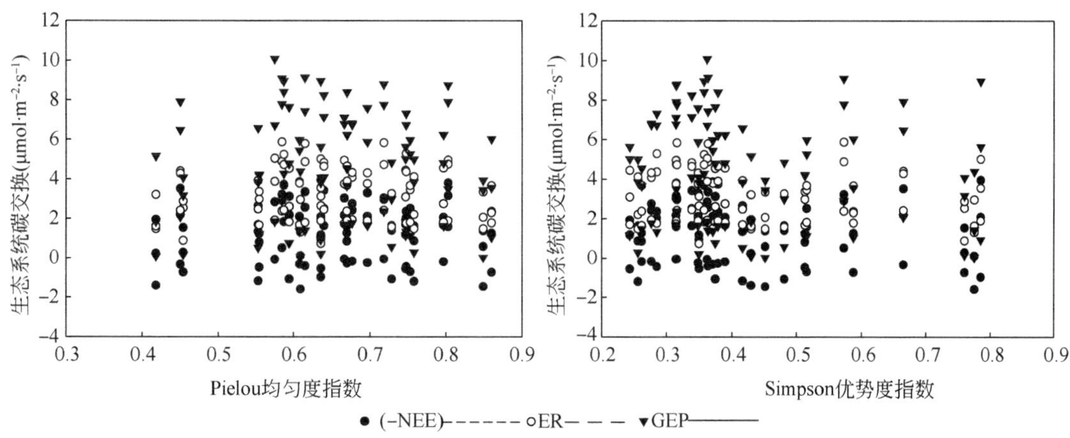

图 5-43 植物多样性与生态系统碳交换的关系

NEE、ER 和 GEP 分别代表净生态系统 C 交换、生态系统呼吸和总生态系统生产力。

* 和 ** 分别代表显著性水平小于 0.05 和 0.01

(3) 微生物-土壤 C∶N∶P 生态化学计量学特征与生态系统碳交换的关系

对生态系统 C 交换影响显著的土壤性质分别是含水量、磷酸酶活性、C∶N、电导率、全 N 含量、C∶P、全 P 含量、微生物生物量 P 含量、蔗糖酶活性和有机 C 含量（$p<0.05$，表 5-21 和图 5-44）。其中，-NEE 与土壤含水量、磷酸酶活性、C∶N、电导率、C∶P、蔗糖酶活性和有机 C 含量呈较强的正相关，与土壤全 N 含量、全 P 含量和微生物生物量 P 含量呈较强的负相关；ER 与之相反；GEP 与除土壤磷酸酶活性及全 P 含量之外的其他土壤性质呈负相关关系。

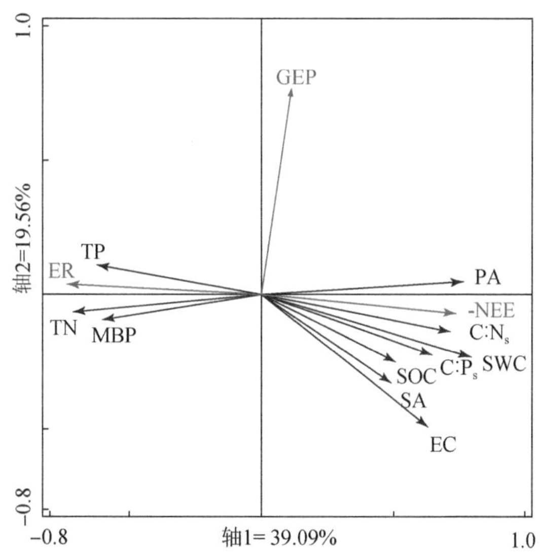

图 5-44 土壤因子与生态系统碳交换的 RDA

-NEE、ER 和 GEP 分别代表净生态系统 C 交换、生态系统呼吸和总生态系统生产力。SOC、TN、TP、C∶N_s、C∶P_s、MBP、EC、SWC、SA 和 PA 分别代表土壤有机 C、全 N、全 P、C∶N、C∶P、微生物生物量 P、电导率、含水量、蔗糖酶活性和磷酸酶活性

表 5-21　土壤因子与生态系统碳交换 RDA 中各土壤因子的条件效应

指标	SWC	PA	C : N_s	EC	TN	C : P_s	TP	MBP	SA	SOC	C : P_m	AP	N : P_m	UA	NH_4^+
F	10.4	9.0	7.8	7.7	7.6	6.4	5.6	5.2	4.0	3.9	2.7	2.2	1.6	1.5	1.1
P	0.002	0.002	0.002	0.006	0.004	0.010	0.010	0.012	0.018	0.032	0.088	0.126	0.208	0.244	0.354

SOC、TN、TP、C : N_s、C : P_s、MBP、C : P_m、N : P_m、NH_4^+、AP、EC、SWC、SA、UA 和 PA 分别代表土壤有机 C、全 N、全 P、C : N、C : P、微生物生物量 P、微生物生物量 C : P、微生物生物量 N : P、NH_4^+-N、速效 P、电导率、含水量、蔗糖酶活性、脲酶活性和磷酸酶活性。*F* 值小于 1.0 的土壤性质未列出

(4) 微生物-土壤 C : N : P 生态化学计量学特征与土壤呼吸的关系

表 5-22 中，对土壤呼吸速率影响显著的环境因子包括土壤 C : N、电导率、微生物生物量 P 含量、脲酶活性（$p<0.05$）。其中，6 个月土壤呼吸速率与土壤 C : N、电导率和脲酶活性正相关，与微生物生物量 P 含量负相关（图 5-45）。

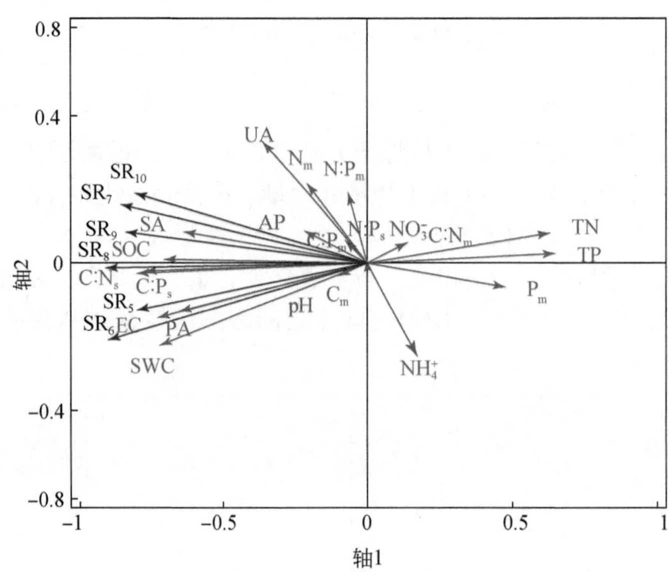

图 5-45　土壤因子与土壤呼吸的 RDA

SR_5、SR_6、SR_7、SR_8、SR_9、SR_{10} 分别代表 5～10 月份土壤呼吸。SWC、pH、EC、SOC、TN、TP、C : N_s、C : P_s、N : Ps、NO_3^-、NH_4^+、AP、SA、UA、PA、C_m、N_m、P_m、C : N_m、C : P_m 和 N : P_m 分别代表土壤含水量、pH、电导率、有机 C、全 N、全 P、C : N、C : P、N : P、NO_3^--N、NH_4^+-N、速效 P、蔗糖酶活性、脲酶活性、磷酸酶活性、微生物生物量 C、微生物生物量 N、微生物生物量 P、微生物生物量 C : N、微生物生物量 C : P 和微生物生物量 N : P

表 5-22　土壤呼吸与土壤性质的 RDA 中各土壤性质的显著性检验

土壤性质	贡献率（%）	*F*	*p*	土壤性质	贡献率（%）	*F*	*p*
C : N_s	65.1	41.6	0.002	C_m	0.9	1.2	0.346
EC	10	8	0.006	C : P_m	1.1	1.5	0.212
P_m	6.8	6.6	0.004	SWC	0.6	0.8	0.512

续表

土壤性质	贡献率（%）	F	p	土壤性质	贡献率（%）	F	p
UA	3.3	3.4	0.044	N_m	0.5	0.6	0.650
pH	1.9	2	0.100	C : P_s	0.4	0.5	0.730
N : P_s	1.7	1.9	0.126	NO_3^-	0.3	0.4	0.818
SA	1.5	1.8	0.144	PA	0.2	0.2	0.936
NH_4^+	1.3	1.6	0.172	TN	0.3	0.3	0.898
AP	0.8	0.9	0.450	SOC	0.6	0.6	0.626
N : P_m	1	1.2	0.330	TP	0.5	0.4	0.774
C : N_m	1.3	1.6	0.208				

SWC、pH、EC、SOC、TN、TP、C : P_s、C : N_s、N : P_s、NO_3^-、NH_4^+、AP、SA 、UA、PA、C_m、N_m、P_m、C : N_m、C : P_m和 N : P_m分别代表土壤含水量、pH、电导率、有机 C、全 N、全 P、C : P、C : N、N : P、NO_3^--N、NH_4^+-N、速效 P、蔗糖酶活性、脲酶活性、磷酸酶活性、微生物生物量 C、微生物生物量 N、微生物生物量 P、微生物生物量 C : N、微生物生物量 C : P 和微生物生物量 N : P

5.5.2 植被-土壤系统 C : N : P 生态化学计量学特征影响土壤性质和植被特征的机制分析

5.5.2.1 土壤性质

（1）植物生物量与土壤酶活性的关系

植物地下部分分泌物是土壤酶的来源之一。因而，植物生物量与土壤酶活性密切相关（李媛媛等，2010）。本书研究中，降水量变化和 N 添加下脲酶和磷酸酶活性与草木樨状黄芪（豆科植物）生物量呈负的线性关系，而蔗糖酶、脲酶和磷酸酶活性均与糙隐子草（禾本科植物）生物量呈正的线性关系，与针对高寒草甸的研究结果存在差异（王长庭等，2010）。首先，土壤酶活性与植物生物量之间的关系因植物种不同而异。这是由于不同植物地下部分的发达程度以及分泌物存在差异，进而影响土壤酶活性（王小平等，2018）。豆科植物与根瘤菌的共生作用可使其在相对干旱的条件下快速生长（张仁懿等，2014）。这不仅消耗了土壤养分，而且抑制了微生物活性以及酶活性。禾本科植物自身富含丰富的 C、N 可为土壤酶的合成提供丰富的原料（Zhang et al., 2018）。其次，降水量增加及 N 添加下植物生物量增加，提高了凋落物 C 和养分向土壤中的归还量（Zhong et al., 2017），从而促进了蔗糖酶、脲酶和磷酸酶的产生。

（2）植物多样性与土壤酶活性的关系

研究表明，植物群落多样性与土壤酶活性亦存在不同程度的相关性（王长庭等，2010；乔文静等，2018）。降水量和 N 添加及其交互作用改变了植物群落多样性，因而可能会对土壤酶活性产生重要影响。本书研究中，蔗糖酶活性随着 Patrick 丰富度指数增加而增加，即蔗糖酶活性与植物物种数存在正的线性关系。这可能是由于降水量增加和 N 添加下，随着植物物种数增多，土壤酶作用的底物多样性增加，从而增强了蔗糖酶活性，与针对江河源区人工草地的研究结果一致（王启兰等，2010）；脲酶和磷酸酶活性均与Shannon-Wiener多样性指数以及Pielou均匀度指数存在负的线性关系。这可能是由于降水量和N添加下，植物多样性和均匀度的改变直接影响到土壤微环境（李长斌等，2016），并通过对植物地下部分和微生物活性的影响，间接影响到脲酶和磷酸酶活性。由于植物群落特征对土壤酶活性的影响存在时间滞后效应（乔文静等，2018），因此还需通过长期的试验观测深入探讨土壤酶活性与植物多样性之间的联系。

（3）微生物-土壤C：N：P生态化学计量学特征与土壤酶活性的关系

除植物组成外，土壤酶活性还受到土壤因子的综合影响（李静等，2013），即各因子间的相互作用共同调节着土壤酶活性的高低（王启兰等，2010）。本书研究中，与其他因子相比，微生物生物量C：N：P生态化学计量学特征对三种酶活性的影响较大。蔗糖酶活性与微生物生物量C含量、C：N和C：P呈负相关。其可能原因在于降水和N添加在一定程度上提高了土壤N和P的有效性（涂利华等，2009），限制了C的有效性，从而刺激微生物分泌较多的蔗糖酶以促进有机C矿化。脲酶活性与微生物生物量C：N呈正相关，与微生物生物量N含量呈负相关。这可能是由于持续增加的降水量加速了土壤N淋溶，导致N受限性增强，进而提高土壤脲酶活性以促进有机N矿化（涂利华等，2009；刘星等，2015）。此外，磷酸酶活性与微生物生物量C：P正相关，与微生物生物量P含量呈负相关。这表明在受N限制的土壤中，微生物分解者对低N环境具有适应性，N添加使土壤P限制增强。随着微生物对P的需求量增加，相关水解酶活性相应增强（Steenbergh et al.，2011）。

本书研究中，对土壤酶活性影响显著的土壤因子还包括pH、全P含量、N：P、C：P、NH_4^+-N浓度以及NO_3^--N浓度。土壤pH是影响土壤酶活性的重要因素（苏鑫等，2020），能够调控有机大分子物质的生物降解和矿化过程（万忠梅和宋长春，2009）。本书研究中，脲酶和磷酸酶活性均与土壤pH负相关，意味着研究区土壤较高的pH抑制了二者活性，与针对森林土壤的研究结果一致（吴际友等，2010）。脲酶活性与土壤N：P以及NH_4^+-N浓度正相关。这表明虽然N添加提高了土壤N有效性，但逐渐增加的降水量导致土壤N淋溶作用加强、植物和微生物对N的竞争增强，进而导致脲酶分泌量增多（刘星等，2015）。另外，磷酸酶活性与土壤C：P和N：P正相关、与全P含量负相关，与其他研究结果相似（Allison et al.，2007）。这可能是当土壤中P供给不足时，植物会分泌磷酸酶以促进土壤有机P的矿化，生成可供植物吸收的无机态P，导致土壤全P含量降低（Deng et al.，2017）。总之，土壤pH和养分有效性通过调控养分固定和矿化等过程，以正、负效应的形式对土壤酶活性进行调节和驱动。

5.5.2.2 植物生长及多样性

表层土壤C：N：P生态化学计量比反映了土壤有机C水平和养分供给状况（Tian et al.，2010；Peñuelas et al.，2012），因此，一定程度上可以指示植物生长养分受限程度。随后的研究进一步证实，土壤元素动态及其生态化学计量关系与植物群落组成密切相关。例如针对高寒草甸退化草地的研究发现，土壤有机C、全N以及全P含量与植物群落生物量和多样性存在不同程度的正相关关系（赵景学等，2011；罗亚勇等，2014）。针对科尔沁沙地不同退化程度沙化草地的研究亦发现，土壤全 N 和全 P 含量与植物群落多样性正相关，且 N：P 能很好地反映养分平衡对多样性的影响作用（宁志英等，2019）。此外，杨祥祥等（2019）发现沙地植物群落多样性随土壤 C：N 和 N：P 增加而增加。本书研究发现，土壤含水量、全 N 含量、有机 C 含量和 N：P 与植物种群生物量存在较强的正相关关系，含水量、有机 C 含量、C：P 和 C：N 则与 Patrick 丰富度指数和 Shannon-Wiener 多样性指数关系较为密切，证实土壤元素及其平衡关系影响着植被群落组成，但短期降水量变化和 N 添加下含水量是植物群落组成发生改变的主要驱动因子，与以往研究结果类似（王子婷等，2019）。此外，pH 与牛枝子、猪毛蒿等植物种群生物量负相关，与群落多样性指数关系较弱。这意味着 pH 在调控植物生长方面扮演中重要角色（赵敏等，2019；张潇月等，2019），但由于试验处理时间较短，且研究区土壤呈弱碱性，因此总体上对群落多样性影响较小。

5.5.2.3 生态系统碳交换

（1）植物生物量与生态系统碳交换的关系

植物生物量的累积可以作为评价植物生长状况和 C 储量的重要依据（张永宽等，2012；马丽等，2018）。本研究发现，-NEE、ER 和 GEP 均随着群落生物量的增加而增强，这与在其他草原生态系统的研究结果一致（孙学凯等，2019）。首先，在生长季期间，随着植物生长加快，其叶片光合作用增强、C 固定与储存增加，同时地上部分呼吸作用增强（牛亚毅等，2014）。其次，随着植物地下部分生长，其呼吸作用相应增强（李银坤等，2013）。同时，随着土壤温度升高、水分和养分有效性增多，微生物活动的底物增加，其呼吸作用随之提高（武倩等，2016；彭琴等，2008）。三者共同导致生态系统呼吸作用增强。由于植被生产力的增加程度高于土壤呼吸作用，故生态系统表现为 C 吸收。此外，适度降水量增加及 N 添加提高了土壤水分和养分有效性，使得研究区由水、N 限制转变为其他资源限制（如光和 P），牛枝子以及草木樨状黄芪等生态位较宽的植物竞争优势相应增加（张晶晶和许冬梅，2013）。因而，随着二者种群生物量的增加，植物群落固 C 能力增强。

（2）植物多样性与生态系统碳交换的关系

不同植物种对土壤水分和养分的利用能力以及对环境变化的适应性不同，造成群落优势物种组成间的差异，加剧了环境变化对生态系统 C 交换影响的不确定性（Koerner & Collins，2014；Wang et al.，2015）。RDA 结果显示，-NEE、ER 和 GEP 均与 Patrick 丰富度指数以及 Shannon-Wiener 多样性指数存在正相关关系。首先，降水量变化和 N 添加下，随着植物种数增多（朱湾湾等，2019），植物的光合固定作用增强（Sello et al.，2019），植被生产力增加，植物地下部分以及土壤微生物呼吸作用的底物随之增多，直接导致生态系统呼吸作用增强（张彦军，2017）。其次，本文测定的均为植物群落的光合作用以及生态系统呼吸作用，植物群落的光合速率与群落物种类型和数目密切相关（Cui et al.，2019；李香云等，2020）。植被群落结构会影响草地生产力以及植物光合作用产物，从而调控着土壤物质积累状况（赵威和李琳，2018），进而直接影响到生态系统呼吸作用。以上结果进一步证实生态系统 C 交换与植被群落组成之间存在密切的联系。

（3）微生物-土壤 C∶N∶P 生态化学计量学特征与生态系统碳交换的关系

影响生态系统 C 交换的因素包括生物因素和非生物因素（武倩等，2016）。本书研究发现，与其他因子相比，土壤 C∶N∶P 生态化学计量学特征对生态系统 C 交换的影响较大。土壤 C∶N∶P 平衡特征可以反映土壤有机 C 水平和养分供给状况（Peňuelas et al.，2012）。土壤元素含量及其平衡关系受到降水量和 N 添加的影响，影响植物群落组成（朱湾湾等，2019），进而改变植物固 C 能力。RDA 结果显示，-NEE 与土壤 C∶N、C∶P 以及有机 C 含量呈正相关，与土壤全 N 以及全 P 含量呈负相关。这可能是由于降水量变化和 N 添加下，短期内土壤 N 限制缓解，刺激了植物和微生物对 N、P 的利用（Kuzyakov & Xu，2013），土壤可利用 N 和 P 含量降低。同时，植物生长加快，且通过光合作用吸收 C 的能力增强。ER 与土壤全 N 和全 P 含量正相关，与 C∶N、C∶P 以及有机 C 含量负相关。这可能是由于土壤 N 和 P 是土壤微生物活动的底物，适宜范围内其含量越高越有利于微生物呼吸。相反，生长季返还于土壤的枯落物（有机 C 的主要来源）短期内造成的遮蔽效应，抑制了土壤呼吸（吕富成和王小丹，2017）。

此外，对生态系统 C 交换影响显著的土壤性质还包括含水量、磷酸酶活性、微生物生物量 P 含量和蔗糖酶活性。由于研究区长期处于干旱状态，水分是其主要的限制因子，因此对降水量的响应较为敏感（Knapp et al.，2017）。土壤含水量调控着土壤微生物的生理过程、底物以及 O_2 的扩散，进而影响着土壤微生物呼吸作用（吕富成和王小丹，2017）。然而，在荒漠草原土壤含水量长期过低或短暂性增高均会一定程度上抑制呼吸作用（杨青霄等，2017），故 ER 与土壤含水量负相关。土壤酶活性影响着土壤养分有效性以及植物养分利用策略，间接调控着生态系统固 C 能力和植被生产力（Steenbergh et al.，2011）。本书研究中，-NEE 与蔗糖酶以及磷酸酶活性正相关。这可能是由于适度增加降水量与 N 添加使微生物胞外酶从 N 限制转变为 C、P 限制，从而刺激了参与 C、P 转化的蔗糖酶和磷酸酶活性（Steenbergh et al.，2011）、调节了微生物与植物间的元素竞争关系，进而促进了植物生长和生态系统 C 吸收。此外，RDA 显示蔗糖酶、磷酸酶和含水量均与微生物生物量 P 含量负相关。而这些土壤性质间的相互关系势必影响着土壤性质的单独影响效应，有待在今后的研究中予以充分的考虑。

5.6 本章结论

5.6.1 降水量变化及氮添加下植被-土壤系统 C∶N∶P 生态化学计量学特征

5.6.1.1 植物 C∶N∶P 生态化学计量学特征

两年降水量变化和 N 添加下，减少降水量对植物 C∶N∶P 生态化学计量学特征影响较小，反映了植物对短期干旱的适应性。增加降水量抑制了植物养分摄取，导致 C∶N 和 C∶P 有所降低，但其影响程度与 N 添加有关。增减降水量下，N 添加对植物的影响较小。植物全 N 浓度和 N∶P 对土壤环境变化反应敏感，可较好地表征土壤 N 供给水平以及 N、P 受限类型。

5.6.1.2 微生物生物量 C∶N∶P 生态化学计量学特征

两年降水量变化和 N 添加下，减少降水量对微生物生物量 C∶N∶P 生态化学计量学特征的影响较小，反映了微生物对短期干旱的适应性。增加降水量抑制了微生物养分固持，导致 C∶N 和 C∶P 有所降低，但其影响程度与 N 添加有关；增减降水量条件下，N 添加对微生物影响较大，且增加降水量激发了微生物 N 添加效应；微生物生物量 N 含量对土壤环境变化反应敏感，可较好地表征土壤 N 供给水平。

三年降水量变化和 N 添加下，降水量和 N 添加改变了微生物生物量 C∶N∶P 生态化学计量学特征。增减降水量和 N 添加不同程度地影响了微生物生物量 C∶N∶P 生态化学计量学特征，尤其是极端降水量变化条件下（增减 50% 降水量）；相同降水量条件下，N 添加改变了微生物生物量 C∶N∶P，但未达到显著水平。

5.6.1.3 土壤 C∶N∶P 生态化学计量学特征

两年降水量变化和 N 添加下，增加降水量降低了土壤有机 C 含量、全 N 含量和 N∶P，N 添加及其与降水量的交互作用对土壤 C∶N∶P 生态化学计量学特征的影响较弱。

三年降水量变化和 N 添加下，降水量和 N 添加改变了生长季 5 ~ 10 月土壤 C∶N∶P 生态化学计量学特征。生长季期间随降水量增加土壤全 N 和全 P 含量降低。其中，0 $g \cdot m^{-2} \cdot a^{-1}$ 的 N 添加下，与自然降水量相比，减少降水量提高了全 N 以及全 P 含量，增加 30% 降水量降低了全 N 以及全 P 含量、提高了有机 C 含量、C∶N 以及 C∶P；5 $g \cdot m^{-2} \cdot a^{-1}$ 的 N 添加下，与自然降水量相比，减少降水量降低了有机 C 含量、C∶N 以及 C∶P、提高了全 N 以及全 P 含量，增加降水量降低了全 N 以及全 P 含量、提高了有机 C 含量、C∶N 以及 C∶P；相同降水量条件下，N 添加改变了土壤 C∶N∶P 生态化学计量学特征，其效应在不同降水量处理下达到显著水平。

5.6.1.4 组分间 C∶N∶P 生态化学计量学特征的联系

两年降水量变化和 N 添加下，对植物 C∶N∶P 生态化学计量学特征影响显著的土壤因子为速效 P 浓度、磷酸酶活性、电导率、C∶P 和有机 C 含量，对微生物生物量 C∶N∶P 生态化学计量学特征影响显著的土壤因子有电导率、含水量、蔗糖酶活性和磷酸酶活性，意味着二者 C∶N∶P 平衡特征主要受其他土壤因子的调控，而非土壤元素生态化学计量关系。

5.6.2 降水量变化及氮添加下土壤基本性质

5.6.2.1 土壤物理性质

与自然降水量相比，减少降水量未显著影响含水量，增加降水量显著提高了含水量，N 添加效应不明显。

5.6.2.2 土壤化学性质

与增加降水量相比，减少降水量对 pH、电导率、NH_4^+-N 浓度、NO_3^--N 浓度和速效 P 浓度的影响较小，尤其 pH 和速效 P 浓度。相同降水量条件下，N 添加对 pH 和速效 P 浓度影响较小，对电导率、NH_4^+-N 浓度和 NO_3^--N 浓度影响较大。

5.6.2.3 土壤生物学性质

与减少降水量相比，增加降水量对 3 种酶活性的影响较大，但其效应与 N 添加及年份存在交互作用。2018 年增加降水量对 3 种酶活性的影响缺乏明显的规律性。2019 年增加降水量不同程度地提高了 3 种酶活性。相对地，N 添加对 3 种酶活性影响较小，尤其 2019 年。

5.6.3 降水量变化及氮添加下植物生长和多样性

5.6.3.1 植物生物量

2018 年 8 月，减少降水量抑制了植物生长、减少了生物量积累，适量增加降水量刺激了多数植物生长、促进了生物量积累，N 添加对降水量效应有促进作用，尤其增加降水量条件下。

2019 年 5 ~ 10 月，0 和 5 $g \cdot m^{-2} \cdot a^{-1}$的 N 添加下，与自然降水量相比，减少降水量不同程度地降低了植物生物量，增加降水量不同程度地提高了植物生物量；相同降水量条件下，N 添加改变了植物群落生物量以及牛枝子、草木樨状黄芪、白草等植物种群生物量，其效应在自然降水量和增加降水量时达到显著水平。降水量和 N 添加的交互作用对植物群落生物量的影响具有一定的时滞性。

5.6.3.2 植物多样性

2018 年 8 月，适量增加降水量提高了植物多样性，过量增加降水量降低了植物多样性，且 N 添加对降水量效应有促进作用，尤其增加降水量条件下。

2019 年 5 ~ 10 月，降水量和 N 添加改变了生长季植物多样性。其中，7 ~ 10 月随降水量的增加 Patrick 丰富度指数呈先增加后降低的趋势，Simpson 优势度指数呈增加趋势。5 ~ 10 月随降水量的增加 Shannon-Wiener 多样性指数以及 Pielou 均匀度指数呈先增加后降低的趋势；0 和 5 g · m^{-2} · a^{-1}的 N 添加下，增减降水量不同程度地改变了 4 个多样性指数；相同降水量条件下，N 添加改变了 4 个多样性指数，其效应在不同降水量处理下达到显著水平。

5.6.4 降水量变化及氮添加下生态系统碳交换和土壤呼吸

5.6.4.1 生态系统碳交换

降水量和 N 添加对生态系统 C 交换月动态变化趋势的影响较小，但改变了 NEE、ER 和 GEP 的峰值。0 和 5 g · m^{-2} · a^{-1}的 N 添加下，NEE、ER 和 GEP 月动态均呈现先增强后减弱的趋势，在 8 月底或 9 月初达到峰值。同时，生态系统由生长季初期的 C 源转变为 C 汇；降水量和 N 添加对生长季旺盛期生态系统 C 交换日动态变化趋势的影响较小，但也改变了 NEE、ER 和 GEP 的峰值。NEE、ER 和 GEP 日动态亦整体上呈现先增强后减弱的趋势，NEE 和 GEP 在上午 9:30 左右最强，ER 在 12:00 左右达到峰值；降水量和 N 添加改变了生长季 5 ~ 10 月生态系统 C 交换特征。0 和 5 g · m^{-2} · a^{-1}的 N 添加下，与自然降水量相比，减少降水量不同程度地降低了 NEE、ER 和 GEP，增加降水量不同程度地增强了三者，尤其在增加 30% 降水量条件下。相同降水量条件下，N 添加不同程度地增强了 NEE、ER 和 GEP，且其效应在自然降水量和增加降水量时较为明显。

5.6.4.2 土壤呼吸

土壤呼吸速率的月、日动态均表现为先增加后降低的趋势。沿降水量增加梯度，各月份土壤呼吸速率均增加，但月份间存在差异。总体而言，生长季初期和末期降水量对土壤呼吸速率的影响较小，旺盛期降水量的影响较大。相同降水量条件下，N 添加效应未明显显现。

5.6.5 降水量变化及氮添加下基于 C∶N∶P 生态化学计量学的生态服务功能评价

5.6.5.1 土壤基本性质

与其他植物种相比，草木樨状黄芪和糙隐子草生物量与三种酶活性存在较强的线性关系。Patrick 丰富度指数与蔗糖酶活性存在正的线性关系，Shannon-Wiener 多样性指数、Pielou 均匀度指数以及 Simpson 优势度指数均与三种酶活性存在不同程度负的线性关系；对土壤酶活性影响较大的因子包括土壤 pH、土壤全 P 含量、微生物生物量 C∶P、微生物生物量 C∶N、土壤 N∶P、微生物生物量 C 含量和微生物生物量 P 含量。因此，短期降水量及 N 添加下荒漠草原土壤酶活性无明显的变化规律，其值高低与植物群落组成、微生物生物量 C∶N∶P 生态化学计量学特征以及土壤 P 有效性存在密切的联系。

5.6.5.2 植物生长和多样性

土壤含水量、全 N 含量、有机 C 含量和 N：P 与种群生物量存在较强的正相关关系，土壤含水量、有机 C 含量、C：P 和 C：N 与群落多样性存在较强的正相关关系。综合而言，降水量提高了土壤水分有效性，促进了土壤 N 和 P 的迁移和转化，调节了土壤元素化学计量平衡关系，从而刺激了多数植物生长、提高了群落多样性。由于试验处理时间较短，N 添加效应尚不明显。因此，有必要通过长期的原位观测，深入探讨 N 添加及其与降水量交互作用下土壤 C：N：P 平衡特征对荒漠草原植物群落组成的调控机制。

5.6.5.3 生态系统碳交换和土壤呼吸

-NEE、ER 和 GEP 与牛枝子、草木樨状黄芪种群生物量以及群落生物量正相关。同时，三者亦随 Patrick 丰富度指数和 Shannon-Wiener 多样性指数的增加而增加。结合 RDA 结果，本研究表明减少降水量降低了生态系统 C 交换，增加降水量则可能通过提高土壤含水量、调控土壤 C：N：P 平衡特征和刺激土壤酶活性等，促进了植物生长和物种多样性，进而提高了荒漠草原生态系统 C 汇功能；N 添加促进了生态系统 C 交换，尤其是增加 50% 降水量条件下。考虑到二者交互作用的时滞性以及土壤性质间的相互作用，还需从较长时间尺度上，深入探讨降水格局改变和 N 沉降增加对干旱半干旱区敏感生态系统 C 收支平衡的影响机制。

此外，微生物和土壤 C：N：P 生态化学计量学特征与土壤呼吸速率关系较弱，仅土壤 C：N 和微生物生物量 P 含量与土壤呼吸速率分别正、负相关。

第 6 章 氮磷添加下荒漠草原碳氮磷生态化学计量学特征

6.1 植被-土壤系统 C：N：P 生态化学计量学特征

基于 2015 年设立的野外原位试验，研究人员对六年 N、P 添加对生长季旺盛期植物群落 C：N：P 生态化学计量学特征的影响、四年 N、P 添加对旺盛期 0～20 cm 土壤微生物生物量 C：N：P 生态化学计量学特征的影响、两年 N、P 添加对旺盛期 0～20 cm 土壤 C：N：P 生态化学计量学特征的影响等进行了研究。基于 2013 年设立的甘草和白草单种盆栽试验，研究了两年 N、P 添加下旺盛期和末期叶片及地下部分 C：N：P 生态化学计量学特征、旺盛期 0～10 cm 土壤 C：N：P 生态化学计量学特征，分析了两年 N、P 添加下旺盛期叶片、地下部分和土壤 C：N：P 生态化学计量学特征的联系。并基于 2011 年设立的甘草和白草混种盆栽试验，研究了三年 N、P 添加下旺盛期和末期叶片及地下部分 C：N：P 生态化学计量学特征、两年/三年 N、P 添加对旺盛期 0～10 cm 土壤 C：N：P 生态化学计量学特征的影响，分析了三年 N、P 添加下旺盛期叶片、地下部分和土壤 C：N：P 生态化学计量学特征的联系。

6.1.1 氮磷添加对植被-土壤系统 C：N：P 生态化学计量学特征的影响

6.1.1.1 野外原位试验

(1) 植物 C：N：P 生态化学计量学特征

六年 N、P 添加下（表 6-1），植物群落全 C 浓度和 C：N 无明显的变化规律；全 N 浓度先增加后降低，最大值出现在 2 g P $m^{-2}\cdot a^{-1}$下；全 P 浓度逐渐增高；C：P 和 N：P 逐渐降低。

表 6-1 氮磷添加对植物群落 C：N：P 生态化学计量学特征的影响

处理	植物全 C ($mg\cdot g^{-1}$)	植物全 N ($mg\cdot g^{-1}$)	植物全 P ($mg\cdot g^{-1}$)	植物 C：N	植物 C：P	植物 N：P
N5P0	412.89±6.73 ab	12.76±0.39 b	1.13±0.04 c	32.42±0.55 a	366.65±8.93 a	11.31±0.15 a
N5P0.5	386.78±38.69 c	12.02±0.71 c	1.13±0.05 c	31.93±1.50 a	339.06±26.08 a	10.58±0.36 ab

续表

处理	植物全C（$mg \cdot g^{-1}$）	植物全N（$mg \cdot g^{-1}$）	植物全P（$mg \cdot g^{-1}$）	植物C：N	植物C：P	植物N：P
N5P1	409.54±15.70 ab	13.33±0.64 ab	1.33±0.06 bc	30.89±1.60 a	308.72±7.92 ab	10.04±0.29 ab
N5P2	420.64±11.19 a	14.31±0.52 a	1.48±0.11 b	29.42±0.46 a	287.01±15.42 b	9.76±0.54 b
N5P4	413.29±6.60 ab	12.84±0.48 b	1.44±0.07 b	32.37±1.61 a	289.79±18.80 b	8.95±0.31 bc
N5P8	393.40±14.77 b	12.31±0.27 ab	1.50±0.08 ab	32.01±1.35 a	265.23±22.74 c	8.25±0.39 c
N5P16	399.27±12.29 b	13.49±0.43 ab	1.62±0.14 a	29.65±1.04 a	253.41±27.00 c	8.49±0.62 c

不同小写字母表示氮磷处理间各指标的差异显著（$p<0.05$）

(2) 微生物生物量C：N：P生态化学计量学特征

四年5 $g \cdot m^{-2} \cdot a^{-1}$的N添加下（表6-2），随着P添加量增加，微生物生物量C含量、N含量和C：N无明显的变化规律；生物量P含量呈增加趋势，最大值出现在4 g P $m^{-2} \cdot a^{-1}$下；生物量C：P和N：P呈降低趋势。

表6-2 氮磷添加对微生物生物量C：N：P生态化学计量学特征的影响

处理	微生物生物量C（$mg \cdot kg^{-1}$）	微生物生物量N（$mg \cdot kg^{-1}$）	微生物生物量P（$mg \cdot kg^{-1}$）	微生物生物量C：N	微生物生物量C：P	微生物生物量N：P
N5P0	75.33±17.76 b	49.24±4.58 a	1.59±0.19 d	1.51±0.28 b	49.82±12.40 a	31.74±2.96 a
N5P0.5	86.58±27.79 ab	34.61±4.33 b	2.10±0.17 cd	2.77±1.06 a	45.05±17.99 a	16.42±1.27 b
N5P1	76.17±18.67 b	31.76±8.70 b	3.54±0.41 bc	2.85±0.88 a	21.33±4.73 b	9.04±1.98 c
N5P2	79.96±14.73 b	45.73±5.57 a	4.40±0.10 b	1.76±0.28 ab	18.42±3.84 b	10.44±1.33 c
N5P4	55.11±8.39 c	43.20±3.27 a	5.17±0.63 a	1.31±0.23 b	11.54±2.63 c	8.55±0.56 c
N5P8	75.08±28.16 b	31.05±3.24 b	5.02±0.62 a	2.74±1.35 a	15.59±5.11 bc	6.73±1.59 d
N5P16	92.02±28.80 a	43.24±5.92 a	5.07±0.23 a	2.22±0.66 a	18.69±6.65 b	8.68±1.39 c

不同小写字母表示氮磷处理间各指标的差异显著（$p<0.05$）

(3) 土壤C：N：P生态化学计量学特征

两年5 $g \cdot m^{-2} \cdot a^{-1}$的N添加下（图6-1）：随着P添加量增加，土壤有机C和全N含量无明显的变化趋势；全P含量持续增高；C：N呈现先增加后降低的变化趋势，其最大值出现在N5P1处理下；C：P亦呈现出先增加后降低的变化趋势；N：P呈现逐渐降低趋势，且在高P处理下达到显著水平（$p<0.05$）。

6.1.1.2 盆栽试验

(1) 甘草单种

1）叶片C：N：P生态化学计量学特征。两年N、P供给比降低下，8月（图6-2），叶片全P浓度升高，全N浓度、C：P和N：P降低，全C浓度和C：N规律不明显。平均叶片全 C 浓度、全 N 浓度、全 P 浓度、C：N、C：P 和 N：P 分别为 376.6 mg · g^{-1}、33.1 mg · g^{-1}、2.8 mg · g^{-1}、12.2、143.5 和 12.5；10 月（图 6-3），叶片全 C 浓度、全 N 浓度和 C：N 变化趋势不明显（$p>0.05$），全 P 浓度显著增加（$p<0.05$），C：P 和 N：P 显著降低（$p<0.05$）。

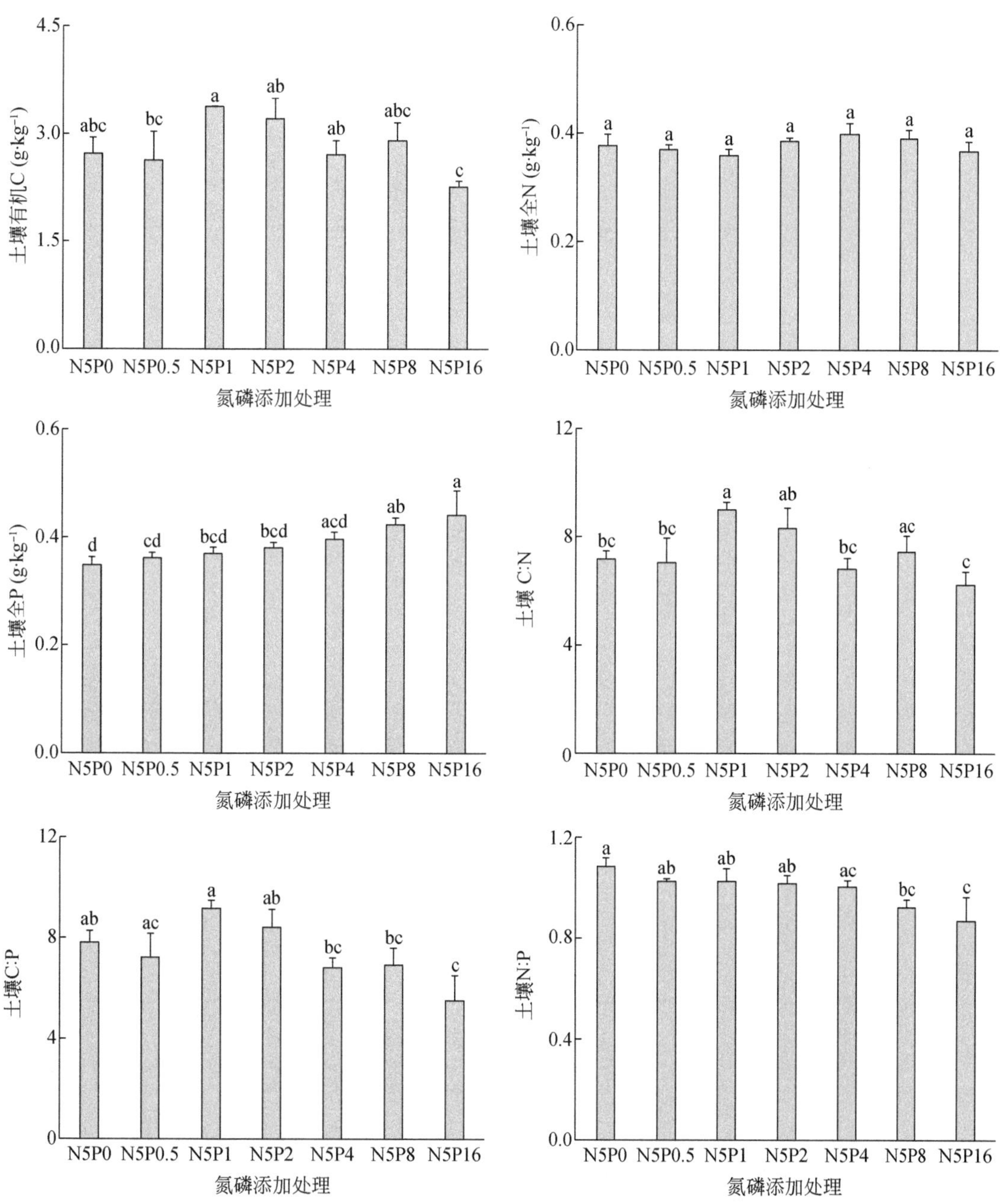

图 6-1　氮磷添加对土壤 C：N：P 生态化学计量学特征的影响

不同小写字母表示氮磷处理间各指标的差异显著（$p<0.05$）

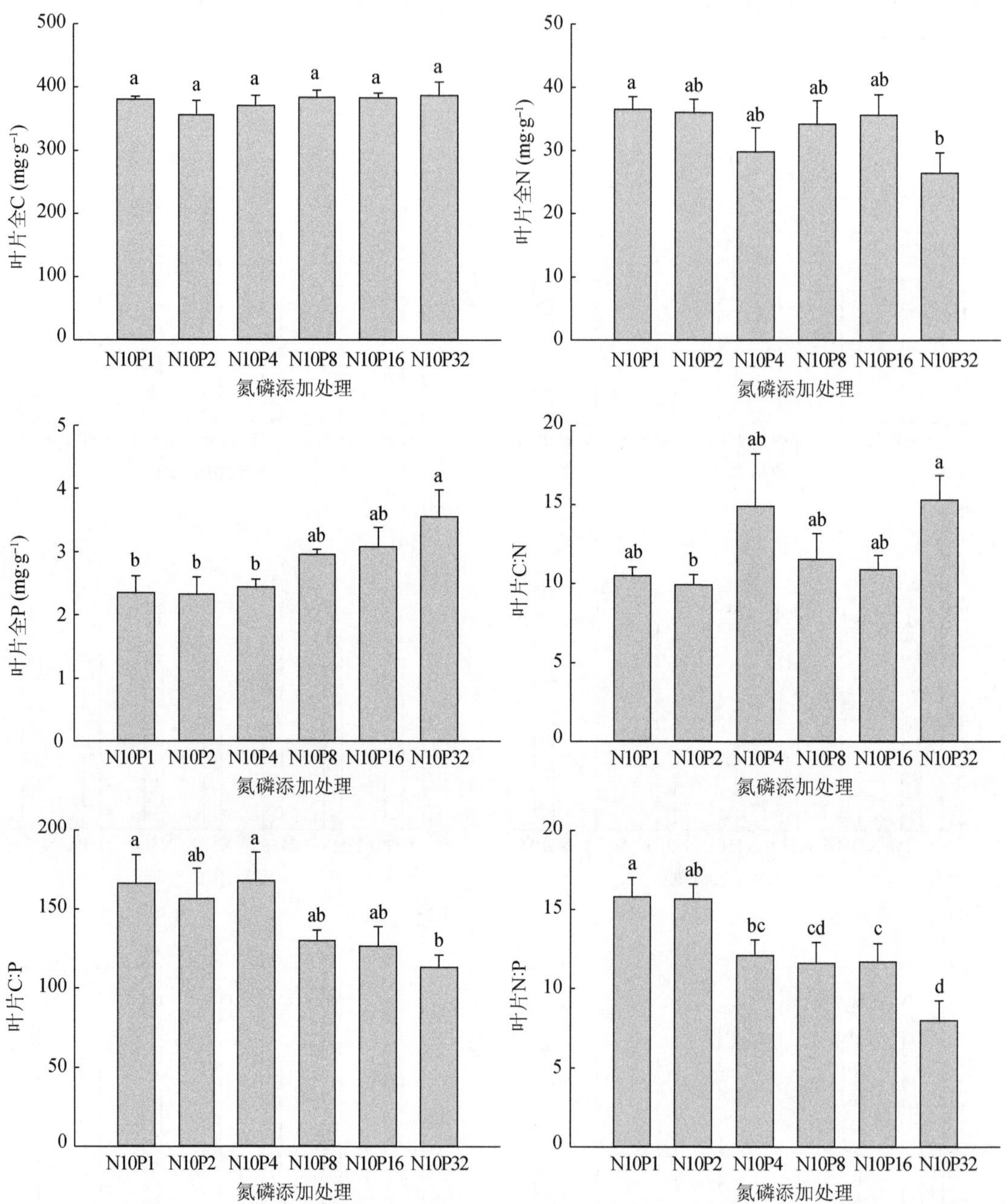

图 6-2 氮磷添加对 8 月份单种甘草叶片 C∶N∶P 生态化学计量学特征的影响

不同小写字母表示氮磷处理间各指标的差异显著（$p<0.05$）

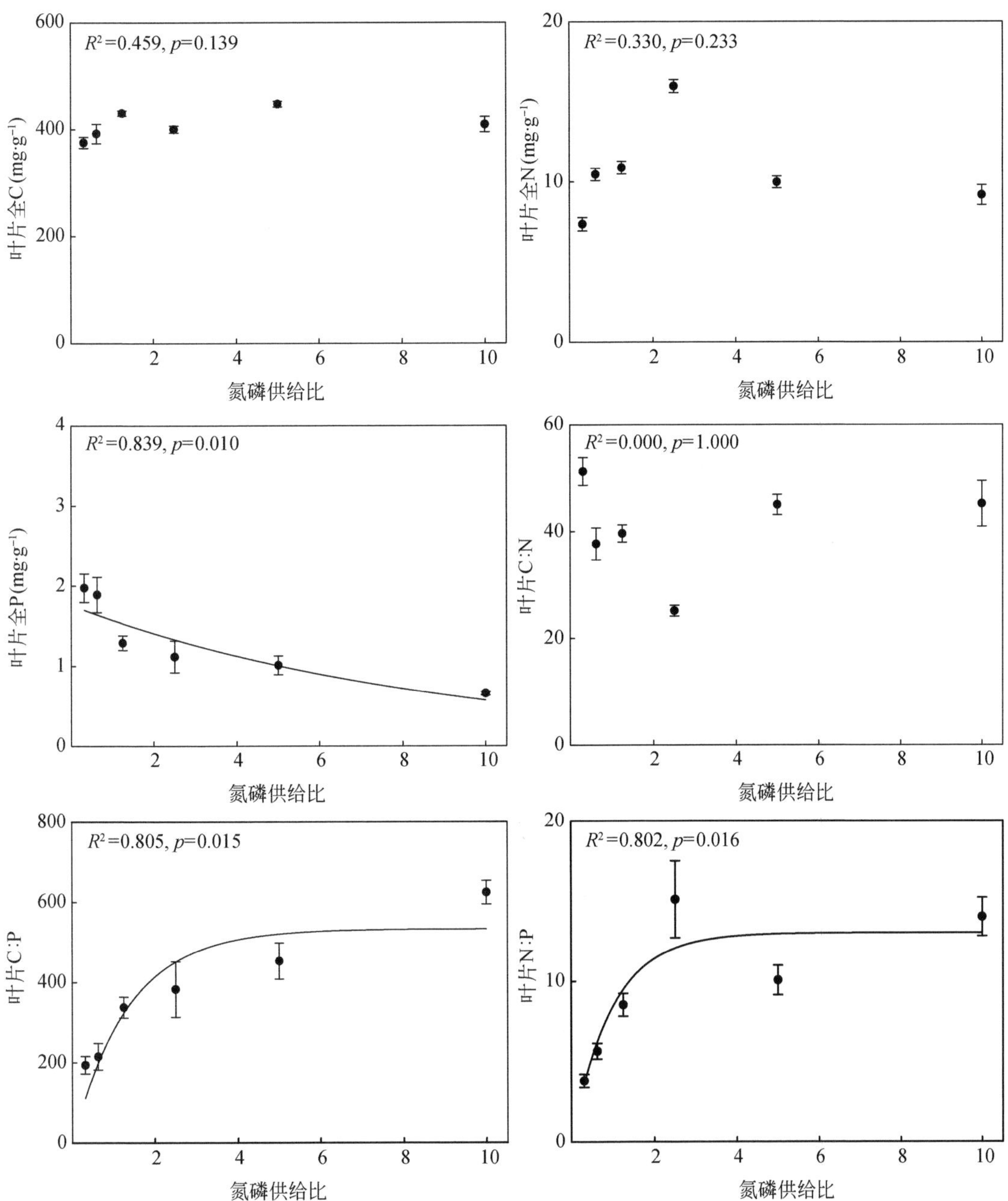

图 6-3　氮磷添加下 10 月份单种甘草叶片 C：N：P 生态化学计量学特征的变化

2）地下部分 C∶N∶P 生态化学计量学特征。两年 N、P 供给比降低下，8 月（图 6-4），根系全 C 浓度、全 N 浓度、全 P 浓度和 C∶N 升高，N∶P 降低，C∶P 无明显变化趋势。平均根系全 C 浓度、全 N 浓度、全 P 浓度、C∶N、C∶P 和 N∶P 分别为 426.5 $mg \cdot g^{-1}$、21.3 $mg \cdot g^{-1}$、1.9 $mg \cdot g^{-1}$、20.2、228.7 和 11.4；10 月（图 6-5），根系 C∶N∶P 生态化学计量学特征相对稳定，未呈现出显著的变化规律（$p>0.05$）。

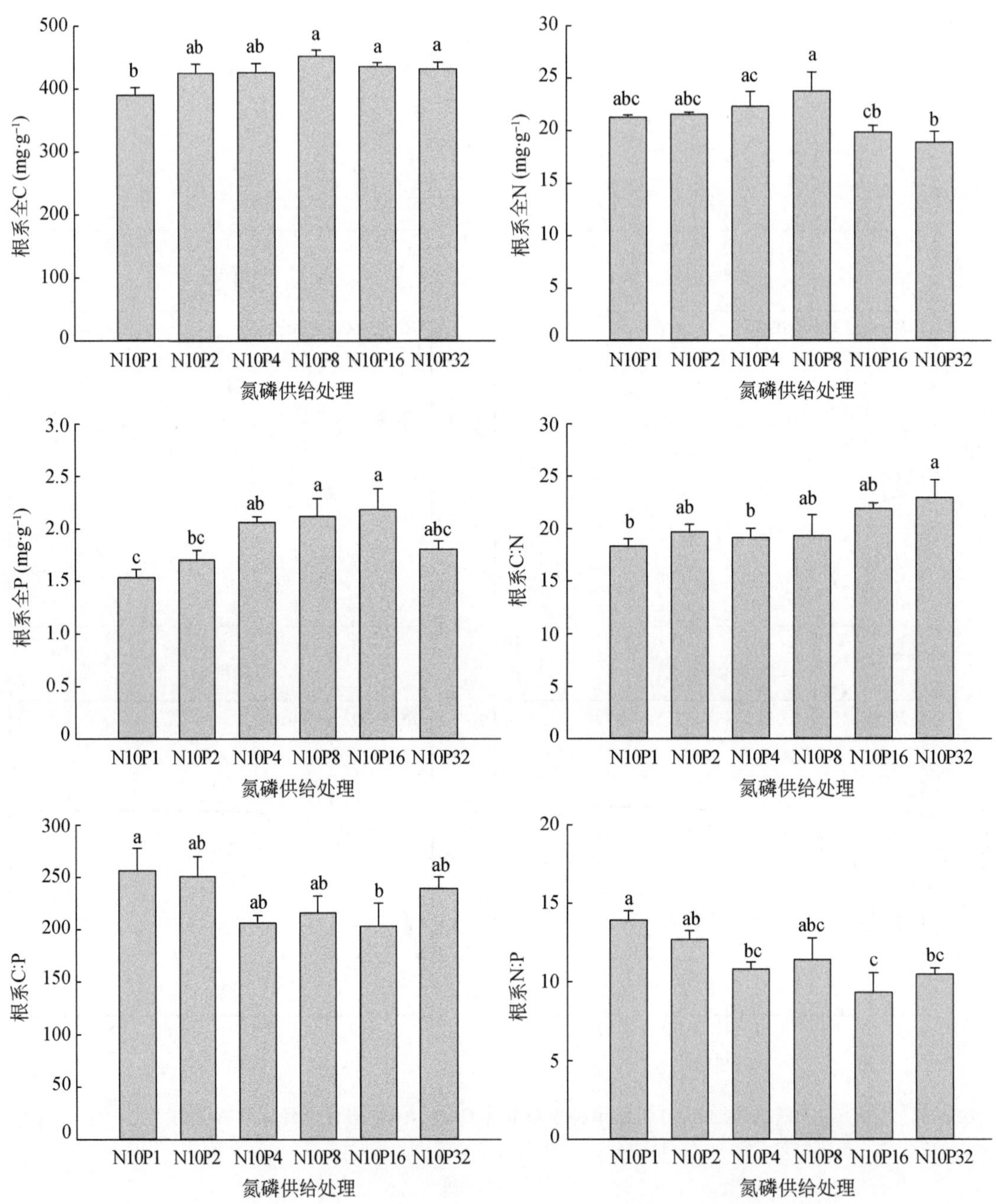

图 6-4　氮磷添加对 8 月份单种甘草根系 C∶N∶P 生态化学计量学特征的影响

不同小写字母表示氮磷处理间各指标的差异显著（$p<0.05$）

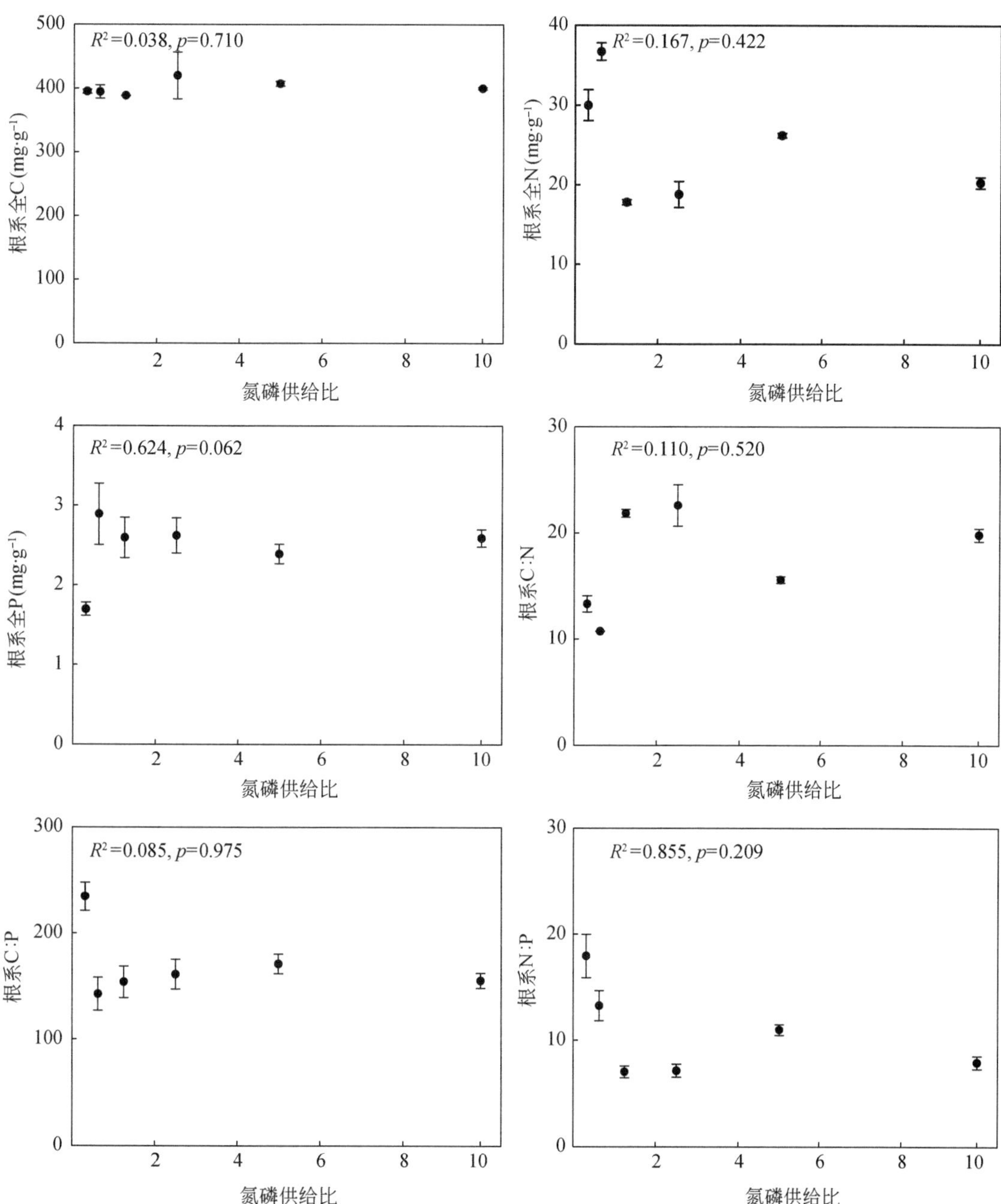

图 6-5　氮磷添加下 10 月份单种甘草根系 C：N：P 生态化学计量学特征的变化

3）土壤 C：N：P 生态化学计量学特征。连续两年降低 N、P 供给比（P 添加量增加）提高了土壤全 P 含量，降低了 C：P 和 N：P，对其他指标的影响无一致的规律性（图 6-6）。平均土壤有机 C 含量、全 N 含量、全 P 含量、C：N、C：P 和 N：P 分别为 2.01 $g \cdot kg^{-1}$、0.29 $g \cdot kg^{-1}$、0.72 $g \cdot kg^{-1}$、7.10、3.69 和 0.51。

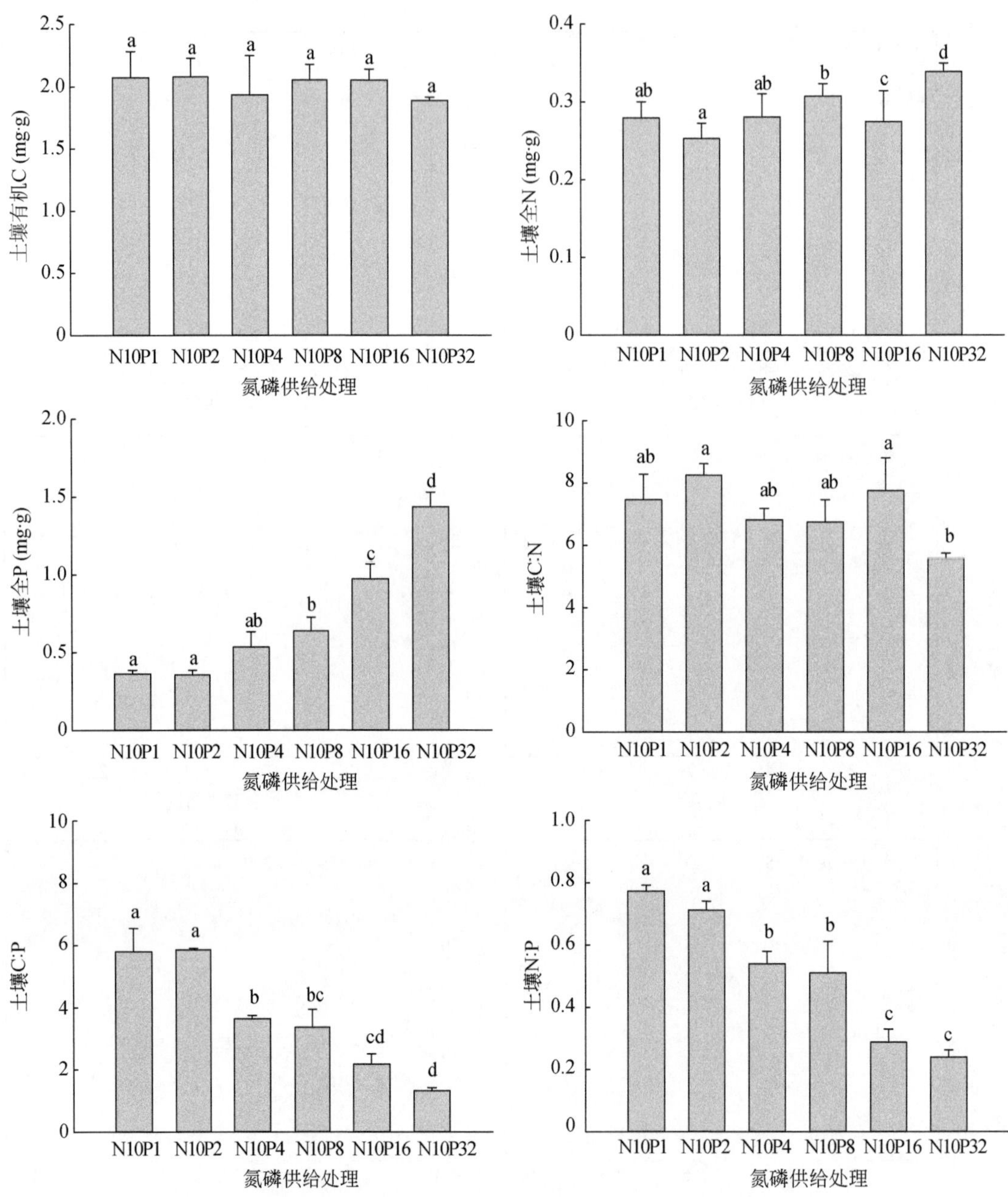

图 6-6 氮磷添加对单种甘草土壤 C：N：P 生态化学计量学特征的影响

不同小写字母表示氮磷处理间各指标的差异显著（$p<0.05$）

4）叶片-地下部分-土壤 C：N：P 生态化学计量学特征的关系。两年 N、P 添加下（表6-3），叶片全 N 浓度与土壤 C：N 和 C：P 显著正相关（$p<0.05$），与土壤全 N 含量显著负相关（$p<0.05$）；叶片全 P 浓度与土壤全 P 含量显著正相关（$p<0.05$），与土壤 C：P 和 N：P 显著负相关（$p<0.05$）；叶片 C：N 与土壤 C：N 显著负相关（$p<0.05$）；叶片 C：P 与土壤 C：P 和 N：P 显著正相关（$p<0.05$），与土壤全 P 含量显著负相关（$p<$

0.05)；叶片 N：P 与土壤 C：N、C：P 和 N：P 显著正相关（$p<0.05$），与土壤全 P 含量显著负相关（$p<0.05$）。

表 6-3　单种甘草与土壤 C：N：P 生态化学计量学特征的相关性

指标	土壤有机 C	土壤全 N	土壤全 P	土壤 C：N	土壤 C：P	土壤 N：P
叶片全 C	ns	ns	ns	ns	ns	ns
叶片全 N	ns	-0.564*	ns	0.691**	0.498*	ns
叶片全 P	ns	ns	0.772**	ns	-0.703**	-0.751**
叶片 C：N	ns	ns	ns	-0.564*	ns	ns
叶片 C：P	ns	ns	-0.629**	ns	0.584*	0.640**
叶片 N：P	ns	ns	-0.797**	0.571*	0.850**	0.790**
根系全 C	ns	ns	ns	ns	ns	-0.533*
根系全 N	ns	ns	-0.495*	ns	ns	ns
根系全 P	ns	ns	ns	ns	ns	ns
根系 C：N	ns	ns	0.659**	ns	-0.580*	-0.702**
根系 C：P	ns	ns	ns	ns	ns	ns
根系 N：P	ns	ns	-0.567*	ns	0.653**	0.674**

表中数据为相关系数。ns 代表显著性水平大于 0.05。* 和 ** 分别代表显著性水平小于 0.05 和 0.01

甘草根系与土壤间，根系全 C 浓度与土壤 N：P 显著负相关（$p<0.05$）；根系全 N 浓度与土壤全 P 含量显著负相关（$p<0.05$）；根系 C：N 与土壤全 P 含量显著正相关（$p<0.05$），与土壤 C：P 和 N：P 显著负相关（$p<0.05$）；根系 N：P 与土壤 C：P 和 N：P 显著正相关（$p<0.05$），与土壤全 P 含量显著负相关（$p<0.05$）。

甘草叶片与根系间（表 6-4），除叶片全 P 浓度与根系 C：N 有显著的正相关外（$p<0.05$），其他指标之间无显著的相关性（$p>0.05$）。

表 6-4　单种甘草叶片与根系 C：N：P 生态化学计量学特征的相关性

指标	叶片全 C	叶片全 N	叶片全 P	叶片 C：N	叶片 C：P	叶片 N：P
根系全 C	ns	ns	ns	ns	ns	ns
根系全 N	ns	ns	ns	ns	ns	ns
根系全 P	ns	ns	ns	ns	ns	ns
根系 C：N	ns	ns	0.494*	ns	ns	ns
根系 C：P	ns	ns	ns	ns	ns	ns
根系 N：P	ns	ns	ns	ns	ns	ns

表中数据为相关系数。ns 代表显著性水平大于 0.05。* 代表显著性水平小于 0.05

（2）白草单种

1）叶片 C：N：P 生态化学计量学特征。两年氮磷供给比降低下，8 月份（图 6-7），叶片全 C 浓度、全 N 浓度、C：P 和 N：P 显著降低（$p<0.05$），全 P 浓度显著升高（$p<0.05$），C：N 呈二项式变化趋势；10 月份（图 6-8），叶片全 N 浓度、全 P 浓度和 C：N 显著增加（$p<0.05$），C：P 和 N：P 显著降低（$p<0.05$），全 C 浓度变化不明显（$p>0.05$）。

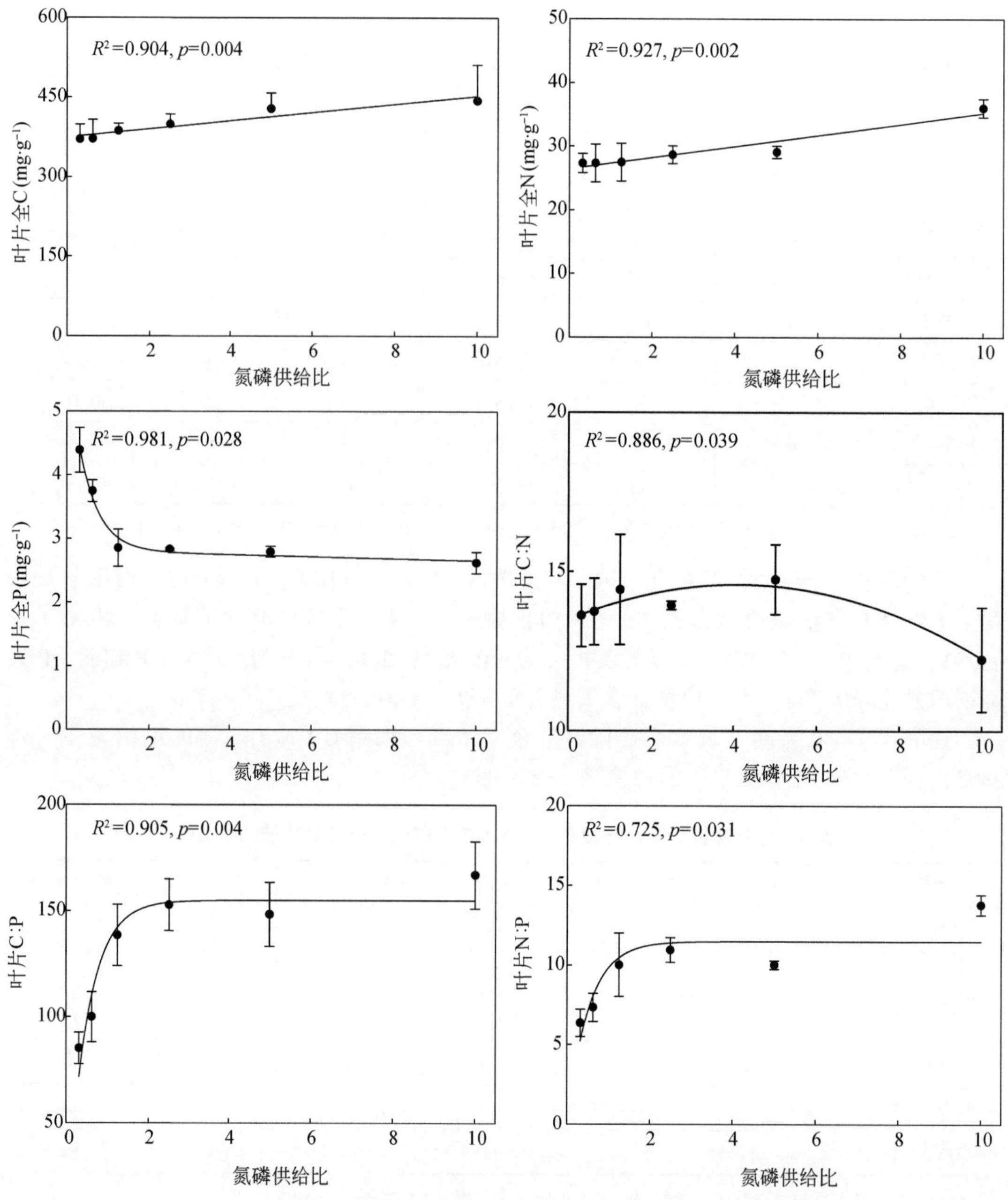

图 6-7　氮磷添加下 8 月份单种白草叶片 C：N：P 生态化学计量学特征的变化

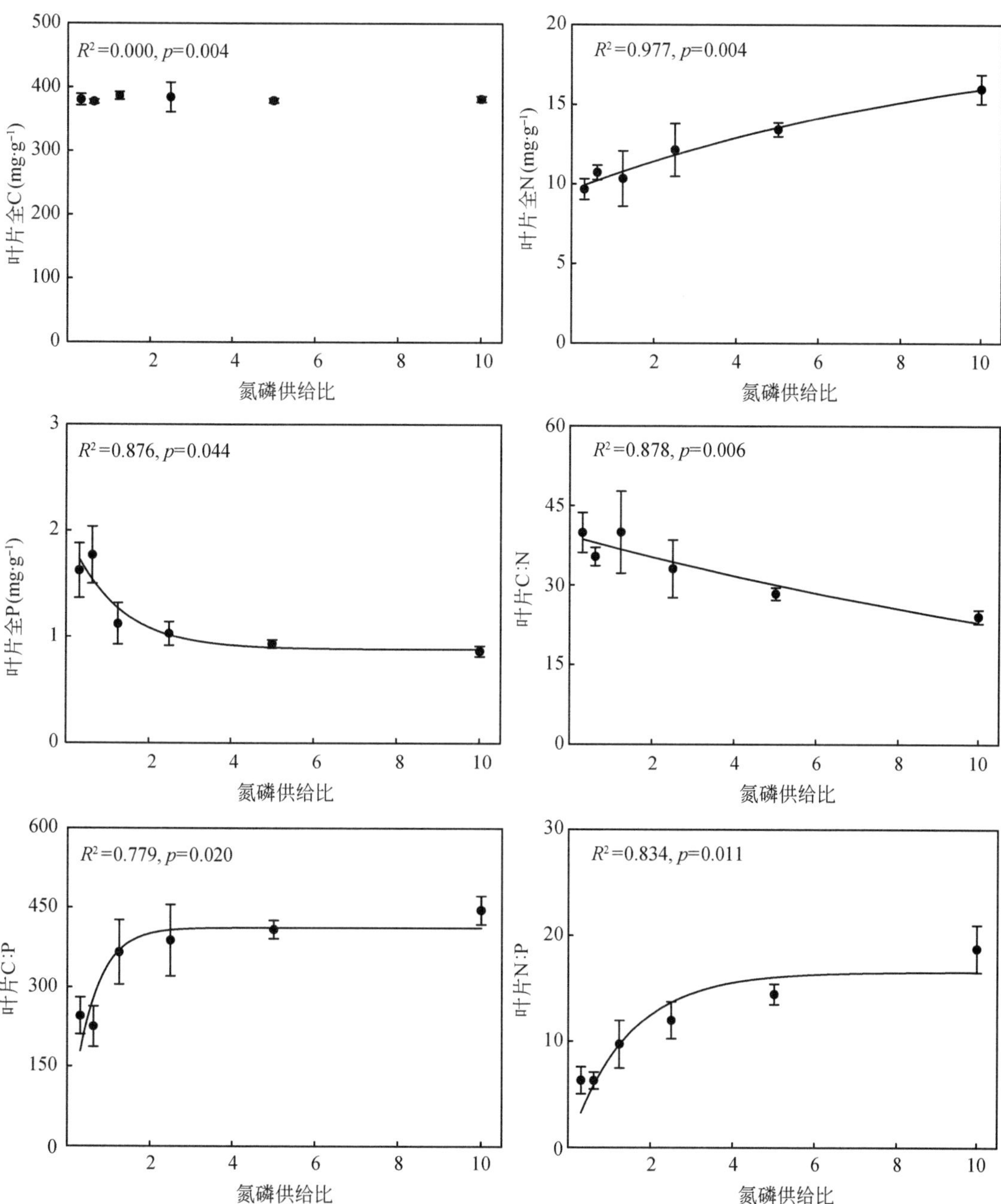

图 6-8　氮磷添加下 10 月份单种白草叶片 C∶N∶P 生态化学计量学特征的变化

2）地下部分 C∶N∶P 生态化学计量学特征。两年氮磷供给比降低下，8 月（图 6-9），地下部分全 C 和全 P 浓度显著增加（p<0.05），C∶P 和 N∶P 显著降低（p<0.05），全 N 浓度和 C∶N 无显著的变化趋势（p>0.05）；10 月（图 6-10），地下部分全 N 浓度、全 P 浓度和 C∶N 显著增加（p<0.05），C∶P 和 N∶P 显著降低（p<0.05），全 C 浓度变化趋势不明显（p>0.05）。

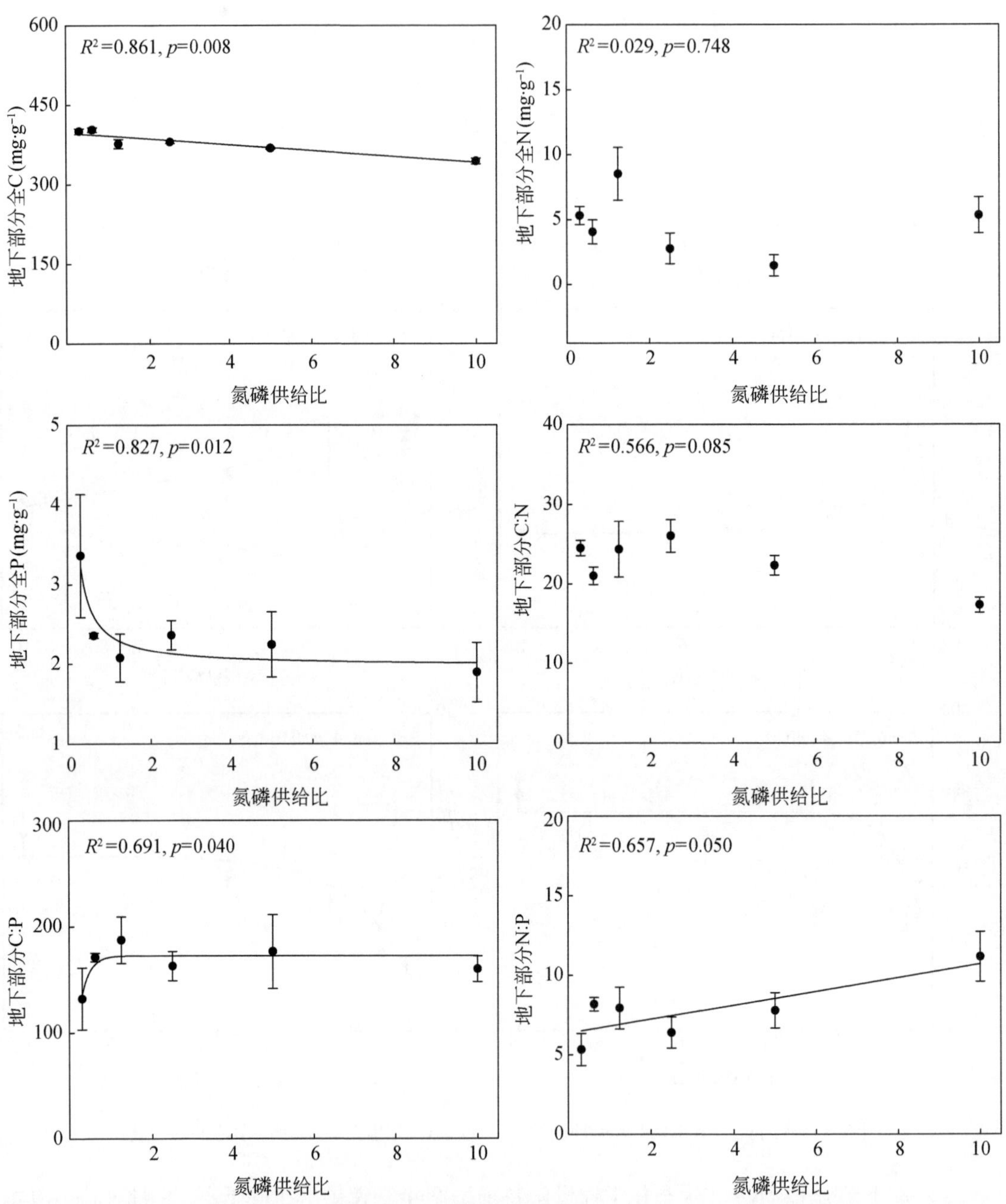

图 6-9　氮磷添加下 8 月份单种白草地下部分 C：N：P 生态化学计量学特征的变化

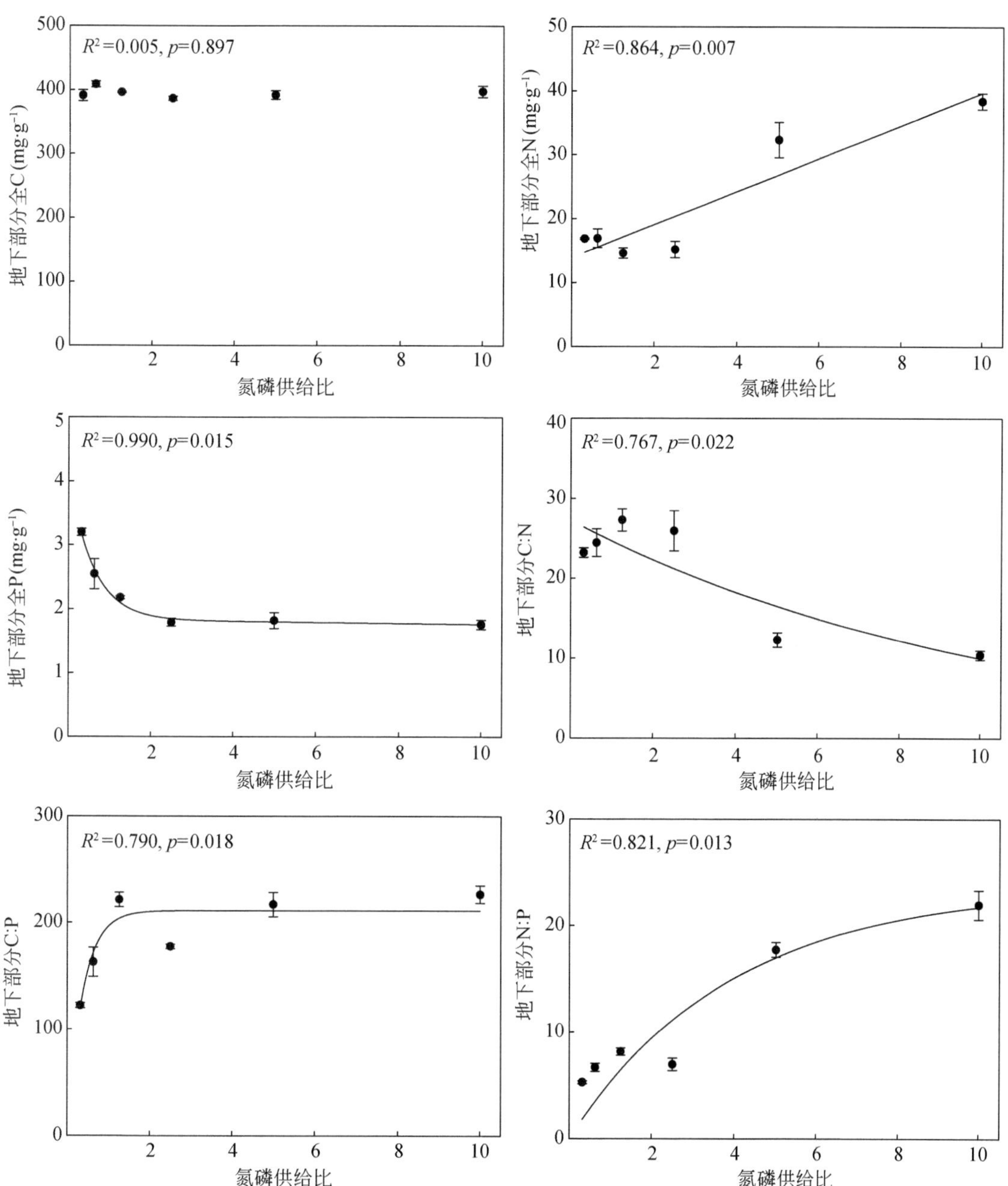

图 6-10　氮磷添加下 10 月份单种白草地下部分 C∶N∶P 生态化学计量学特征的变化

3）土壤 C∶N∶P 生态化学计量学特征。两年 N、P 供给比降低下（图 6-11），土壤全 P 含量显著增加（p<0.05），C∶P 和 N∶P 显著降低（p<0.05），其他三个指标变化趋势不明显。平均土壤有机 C 含量、全 N 含量、全 P 含量、C∶N、C∶P 和 N∶P 分别为 2.01 $g \cdot kg^{-1}$、0.23 $g \cdot kg^{-1}$、0.51 $g \cdot kg^{-1}$、9.03、4.38 和 0.50。

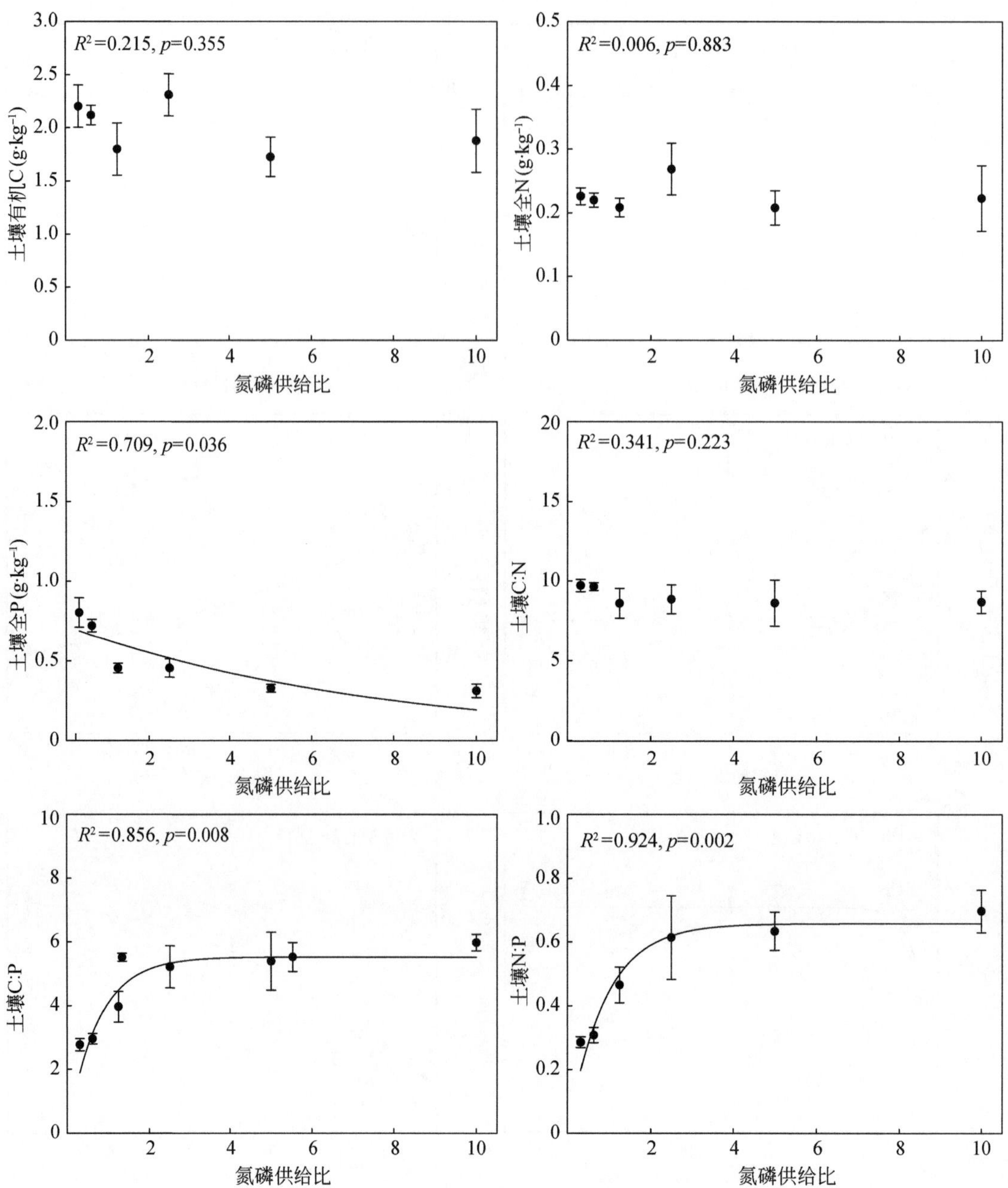

图 6-11　氮磷添加下单种白草土壤 C∶N∶P 生态化学计量学特征的变化

4）叶片-地下部分-土壤 C∶N∶P 生态化学计量学特征的关系。两年 N、P 添加下（表 6-5），土壤与叶片 C∶N∶P 生态化学计量学特征的关系较紧密，与地下部分的关系较弱：土壤有机 C 含量与叶片全 P 浓度显著正相关（$p<0.05$），与叶片 N∶P 显著负相关（$p<0.05$）；土壤全 P 含量与叶片全 P 浓度、地下部分全 C 和全 P 浓度显著正相关（$p<0.05$），与叶片全 N 浓度、C∶P 和 N∶P 显著负相关（$p<0.05$），土壤 C∶N 与叶片全 C

浓度和 C：P 显著负相关（$p<0.05$）；土壤 C：P 与叶片 C：P 和 N：P 显著正相关（$p<0.05$），与叶片全 P 和地下部分全 C 浓度显著负相关（$p<0.05$）；土壤 N：P 与叶片全 C 浓度、C：P 和 N：P 显著正相关（$p<0.05$），与叶片全 P 和地下部分全 C 浓度显著负相关（$p<0.05$）。

表 6-5　单种白草与土壤 C：N：P 生态化学计量学特征的相关性

指标	土壤有机 C	土壤全 N	土壤全 P	土壤 C：N	土壤 C：P	土壤 N：P
叶片全 C	ns	ns	ns	-0.490 *	ns	0.506 *
叶片全 N	ns	ns	-0.533 *	ns	ns	ns
叶片全 P	0.501 *	ns	0.858 **	ns	-0.622 **	-0.678 **
叶片 C：N	ns	ns	ns	ns	ns	ns
叶片 C：P	ns	ns	-0.809 **	-0.567 *	0.555 *	0.715 **
叶片 N：P	-0.524 *	ns	-0.782 **	ns	0.567 *	0.605 **
地下部分全 C	ns	ns	0.794 **	ns	-0.746 **	-0.723 **
地下部分全 N	ns	ns	ns	ns	ns	ns
地下部分全 P	ns	ns	0.553 *	ns	ns	ns
地下部分 C：N	ns	ns	ns	ns	ns	ns
地下部分 C：P	ns	ns	ns	ns	ns	ns
地下部分 N：P	ns	ns	ns	ns	ns	ns

表中数据为相关系数。ns 代表显著性水平大于 0.05。* 和 ** 分别代表显著性水平小于 0.05 和 0.01

叶片与地下部分间（表 6-6），叶片全 N 浓度与地下部分全 C 浓度、C：N 显著负相关（$p<0.05$），与地下部分 N：P 显著正相关（$p<0.05$）；叶片全 P 浓度与地下部分全 C 和全 P 浓度显著正相关（$p<0.05$），与地下部分 N：P 显著负相关（$p<0.05$）；叶片 C：P 与地下部分全 C 和全 P 浓度显著负相关（$p<0.05$）；叶片 N：P 与地下部分 N：P 显著正相关（$p<0.05$），与地下部分全 C 和全 P 浓度显著负相关（$p<0.05$）。

表 6-6　单种白草叶片与地下部分 C：N：P 生态化学计量学特征的相关性

指标	叶片全 C	叶片全 N	叶片全 P	叶片 C：N	叶片 C：P	叶片 N：P
地下部分全 C	ns	-0.603 **	0.690 **	ns	-0.663 **	-0.795 **
地下部分全 N	ns	ns	ns	ns	ns	ns
地下部分全 P	ns	ns	0.639 **	ns	-0.520 *	-0.561 *
地下部分 C：N	ns	-0.492 *	ns	ns	ns	ns
地下部分 C：P	ns	ns	ns	ns	ns	ns
地下部分 N：P	ns	0.483 *	-0.570 *	ns	ns	0.664 **

表中数据为相关系数。ns 代表显著性水平大于 0.05。* 和 ** 分别代表显著性水平小于 0.05 和 0.01

（3）甘草和白草混种

1）叶片 C：N：P 生态化学计量学特征。三年 N、P 供给比降低下，8 月份（图 6-12），甘草叶片全 P 浓度显著增加（$p<0.05$），C∶P 和 N∶P 显著降低（$p<0.05$）。白草叶片全 P 浓度显著增加（$p<0.05$），N∶P 显著降低（$p<0.05$）；10 月份（图 6-13），甘草叶片全 P 浓度显著增加（$p<0.05$），C∶P 和 N∶P 显著降低（$p<0.05$）。白草叶片全 P 浓度、C∶P 显著增加（$p<0.05$），C∶P 和 N∶P 显著降低（$p<0.05$），全 N 浓度先增加后降低（$p<0.05$）。

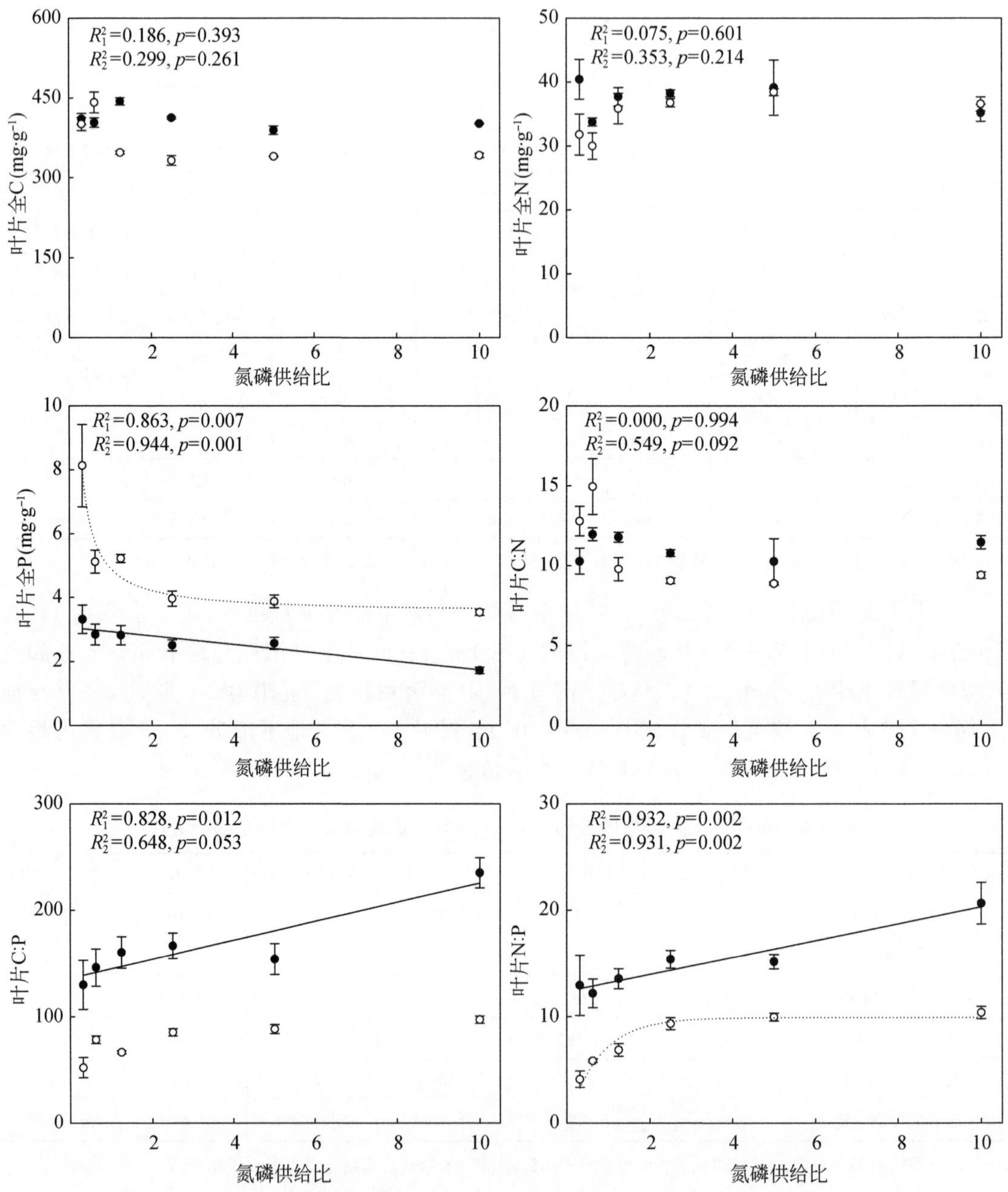

图 6-12　氮磷添加下 8 月份混种甘草和白草叶片 C∶N∶P 生态化学计量学特征的变化

实线+黑点代表甘草（R_1）。虚线+白点代表白草（R_2）

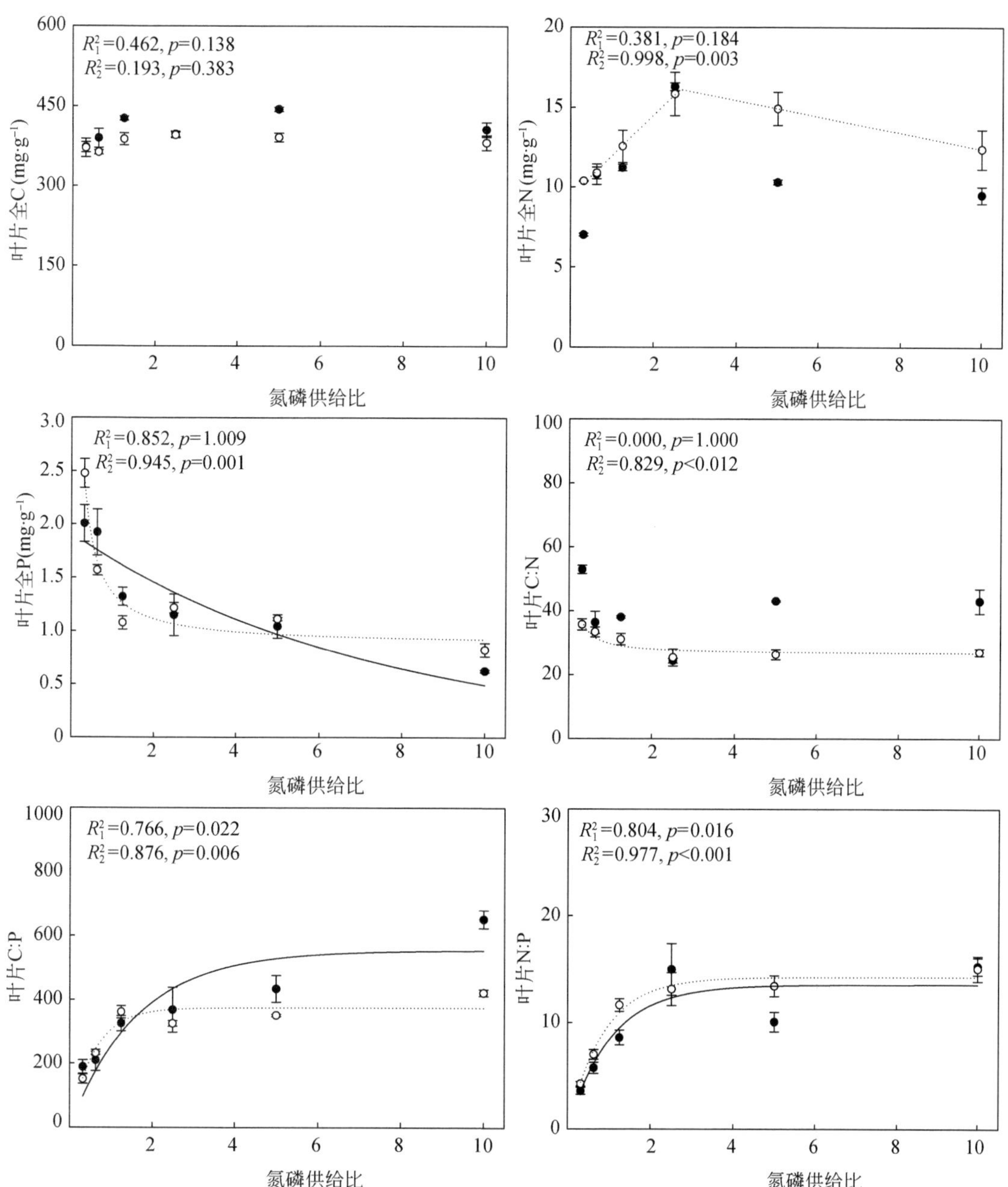

图 6-13　氮磷添加下 10 月份混种甘草和白草叶片 C : N : P 生态化学计量学特征的变化

实线+黑点代表甘草（R_1）。虚线+白点代表白草（R_2）

2）地下部分 C : N : P 生态化学计量学特征。三年 N、P 供给比降低下，8 月（图 6-14），两个物种地下部分全 P 浓度均显著增加（p<0.05），C : P 和 N : P 均显著降低（p<0.05），除全 C 浓度外其他指标无显著的变化趋势（p>0.05）；10 月（图 6-15），甘草根系全 P 浓度显著增加（p<0.05），C : P 显著降低（p<0.05）；白草地下部分全 P 浓度显著增加（p<

0.05)，C：P 和 N：P 显著降低（$p<0.05$）。

3）土壤 C：N：P 生态化学计量学特征。两年 P 添加提高了土壤全 P 含量、降低了 C：P 和 N：P，且 P 添加量越高三者变化幅度越大（表6-7）。少量 P 添加提高了土壤全 N 含量，多量 P 添加降低了全 N 含量，其最大值出现在4 g · m^{-2} · a^{-1}的 P 水平下。P 添加对有机 C 含量和 C：N 无显著影响（$p>0.05$）。

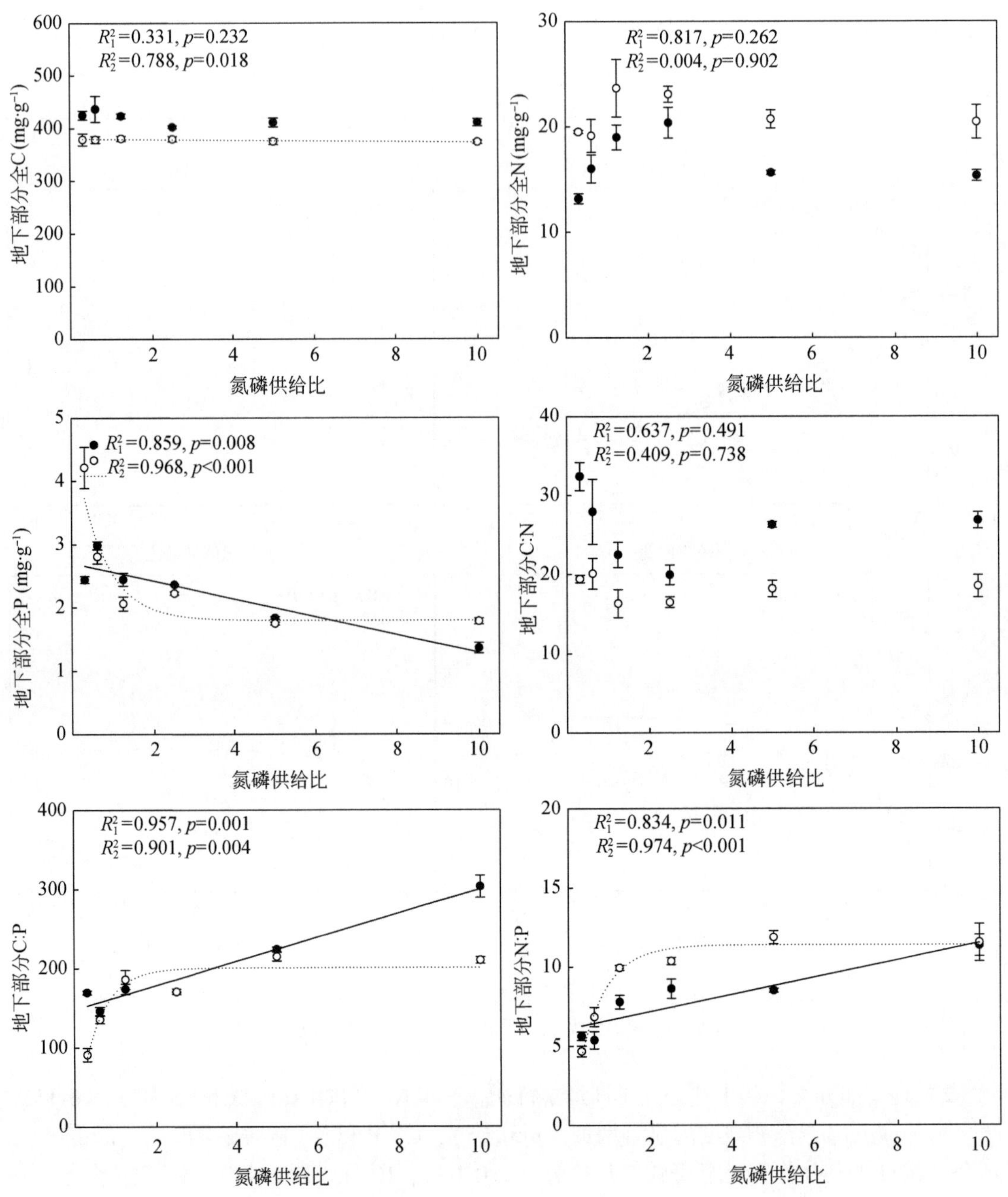

图6-14　氮磷添加下 8 月份混种甘草和白草地下部分 C：N：P 生态化学计量学特征的变化

实线+黑点代表甘草（R_1）。虚线+白点代表白草（R_2）

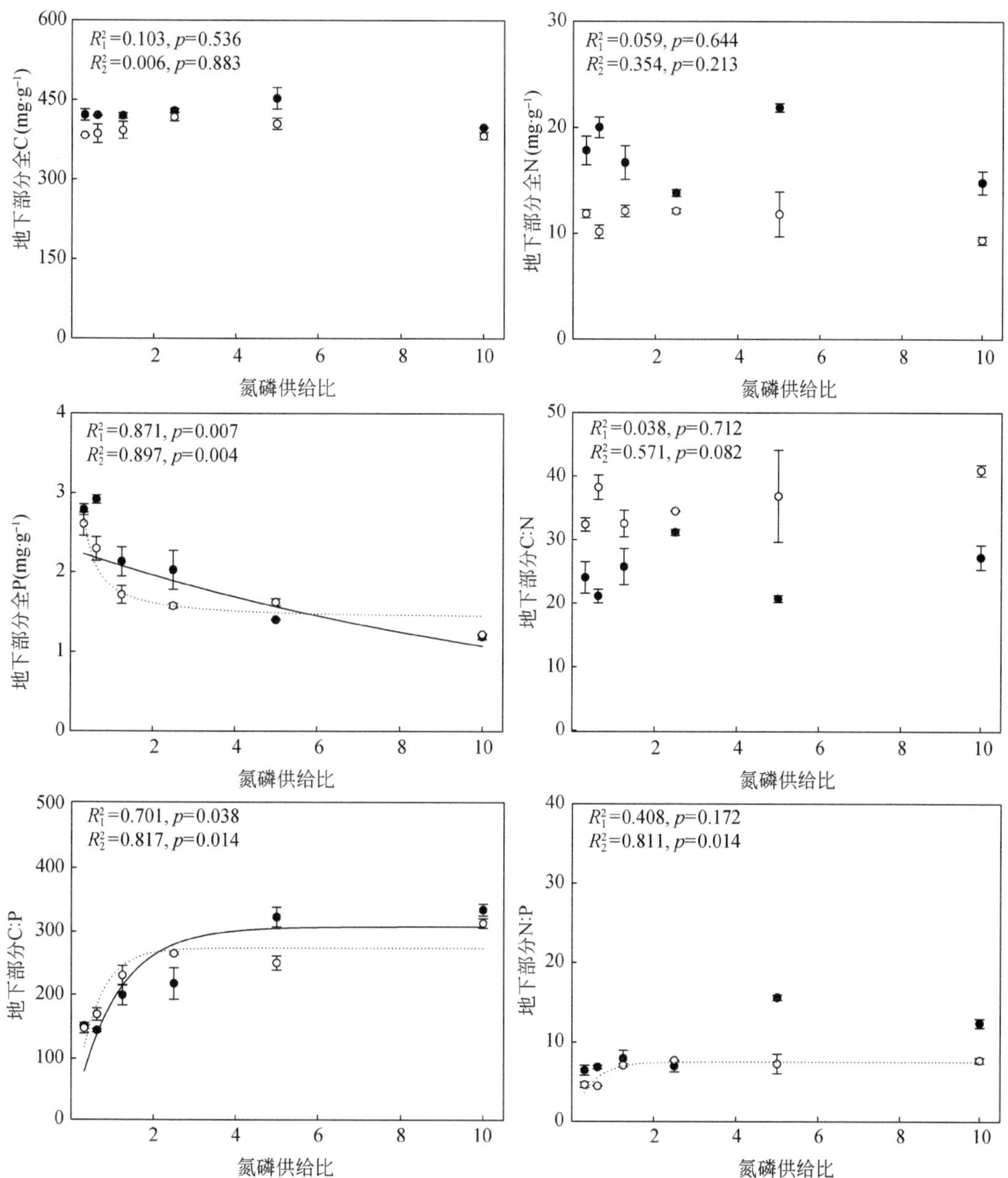

图 6-15　氮磷添加下 10 月份混种甘草和白草地下部分 C：N：P 生态化学计量学特征的变化

实线+黑点代表甘草（R_1）。虚线+白点代表白草（R_2）

表 6-7　氮磷添加对混种甘草和白草土壤 C：N：P 生态化学计量学特征的影响

处理	土壤有机 C（$g\cdot kg^{-1}$）	土壤全 N（$g\cdot kg^{-1}$）	土壤全 P（$g\cdot kg^{-1}$）	土壤 C：N	土壤 C：P	土壤 N：P
N10P1	1.91±0.19 ab	0.23±0.02 a	0.32±0.01 a	8.43±0.78 a	5.93±0.56 a	0.71±0.04 ab
N10P2	1.63±0.18 ab	0.24±0.04 ab	0.33±0.03 a	7.19±1.44 a	5.01±0.60 ab	0.72±0.06 a
N10P4	2.26±0.25 a	0.30±0.02 b	0.48±0.03 b	7.61±1.37 a	4.79±0.83 a	0.63±0.01b
N10P8	1.74±0.07 ab	0.23±0.01 a	0.50±0.06 b	7.50±0.37 a	3.60±0.60bc	0.48±0.06c

续表

处理	土壤有机 C（g・kg^{-1}）	土壤全 N（g・kg^{-1}）	土壤全 P（g・kg^{-1}）	土壤 C：N	土壤 C：P	土壤 N：P
N10P16	2.23±0.56 a	0.24±0.02 ab	0.89±0.06 c	9.00±1.60 a	2.49±0.60cd	0.27±0.03 d
N10P32	1.17±0.18 b	0.20±0.01 a	1.07±0.03 d	5.82±1.02 a	1.10±0.19d	0.19±0.00d

不同小写字母表示同一指标在氮磷处理间差异显著（$p<0.05$）

三年 N、P 供给比降低下（图 6-16），甘草和白草混种时土壤全 P 含量显著增加（$p<0.05$），C：P 和 N：P 显著降低（$p<0.05$）。平均土壤有机 C 含量、全 N 含量、全 P 含量、C：N、C：P 和 N：P 分别为 1.38 g・kg^{-1}、0.24 g・kg^{-1}、0.60 g・kg^{-1}、7.55、3.76 和 0.50。

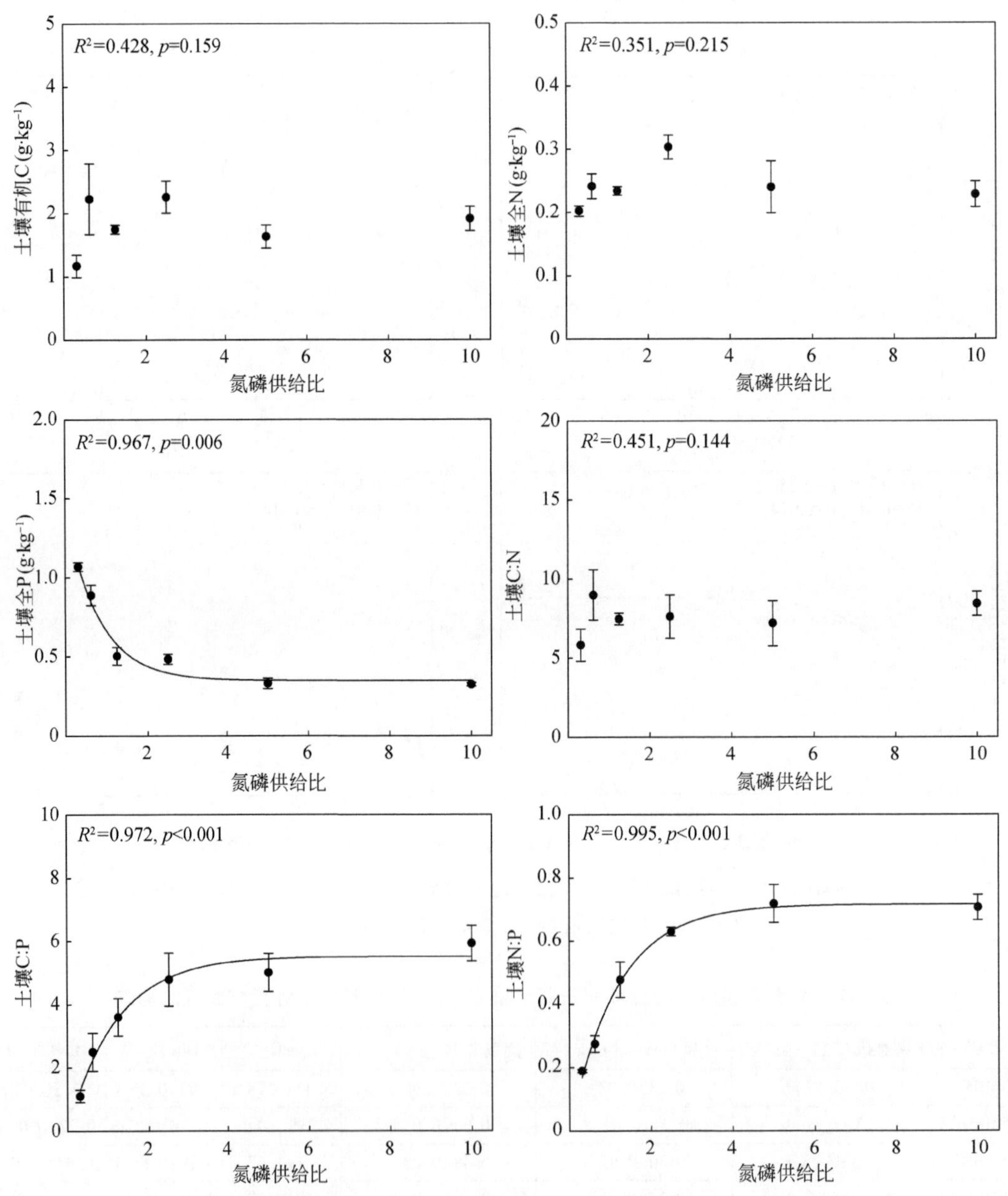

图 6-16　氮磷添加下混种甘草和白草土壤 C：N：P 生态化学计量学特征的变化

4）叶片-地下部分-土壤 C：N：P 生态化学计量学特征的关系。三年 N、P 添加下，甘草与土壤间（表6-8），土壤有机 C 含量与叶片和地下部分 C：N：P 生态化学计量学特征均无显著的相关性（$p>0.05$）；土壤全 N 含量与地下部分全 N 浓度显著正相关（$p<0.05$），与地下部分 C：N 显著负相关（$p<0.05$）；土壤全 P 含量与地下部分 N：P 显著负相关（$p<0.05$）；土壤 C：N 与叶片全 N 浓度显著负相关（$p<0.05$）；土壤 C：P 与叶片和地下部分 N：P 显著正相关（$p<0.05$），与叶片全 P 浓度显著负相关（$p<0.05$）；土壤 N：P 与地下部分 N：P 显著正相关（$p<0.05$），与地下部分全 C 浓度显著负相关（$p<0.05$）。

表 6-8　混种甘草与土壤 C：N：P 生态化学计量学特征的相关性

指标	土壤有机 C	土壤全 N	土壤全 P	土壤 C：N	土壤 C：P	土壤 N：P
叶片全 C	ns	ns	ns	ns	ns	ns
叶片全 N	ns	ns	ns	-0.955 **	ns	ns
叶片全 P	ns	ns	ns	ns	-0.910 *	ns
叶片 C：N	ns	ns	ns	ns	ns	ns
叶片 C：P	ns	ns	ns	ns	ns	ns
叶片 N：P	ns	ns	ns	ns	0.814 *	ns
根系全 C	ns	ns	ns	ns	ns	-0.827 *
根系全 N	ns	0.837 *	ns	ns	ns	ns
根系全 P	ns	ns	ns	ns	ns	ns
根系 C：N	ns	-0.841 *	ns	ns	ns	ns
根系 C：P	ns	ns	ns	ns	ns	ns
根系 N：P	ns	ns	-0.878 *	ns	0.925 **	0.890 *

表中数据为相关系数。ns 代表显著性水平大于 0.05。* 和 ** 分别代表显著性水平小于 0.05 和 0.01

甘草叶片与根系间（表6-9），叶片全 C 浓度、全 N 浓度以及 C：N 均与其地下部分 C：N：P 生态化学计量学特征无显著的相关性（$p>0.05$）；叶片全 P 与地下部分 C：P 和 N：P 均显著负相关（$p<0.05$）；叶片 C：P 与地下部分 C：P 和 N：P 均显著正相关（$p<0.05$）；叶片 N：P 与地下部分 C：P 和 N：P 均显著正相关（$p<0.05$），与地下部分全 P 浓度显著负相关（$p<0.05$）。

表 6-9　混种甘草叶片与根系 C：N：P 生态化学计量学特征的相关性

指标	叶片全 C	叶片全 N	叶片全 P	叶片 C：N	叶片 C：P	叶片 N：P
根系全 C	ns	ns	ns	ns	ns	ns
根系全 N	ns	ns	ns	ns	ns	ns
根系全 P	ns	ns	ns	ns	ns	-0.908 *
根系 C：N	ns	ns	ns	ns	ns	ns
根系 C：P	ns	ns	-0.847 *	ns	0.871 *	0.944 **
根系 N：P	ns	ns	-0.922 **	ns	0.905 *	0.947 **

表中数据为相关系数。ns 代表显著性水平大于 0.05。* 和 ** 分别代表显著性水平小于 0.05 和 0.01

白草与土壤间（表6-10），土壤有机C含量、全N含量和C：N与白草C：N：P生态化学计量学特征无显著的相关性（$p>0.05$）；土壤全P含量与叶片全C浓度、全P浓度和C：N以及地下部分全P浓度显著正相关（$p<0.05$），与叶片全N浓度和N：P以及地下部分C：P和N：P显著负相关（$p<0.05$）；土壤C：P与叶片全N浓度、C：P和N：P以及地下部分C：P和N：P显著正相关（$p<0.05$），与叶片和地下部分P浓度显著负相关（$p<0.05$）；土壤N：P与叶片全N浓度、C：P和N：P以及地下部分C：P和N：P显著正相关（$p<0.05$），与叶片全C浓度、全P浓度和C：N以及地下部分全P浓度显著负相关（$p<0.05$）。

表6-10　混种白草与土壤C：N：P生态化学计量学特征的相关性

指标	土壤有机C	土壤全N	土壤全P	土壤C：N	土壤C：P	土壤N：P
叶片全C	ns	ns	0.850*	ns	ns	-0.856*
叶片全N	ns	ns	-0.912*	ns	0.829*	0.923**
叶片全P	ns	ns	0.885*	ns	-0.934**	-0.882*
叶片C：N	ns	ns	0.872*	ns	ns	-0.880*
叶片C：P	ns	ns	ns	ns	0.907*	0.835*
叶片N：P	ns	ns	-0.944**	ns	0.987**	0.985**
地下部分全C	ns	ns	ns	ns	ns	ns
地下部分全N	ns	ns	ns	ns	ns	ns
地下部分全P	ns	ns	0.948**	ns	-0.914*	-0.890*
地下部分C：N	ns	ns	ns	ns	ns	ns
地下部分C：P	ns	ns	-0.981**	ns	0.931**	0.935**
地下部分N：P	ns	ns	-0.997**	ns	0.962**	0.976**

表中数据为相关系数。ns代表显著性水平大于0.05。*和**分别代表显著性水平小于0.05和0.01

白草叶片与地下部分间（表6-11），叶片全C浓度与地下部分C：N显著正相关（$p<0.05$），与地下部分N：P显著负相关（$p<0.05$）；叶片全N浓度与地下部分C：P和N：P显著正相关（$p<0.05$）；叶片全P浓度与地下部分全P浓度显著正相关（$p<0.05$），与地下部分C：P和N：P显著负相关（$p<0.05$）；叶片C：N与地下部分N：P显著负相关（$p<0.05$）；叶片C：P与地下部分N：P显著正相关（$p<0.05$），与地下部分全P浓度显著负相关（$p<0.05$）；叶片N：P与地下部分C：P和N：P显著正相关（$p<0.05$），与地下部分全P浓度显著负相关（$p<0.05$）。

表6-11　混种白草叶片与地下部分C：N：P生态化学计量学特征的相关性

指标	叶片全C	叶片全N	叶片全P	叶片C：N	叶片C：P	叶片N：P
地下部分全C	ns	ns	ns	ns	ns	ns
地下部分全N	ns	ns	ns	ns	ns	ns
地下部分全P	ns	ns	0.944**	ns	-0.823*	-0.881*

续表

指标	叶片全C	叶片全N	叶片全P	叶片C∶N	叶片C∶P	叶片N∶P
地下部分C∶N	0.814 *	ns	ns	ns	ns	ns
地下部分C∶P	ns	0.846 *	-0.890 *	ns	ns	0.907 *
地下部分N∶P	-0.823 *	0.898 *	-0.909 *	-0.848 *	0.813 *	0.950 **

表中数据为相关系数。ns代表显著性水平大于0.05。* 和 ** 分别代表显著性水平小于0.05和0.01

6.1.2 氮磷添加影响植被-土壤系统C∶N∶P生态化学计量学特征的机制分析

6.1.2.1 野外原位试验

(1) 微生物生物量C∶N∶P生态化学计量学特征

基于全球尺度数据的整合分析结果表明，N添加提高了微生物生物量C∶P和N∶P，但其对C∶N的影响程度依赖于生态系统类型（Yue et al.，2017）。其他一些研究发现，持续的N添加会导致微生物C和P受限性增加（Tatariw et al.，2018；Forstner et al.，2019）。由于P添加可通过刺激凋落物生物量积累，为微生物增加C和P源（Xiao et al.，2020；Zarzycki & Kopec，2020）以及提高土壤P可利用性（牛玉斌等，2019），从而平衡N添加引起的微生物元素生态化学计量学关系改变。许多N、P共同添加的野外试验对此观点进行了验证。然而，不同生态系统的研究结果不尽相同。与单施N肥的试验不同，N和P共同添加显著提高了杨树人工林微生物生物量P含量，对微生物生物量C含量的影响较小（Zhao & Zeng，2019），甚至降低了微生物生物量C含量（Zhou et al.，2017）。本书研究中，N、P添加对微生物生物量C含量、N含量和C∶N无显著影响，显著提高了微生物生物量P含量、降低了C∶P和N∶P，意味着P添加缓解了N添加引起的P限制，从而提高了微生物P固持。

(2) 土壤C∶N∶P生态化学计量学特征

研究表明，短期N添加对土壤有机C含量的影响无一致的规律性，但可以提高N和P有效性（周纪东等，2016）。随着N的逐渐输入，土壤N有效性上升，N和P相对稳定的平衡关系受到影响。N添加下元素的非同步变化，导致土壤N∶P升高、C∶N降低（Yue et al.，2017）。增施P肥提高了P与土壤有机物的结合、加速了有机物分解和养分释放，从而降低了土壤N∶P和C∶P（白玉婷等，2017；俄胜哲等，2017），因此可能会缓解N添加引起的土壤元素生态化学计量比失衡。本书研究中，两年N、P添加下，土壤C∶N变化较小，反映了环境变化下较为紧密的C和N耦合关系（Yang et al.，2014）；由于试验样地土壤类型为灰钙土，土壤中游离态的$CaCO_3$易与P结合形成溶解度较低的磷酸钙盐（Tunesi et al.，1999；Cross & Schlesinger，2001）。因此少量增施P肥对土壤C∶P和N∶P影响较小，但高量P添加显著降低了二者。鉴于土壤C∶P和N∶P在N和P受限类型方面的指示性，以上结果可能意味着适量P添加有助于缓解土壤P限制，但高P添加反而会导致植物 N 受限性增强。

6.1.2.2 盆栽试验

(1) 甘草单种

1）叶片-地下部分-土壤 C：N：P 生态化学计量学特征。对全球尺度土壤数据的综合分析表明，有机 C 含量的变化范围为 $1108.0\times10^{-3}\sim39083.0\times10^{-3}$ mol · kg^{-1}，全 N 含量则从 21.0×10^{-3} mol · kg^{-1}变化到超过 1300.0×10^{-3} mol · kg^{-1}（Cleveland & Liptzin，2007）。基于 2384 个中国 0～10 cm 土壤数据，Tian 等（2010）发现平均土壤有机 C、全 N 和全 P 含量分别为 2047.0×10^{-3}、134.0×10^{-3} 和 25.0×10^{-3} mol · kg^{-1}。本书试验中，2014 年 N、P 供给处理为 N10P1 时（P 添加量为 1 g · m^{-2} · a^{-1}），土壤有机 C、全 N 和全 P 含量分别为 2.1、0.3 和 0.4 g · kg^{-1}（换算后的摩尔浓度分别为 175.0×10^{-3}、21.0×10^{-3} 和 13.0×10^{-3} mol · kg^{-1}），明显低于全球和全国水平，表明连续两年低 N：P 处理后（N10P32），土壤有机 C 和养分依然很贫乏，限制了甘草生长和养分摄取。施用 P 肥逐渐改善了土壤中 P 的可利用性、缓解了 P 受限性，因此土壤全 P 含量显著增加、而 C：P 和 N：P 则显著降低。

本书试验中，受土壤 P 供给水平变化的影响，叶片全 P 浓度表现出逐渐增加的趋势，并在低、中 N：P 供给下表现显著，表明中、高 P 添加使叶片 P 摄取增强、叶片 P 保持能力降低，与以往研究结果相似（Crous et al.，2008；Mayor et al.，2014）。由于供试土壤属于轻度碱化土壤，土壤中 P 易与游离态 $CaCO_3$ 结合形成难溶性的磷酸钙盐，同时 10 g · m^{-2} · a^{-1}的 N 添加加剧了供试土壤 P 受限性，少量 P 添加可能不足以消除叶片 P 限制（Fritz et al.，2012），因而此时叶片全 P 浓度的变化幅度较小。高 N、P 供给下叶片全 N 浓度的变化幅度也很小，N10P32 使叶片全 N 浓度下降至 26.4 mg · g^{-1}，表明低 N：P 供给限制了甘草 N 摄取，导致甘草叶片 N 保持能力增强。对于植物根系 C：N：P 生态化学计量学特征，有研究表明少量 N 和 P 共施提高了麦冬（*Ophiopogon japonicus*）根部全 N 浓度、全 P 浓度和 N：P（陈伏生等，2007）。本书研究发现较高水平的 N：P 供给也提高了甘草根系全 N 和全 P 浓度，但降低了 C：P 和 N：P，说明少量 P 添加促进了根系对 N 和 P 的共同吸收，但由于根系对 P 吸收的速度快于对 N 的吸收，从而导致根系 C：P 和 N：P 下降。

2）叶片-地下部分-土壤 C：N：P 生态化学计量学特征的联系。植被-土壤系统 C、N、P 循环是在植物和土壤之间相互转换的。植物 C：N：P 生态化学计量比不仅反映了植物对 N 和 P 的利用效率，而且在一定程度上决定着凋落物分解质量，间接反映了土壤中 N 和 P 的供应。反过来，土壤 C：N 和 C：P 的高低，又决定了微生物活动的变化趋势和植物获得有效 N 和 P 的情况。本书研究中，2014 年甘草叶片和根系 C：N：P 生态化学计量学特征均与土壤 C：N：P 生态化学计量学特征存在不同程度的相关性，表明土壤 C、N、P 及其生态化学计量关系的改变会直接作用于植物。由于植物叶片和根系在养分储存及其功能性上的差异（刘超等，2012），甘草叶片和根系生态化学计量学特征的变化对 N 和 P 输入的反应差异显著，且根系全 N 浓度、全 P 浓度、C：N、C：P 和 N：P 的变化幅度较小、内稳性较高，与其他研究结果相似（赵亚芳等，2014；石贤萌等，2015）。结合甘草叶片、根系和土壤三个库间 C：N：P 生态化学计量学特征的差异和联系，以上结果证实全球变化背景下，土壤和植物叶片 C、N、P 平衡关系将趋于解耦，而植物根系 C∶N∶P 生态化学计量关系则相对不容易受短期环境变化的影响。

（2）白草单种

1）叶片-地下部分-土壤 C∶N∶P 生态化学计量学特征。本书试验中，土壤有机 C、全 N 和全 P 含量的变化范围分别是 1.88～2.31、0.22～0.27 和 0.31～0.80 g·kg^{-1}，明显低于全国尺度 0～10 cm 土壤各指标的平均值（Tian et al.，2010），表明连续两年 N、P 供给处理下，土壤有机 C 含量和养分水平依然很低，严重限制了白草生长和生物量积累；同时，施用 P 肥逐渐改善了土壤中 P 的可利用性、缓解了 P 受限性，因此土壤全 P 含量显著增加，而 C∶P 和 N∶P 显著降低；另外，受土壤 P 供给水平变化特点的影响，叶片全 P 浓度亦表现出逐渐增加的趋势，表明 P 添加增强了叶片 P 摄取，与以往研究结果相似（Mayor et al.，2014；魏金明等，2011；刘洋等，2013）。此外，本书研究发现白草地下部分与叶片 C∶N∶P 生态化学计量学特征的变化趋势相似（尤其是 10 月份地下部分），与其他研究结果一致（Han et al.，2014；Mao et al.，2016）。以上研究结果进一步证实，外源 N 和 P 输入会导致植物叶片和土壤 C∶N∶P 生态化学计量学趋于解耦，从而可能对生态系统服务功能产生负面影响。鉴于地下器官在 C 循环和养分传递方面的重要作用，地下部分 C∶N∶P 生态化学计量关系的改变，会进一步影响根周转、根凋落物分解和微生物活动等地下生态过程。

2）叶片-地下部分-土壤 C∶N∶P 生态化学计量学特征的联系。本书研究中，2014 年土壤与白草叶片 C∶N∶P 生态化学计量学特征间存在较强的相关性，表明土壤 C、N、P 及其生态化学计量关系的改变会直接影响白草叶片 N 和 P 过程。白草叶片和地下部分 C∶N∶P 生态化学计量学特征间亦具有一定程度的相关性，反映了植物不同器官间元素分配的偶联。相比之下，土壤与白草地下部分 C∶N∶P 生态化学计量学特征间的相关性较弱。一方面，植物叶片和地下部分在养分储存及其功能性上存在显著差异（刘超等，2012），导致叶片对土壤养分供给状况反应更为敏感。另一方面，与叶片相比地下部分具有较高的元素内稳性（赵亚芳等，2014；石贤萌等，2015）。当土壤元素平衡特征发生变化时，这一特性有助于地下部分 C、N、P 生态化学计量关系在短期内能够保持相对的稳定性。总的来说，以上结果意味着 N 沉降增加背景下，趋于解耦的土壤 C、N、P 平衡特征，可能会通过改变土壤和植物之间养分供需关系，直接影响着叶片 C∶N∶P 生态化学计量学特征。短期而言，土壤 C∶N∶P 平衡特征对地下部分影响较小。但是，长期叶片元素平衡关系的改变，势必会影响到地下部分养分策略，进而改变土壤和植物间元素的传递和调节。

（3）甘草和白草混种

1）叶片-地下部分-土壤 C∶N∶P 生态化学计量学特征。由于植物地下部分和叶片在养分储存和代谢功能等方面存在明显的差异，因而一般认为植物地下器官对环境变化的反应没有叶片那么敏感。有研究发现，养分添加未显著影响草本植物地下器官 C∶N∶P 生态化学计量关系（Tischer et al.，2015）。因此，推测本书研究中两个物种地下部分 C∶N∶P 生态化学计量关系可能较少受到 P 添加的影响。但在甘草和白草的混种试验中，观察到 2013

年两个物种叶片和地下部分 C : P 和 N : P 均随 P 添加的增加而显著降低。其中一个可能的原因在于，增加 P 供给提高了土壤 P 可利用性，因而促进了植物 P 摄取（Mao et al., 2016）、导致 C : P 和 N : P 发生改变。在一定程度上，两个物种地下部分 P 摄取增强也反映了 P 添加缓解了二者 P 受限性。本书研究证实，植物地下器官元素生态化学计量平衡关系亦会受到环境变化的影响（Li et al., 2015）。植物地下部分在植物-土壤元素迁移转化过程中扮演中重要的角色，因而，发生改变的地下部分 C : N : P 生态化学计量关系会进一步对植物生产力和 C 固定产生重要的影响（Li et al., 2015）。

此外，将 2012 年 1 g P m^{-2} · a^{-1} 水平下土壤有机 C、全 N 和全 P 含量与全球（Cleveland & Liptzin, 2007）和全国尺度（Tian et al., 2010）的数值进行了比较，发现混种试验中土壤有机 C、全 N 和全 P 含量较低。有研究发现，N 沉降降低了半干旱地中海生态系统土壤有机 C 含量（Ochoa-Hueso et al., 2013）。因而，本书研究中较低的有机 C 水平可能归咎于 10 g · m^{-2} · a^{-1}的 N 添加。较低的土壤全 N 和全 P 含量意味着即使连续两年进行 N 和 P 添加，研究区土壤养分供给水平依然很低，与其他同类型生态系统的研究结果一致（Wen et al. 2013；Li et al., 2014a）。同时，较低的有机 C 和养分水平也会对该生态系统植物生长产生限制作用。

2）叶片-地下部分-土壤 C : N : P 生态化学计量学特征的联系。以往的研究发现，植物和土壤 C : N : P 生态化学计量学特征密切相关（Bell et al., 2014；Fan et al., 2015；Li et al., 2017；赵广帅等，2016）。在 2013 年甘草和白草混种盆栽试验中，两个物种地下部分、土壤、叶片 C : P 和 N : P 密切相关，尤其白草。固 N 植物的根系能与根瘤菌建立共生关系，从而使其更容易获得 N 素，对土壤 N 素的依赖性也比其他植物小。因而，与白草相比，甘草自调节 N 策略的能力使其地下部分 C : N : P 生态化学计量关系对土壤 C : N : P 生态化学计量学特征的改变较不敏感。以上结果意味着，全球变化下趋于解耦的土壤和叶片元素生态化学计量关系，将会通过地上部分和地下过程的联系改变植物地下部分元素平衡特征，进而对叶片养分摄取、土壤养分有效性和植被-土壤系统养分循环等过程产生重要影响。

6.2 土壤基本性质

基于野外原位试验，研究人员对四年 N、P 添加下旺盛期 0 ~ 20 cm 土壤基本性质的变化特点进行了研究。基于单种盆栽试验，研究了两年 N、P 添加下旺盛期 0 ~ 10 cm 土壤基本性质的响应特征。基于混种盆栽试验，研究了两年 N、P 添加对旺盛期 0 ~ 10 cm 土壤基本性质的影响，探讨了三年 N、P 添加下旺盛期 0 ~ 10 cm 土壤基本性质的变化特点。

6.2.1 氮磷添加对土壤物理性质的影响

野外原位试验中，四年 N、P 添加下土壤含水量从 7.03% 变化至 8.34%，无明显的变化规律（表 6-12）。

表 6-12　氮磷添加下土壤基本性质的变化

土壤指标	N5P0	N5P0.5	N5P1	N5P2	N5P4	N5P8	N5P16
含水量（%）	8.10±0.13	8.34±0.15	7.03±0.33	7.88±0.23	8.14±0.33	7.88±0.14	8.34±0.19
pH	8.93±0.01	8.92±0.03	8.93±0.04	8.95±0.03	8.97±0.01	9.08±0.02	9.17±0.02
电导率（$\mu s \cdot cm^{-1}$）	151.73±12.19	154.90±23.92	134.15±11.55	138.23±12.57	144.25±5.57	136.53±5.31	198.40±8.86
NH_4^+-N（$mg \cdot kg^{-1}$）	13.55±2.41	16.11±1.55	11.57±1.38	10.10±0.69	13.98±1.76	9.29±0.56	14.93±0.99
NO_3^--N（$mg \cdot kg^{-1}$）	1.62±0.18	1.69±0.07	1.45±0.07	1.53±0.10	1.56±0.17	1.53±0.08	1.64±0.08
速效 P（$mg \cdot kg^{-1}$）	2.36±0.35	2.32±0.35	5.84±0.29	8.36±0.70	12.58±1.64	19.61±3.76	39.65±2.41
IA（$mg \cdot kg^{-1} \cdot h^{-1}$）	545.49±66.94	627.04±91.89	479.56±58.64	560.73±58.08	545.87±56.99	550.44±35.18	599.60±34.36
UA（$mg \cdot kg^{-1} \cdot h^{-1}$）	23.13±1.28	23.02±1.01	22.56±0.55	21.86±1.24	21.19±1.65	21.01±0.59	23.04±0.34
PA（$mg \cdot kg^{-1} \cdot h^{-1}$）	45.31±4.02	39.39±4.81	36.51±5.61	40.07±4.45	37.19±2.56	34.07±4.24	34.88±3.62

IA、UA、PA 分别代表蔗糖酶、脲酶、磷酸酶活性

6.2.2　氮磷添加对土壤化学性质的影响

6.2.2.1　野外原位试验

四年 N、P 添加下土壤 pH、电导率、NH_4^+-N 浓度和 NO_3^--N 浓度无明显的变化规律，速效 P 浓度呈增加趋势（表 6-12）。

6.2.2.2　甘草单种

如图 6-17 所示，两年 P 添加对土壤 NH_4^+-N 浓度的影响不显著（$p>0.05$）；P 添加提高了速效 P 浓度，且 P 添加量越高其值越高；少量 P 添加提高了 NO_3^--N 浓度，高量 P 添加对 NO_3^--N 浓度的影响不显著（$p>0.05$）。

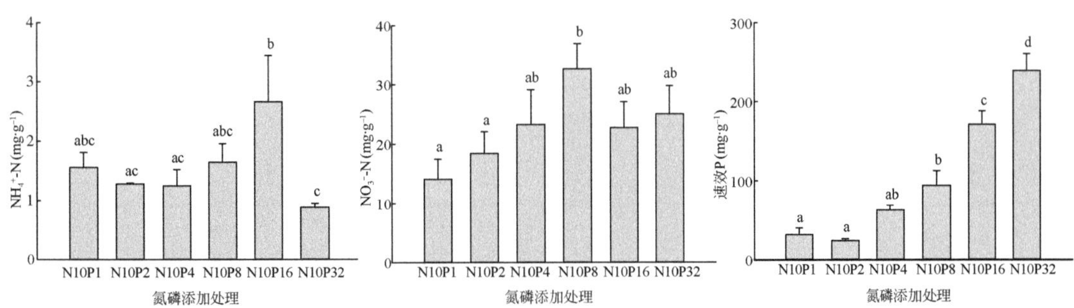

图 6-17　氮磷添加对单种甘草土壤无机 N 和速效 P 浓度的影响

不同小写字母表示氮磷处理间各指标的差异显著（$p<0.05$）

6.2.2.3　白草单种

如图 6-18 所示，两年 N、P 供给下（P 添加量增加），土壤 NH_4^+-N 浓度显著降低（$p<$

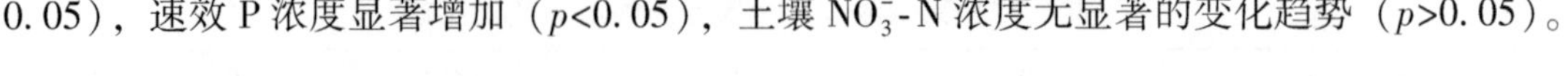

0.05)，速效 P 浓度显著增加（p<0.05），土壤 NO_3^--N 浓度无显著的变化趋势（p>0.05）。

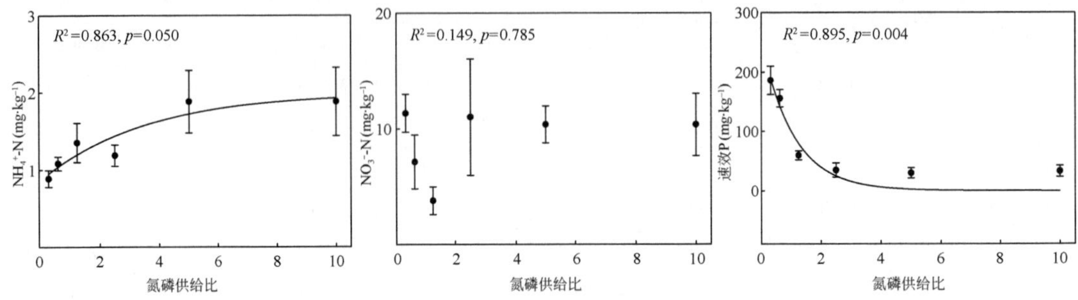

图 6-18　氮磷添加下单种白草土壤无机 N 和速效 P 浓度的变化

6.2.2.4　甘草和白草混种

表 6-13 中，两年 P 添加对土壤 NH_4^+-N 浓度的影响不显著（p>0.05）；提高了速效 P 浓度，且 P 添加量越高其值越高；少量 P 添加提高了 NO_3^--N 浓度，高量 P 添加对 NO_3^--N 浓度的影响不显著（p>0.05），但 32 g P · m^{-2} · a^{-1}显著提高了 NO_3^--N 浓度（p<0.05）。

表 6-13　氮磷添加对混种土壤无机 N 和速效 P 浓度的影响

土壤指标	N10P1	N10P2	N10P4	N10P8	N10P16	N10P32
NH_4^+-N（mg · kg^{-1}）	1.33±0.15 a	1.17±0.16 a	1.25±0.27 a	0.86±0.11 a	1.04±0.07 a	1.21±0.04 a
NO_3^--N（mg · kg^{-1}）	10.32±1.57 a	16.19±3.23 bc	12.87±2.55 abc	7.32±0.68 a	10.32±1.12 a	16.63±0.57 c
速效 P（mg · kg^{-1}）	22.45±1.14 a	37.42±0.14 a	51.87±7.10 a	77.45±2.13 ab	133.57±29.54 b	199.97±40.18 c

不同小写字母表示氮磷处理间各指标的差异显著（p<0.05）

三年 N、P 添加下（图 6-19），土壤 NH_4^+-N 和 NO_3^--N 浓度没有显著的变化趋势（p>0.05），速效 P 浓度显著增加（p<0.05）。

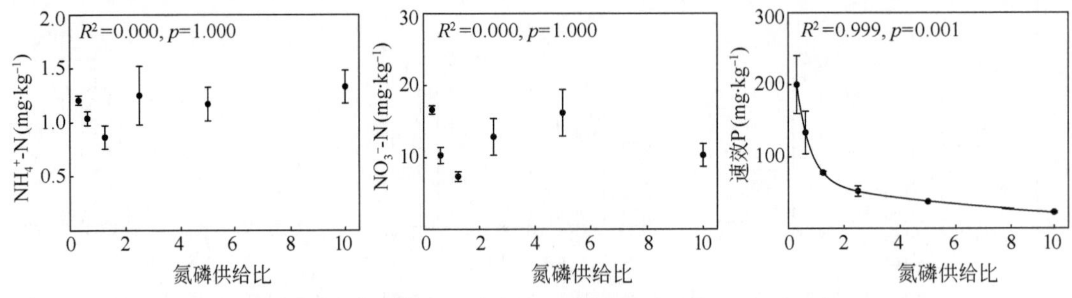

图 6-19　氮磷添加下混种甘草和白草土壤无机 N 和速效 P 浓度的变化

6.2.3 氮磷添加对土壤生物学性质的影响

野外原位试验中，四年 N、P 添加下土壤蔗糖酶和脲酶活性无明显的变化规律，磷酸酶活性呈降低趋势（表 6-12）。

6.3 植物生长和多样性

基于野外原位试验，研究人员对两年 N、P 添加对旺盛期植物生物量和多样性的影响进行了研究。基于单种盆栽试验，研究了两年 N、P 添加下两个物种旺盛期生物量、旺盛期和末期叶片养分保持的响应格局。基于混种盆栽试验，研究了两年/三年 N、P 添加下两个物种旺盛期生物量、旺盛期和末期叶片养分保持的响应格局。

6.3.1 氮磷添加对植物生长和多样性的影响

6.3.1.1 野外原位试验

（1）植物生物量

两年 5 $g \cdot m^{-2} \cdot a^{-1}$的 N 添加下，随着 P 添加量增加，植物群落地上生物量先略有增加后降低（图 6-20）；牛枝子、草木樨状黄芪和苦豆子种群生物量亦呈现出先增加后降低的趋势，猪毛蒿种群生物量持续增加，猪毛菜种群生物量持续降低（图 6-21），说明增施 P 肥促进了多数植物生物量积累，但中高量 P 肥抑制了牛枝子、草木樨状黄芪和苦豆子的生长。

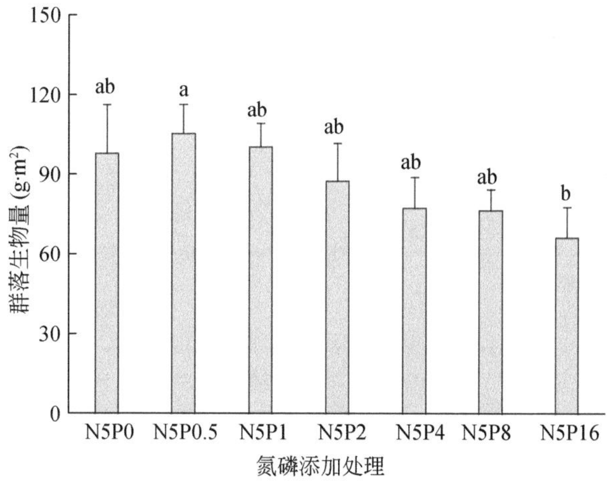

图 6-20 氮磷添加对植物群落生物量的影响

不同小写字母表示氮磷处理间各指标的差异显著（$p<0.05$）

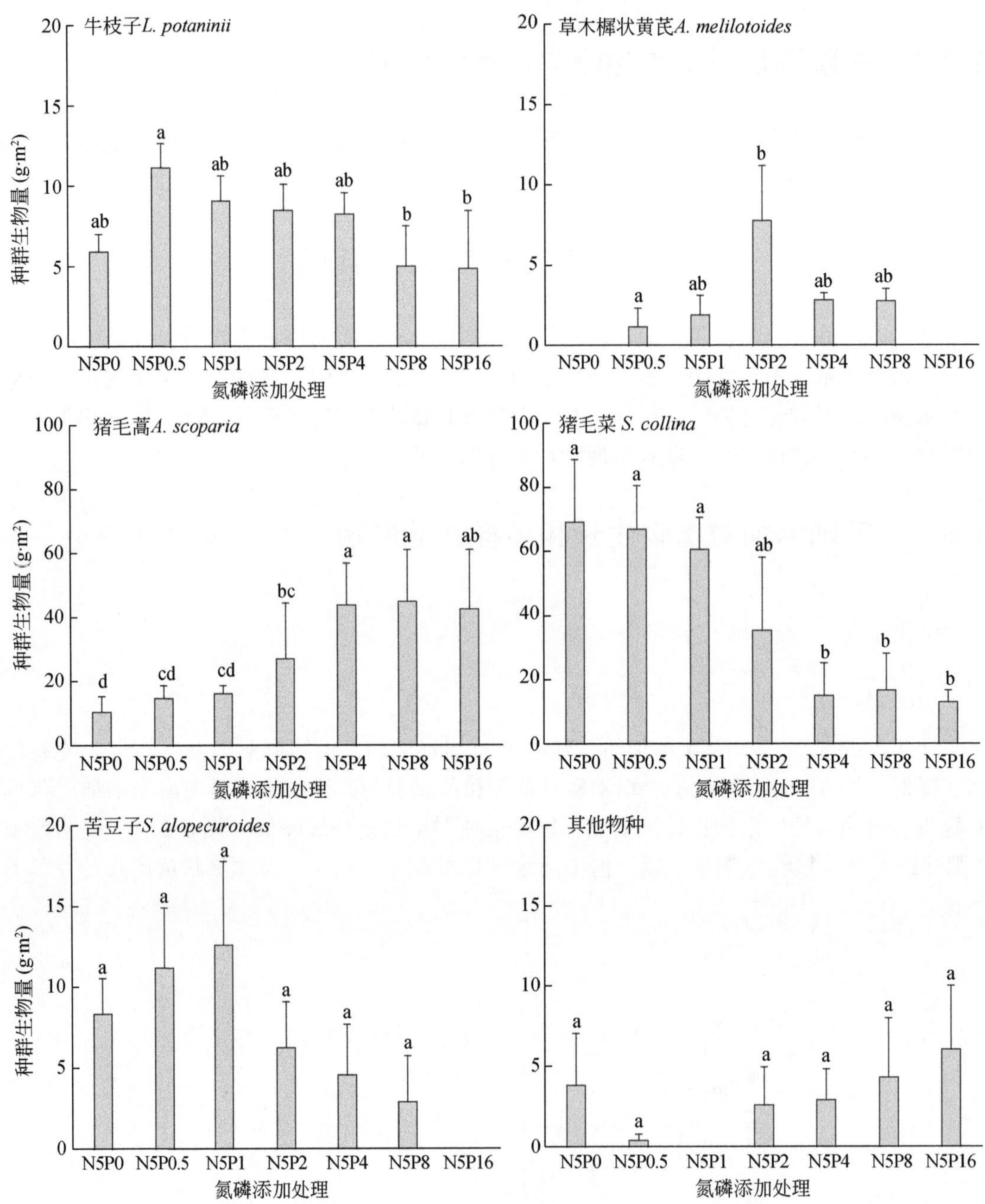

图 6-21　氮磷添加对植物种群生物量的影响

不同小写字母表示氮磷处理间各指标的差异显著（$p<0.05$）

（2）植物多样性

两年 5 g · m^{-2} · a^{-1} 的 N 添加下（表 6-14），少量 P 添加对牛枝子、苦豆子、猪毛蒿和猪毛菜重要值影响较小；中高量 P 添加降低了牛枝子、苦豆子、猪毛菜和其他物种重要值，提高了猪毛蒿重要值。

表 6-14　氮磷添加对植物种重要值的影响

处理	牛枝子 *L. potaninii*	草木樨状黄芪 *A. melilotoides*	苦豆子 *S. alopecuroides*	猪毛蒿 *A. scoparia*	猪毛菜 *S. Collina*	其他物种
N5P0	0. 19±0. 01 a	nd	0. 14±0. 03 a	0. 18±0. 02 c	0. 45±0. 04 a	0. 04±0. 03 a
N5P0. 5	0. 19±0. 01 a	0. 02±0. 02 b	0. 15±0. 04 a	0. 21±0. 01 c	0. 43±0. 03 a	0. 01±0. 01 a
N5P1	0. 18±0. 01 a	0. 04±0. 02 b	0. 14±0. 06 a	0. 23±0. 01 c	0. 41±0. 03 a	nd
N5P2	0. 18±0. 02 a	0. 15±0. 02 a	0. 09±0. 04 ab	0. 26±0. 07 c	0. 29±0. 09 ab	0. 04±0. 03 a
N5P4	0. 19±0. 03 a	0. 12±0. 01 a	0. 06±0. 04 ab	0. 42±0. 03 b	0. 15±0. 07 b	0. 06±0. 03 a
N5P8	0. 13±0. 04 ab	0. 10±0. 03 a	0. 02±0. 02 b	0. 48±0. 04 ab	0. 22±0. 10 b	0. 05±0. 03 a
N5P16	0. 09±0. 04 b	nd	nd	0. 55±0. 07 a	0. 27±0. 03 ab	0. 09±0. 06 a

nd 代表该处理下无相应物种。不同小写字母表示氮磷处理间重要值差异显著（$p<0.05$）

两年 5 $g \cdot m^{-2} \cdot a^{-1}$的 N 添加下（图 6-22），随着 P 添加量增加，Shannon-Wiener 多样性指数和 Patrick 丰富度指数呈现出先增加后降低的趋势，二者均在 2 $g \cdot m^{-2} \cdot a^{-1}$的 P 添加水平下达到最大值；Simpson 优势度指数呈现出先略有降低后持续增加的趋势。总体而言，中少量 P 添加对 Simpson 优势度指数的影响未达到显著水平（$p>0.05$）；与 N5P0 处理相比较，除 N5P4 处理以外其他几个处理显著降低了 Pielou 均匀度指数（$p<0.05$）。

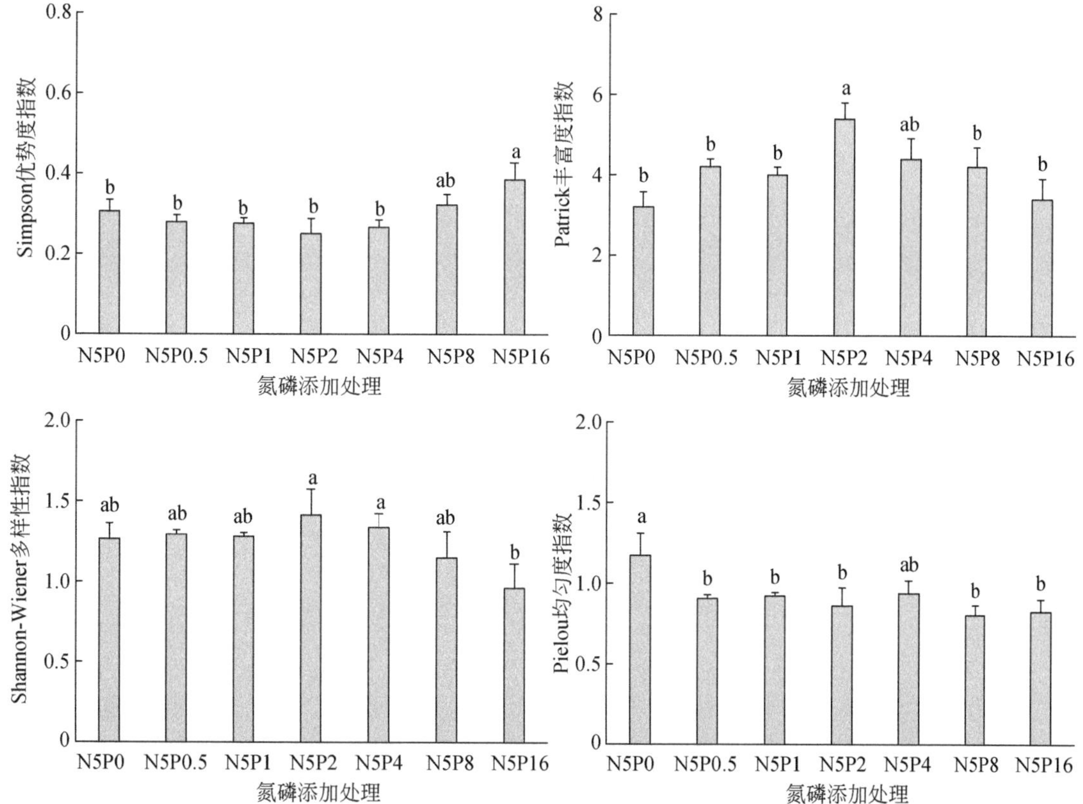

图 6-22　氮磷添加对植物多样性的影响

不同小写字母表示氮磷处理间各指标的差异显著（$p<0.05$）

6.3.1.2 盆栽试验

(1) 甘草单种

1）植物生物量。连续两年降低 N、P 供给比提高了甘草地上生物量、地下生物量和总生物量（图 6-23），并在 8 $g \cdot m^{-2} \cdot a^{-1}$ 的 P 添加下三个指标达到最大值 1.47 $g \cdot pot^{-1}$、2.29 $g \cdot pot^{-1}$ 和 3.76 $g \cdot pot^{-1}$，表明当 N、P 供给比处于中等水平时，甘草具有较高的生物量，过高和过低的 N、P 供给比都不利于甘草生物量积累。与地上生物量、地下生物量和总生物量不同，8 g P $\cdot m^{-2} \cdot a^{-1}$ 的处理使根冠比与其他处理相比降低了 21.71% ~33.12%。

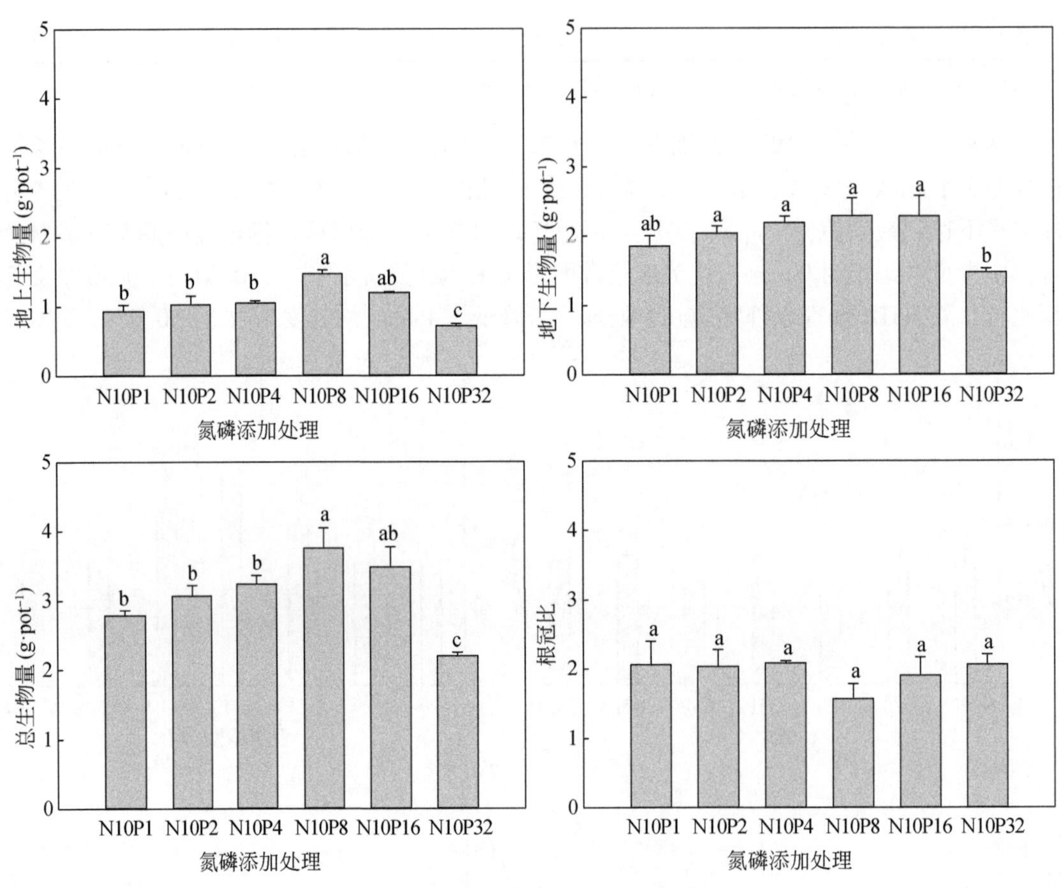

图 6-23 氮磷添加对单种甘草生物量的影响

不同小写字母表示氮磷处理间各指标的差异显著（$p<0.05$）

2）养分利用。图 6-2 中，两年少量 P 添加对甘草绿叶 N 摄取无显著影响（$p>0.05$），高量 P 添加显著抑制了绿叶 N 摄取（$p<0.05$）；P 添加显著提高了甘草绿叶 P 摄取（$p<0.05$）。图 6-3 中，随着 N、P 供给比降低，甘草枯叶 N 回收度无明显的变化，枯叶 P 回收度显著降低（$p<0.05$）。

（2）白草单种

1）植物生物量。连续两年降低 N、P 供给比提高了白草生物量（图 6-24）。其中，地上生物量在 16 $g \cdot m^{-2} \cdot a^{-1}$的 P 添加下达到最大值 13.39 $g \cdot pot^{-1}$；地下和总生物量在 32 $g \cdot m^{-2} \cdot a^{-1}$的 P 添加下达到最大值 12.87 $g \cdot pot^{-1}$和 26.26 $g \cdot pot^{-1}$。与地下生物量和总生物量相似，32 $g\ P \cdot m^{-2} \cdot a^{-1}$的处理使叶干重较对照提高了 1.98 倍。

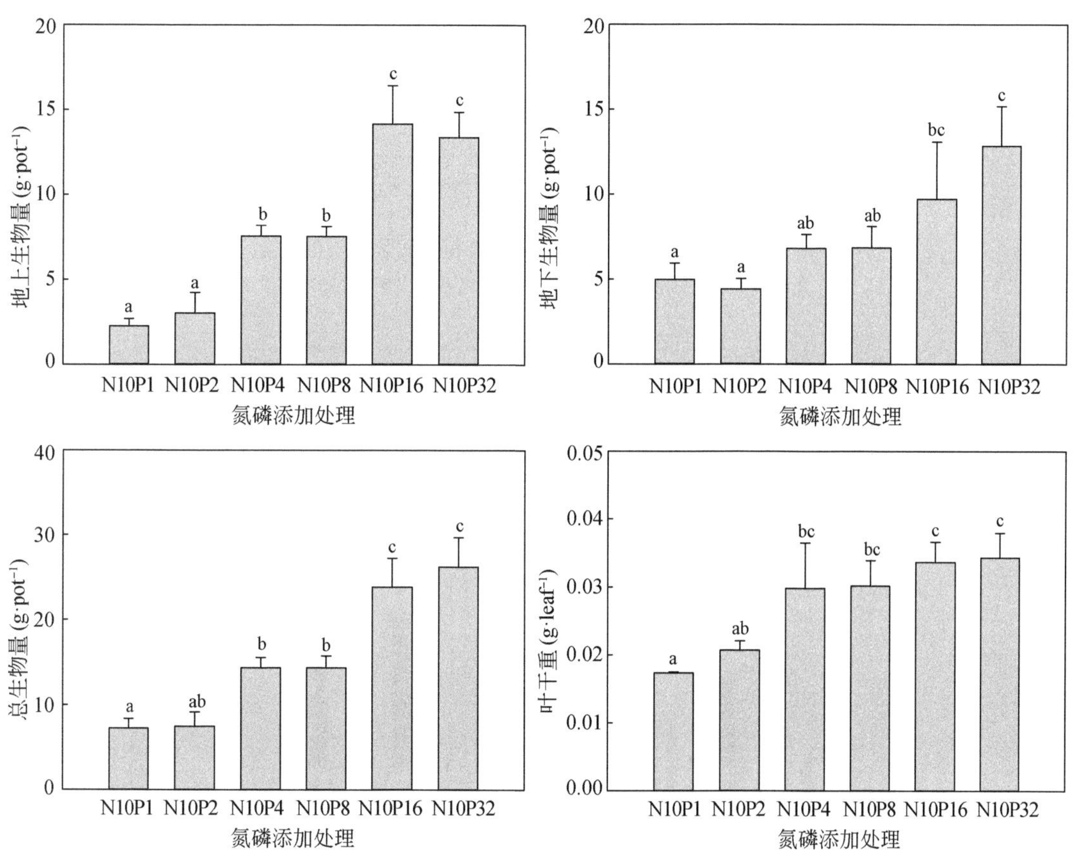

图 6-24　氮磷添加对单种白草生物量的影响

不同小写字母表示氮磷处理间各指标的差异显著（$p<0.05$）

2）养分利用。沿两年 N、P 供给比降低梯度，白草绿叶 N 摄取显著降低（$p<0.05$），P 摄取显著升高（$p<0.05$，图 6-7）；枯叶 N 回收度显著升高、P 回收度显著降低（$p<0.05$，图 6-8）；枯叶 N 回收效率从 54.08% 增加至 64.27%，P 回收效率从 66.84% 降低至 55.30%（图 6-25）。这表明，P 添加提高了白草枯叶 N 回收能力，降低了 P 回收能力。

（3）甘草和白草混种

1）植物生物量。连续两年 N、P 供给比降低下（图 6-26），两个物种地上生物量均逐渐增加，且 P 添加量越高二者地上生物量越高。物种间，白草地上生物量高于甘草。

连续三年 N、P 供给比降低下（图 6-27），两个物种地上生物量均呈增加趋势；甘草地下生物量呈持续增加趋势，白草地下生物量呈先增加后降低趋势。

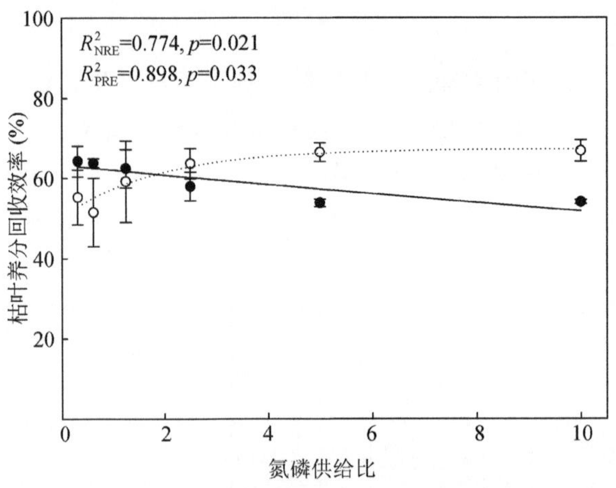

图 6-25　氮磷添加下单种白草枯叶养分回收效率的变化

黑圈（NRE）和白圈（PRE）分别代表枯叶 N 和 P 回收效率

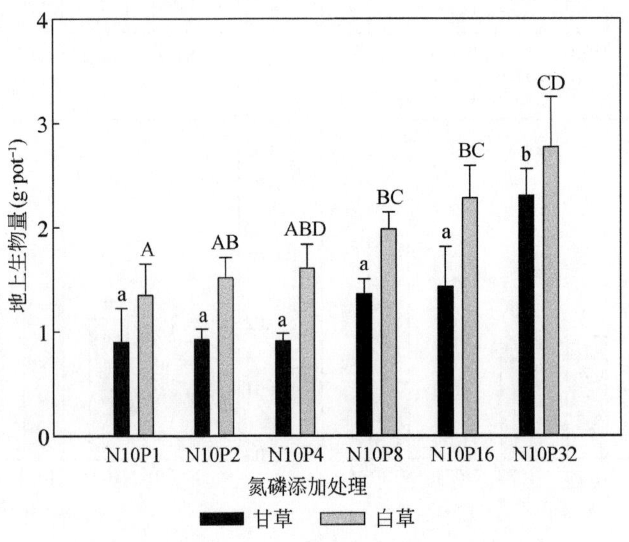

图 6-26　氮磷添加对混种甘草和白草生物量的影响

不同字母代表氮磷处理间同一物种生物量的差异显著（$p<0.05$）

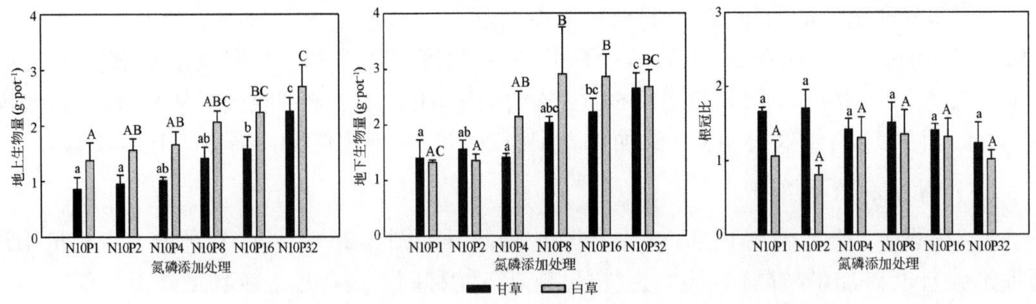

图 6-27　氮磷添加对混种甘草和白草生物量和根冠比的影响

不同小写字母代表氮磷处理间甘草指标的差异显著（$p<0.05$）。不同大写字母代表氮磷处理间白草指标的差异显著（$p<0.05$）

2）养分利用。两年 P 添加提高了两个物种绿叶 P 摄取，对绿叶 N 摄取的影响没有规律性（图 6-28）。少量 P 添加降低了两个物种枯叶 N 回收度，高量 P 添加提高了 N 回收度。P 添加降低了两个物种枯叶 P 回收度（图 6-29）。少量 P 添加对甘草枯叶 N 回收效率无显著的影响（$p>0.05$），高量 P 添加显著提高了其枯叶 N 回收效率（$p<0.05$）。相比之下，P 添加对白草枯叶 N 回收效率不显著（$p>0.05$）。P 添加降低了两个物种枯叶 P 回收效率（图 6-30）。

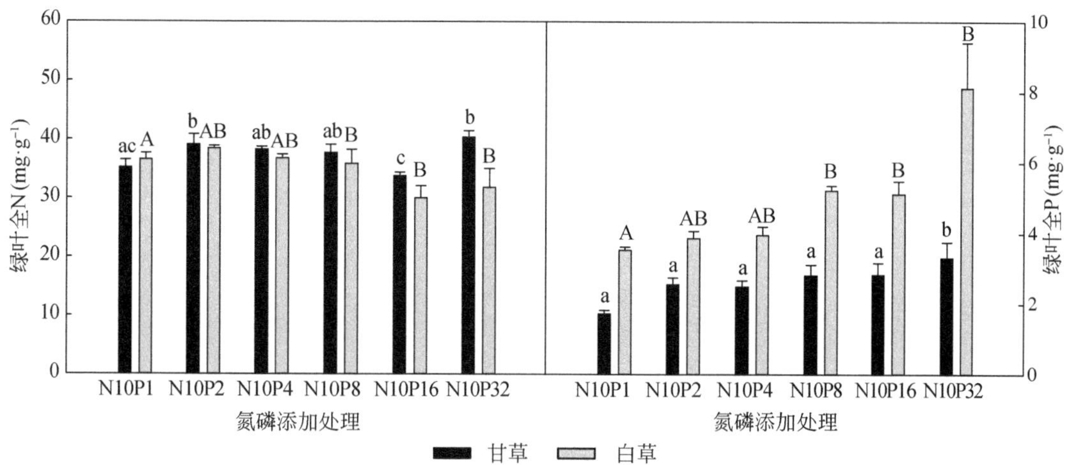

图 6-28　氮磷添加对混种甘草和白草绿叶全 N 和全 P 浓度的影响

不同小写字母代表氮磷处理间甘草指标的差异显著（$p<0.05$）。
不同大写字母代表氮磷处理间白草指标的差异显著（$p<0.05$）

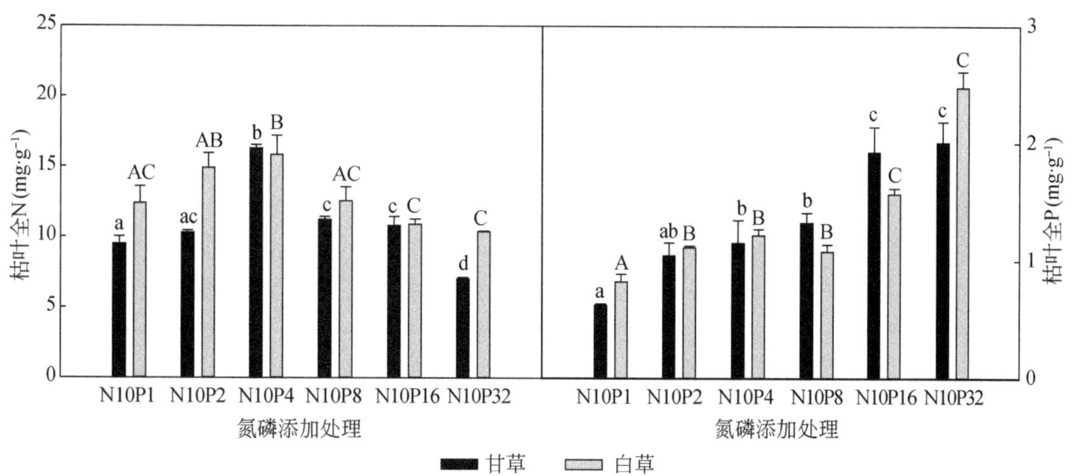

图 6-29　氮磷添加对混种甘草和白草叶片全 N 和全 P 浓度的影响

不同小写字母代表氮磷处理间甘草指标的差异显著（$p<0.05$）。
不同大写字母代表氮磷处理间白草指标的差异显著（$p<0.05$）

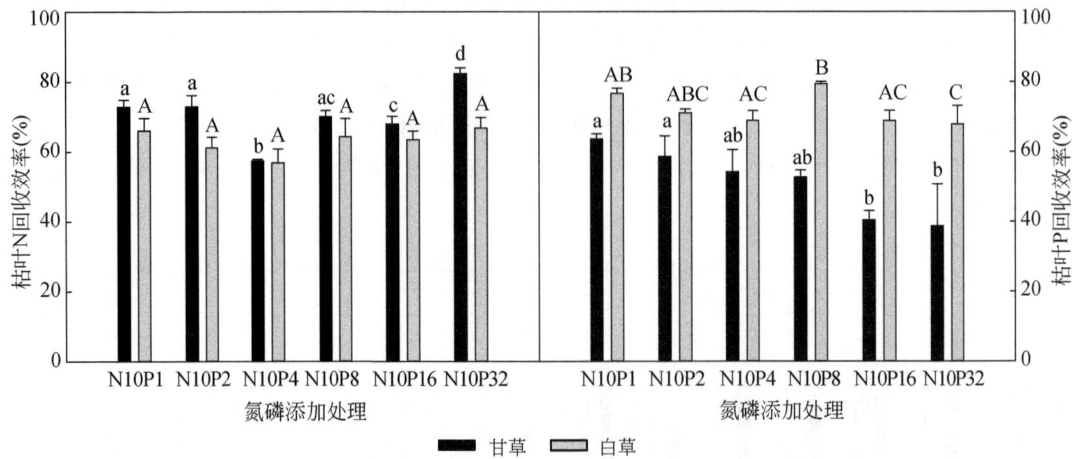

图 6-30 氮磷添加对混种甘草和白草叶片养分回收效率的影响

不同小写字母代表氮磷处理间甘草指标的差异显著（$p<0.05$）。

不同大写字母代表氮磷处理间白草指标的差异显著（$p<0.05$）

三年 N、P 供给比降低下（图 6-12），甘草和白草绿叶 N 摄取无明显的规律性，P 摄取显著升高（$p<0.05$）；甘草枯叶 N 回收度无明显的变化规律，白草枯叶 N 回收度先降低后增加，两个物种枯叶 P 回收度均显著降低（$p<0.05$，图 6-13）。

6.3.2 氮磷添加影响植物生长和多样性的机制分析

6.3.2.1 野外原位试验

（1）植物生物量

研究发现，在 P 受限制的情况下降低 N 的添加量或提高 P 的添加量会促进植物生物量的积累（Güsewell，2005）。对青藏高原高寒草甸植物（杨晓霞等，2014）、内蒙古温带典型草原植物（何利元等，2015）以及陕西黄土丘陵森林-草地区植物（张少康等，2018）的研究进一步证实，N 添加下增施 P 肥依然对植物生长有促进作用。本书研究中，两年少量 N 添加下随着施 P 量增加，植物群落和种群生物量均表现出先增加后降低的趋势。这可能是因为研究区土壤 P 有效性比较低，而 5 $g \cdot m^{-2} \cdot a^{-1}$ 的 N 添加进一步加剧了土壤 P 限制。逐渐施入的 KH_2PO_4 提高了土壤 P 的供给能力，缓解了 N 添加引起的土壤和植物间的 P 供需压力，因此促进了植物生物量的积累。然而，持续增加的 KH_2PO_4 添加量可能超出了植物自身的内稳态调节能力（Güsewell，2004）。此时，P 肥在植物体内的过量积累，不仅产生了毒害作用，而且使 N 受限性增加，从而抑制了牛枝子、草木樨状黄芪、苦豆子和猪毛菜地上部分的生长，导致植物群落和种群生物量下降，与甘肃亚高寒草甸植物的结果一致（张仁懿等，2016）。

（2）植物多样性

N 添加下，植物 P 受限性增加是群落多样性降低的重要机制之一（Li et al.，2016a；

Zhang et al.，2017）。增施 P 肥增强了土壤 P 有效性，从而提高了植物群落多样性（赵一楠，2017）。本书研究中，适量增施 P 肥提高了 Shannon-Wiener 多样性指数和 Patrick 丰富度指数；中高量增施 P 肥降低了植物多样性，与青藏高原高寒草甸的研究结果类似（Li et al.，2014b）。N 和 P 共同添加下植物群落组成的变化趋势，主要取决于物种竞争和共存关系的改变（Xu et al.，2011；Peng et al.，2012；Bai et al.，2015）。本书研究中，两年适量 P 添加下几个主要植物种重要值变化幅度小，表明土壤肥力水平较高时，几个物种具有较好的共存关系。随着 P 肥的持续施入，几个豆科植物重要值降低，猪毛蒿重要值增加。其可能原因，一方面在于中高量 P 添加对牛枝子和苦豆子等多年生植物根系产生的 P 毒效应；另一方面在于降水在介导 N 和 P 肥效中发挥了重要作用。研究区 2015 年和 2016 年降水量分别为 365.6 mm 和 347.8 mm（高于多年平均值，且主要集中在 4 ~9 月），雨水丰沛期与施肥时间（每年 5 ~8 月）基本一致。此外，为提高肥料利用效率，我们在进行 N 和 P 处理时大多选择雨后的傍晚施入。因此，在水肥资源较为丰富的情况下，一年生和二年生藜科植物猪毛蒿凭借其较强的生存能力（R 对策）开始大量繁殖（杜峰等，2005；李璠，2013），与其物种产生资源竞争关系，导致多样性降低。

6.3.2.2 盆栽试验

(1) 甘草单种

通常在 N 受限制的情况下，提高 N 的供应量、降低 P 的供应量会促进植物生物量的积累（Güsewell，2005），即提高 N∶P 供应对于生物量积累有促进作用；相反，在 P 受限制的情况下，降低 N∶P 供应将有助于生物量的积累。对青藏高原高寒草甸植物（杨晓霞等，2014）和内蒙古温带草原植物（何利元等，2015）的研究表明，施 N 肥显著提高了植物地上和地下生物量，增施 P 肥对地上生物量仍有促进作用，但对地下生物量的影响不明显。本书研究中，N10P8 和 N10P16 处理显著提高了甘草地上生物量，但对地下生物量的影响不显著，与高寒草甸物种和温带草原物种反应一致。其原因可能在于供试土壤本身全 P 和速效 P 含量都比较低，而 10 $g \cdot m^{-2} \cdot a^{-1}$的施 N 量进一步加剧了土壤 P 的受限性，从而抑制了甘草的生长；随着 P 施用量增加，N∶P 供应降低，一定程度上缓解了 N 添加引起的 P 压力，并提高了供试土壤 P 的供给能力（Crews et al.，2000），因此，适度 N∶P 供应促进了甘草地上生物量的积累；

10 $g \cdot m^{-2} \cdot a^{-1}$的 N 添加可能使甘草根系生长达到了一个合适的水平，因此增施 P 肥并不能显著提高根系生物量。然而，当 N、P 供给处理为 N10P32 时，不仅对甘草产生了 P 肥毒害作用，而且随着 N∶P 供应降低，甘草生长 N 受限性显著增加，从而抑制了甘草根系生长，导致总生物量下降。在生物量分配上，有研究发现当植物生长主要受 N 限制时，N 添加更倾向于降低根冠比；而当植物生长主要受 P 限制时，P 添加更倾向于提高根冠比（Güsewell，2005；刘洋等，2013）。研究显示，在统一施用 10 $g \cdot m^{-2} \cdot a^{-1}$ N 的基础上随着 P 施用量增加，甘草根冠比呈先降低后增加的趋势，与 Güsewell（2005）和刘洋等（2013）的研究结果略有不同。总体而言，甘草根冠比在几个 N∶P 处理间无显著差异，表明与单施 N 或 P 相比较，N 和 P 共同添加使植物生物量在地上和地下间的分配策略变得更加复杂。

（2）白草单种

对温带草原植物（何利元等，2015）和高寒草甸植物（杨晓霞等，2014）的研究发现，施N肥能显著提高植物地上和地下生物量，增施P肥能对地上生物量积累起促进作用，但对地下生物量的影响较小。本书研究中，高水平N：P供给（少量施用P肥）对白草生长的影响不显著，但中、低水平N：P供给比（中、高量施用P肥）显著提高了白草地上和地下生物量，尤其是地上生物量，与温带草原和高寒草甸物种的反应略有不同。就养分回收而言，高水平N：P供给比对白草枯叶N和P回收的影响也不明显，但中、低水平N：P供给比显著提高了N回收、降低了P回收，与针对高寒草甸针茅（Li et al., 2016b）和湿地植物（Mao et al., 2016）以及拟南芥菜（*Arabidopsis thaliana*）（Yan et al., 2015）的研究结果相似。其原因可能是供试土壤本身P有效性较低，而10 g·m^{-2}·a^{-1}的N添加进一步加剧了土壤P的受限性，因此少量P添加对白草生长和养分策略的影响较小；随着P施用量增加，N：P供给比水平降低，一定程度上缓解了N添加引起的P压力，并提高了供试土壤P的供给能力，因此促进了白草生物量积累、降低了白草叶片对P回收途径的依赖。然而，随着P的持续施入，土壤N：P逐渐降低，植物N受限性增强（魏金明等，2011；杨晓霞等，2014）。此时，较高的N回收能力有助于降低白草对土壤N库的依赖，反映了白草对N限制环境的适应性。综合以上分析，推测施P肥可能有助于缓解N添加引起的白草生长P受限性增强。

（3）甘草和白草混种

1）植物生物量。本书研究中，少量P添加对两个物种地下生物量的影响较小；随着P添加量的增加，两个物种地下生物量显著增加（甘草临界P添加水平为16 g·m^{-2}·a^{-1}，白草临界P添加水平为8 g·m^{-2}·a^{-1}），与针对草本植物南非鸽草（*Setaria sphacelata*）的研究结果相似（Tischer et al., 2015）。其可能原因在于，研究区土壤P有效性低，同时10 g·m^{-2}·a^{-1}的N添加加剧了土壤P限制，因此少量P添加不足以消除土壤P受限性（Fritz et al., 2012）。随着P添加量增加，土壤P有效性增加、N添加引起的P压力得到缓解，因此促进了两个物种地下生长和生物量积累。物种间，高量P添加反而导致白草地下生物量降低。这意味着，适量P添加有助于缓解白草生长P限制；高量P添加（>8 g·m^{-2}·a^{-1}）不仅会对白草地下部分产生毒害作用，而且加剧了土壤N限制（Huang et al., 2016），从而阻碍了白草地下生物量积累。

植物生物量在地上、地下组织间的分配方式可为准确认识地上生产力和地下C固定之间的联系提供重要信息（Hovenden et al., 2014）。植物生物量分配策略反应了地上资源（光和CO_2等）和地下资源（水和养分等）之间的平衡（Yang et al., 2010；Zhang et al., 2017），对环境变化具有高的弹性适应性（Luo et al., 2016b；Zhang et al., 2017）。在养分贫瘠的生态系统，养分添加下植物生长的受限类型会从养分限制转变为光限制（Lan et al., 2012）。为了快速生长，植物会将更多的生物量分配给地上组织以实现高的光合作用和多的干物质积累（Güsewell, 2005）。一些研究发现，N添加促进了植物地上部分生长（Li et al., 2015），P添加则有助于植物地下组织生长（詹书侠等，2016）。本书研究中，N、P添加下，两个物种地上和地下生物量的响应格局相似，导致根冠比变化不明显。与单施 N 肥或单施 P 肥的试验相比（Li et al.，2015；詹书侠等，2016），本书研究结果可能意味着 N、P 共同添加下植物生物量分配策略较为复杂（Zhang et al.，2017）。

2）植物养分保持。绿叶养分浓度反映了土壤养分有效性和植物从土壤中吸收养分的能力（Aerts & Chapin，2000）。一般认为植物体低的养分浓度意味着高的养分保持能力（Wright et al.，2004）。与 1 $g \cdot m^{-2} \cdot a^{-1}$的 P 添加水平相比，16 和 32 $g \cdot m^{-2} \cdot a^{-1}$的 P 添加量使白草绿叶全 N 浓度分别降低了 13.0 % 和 17.9 %，意味着过量 P 添加限制了植物 N 摄取。相比之下，甘草可以通过固氮作用吸收固定 N，因此其绿叶全 N 浓度不容易受 N、P 供给处理的影响。此外，两个物种绿叶全 P 浓度随着 P 添加量的增加而增加，意味着 P 添加提高了植物 P 摄取、降低了植物 P 保持，与以往研究结果相似（Crous et al.，2008；Mayor et al.，2014）。值得一提的是，研究区土壤为轻度碱性土壤。这类土壤 $CaCO_3$ 含量高。少量 P 添加时，P 与 $CaCO_3$ 结合，形成溶解度低的碳酸钙盐，难以被植物吸收利用。因此，少量 P 添加对植物绿叶全 P 浓度影响较小，表明低水平 P 添加不足以缓解 N 添加引起的 P 压力，与针对巴塔哥尼亚原始泥炭沼泽的研究结果一致（Fritz et al.，2012）。

试验中两年 N、P 处理下，随着 P 添加量增加，两个物种枯叶 P 回收度降低、甘草枯叶 P 回收效率降低，与针对湿地大型植物（Rejmánková & Snyder，2008）和四种热带森林树种（Mayor et al.，2014）的研究结果一致。两个物种枯叶 N 回收效率对 N、P 添加的响应缺乏一致的规律性，表明自然状态下二者枯叶 N 回收效率可能处于一个最佳水平，从而不受 P 添加量变化的影响。相比之下，少量 P 添加降低了两个物种枯叶 N 回收度（尤其甘草），反应了 N 回收度与 P 回收度响应的趋同性（Lü et al.，2013）。然而，32 $g \cdot m^{-2} \cdot a^{-1}$的 P 添加限制了植物从土壤中吸收 N。此时，两个物种通过提高 N 回收以降低其对土壤 N 的依赖性，与 Feller 等（2007）的结果一致。基于以上分析，本文结果进一步证实，少量 P 添加有助于缓解 N 添加引起的 P 限制，但高量 P 添加引起植物 N 受限性加剧；与养分回收效率相比，养分回收效率能更准确地反映土壤养分的有效性（Killingbeck，1996；Aerts & Chapin，2000）。

3）物种间竞争关系。以往研究表明，植物绿叶养分浓度和枯叶养分回收在不同生活型间存在差异（Aerts & Chapin，2000；van Heerwaarden et al.，2003；Agüero et al.，2014）。与固 N 植物相比，草本植物通常具有较低的绿叶全 N 和全 P 浓度、较低的枯叶 N 和 P 回收（Yuan et al.，2005；Mao et al.，2011）。本书试验中，两年 1 $g \cdot m^{-2} \cdot a^{-1}$的 P 添加下，与甘草相比白草具有较高的绿叶 P 浓度和枯叶 P 回收效率，表明 10 $g \cdot m^{-2} \cdot a^{-1}$的 N 添加加速了白草绿叶 N 和 P 的协同吸收，导致其绿叶全 P 浓度较高。依据养分保持策略基本概念，以上结果意味着白草主要通过从枯叶回收较多的 P 来保持 P 在其体内的滞留时间。相比之下，甘草主要通过降低绿叶和枯叶全 P 浓度的途径以实现高的 P 保持。此外，两个物种间绿叶全 N 浓度和枯叶 N 回收效率的差异较小，可能意味着 10 $g \cdot m^{-2} \cdot a^{-1}$的 N 添加提高了土壤 N 有效性、促进了植物对土壤 N 的摄取。随着 P 添加量增加，白草快速摄取 P，甘草降低枯叶 P 回收度并逐渐与白草枯叶 P 回收度相当。

三年 N、P 添加下，与甘草相比，白草地下部分全 N 和全 P 浓度（2.47 $mg \cdot g^{-1}$ vs. 2.24 · $mg \cdot g^{-1}$）较高。10 $g \cdot m^{-2} \cdot a^{-1}$的 N 添加对白草地下部分 N 摄取的正效应强

于甘草。相应地，白草地下组织需要摄取更多的 P 以平衡其自身 C : N : P 生态化学计量关系。此时，增强 N 的有效性刺激了土壤和植物地下组织磷酸酶活性以加速有机 P 的矿化（Marklein & Houlton，2012）、增加了可获取 P 的丛枝菌根真菌根/根茎的定殖（Blanke et al.，2012），从而为白草地下组织提供较多的 P 以同化。另一方面，P 添加对白草地下部分生长的促进作用更大，从而刺激白草从土壤中摄取更多的 N 和 P。总的来说，N、P 添加对白草 N 摄取较大的正效应使得其相较甘草具有高的地下部分 N : P。

6.4 生态系统碳交换

基于野外原位试验，研究人员对六年 N、P 添加下 8 ~ 10 月生态系统 C 交换的时间动态进行了研究，分析了六年 N、P 添加和四个月份对生态系统 C 交换的影响。

6.4.1 生态系统碳交换的时间动态

0 和 5 $g \cdot m^{-2} \cdot a^{-1}$的 N 添加下，P 添加对生态系统 C 交换时间动态的整体变化趋势的影响较小（图 6-31 和图 6-32）。月动态上，NEE 呈现先增加后降低的变化趋势，ER 和 GEP 呈现先增加后减小的变化趋势，且三者在生长季期间峰值出现的时间有所不同。其中，NEE 在 9 月初达到峰值，而 ER 和 GEP 则在 8 月中下旬达到峰值；对于日动态而言，NEE 随时间呈现逐渐增强趋势，而 ER 和 GEP 则整体呈现先升高后下降趋势，二者均在上午 9:30 达到峰值。

6.4.2 生态系统碳交换的响应特征

重复方差测量分析发现（表 6-15），N 和 P 添加、月份及二者交互作用对 NEE 有显著影响（$p<0.05$），月份及其与 N 和 P 添加对 ER 和 GEP 有显著的交互作用（$p<0.05$），而 N 和 P 添加对 ER 和 NEP 影响均不显著（$p>0.05$）。5 $g \cdot m^{-2} \cdot a^{-1}$的 N 添加水平下，P 添加水平对生态系统 C 交换组分有一定的促进作用，其中生长季月动态和日动态均以 N5P2 处理促进作用最为明显。

表 6-15 氮磷添加和月份对生态系统碳交换影响的重复测量方差分析

变异来源	df	NEE		ER		GEP	
		F	*p*	*F*	*p*	*F*	*p*
氮和磷添加	6	3.037	0.039	1.380	0.289	2.601	0.066
月份	5	84.661	0.000	80.616	0.000	102.385	0.000
氮和磷添加×月份	30	5.857	0.003	3.321	0.030	4.751	0.008

NEE、ER、GEP 分别代表净生态系统碳交换、生态系统呼吸和总生态系统生产力

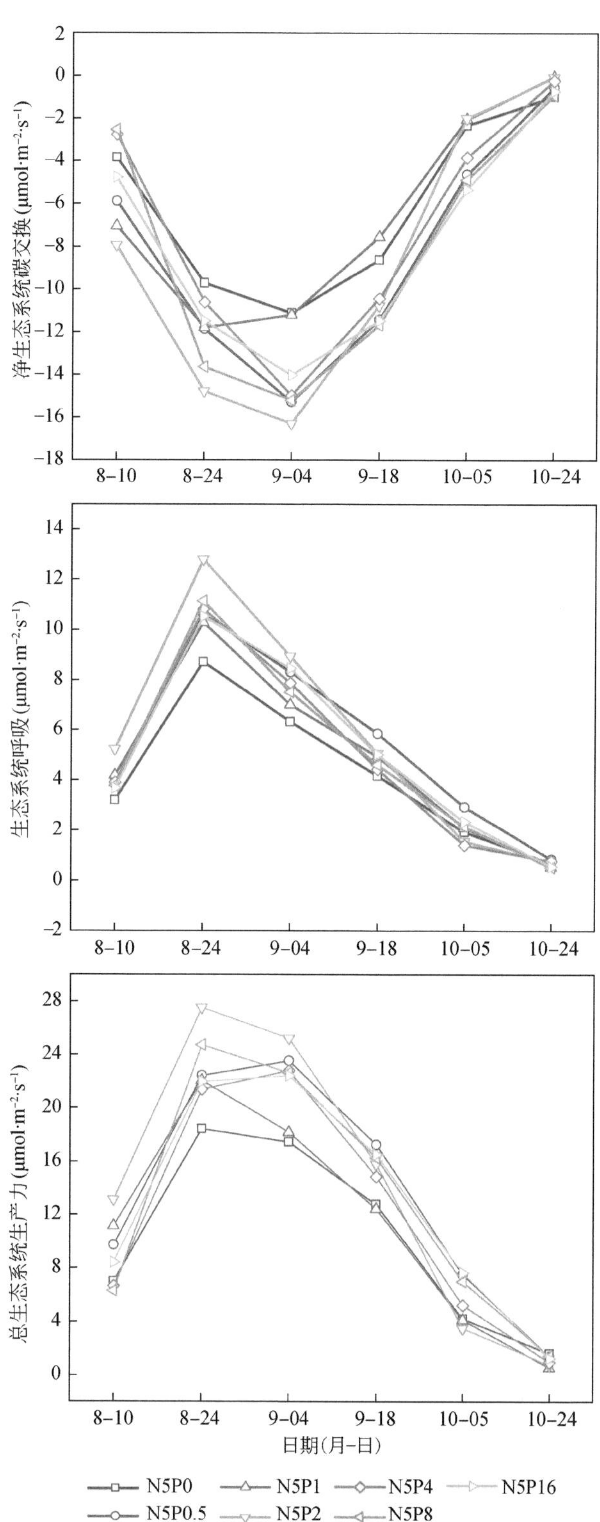

图 6-31 氮磷添加下生态系统碳交换的时间动态

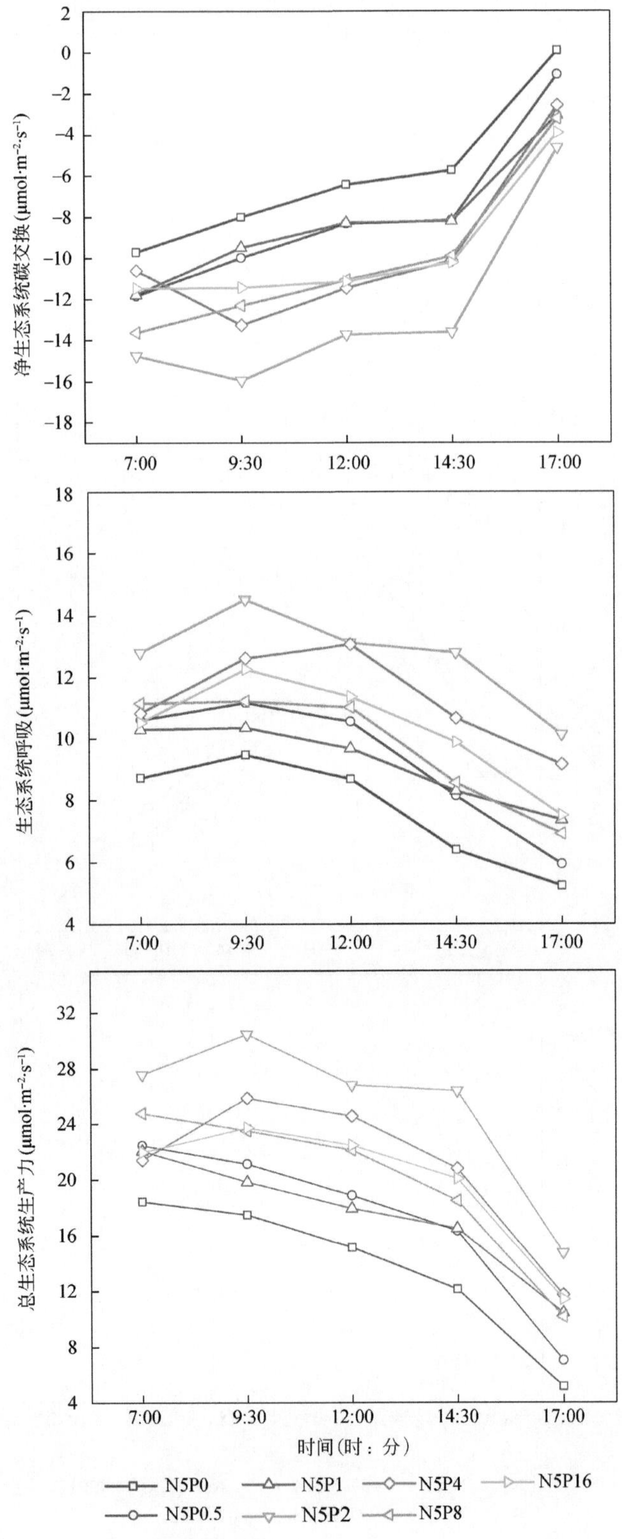

图 6-32　氮磷添加下生态系统碳交换的日动态

6.5 基于 C∶N∶P 生态化学计量学的生态服务功能评价

基于野外原位试验，研究人员对两年 N、P 添加下旺盛期微生物-土壤 C∶N∶P 生态化学计量学特征与植物多样性的关系进行了分析；探讨了六年 N、P 添加下旺盛期植物-微生物-土壤 C∶N∶P 生态化学计量学特征与生态系统 C 交换的关系。基于单种盆栽试验，分析了两年 N、P 添加下旺盛期叶片-地下部分-土壤 C∶N∶P 生态化学计量学特征与甘草生物量、土壤 C∶N∶P 生态化学计量学特征与甘草绿叶养分摄取的关系；分析了旺盛期叶片-地下部分-土壤 C∶N∶P 生态化学计量学特征与白草生物量和叶片养分保持的关系。基于混种盆栽试验，分析了三年 N、P 添加下旺盛期叶片-地下部分-土壤 C∶N∶P 生态化学计量学特征与两个物种生物量和叶片养分保持的关系。

6.5.1 植被-土壤系统 C∶N∶P 生态化学计量学特征与土壤性质和植被特征的关系

6.5.1.1 野外原位试验

(1) 微生物-土壤 C∶N∶P 生态化学计量学特征与植物多样性

对植物多样性指数与土壤因子的关系进行了 RDA 排序（图 6-33）：前两个排序轴的特

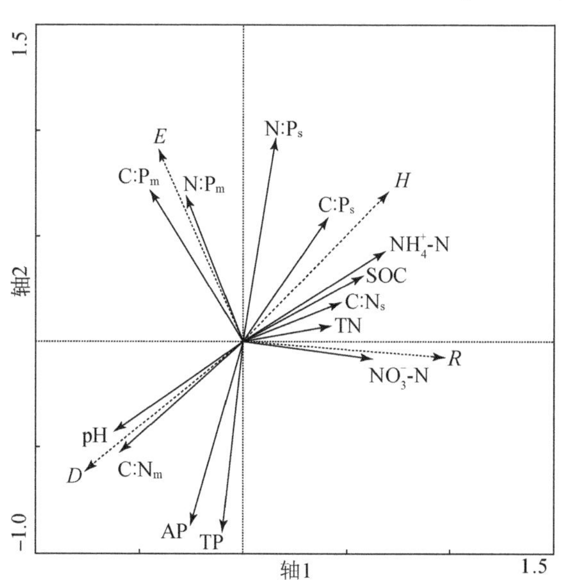

图 6-33 植物多样性指数与土壤因子关系的 RDA

R、*H*、*E* 和 *D* 分别代表 Patrick 丰富度指数、Shannon- Wiener 多样性指数、Pielou 均匀度指数和 Simpson 优势度指数。pH、SOC、TN、TP、NH_4^+-N、NO_3^--N、AP、C∶N_s、C∶P_s、N∶P_s、C∶N_m、C∶P_m 和 N∶P_m 分别代表土壤 pH、有机 C、全 N、全 P、NH_4^+-N、NO_3^--N、速效 P、C∶N、C∶P、N∶P、微生物生物量 C∶N、微生物生物量 C∶P 和微生物生物量 N∶P

征值分别为 0.787 和 0.208。植物多样性指数与土壤因子两个排序轴的相关度均为 1，表明前两个轴的物种环境相关度很高，共解释物种和环境总方差的 99.5%。

从 RDA 图中箭头的长度可以看出（图6-33），对植物多样性影响最大的因子分别是土壤 N：P、土壤全 P 含量、土壤速效 P 浓度和微生物生物量 C：P。其中，Patrick 丰富度指数分别与土壤 N：P、C：P 以及 NH_4^+-N 浓度正相关，与土壤全 P 含量、速效 P 浓度以及微生物生物量 C：P 负相关；Shannon-Wiener 多样性指数分别与土壤 N：P、C：P 以及 NH_4^+-N 浓度正相关，与土壤全 P 含量和速效 P 浓度负相关；Simpson 优势度指数分别与土壤全 P 含量和速效 P 浓度正相关，与土壤 N：P、C：P 以及 NH_4^+-N 浓度负相关；Pielou 均匀度指数分别与土壤 N：P 和微生物生物量 C：P 正相关，与土壤全 P 含量和速效 P 浓度负相关。

（2）植物-微生物-土壤 C：N：P 生态化学计量学特征与生态系统碳交换的关系

对生态系统 C 交换与植物、土壤和微生物所有环境因子的关系进行了 RDA 排序（图6-34）：前两个排序轴的特征值分别为 0.785 和 0.005。六年 N、P 添加下，对生态系统 C 交换组分影响显著的因子分别为叶片全 P 浓度、叶片 N：P 和土壤速效 P 浓度（$p<0.05$）（表6-16）。其中，ER 和 GEP 与叶片全 P 浓度呈较强正相关关系，而与叶片 N：P 呈负相关；NEE 受以上环境因子的影响较小。

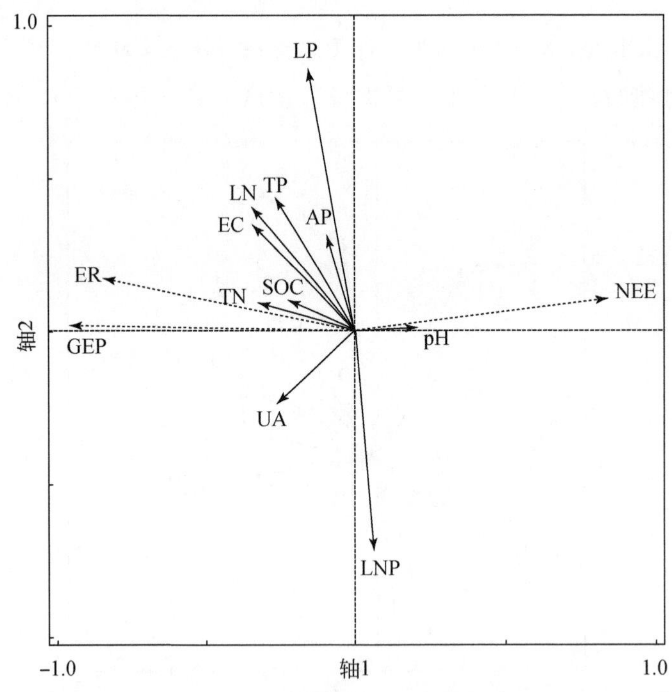

图6-34　生态系统碳交换与环境因子的 RDA

NEE、ER 和 GEP 分别代表净生态系统 C 交换、生态系统呼吸和生态系统总生产力。LP、LNP、LN 分别代表叶片全 P、N：P 和全 N。UA、pH、AP、TP、EC、SOC、TN 分别代表土壤脲酶活性、pH、速效 P、全 P、电导率、有机 C 和全 N

表 6-16　生态系统碳交换与环境因子 RDA 中各因子的显著性检验

指标	LP	LNP	UA	LN	pH	AP	TP	EC	SOC	TN
贡献率（%）	13.1	11.5	10.3	9.5	6.9	6.8	6.6	6.6	5.8	1.9
F	6.4	7.4	3.3	2.7	2.5	5.4	2.6	2.0	2.0	1.5
p	0.022	0.016	0.068	0.094	0.126	0.034	0.122	0.172	0.170	0.244

LP、LNP、LN 分别代表叶片全 P、N∶P 和全 N。UA、pH、AP、TP、EC、SOC、TN 分别代表土壤脲酶活性、pH、速效 P、全 P、电导率、有机 C 和全 N

6.5.1.2　盆栽试验

（1）甘草单种

1）叶片-地下部分-土壤 C∶N∶P 生态化学计量学特征与植物生物量的关系。甘草-土壤C∶N∶P 生态化学计量学特征与甘草生物量的相关性较弱（表 6-17、表 6-18 和表 6-19），仅土壤 C∶N 与地下生物量、根系全 N 浓度与地上生物量显著正相关（$p<0.05$）。

表 6-17　单种甘草叶片 C∶N∶P 生态化学计量学特征与其生物量的相关性

指标	叶片全 C	叶片全 N	叶片全 P	叶片 C∶N	叶片 C∶P	叶片 N∶P
地上生物量	ns	ns	ns	ns	ns	ns
根下生物量	ns	ns	ns	ns	ns	ns
总生物量	ns	ns	ns	ns	ns	ns

表中数据为相关系数。ns 代表显著性水平大于 0.05

表 6-18　单种甘草根系 C∶N∶P 生态化学计量学特征与其生物量的相关性

指标	根系全 C	根系全 N	根系全 P	根系 C∶N	根系 C∶P	根系 N∶P
地上生物量	ns	0.487*	ns	ns	ns	ns
根下生物量	ns	ns	ns	ns	ns	ns
总生物量	ns	ns	ns	ns	ns	ns

表中数据为相关系数。ns 代表显著性水平大于 0.05。* 代表显著性水平小于 0.05

表 6-19　单种土壤 C∶N∶P 生态化学计量学特征与甘草生物量的相关性

指标	土壤有机 C	土壤全 N	土壤全 P	土壤 C∶N	土壤 C∶P	土壤 N∶P
地上生物量	ns	ns	ns	ns	ns	ns
地下生物量	ns	ns	ns	0.496*	ns	ns
总生物量	ns	ns	ns	ns	ns	ns

表中数据为相关系数。ns 代表显著性水平大于 0.05。* 代表显著性水平小于 0.05

2）土壤 C∶N∶P 生态化学计量学特征与植物养分利用的关系。表 6-20 中，土壤全 N 含量与绿叶 N 摄取显著负相关（$p<0.05$），C∶N 和 C∶P 与绿叶 N 摄取显著正相关（$p<0.05$），N∶P 与绿叶 P 摄取显著负相关（$p<0.05$）。

表 6-20　单种土壤 C : N : P 生态化学计量学特征与甘草绿叶全 N 和全 P 浓度的相关性

指标	土壤有机 C	土壤全 N	土壤全 P	土壤 C : N	土壤 C : P	土壤 N : P
绿叶全 N	ns	-0.564 *	ns	0.691 **	0.498 *	ns
绿叶全 P	ns	ns	0.772 **	ns	-0.703 **	-0.751 **

表中数据为相关系数。ns 代表显著性水平大于 0.05。* 和 ** 分别代表显著性水平小于 0.05 和 0.01

（2）白草单种

1）叶片-地下部分-土壤 C : N : P 生态化学计量学特征与植物生物量的关系。如表 6-21、表 6-22 和表 6-23 所示，土壤-白草 C : N : P 生态化学计量学特征与白草生物量的相关性较强（尤其土壤和叶片）：土壤全 P 含量与白草地上、地下和总生物量显著正相关（$p<0.05$），C : P 和 N : P 则与白草生物量显著负相关（$p<0.05$）；叶片全 P 浓度与其生物量显著正相关（$p<0.05$），C : P 和 N : P 则与其生物量（除地上生物量外）显著负相关($p<0.05$)；地下部分全 C 浓度与其生物量显著正相关（$p<0.05$）。

表 6-21　单种白草叶片 C : N : P 生态化学计量学特征与其生物量的相关性

指标	叶片全 C	叶片全 N	叶片全 P	叶片 C : N	叶片 C : P	叶片 N : P
地上生物量	ns	ns	0.565 *	ns	-0.572 *	ns
地下生物量	ns	ns	0.692 **	ns	-0.702 **	-0.637 **
总生物量	ns	ns	0.701 **	ns	-0.710 **	-0.579 *

表中数据为相关系数。ns 代表显著性水平大于 0.05。* 和 ** 分别代表显著性水平小于 0.05 和 0.01

表 6-22　单种白草地下部分 C : N : P 生态化学计量学特征与其生物量的相关性

指标	地下部分全 C	地下部分全 N	地下部分全 P	地下部分 C : N	地下部分 C : P	地下部分 N : P
地上生物量	0.532 *	ns	ns	ns	ns	ns
地下生物量	0.859 **	ns	ns	ns	ns	ns
总生物量	0.787 **	ns	ns	ns	ns	ns

表中数据为相关系数。ns 代表显著性水平大于 0.05。* 和 ** 分别代表显著性水平小于 0.05 和 0.01

表 6-23　单种土壤 C : N : P 生态化学计量学特征与白草生物量的相关性

指标	土壤有机 C	土壤全 N	土壤全 P	土壤 C : N	土壤 C : P	土壤 N : P
地上生物量	ns	ns	0.590 *	ns	-0.570 *	-0.544 *
地下生物量	ns	ns	0.836 **	ns	-0.708 **	-0.708 **
总生物量	ns	ns	0.801 **	ns	-0.713 **	-0.699 **

表中数据为相关系数。ns 代表显著性水平大于 0.05。* 和 ** 分别代表显著性水平小于 0.05 和 0.01

2）叶片-地下部分-土壤 C : N : P 生态化学计量学特征与植物养分利用的关系。如表 6-24、表 6-25 和表 6-26 所示，土壤有机 C 含量与绿叶 P 摄取显著正相关（$p<0.05$）。除枯叶 P 回收效率外，土壤全 P 含量与白草叶片 N 和 P 保持显著相关（$p<0.05$）。除绿叶 N 摄取和枯叶 P 回收效率外，土壤 C : P 和 N : P 与白草叶片 N 和 P 摄取极显著相关（$p<0.01$）；叶片全 N 浓度与枯叶 N 回收度极显著负相关（$p<0.01$）。叶片全 P 浓度与枯叶 N

回收度和回收效率极显著正相关（$p<0.01$），与枯叶 P 回收度显著负相关（$p<0.05$）。叶片 C∶P 和 N∶P 与枯叶 P 回收度显著正相关（$p<0.05$），与枯叶 N 回收度和回收效率显著负相关($p<0.05$)；地下部分全 C 浓度与枯叶 N 回收度和回收效率显著正相关（$p<0.05$），与枯叶 P 回收度极显著负相关（$p<0.01$）。地下部分 C∶N 与枯叶 N 回收度显著正相关（$p<0.05$）。

表 6-24　单种白草叶片 C∶N∶P 生态化学计量学特征与其叶片 N 和 P 保持的相关性

指标	叶片全 C	叶片全 N	叶片全 P	叶片 C∶N	叶片 C∶P	叶片 N∶P
枯叶全 N	ns	0.716 **	−0.606 **	ns	0.597 **	0.727 **
枯叶全 P	ns	ns	0.571 *	ns	−0.679 **	−0.552 *
枯叶 N 回收效率	ns	ns	0.542 *	ns	−0.534 *	−0.498 *
枯叶 P 回收效率	ns	ns	ns	ns	ns	ns

表中数据为相关系数。ns 代表显著性水平大于 0.05。* 和 ** 分别代表显著性水平小于 0.05 和 0.01

表 6-25　单种白草地下部分 C∶N∶P 生态化学计量学特征与其叶片 N 和 P 保持的相关性

指标	地下部分全 C	地下部分全 N	地下部分全 P	地下部分 C∶N	地下部分 C∶P	地下部分 N∶P
枯叶全 N	−0.702 **	ns	ns	−0.575 *	ns	ns
枯叶全 P	0.651 **	ns	ns	ns	ns	ns
枯叶 N 回收效率	0.567 *	ns	ns	ns	ns	ns
枯叶 P 回收效率	−0.254	ns	ns	ns	ns	ns

表中数据为相关系数。ns 代表显著性水平大于 0.05。* 和 ** 分别代表显著性水平小于 0.05 和 0.01

表 6-26　单种土壤 C∶N∶P 生态化学计量学特征与白草叶片 N 和 P 保持的相关性

指标	土壤有机 C	土壤全 N	土壤全 P	土壤 C∶N	土壤 C∶P	土壤 N∶P
绿叶全 N	ns	ns	−0.533 *	ns	ns	ns
绿叶全 P	0.501 *	ns	0.858 **	ns	−0.622 **	−0.678 **
枯叶全 N	ns	ns	−0.657 **	ns	0.652 **	0.691 **
枯叶全 P	ns	ns	0.721 **	ns	−0.725 **	−0.678 **
枯叶 N 回收效率	ns	ns	0.579 *	ns	−0.686 **	−0.763 **
枯叶 P 回收效率	ns	ns	ns	ns	0.472 *	ns

表中数据为相关系数。ns 代表显著性水平大于 0.05。* 和 ** 分别代表显著性水平小于 0.05 和 0.01

（3）甘草和白草混种

1）叶片-地下部分-土壤 C∶N∶P 生态化学计量学特征与植物生物量的关系。如表 6-27、表 6-28 和表 6-29 所示，甘草-土壤 C∶N∶P 生态化学计量学特征与甘草生物量的相关系较强，尤其土壤：土壤全 P 含量与甘草地上、地下和总生物量显著（$p<0.05$）和极显著正相关（$p<0.01$），C∶P 和 N∶P 则与甘草生物量显著（$p<0.05$）和极显著负相关（$p<0.01$）；叶片全 P 浓度与其地下和总生物量显著正相关（$p<0.05$）；根系全 C 浓度与其地下生物量显著正相关（$p<0.05$），根系 N∶P 与其地下和总生物量显著负相关（$p<0.05$）。

表 6-27　混种甘草叶片 C∶N∶P 生态化学计量学特征与其生物量的相关性

指标	叶片全 C	叶片全 N	叶片全 P	叶片 C∶N	叶片 C∶P	叶片 N∶P
地上生物量	ns	ns	ns	ns	ns	ns
地下生物量	ns	ns	0.854*	ns	ns	ns
总生物量	ns	ns	0.840*	ns	ns	ns

表中数据为相关系数。ns 代表显著性水平大于 0.05。* 代表显著性水平小于 0.05

表 6-28　混种甘草根系 C∶N∶P 生态化学计量学特征与其生物量的相关性

指标	根系全 C	根系全 N	根系全 P	根系 C∶N	根系 C∶P	根系 N∶P
地上生物量	ns	ns	ns	ns	ns	ns
地下生物量	0.814*	ns	ns	ns	ns	−0.861*
总生物量	ns	ns	ns	ns	ns	−0.812*

表中数据为相关系数。ns 代表显著性水平大于 0.05。* 代表显著性水平小于 0.05

表 6-29　混种土壤 C∶N∶P 生态化学计量学特征与甘草生物量的相关性

指标	土壤有机 C	土壤全 N	土壤全 P	土壤 C∶N	土壤 C∶P	土壤 N∶P
地上生物量	ns	ns	0.905*	ns	−0.941**	−0.907*
地下生物量	ns	ns	0.919*	ns	−0.976**	−0.960**
总生物量	ns	ns	0.922**	ns	−0.968**	−0.942**

表中数据为相关系数。ns 代表显著性水平大于 0.05。* 和 ** 分别代表显著性水平小于 0.05 和 0.01

表 6-30、表 6-31 和表 6-32 所示，白草-土壤 C∶N∶P 生态化学计量学特征与白草生物量的相关系较强：土壤全 P 含量与白草地上和总生物量显著正相关（$p<0.05$），C∶P 和 N∶P 则与白草生物量显著负相关（$p<0.05$）；叶片全 P 浓度与其地上和总生物量显著正相关（$p<0.05$），叶片全 N 浓度、C∶P 和 N∶P 与其生物量呈不同程度的负相关；地下部分全 C 浓度与其地下生物量显著正相关（$p<0.05$），地下部分全 P 浓度与其地上生物量显著正相关（$p<0.05$），地下部分 C∶P 和 N∶P 与其地上和总生物量显著负相关（$p<0.05$）。

表 6-30　混种白草叶片 C∶N∶P 生态化学计量学特征与其生物量的相关性

指标	叶片全 C	叶片全 N	叶片全 P	叶片 C∶N	叶片 C∶P	叶片 N∶P
地上生物量	ns	−0.832*	0.952**	ns	−0.913*	−0.991**
地下生物量	ns	ns	ns	ns	ns	−0.849*
总生物量	ns	−0.816*	0.818*	ns	−0.875*	−0.959**

表中数据为相关系数。ns 代表显著性水平大于 0.05。* 和 ** 分别代表显著性水平小于 0.05 和 0.01

表 6-31　混种白草地下部分 C∶N∶P 生态化学计量学特征与其生物量的相关性

指标	地下部分全 C	地下部分全 N	地下部分全 P	地下部分 C∶N	地下部分 C∶P	地下部分 N∶P
地上生物量	ns	ns	0.930**	ns	−0.939**	−0.971**
地下生物量	0.883*	ns	ns	ns	ns	ns
总生物量	ns	ns	ns	ns	−0.852*	−0.878*

表中数据为相关系数。ns 代表显著性水平大于 0.05。* 和 ** 分别代表显著性水平小于 0.05 和 0.01

表 6-32　混种土壤 C∶N∶P 生态化学计量学特征与白草生物量的相关性

指标	土壤有机 C	土壤全 N	土壤全 P	土壤 C∶N	土壤 C∶P	土壤 N∶P
地上生物量	ns	ns	0.966**	ns	-0.997**	-0.978**
地下生物量	ns	ns	ns	ns	ns	-0.833*
总生物量	ns	ns	0.877*	ns	-0.927**	-0.943**

表中数据为相关系数。ns 代表显著性水平大于 0.05。* 和 ** 分别代表显著性水平小于 0.05 和 0.01

2）叶片-地下部分-土壤 C∶N∶P 生态化学计量学特征与植物养分利用的关系。如表 6-33、表 6-34 和表 6-35 所示，土壤有机 C 含量与甘草枯叶 N 回收效率显著负相关（$p<0.05$）。土壤全 N 含量与甘草枯叶 N 回收极显著负相关（$p<0.01$）。土壤全 P 含量与甘草枯叶 P 回收极显著负相关（$p<0.01$）。土壤 C∶N 与甘草绿叶 N 摄取极显著负相关（$p<0.01$）。土壤 C∶P 与甘草绿叶 P 摄取显著负相关（$p<0.05$），与枯叶 P 回收极显著正相关（$p<0.01$）。土壤 N∶P 与甘草枯叶 P 回收极显著正相关（$p<0.01$）；甘草叶片全 P 浓度与其枯叶 P 回收显著负相关（$p<0.05$）。甘草叶片 C∶P 与其枯叶 P 回收度显著正相关（$p<0.05$）。甘草叶片 N∶P 与其枯叶 P 回收显著正相关（$p<0.05$）；根系全 N 浓度与枯叶 N 回收显著负相关（$p<0.05$）。根系全 P 浓度与枯叶 P 回收显著负相关（$p<0.05$）；根系 C∶N 与枯叶 N 回收显著正相关（$p<0.05$）；根系 C∶P 与枯叶 P 回收度显著正相关（$p<0.05$）；根系 N∶P 与枯叶 P 回收显著正相关（$p<0.05$）。

表 6-33　混种甘草叶片 C∶N∶P 生态化学计量学特征与其叶片 N 和 P 保持的相关性

指标	叶片全 C	叶片全 N	叶片全 P	叶片 C∶N	叶片 C∶P	叶片 N∶P
枯叶全 N	ns	ns	ns	ns	ns	ns
枯叶全 P	ns	ns	0.902*	ns	-0.840*	-0.882*
枯叶 N 回收效率	ns	ns	ns	ns	ns	ns
枯叶 P 回收效率	ns	ns	-0.866*	ns	ns	0.839*

表中数据为相关系数。ns 代表显著性水平大于 0.05。* 代表显著性水平小于 0.05

表 6-34　混种甘草根系 C∶N∶P 生态化学计量学特征与其叶片 N 和 P 保持的相关性

指标	根系全 C	根系全 N	根系全 P	根系 C∶N	根系 C∶P	根系 N∶P
枯叶全 N	ns	0.917*	ns	-0.907*	ns	ns
枯叶全 P	ns	ns	0.859*	ns	-0.825*	-0.982**
枯叶 N 回收效率	ns	-0.887*	ns	0.873*	ns	ns
枯叶 P 回收效率	ns	ns	-0.850*	ns	ns	0.960**

表中数据为相关系数。ns 代表显著性水平大于 0.05。* 和 ** 分别代表显著性水平小于 0.05 和 0.01

表 6-35　混种土壤 C∶N∶P 生态化学计量学特征与甘草叶片 N 和 P 保持的相关性

指标	土壤有机 C	土壤全 N	土壤全 P	土壤 C∶N	土壤 C∶P	土壤 N∶P
绿叶全 N	ns	ns	ns	-0.955**	ns	ns
绿叶全 P	ns	ns	ns	ns	-0.910*	ns

续表

指标	土壤有机 C	土壤全 N	土壤全 P	土壤 C∶N	土壤 C∶P	土壤 N∶P
枯叶全 N	ns	0.985 **	ns	ns	ns	ns
枯叶全 P	ns	ns	0.952 **	ns	-0.971 **	-0.956 **
枯叶 N 回收效率	-0.888 *	-0.962 **	ns	ns	ns	ns
枯叶 P 回收效率	ns	ns	-0.974 **	ns	0.967 **	0.968 **

表中数据为相关系数。ns 代表显著性水平大于 0.05。* 和 ** 分别代表显著性水平小于 0.05 和 0.01

如表 6-36、表 6-37 和表 6-38 所示，土壤全 N 含量与白草枯叶 N 回收效率极显著负相关（$p<0.01$）。土壤全 P 含量与白草绿叶 P 摄取显著正相关（$p<0.05$），与绿叶 N 摄取和枯叶 P 回收度显著负相关（$p<0.05$）。土壤 C∶P 和 N∶P 与白草绿叶 N 摄取显著正相关（$p<0.05$），与绿叶 P 摄取显著负相关（$p<0.05$）；白草叶片全 N 浓度与其枯叶 N 回收度显著负相关（$p<0.05$）。叶片全 P 浓度与其枯叶 P 回收度极显著负相关（$p<0.05$）。叶片 C∶P 和 N∶P 与其枯叶 P 回收度显著正相关（$p<0.05$）；白草地下部分全 P 浓度与其枯叶 P 回收度极显著负相关（$p<0.01$）。地下部分 C∶P 和 N∶P 与其枯叶 P 回收度极显著正相关（$p<0.01$）。

表 6-36　混种白草叶片 C∶N∶P 生态化学计量学特征与其叶片 N 和 P 保持的相关性

指标	叶片全 C	叶片全 N	叶片全 P	叶片 C∶N	叶片 C∶P	叶片 N∶P
枯叶全 N	ns	0.824 *	ns	ns	ns	ns
枯叶全 P	ns	ns	0.936 **	ns	-0.821 *	-0.859 *
枯叶 N 回收效率	ns	ns	ns	ns	ns	ns
枯叶 P 回收效率	ns	ns	ns	ns	ns	ns

表中数据为相关系数。ns 代表显著性水平大于 0.05。* 和 ** 分别代表显著性水平小于 0.05 和 0.01

表 6-37　混种白草地下部分 C∶N∶P 生态化学计量学特征与其叶片 N 和 P 保持的相关性

指标	地下部分全 C	地下部分全 N	地下部分全 P	地下部分 C∶N	地下部分 C∶P	地下部分 N∶P
枯叶全 N	ns	ns	-0.665 *	ns	ns	ns
枯叶全 P	ns	ns	0.985 **	ns	-0.946 **	-0.934 **
枯叶 N 回收效率	ns	ns	ns	ns	ns	ns
枯叶 P 回收效率	ns	ns	ns	ns	ns	ns

表中数据为相关系数。ns 代表显著性水平大于 0.05。* 和 ** 分别代表显著性水平小于 0.05 和 0.01

表 6-38　混种土壤 C∶N∶P 生态化学计量学特征与白草叶片 N 和 P 保持的相关性

指标	土壤有机 C	土壤全 N	土壤全 P	土壤 C∶N	土壤 C∶P	土壤 N∶P
绿叶全 N	ns	ns	-0.912 *	ns	0.829 *	0.923 **
绿叶全 P	ns	ns	0.885 *	ns	-0.934 **	-0.882 *
枯叶全 N	ns	ns	-0.740 *	ns	ns	ns
枯叶全 P	ns	ns	0.927 **	ns	ns	ns
枯叶 N 回收效率	ns	-0.941 **	ns	ns	ns	ns
枯叶 P 回收效率	ns	ns	ns	ns	ns	ns

表中数据为相关系数。ns 代表显著性水平大于 0.05。* 和 ** 分别代表显著性水平小于 0.05 和 0.01

6.5.2 植被–土壤系统 C∶N∶P 生态化学计量学特征影响植被特征的机制分析

6.5.2.1 野外原位试验

依据 Liebig 最小因子定律和 Shelford 耐性定律，土壤中 N 和 P 的相对丰富或不足影响着植物 N 和 P 利用策略。因此土壤 C∶N∶P 平衡关系在维持植物群落结构方面发挥着重要的作用（Jiao et al., 2011；Busch et al., 2018；Zhang et al., 2018）。针对沙地的研究发现，植物多样性随土壤 C∶N 和 N∶P 增加而增加（杨祥祥等，2019）。本书研究中，多样性指数与土壤 N∶P 和 C∶P 正相关，与土壤全 P 含量和速效 P 浓度负相关。综合植物群落组成和土壤 C∶N∶P 生态化学计量比的变化特点，以上结果进一步证实 P 添加增强了土壤 P 供给能力，调节了土壤元素生态化学计量平衡关系，从而提高了植物群落多样性；但随着 P 的持续施入，土壤 C∶P 和 N∶P 降低幅度过大，导致多数植物在群落中的优势度降低、植物群落组成趋于单一；相比之下，C 和 N 间较为紧密的耦合关系，使得土壤 C∶N对植物群落多样性的影响较小，与针对沙地植物群落的研究结果不同；此外，微生物量 C∶P 与多样性指数具有一定的相关性，不仅反映了微生物和植物对土壤 P 资源的竞争与依存关系，而且意味着微生物对 P 的固持与释放会影响到植物群落结构（Mayor et al., 2015；Zechmeister-Boltenstern et al., 2015）。

6.5.2.2 盆栽试验

（1）甘草单种

土壤和叶片 C∶N∶P 生态化学计量比在一定程度上可以指示植物 N 和 P 受限类型，且与 N 和 P 的利用效率存在关联（Tian et al., 2010；Huang et al., 2016），因此植物和土壤 C∶N∶P 生态化学计量比的变化可能会直接改变植物叶片 N 和 P 摄取等过程，进而对植物生长产生影响。本书试验中，甘草绿叶 P 摄取与土壤全 P 含量以及根系 C∶N 正相关、与土壤 C∶P 和 N∶P 负相关，表明随着 N∶P 供给比降低，土壤中 P 的供给水平提高，土壤 C∶P 和 N∶P 下降，因而土壤 P 受限性降低，可供植物吸收利用的 P 增多，叶片 P 保持能力随之降低。对于叶片 N 摄取，随着 N∶P 供给比降低，虽然土壤全 N 含量保持相对较高的水平，但持续升高的施 P 量对甘草根系生长产生了毒害作用，间接降低了叶片 N 吸收能力，因此叶片全 N 浓度表现出与土壤全 N 含量负相关、与土壤 C∶N 和 C∶P 正相关，与郭子武等（2012）研究结果相似。可能受甘草固 N 特性以及其叶片全 N 和全 P 浓度非一致性反应等因素的综合影响，甘草生物量与土壤 C∶N∶P 生态化学计量学特征的相关性较弱，仅地下生物量与土壤 C∶N 显著正相关。

（2）白草单种

本书研究中，白草生物量、枯叶 N 回收度和回收效率均与土壤和叶片全 P 浓度正相关，而与土壤和绿叶 C∶P 和 N∶P 负相关。这表明随着土壤 P 有效性增加，白草叶片 P

摄取能力增强、白草生长 P 受限性减弱；但随着土壤 N：P 进一步降低，土壤中可供白草吸收的 N 相对不足（也即 N 受限性增加）。此时，白草通过提高从自身枯叶中回收 N 的能力，实现平衡叶片 N 和 P 的目的，间接反映了白草对 N 受限环境的弹性适应。此外，与 P 回收效率相比，枯叶 P 回收度与土壤和绿叶 C：N：P 生态化学计量学特征具有较强的相关性，进一步证实当环境发生改变时，植物更倾向于控制枯叶养分最小浓度而非从枯叶向绿叶转移的养分百分比。以上结果意味着，土壤和白草叶片 C：N：P 平衡特征可以很好地指示白草生长发育过程中的养分受限性。因此，全球变化背景下土壤和植物叶片元素平衡关系的改变，将直接影响到植物生长和养分利用过程，从而对植被群落结构和功能产生重要影响。

（3）甘草和白草混种

依据植物和土壤 C：N：P 生态化学计量比的基本理论，低的 N：P 下植物具有高的枯叶 N 回收，高的 N：P 下植物具有高的枯叶 P 回收。本书研究中，两年 N、P 添加下两个物种绿叶 N：P 与其枯叶 N 回收特性无显著的关系，与针对湿地大型植物的研究结果一致（Güsewell，2005；Rejmánková，2005）；两个物种绿叶 N：P 与其枯叶 P 回收度和甘草 P 回收效率显著正相关，证实枯叶 P 回收度较 P 回收效率对叶片 N：P 的变化敏感（Ratnam et al.，2008）。此外，两个物种绿叶 C：P 与枯叶 P 回收显著负相关，意味着人为改变 P 供给条件下绿叶 C：P 可以很好地指示植物叶片 P 保持策略的变化。

针对中国表层土壤的研究已经证实，环境变化下土壤 N、P 生态化学计量关系趋于解耦，而 C、N 仍具有较强的耦合关系（Tian et al.，2010；Yang et al.，2014）。因此，人为增加 P 添加下，植物养分受限性可能更多地受土壤 N：P 和 C：P 关系的调控，而非 C：N。本书试验中，两年 N、P 添加下土壤 C：P 和 N：P 与两个物种枯叶 P 回收存在较强的正相关关系，而与枯叶 N 回收相关性较弱。这意味着荒漠草原植物养分保持策略受到土壤 C：P 和 N：P 的调控，且枯叶 P 回收较 N 回收的反应敏感。此外，三年 N、P 添加下甘草根系生物量随着根系 N：P、土壤 C：P、土壤 N：P 以及叶片 C：P 的降低而增加，白草地下生物量随着土壤 N：P、叶片 C：P 以及叶片 N：P 的降低而增加。由于高的 C：P 和 N：P 意味着 P 相较 N 受限，因此以上结果可能进一步证实 P 添加缓解了土壤 P 限制，同时土壤和植物元素生态化学计量关系在植物生物量积累方面扮演着重要角色。

6.6 本章结论

6.6.1 氮磷添加下植被-土壤系统 C：N：P 生态化学计量学特征

6.6.1.1 野外原位试验

$5g \cdot m^{-2} \cdot a^{-1}$的 N 添加下，短期 P 添加量对植物群落、微生物和土壤 C 水平、N 水平和 C：N 的影响较小或无明显的规律性，提高了各组分 P 水平、降低了各组分 C：P 和 N：P。

6.6.1.2 盆栽试验

(1) 甘草单种

10 $g \cdot m^{-2} \cdot a^{-1}$的 N 添加下，短期适量 P 添加降低了土壤和甘草（叶片和根系）C∶P 和 N∶P，但过高 P 添加使土壤 C∶P 和 N∶P 显著下降，导致甘草 N 受限性增强；甘草叶片和根系（尤其叶片）C∶N∶P 生态化学计量学特征均与土壤 C∶N∶P 生态化学计量学特征存在不同程度的相关性，意味着土壤 C、N、P 及其生态计量关系的改变会直接作用于植物。

(2) 白草单种

10 $g \cdot m^{-2} \cdot a^{-1}$的 N 添加下，短期少量 P 添加对白草 C∶N∶P 生态化学计量学特征影响较小，但随着 P 添加量的持续增加（临界 P 添加量范围为 2～16 $g \cdot m^{-2} \cdot a^{-1}$），P 添加能够显著降低白草 C∶P 和 N∶P，从而缓解白草 P 受限性。白草叶片和地下部分（尤其叶片）C∶N∶P 生态化学计量学特征与土壤 C∶N∶P 生态化学计量学特征亦存在较强的相关性，意味着 N 沉降增加背景下，趋于解耦的土壤元素平衡特征，可能会通过改变土壤和植物之间养分供需关系，直接影响着植物 C∶N∶P 生态化学计量学特征。

(3) 甘草和白草混种

10 $g \cdot m^{-2} \cdot a^{-1}$的 N 添加下，短期 P 添加提高了土壤全 P 含量，降低了 C∶P 和 N∶P，一定程度上提高了全 N 含量，对有机 C 含量和 C∶N 的影响无明显的规律性；提高了甘草和白草地下部分全 P 浓度，因而改变了地下部分 C∶N∶P 生态化学计量学特征；地下部分、叶片和土壤 C∶N∶P 生态化学计量学特征间存在密切的联系。物种间，甘草自身的固 N 特性使得其在土壤 C∶N∶P 生态化学计量关系发生较大的变化时，保持相对高的元素内稳性。

6.6.2 氮磷添加下土壤基本性质

6.6.2.1 野外原位试验

5$g \cdot m^{-2} \cdot a^{-1}$的 N 添加下，短期增施 P 肥有助于提高土壤 P 有效性、降低磷酸酶活性，对其他指标的影响不明显或无显著的规律性。

6.6.2.2 盆栽试验

10$g \cdot m^{-2} \cdot a^{-1}$的 N 添加下，短期增施 P 肥亦有助于提高土壤 P 可利用性，对无机 N 有效性的影响则与甘草和白草种植模式有关。

6.6.3 氮磷添加下植物生长与多样性

6.6.3.1 野外原位试验

5$g \cdot m^{-2} \cdot a^{-1}$的 N 添加下，短期少量增施 P 肥促进了植物生长发育，从而提高了植物多样性；中高量 P 添加促进了猪毛蒿繁殖，使其成为群落优势种，从而抑制了其他植物生长、降低了群落多样性。

6.6.3.2 盆栽试验

（1）植物生物量

$10g\cdot m^{-2}\cdot a^{-1}$的 N 添加下，甘草和白草单种模式中，甘草生物量随 P 添加量的增加呈先增加后降低的变化趋势，白草生物量呈持续增加趋势；甘草和白草混种模式中，两个物种地上生物量均随 P 添加的增加而增加，甘草地下生物量随 P 添加量的增加而持续增加，白草地下生物量随 P 添加量的增加呈先增加后降低的变化趋势。这说明，混种提高了甘草对高量 P 添加的耐受性、降低了白草对高量 P 添加的耐受性，即种植模式改变了两个物种生物量对 N、P 添加的响应格局。

（2）植物养分利用

$10g\cdot m^{-2}\cdot a^{-1}$的 N 添加下，甘草和白草单种模式中，少量 P 添加对甘草绿叶 N 和 P 摄取影响较小，高量 P 添加抑制了绿叶 N 摄取、促进了 P 摄取。P 添加提高了白草绿叶 P 摄取、枯叶 N 回收，降低了绿叶 N 摄取和枯叶 P 回收，表明 P 添加降低了叶片 P 保持、提高了 N 保持；甘草和白草混种模式中，P 添加通过影响植物和土壤 C：P 和 N：P，缓解了 N 添加引起的植物 P 失衡。然而，高量 P 添加会导致植物 N 限制风险增加，导致甘草和白草枯叶 N 回收度升高、甘草枯叶 N 回收效率增加。由于两个物种枯叶 P 回收效率差异较大而 P 回收度差异较小，高的枯叶 P 回收效率和 P 摄取可能决定了白草在 P 限制群落的优势地位。

6.6.4 氮磷添加下生态系统碳交换

$5g\cdot m^{-2}\cdot a^{-1}$的 N 添加下，长期 $2\ g\cdot m^{-2}\cdot a^{-1}$的 P 添加对生态系统 C 交换组分的促进作用最为明显，说明长期低 N 沉降背景下，增施适量 P 肥有助于提高荒漠草原生态系统 C 交换、增加土壤 C 排放的风险。

6.6.5 氮磷添加下基于 C：N：P 生态化学计量学的生态服务功能评价

6.6.5.1 野外原位试验

短期 N、P 添加下，土壤 N：P、C：P、全 P 含量、速效 P 浓度以及微生物生物量 C：P 与植物多样性关系密切。这意味着，少量 N 沉降增加下趋于解耦的土壤元素计量平衡关系会直接影响到植物群落组成。适量 P 添加可以通过降低土壤 C：P 和 N：P、提高凋落物归还量和刺激微生物 P 释放等直接或间接途径，提高土壤 P 的可利用性，从而调节土壤 P 供给和植物 P 需求间的压力、缓解 N 添加引起的植物群落多样性降低。然而，过量 P 添加不仅增加了 P 毒风险，而且引起了 N 限制，导致多数植物生长受阻和群落组成单一；对生态系统 C 交换组分影响显著的因子分别为叶片全 P 浓度、叶片 N：P 和土壤速效 P 浓度。

6.6.5.2 盆栽试验

(1) 甘草单种

5g・m^{-2}・a^{-1}的 N 添加下，适量 P 添加提高了土壤 P 有效性和甘草 P 摄取能力、促进了甘草生长。但过高 P 添加使土壤 N 受限性增强，抑制了甘草对 N 的摄取，从而不利于甘草生长。这意味着适当人为 P 添加可通过调节土壤和植物叶片 C：N：P 生态化学计量学特征，缓解土壤和植物间 P 的供需压力，从而减缓 N 沉降增加对荒漠草原群落结构的不利影响。

(2) 白草单种

5g・m^{-2}・a^{-1}的 N 添加下，与白草地下部分相比，土壤和白草叶片 C：N：P 生态化学计量学特征与白草生物量及叶片 N 和 P 回收的相关性较强。这意味着，少量 P 添加提高了土壤 P 有效性、缓解了白草 P 受限性，从而促进了白草生长。因此，适量 P 添加可以通过调节土壤和白草叶片 C、N、P 平衡关系，减轻土壤和白草间 P 的供需压力，进而缓解 N 添加引起的白草 P 限制增强。随着 P 的持续施入，白草 N 受限性相应增强。此时，白草通过提高其枯叶 N 回收能力，以平衡其叶片较高的 P 浓度，间接反映了白草对 N 受限环境的弹性适应。

(3) 甘草和白草混种

与甘草叶片和根系相比，土壤 C：N：P 生态化学计量学特征与甘草生物量的关系较密切。与甘草叶片相比，甘草根系和土壤 C：N：P 生态化学计量学特征与甘草叶片 N 和 P 保持的关系较密切；与白草地下部分相比，土壤和白草叶片 C：N：P 生态化学计量学特征与白草生物量的关系较密切。与白草叶片和地下部分相比，土壤 C：N：P 生态化学计量学特征与白草叶片 N 和 P 保持的关系较密切。

第 7 章 存在问题及未来研究展望

7.1 存在问题

7.1.1 降水量和大气氮沉降的交互作用方面

鉴于降水在介导 N 沉降效应中发挥的重要作用，研究团队自 2017 年 9 月设立了降水量变化和 N 添加的双因子野外原位试验，探讨了降水量变化和 N 添加下植被-土壤系统 C：N：P 生态化学计量学特征，分析了各组分 C：N：P 生态化学计量学特征与土壤基本性质、植物生长和多样性、土壤呼吸及生态系统 C 交换的关系。但由于观测时间较短，N 添加效应尚未显现，N 添加如何与降水量交互影响荒漠草原植被-土壤系统 C：N：P 生态化学计量学特征的机制尚不清晰。

7.1.2 植被-土壤系统 C：N：P 生态化学计量学特征的协变方面

鉴于凋落物分解和微生物活动在土壤养分循环中发挥的重要作用，研究团队基于 2014 年设立的降水量变化的野外原位试验，通过为期 480 d 的凋落物分解试验，研究了降水量变化下群落水平和种群水平凋落物 C：N：P 生态化学计量学特征，分析了凋落物元素释放与土壤元素库及有效性的关系；基于 2011 ~ 2015 年设立的降水量变化、N 添加、降水量变化及 N 添加、N 和 P 添加的野外原位试验，研究了微生物生物量 C：N：P 生态化学计量学特征，分析了微生物与植物和土壤 C：N：P 生态化学计量学特征的关系。但受经费力度和研究人员限制，未研究 N 添加、降水量变化及 N 添加、N 和 P 添加下凋落物分解特征，缺乏环境变化下凋落物与植物、微生物和土壤 C：N：P 生态化学计量学特征协变关系的系统性研究。

此外，鉴于植物地下部分与微生物对土壤养分相互依存和相互竞争的关系，研究团队基于 2011 ~ 2014 年设置的 5 个盆栽试验，研究了环境变化下植物地下部分 C：N：P 生态化学计量学特征及其与植物叶片和土壤 C：N：P 生态化学计量学特征的关系。但由于研究区植被稀少，植物地下样品获取困难，且项目组研究力量薄弱，未针对野外原位试验开展植物地下部分的相关研究，植物地下部分 C：N：P 平衡特征如何通过调控微生物元素转换、土壤元素有效性和植物元素摄取等过程，影响植物地上群落组成和生产力尚缺乏深入的分析。

7.1.3 C∶N∶P 生态化学计量学特征的指示作用方面

鉴于植被-土壤系统 C∶N∶P 生态化学计量学特征在生态系统 C 饱和状态、N 和 P 受限类型方面的重要指示作用，研究团队基于 2011～2017 年设立的野外原位试验和盆栽试验，探讨了系统各组分 C∶N∶P 生态化学计量学特征与植物生物量、植物养分利用、植物多样性、土壤呼吸和生态系统 C 交换的关系，从元素平衡角度分析了环境变化下植物、凋落物、微生物和土壤 C∶N∶P 生态化学计量学特征如何影响荒漠草原 C 汇特征和生物多样性等服务功能。但在以下几个方面尚存在不足：植物生物量方面，主要分析了植物地上生物量，缺乏对地下生物量的研究，而地下生物量是植物 C 库的重要组成部分；植物多样性方面，仅分析了物种多样性，未分析功能多样性，而功能多样性和物种多样性共同维持着生态系统功能；土壤呼吸方面，仅分析了降水量变化及 N 添加野外原位试验的研究结果，未分析降水量变化、N 添加、N 和 P 添加野外原位试验的结果；此外，受篇幅限制，未分析微生物多样性结果，而微生物-植物共同调控着植被生产力和多样性。

7.1.4 环境变化控制试验长期监测的必要性方面

鉴于长期定位观测可有效避免气象因子年际变率影响环境变化效应的客观性、评估脆弱生态系统反应与适应性的科学性，研究团队与当地农户签订了围栏草地长期租赁合同，设立了环境变化的长期野外原位试验观测样地，以期从较长时间尺度上深入揭示环境变化对植被-土壤系统 C∶N∶P 平衡特征的影响机制。但项目组研究力量薄弱，限制了长期观测数据的获取，目前收集到的数据仍主要为五年内的短期结果。国际上，生态学长期定位观测的研究已经证实，生态系统对长期和短期环境变化的响应不同，基于长期试验观测数据可能会得出与短期试验完全截然不同的结论。因此，本书研究结果能否完全应用于科学评价环境变化下荒漠草原的生态服务功能还有待深入的分析、验证。

7.2 未来研究展望

总结十一年来研究团队在野外调研和数据分析等方面发现的实际问题，认为在今后的研究中还需要在以下几个方面有所加强。

7.2.1 野外降水装置的改进和氮施用方法的优化方面

全球变化背景下，降水格局改变不仅包括降水量的变化，还包括降水频率的变化等，涉及干旱和洪涝等极端事件；另外，N 沉降的化学成分十分复杂，包括 NO_3^-、Cl^-、F^-、H^+、NH_4^+、K^+、Ca^{2+}、Na^+、Mg^{2+}和一些有机酸等。这些离子的综合作用对生态系统的影响错综复杂。N 沉降又是一种慢性扰动，是每时每刻都在发生的长期事件。本书研究中，采用自制的遮雨架减雨、喷灌装置增雨，在降水量、频度、强度等方面还不能完全模拟真实降水格局改变；另外，通过在生长季5~8月施用分析纯NO_3NH_4模拟N沉降增加。虽然该方法在国际上广泛应用，但在添加物类型、强度、频率、持续时间等方面也不能完全模拟真实N沉降，可能会高估N沉降对荒漠草原的负面影响。因此，有必要结合研究区降水格局改变和N沉降的未来趋势，参考国内外同行的先进研究，对本书研究的野外试验处理方法进行改进和优化。

7.2.2 凋落物分解试验和地下过程的观测方面

降水量变化的野外原位试验结果表明，凋落物初始化学性质影响其分解速率和元素释放，同时凋落物P释放与土壤全P含量相关。因此，在今后的研究中，需针对降水量及N添加、N添加、N和P添加野外原位试验，将环境变化下植物群落组成、凋落物分解特征、土壤元素含量结合起来，从生态化学计量学角度探讨C、N、P在植物、凋落物和土壤之间的转换和流动。此外，盆栽试验发现植物地下部分C：N：P生态化学计量学特征相对稳定。那么，野外原位试验中，植物地下部分是否也会保持相对稳定的元素平衡关系？植物地下部分C：N：P生态化学计量学特征将如何影响其与微生物对养分的依存和竞争关系？植物地下部分-微生物C：N：P生态化学计量学特征如何调控植物地上群落组成等，都有待通过今后的研究深入分析。

7.2.3 生态系统服务功能相关指标的监测方面

除植物地上生物量、植物多样性、土壤呼吸和生态系统C交换外，植物地下生物量、土壤C库、土壤C矿化过程等也可以反映生态系统在固C方面的服务功能。同时，生物多样性-植被生产力的关系是生态学的经典科学问题。通常认为生物多样性越高，植被生产力越高。但在加剧的全球变化下，二者的关系正不断受到挑战。微生物多样性是生物多样性的重要组成部分。因此，在今后的研究中，不仅需要加强植物地下生物量、土壤C库、土壤C矿化研究，还需依据微生物多样性的变化特点，深入思考荒漠草原生物多样性-植被生产力的联系，并基于生态化学计量学原理和理论分析环境变化下发生改变的元素平衡关系将如何影响荒漠草原的生态服务功能。

7.2.4 野外观测样地的长期定位监测方面

通过长期的野外试验观测来科学回答全球变化下生态系统的反应与适应性，是国际上生态学家们已普遍接受的观点。尽管研究团队从第一个野外试验建立，到本书的出版也已经经历了十一年，但长期的、系统的数据获得还非常缺乏。因此，在今后的研究中，需通过对系统各组分C：N：P生态化学计量学特征和关键土壤-植被特征的长期定位监测，科学评估环境变化是否会导致荒漠草原C、N、P平衡关系解耦，深入分析环境变化下植被-土壤系统元素平衡关系的改变将如何影响荒漠草原的生态服务功能。

参考文献

阿穆拉，赵萌莉，韩国栋，等. 2011. 放牧强度对荒漠草原地区土壤有机碳及全氮含量的影响. 中国草地学报，33(3)：115-118.

安卓，牛得草，文海燕，等. 2011. 氮素添加对黄土高原典型草原长芒草氮磷重吸收率及 C：N：P 化学计量特征的影响. 植物生态学报，35(8)：801-807.

白春利，阿拉塔，陈海军，等. 2013. 氮素和水分添加对短花针茅荒漠草原植物群落特征的影响. 中国草地学报，35(2)：69-75.

白可喻，戎郁萍，杨云卉，等. 2013. 北方农牧交错带草地生物多样性与草地生产力和土壤状况的关系. 生态学杂志，32(1)：22-26.

白永飞，李凌浩，王其兵，等. 2000. 锡林河流域草原群落植物多样性和初级生产力沿水热梯度变化的样带研究. 植物生态学报，24(6)：667-673.

白玉婷，卫智军，代景忠，等. 2017. 施肥对羊草割草地植物群落和土壤 C：N：P 生态化学计量学特征的影响. 生态环境学报，26(4)：620-627.

鲍士旦. 2000. 土壤农化分析(第三版). 北京：中国农业出版社.

伯鑫，田飞，唐伟，等. 2019. 重点煤电基地大气污染物扩散对京津冀的影响. 中国环境科学，39(2)：514-522.

曹成有，邵建飞，蒋德明，等. 2011. 围栏封育对重度退化草地土壤养分和生物活性的影响. 东北大学学报(自然科学版)，32(3)：427-430+451.

曹娟，闫文德，项文化，等. 2015. 湖南会同 3 个林龄杉木人工林土壤碳、氮、磷化学计量特征. 林业科学，51(7)：1-8.

钞然，张东，陈雅丽，等. 2018. 模拟增温增雨对典型草原土壤酶活性的影响. 干旱区研究，35(5)：1068-1074.

陈伏生，胡小飞，葛刚. 2007. 城市地被植物麦冬叶片氮磷和养分再吸收效率. 草业学报，16(4)：47-54.

陈军强，张蕊，侯尧宸，等. 2013. 亚高山草甸植物群落物种多样性与群落 C、N、P 生态化学计量的关系. 植物生态学报，37(11)：979-987.

陈琳，曾冀，李华，等. 2020. 全球降水格局变化下土壤氮循环研究进展. 生态学报，40(20)：7543-7551.

陈有超，马书琴，鲁旭阳. 2019. 藏北高寒草原典型物种凋落物分解与养分动态. 草业科学，36(4)：1066-1073.

谌贤，刘洋，邓静，等. 2017. 川西亚高山森林凋落物不同分解阶段碳氮磷化学计量特征及种间差异. 植物研究，37(2)：216-226.

崔高阳，曹扬，陈云明. 2015. 陕西省森林各生态系统组分氮磷化学计量特征. 植物生态学报，39(12)：1146-1155.

崔晓庆. 2018. 降雨、温度和氮沉降增加对新疆温带荒漠生态系统氮素去向和植物化学计量特征的影响. 北京：中国农业大学博士学位论文.

代松家，段斐，方江平，等. 2020. 不同生境条件下西藏原始冷杉林凋落物分解特征与土壤养分的关系. 水土保持通报，40(3)：56-63.

邓健，张丹，张伟，等. 2019. 黄土丘陵区刺槐叶片-土壤-微生物碳氮磷化学计量学及其稳态性特征. 生态学报，39(15)：5527-5535.

丁小慧，罗淑政，刘金巍，等. 2012. 呼伦贝尔草地植物群落与土壤化学计量学特征沿经度梯度变化. 生态学报，32(11)：3467-3476.

丁一汇，王会军. 2016. 近百年中国气候变化科学问题的新认识. 科学通报，61(10)：1029-1041.

豆鹏鹏，王芳，马瑜，等. 2018. 叶凋落物碳、氮和磷元素对模拟淋溶的响应. 科学通报，63(30)：3114-3123.

杜峰，山仑，陈小燕，等. 2005. 陕北黄土丘陵区撂荒演替研究——撂荒演替序列. 草地学报，13(4)：328-333.

杜满义，范少辉，刘广路，等. 2016. 中国毛竹林碳氮磷生态化学计量特征. 植物生态学报，40(8)：760-774.

杜懿，王大洋，阮俞理，等. 2020. 中国地区近40年降水结构时空变化特征研究. 水力发电，46(8)：19-23.

段雷，郝吉明，谢绍东，等. 2002. 用稳态法确定中国土壤的硫沉降和氮沉降临界负荷. 环境科学，23(2)：7-12.

俄胜哲，杨志奇，曾希柏，等. 2017. 长期施肥黄绵土有效磷含量演变及其与磷素平衡和作物产量的关系. 应用生态学报，28(11)：3589-3598.

冯克鹏，田军仓. 2016. 近53a宁夏地区多尺度干旱特征分析. 灌溉排水学报，35(2)：50-58.

高海燕，红梅，霍利霞，等. 2018. 外源氮输入和水分变化对荒漠草原凋落物分解的影响. 应用生态学报，29(10)：3167-3174.

高继卿，杨晓光，董朝阳，等. 2015. 气候变化背景下中国北方干湿区降水资源变化特征分析. 农业工程学报，31(12)：99-110.

高睿娜，王素艳，高娜，等. 2021. CI和MCI干旱指数在宁夏的适应性对比. 干旱气象，39(2)：185-192.

葛晓改，肖文发，曾立雄，等. 2012. 不同林龄马尾松凋落物基质质量与土壤养分的关系. 生态学报，32(3)：852-862.

葛晓敏，唐罗忠，王瑞华，等. 2017. 杨树人工林生态系统凋落物生物量及其分解特征. 生态环境学报，26(9)：1457-1464.

耿晓东，旭日，刘永稳. 2018. 青藏高原纳木错高寒草甸生态系统碳交换对多梯度增水的响应. 植物生态学报，42(3)：397-405.

耿燕，吴漪，贺金生. 2011. 内蒙古草地叶片磷含量与土壤有效磷的关系. 植物生态学报，35(1)：1-8.

耿元波，史晶晶. 2012. 草原凋落物的分解及营养元素的释放和累积. 地理科学进展，31(5)：655-663.

顾大形，陈双林，黄玉清. 2011. 土壤氮磷对四季竹叶片氮磷化学计量特征和叶绿素含量的影响. 植物生态学报，35(12)：1219-1225.

顾峰雪，黄玫，张远东，等. 2016. 1961-2010年中国区域氮沉降时空格局模拟研究. 生态学报，36(12)：3591-3600.

郭焱培，杨弦，安尼瓦尔·买买提，等. 2017. 中国北方温带灌丛生态系统碳、氮、磷储量. 植物生态学报，41(1)：14-21.

郭子武，陈双林，杨清平，等. 2012. 雷竹林土壤和叶片N、P化学计量特征对林地覆盖的响应. 生态学报，32(10)：6361-6368.

韩雪娇. 2017. 内蒙古中部荒漠草原的化学计量特征. 呼和浩特：内蒙古大学硕士学位论文.

何利元，胡中民，郭群，等. 2015. 氮磷添加对内蒙古温带草地地上生物量的影响. 应用生态学报，26(8)：2291-2297.

何茂松，罗艳，彭庆文，等. 2019. 新疆67种荒漠植物叶碳氮磷计量特征及其与气候的关系. 应用生态学报，30(7)：2171-2180.

何亚婷，齐玉春，董云社，等. 2010. 外源氮输入对草地土壤微生物特性影响的研究进展. 地球科学进展，25(8)：877-885.

贺金生，韩兴国. 2010. 生态化学计量学：探索从个体到生态系统的统一化理论. 植物生态学报，34(1)：2-6.

洪江涛. 2013. 高寒紫花针茅群落碳氮磷生态化学计量学特征及其影响因素. 北京：中国科学院大学硕士学位论文.

洪江涛，吴建波，王小丹. 2013. 全球气候变化对陆地植物碳氮磷生态化学计量学特征的影响. 应用生态学报，24(9)：2658-2665.

胡小文，王彦荣，武艳培. 2004. 荒漠草原植物抗旱生理生态学研究进展. 草业学报，13(3)：9-15.

黄锦学，黄李梅，林智超，等. 2010. 中国森林凋落物分解速率影响因素分析. 亚热带资源与环境学报,5(3)：56-63.

黄菊莹，余海龙. 2016. 四种荒漠草原植物的生长对不同氮添加水平的响应. 植物生态学报，40(2)：165-176.

黄小燕，李耀辉，冯建英，等. 2015. 中国西北地区降水量及极端干旱气候变化特征. 生态学报，35(5)：1359-1370.

霍利霞，红梅，赵巴音那木拉，等. 2018. 水氮控制对荒漠草原凋落物分解的影响. 中国草地学报，40(5)：57-63.

霍利霞，红梅，赵巴音那木拉，等. 2019. 氮沉降和降雨变化对荒漠草原凋落物分解的影响. 生态学报，39(6)：2139-2146.

贾丙瑞. 2019. 凋落物分解及其影响机制. 植物生态学报，43(8)：648-657.

姜沛沛，曹扬，陈云明，等. 2016. 不同林龄油松(*Pinus tabulaeformis*)人工林植物、凋落物与土壤C、N、P化学计量特征. 生态学报，36(19)：6188-6197.

姜沛沛，曹扬，陈云明，等. 2017. 陕西省3种主要树种叶片、凋落物和土壤N、P化学计量特征. 生态学报，37(2)：443-454.

蒋婧，宋明华. 2010. 植物与土壤微生物在调控生态系统养分循环中的作用. 植物生态学报，34(8)：979-988.

蒋倩，何淑勤，宫渊波. 2020. 不同植被类型枯落物养分特征及其潜在归还能力. 干旱区资源与环境，34(4)：142-147.

敬如岩，黄雅丽，丁新景，等. 2017. 黄河三角洲地区刺槐白蜡人工混交林枯落物分解的林龄差异. 水土保持学报，31(6)：333-337.

康清，张小静，马晓林，等. 2015. 高寒沼泽湿地土壤碳氮沿水分梯度的分布特征. 兰州大学学报：自然科学版，51(5)：608-612.

康扬眉. 2019. 降水量对荒漠草原凋落物碳氮磷生态化学计量特征的影响. 银川：宁夏大学硕士学位论文.

孔锋，史培军，方建. 2017. 全球变化背景下极端降水时空格局变化及其影响因素研究进展与展望. 灾害学，32(2)：165-174.

李聪，肖子牛，张晓玲. 2012. 近60年中国不同区域降水的气候变化特征. 气象，38(4)：419-424.

李丹维，王紫泉，田海霞，等. 2017. 太白山不同海拔土壤碳、氮、磷含量及生态化学计量特征. 土壤学报，54(1)：160-170.

李璠. 2013. 施肥对高寒草原群落结构的影响. 北京：中国科学院大学硕士学位论文.

李菲，张明军，李小飞，等. 2013. 1962-2011年宁夏极端降水的时空演变研究. 自然灾害学报，22(5)：

171-180.

李家湘，徐文婷，熊高明，等. 2017. 中国南方灌丛优势木本植物叶的氮、磷含量及其影响因素. 植物生态学报，41(1)：31-42.

李静，蔚晓燕，唐明. 2013. 黄土高原纸坊沟流域不同植物对土壤微生物生物量和土壤酶活性的影响. 西北植物学报，33(2)：387-393.

李俊峰，王忠亮，郑一冰. 2020. 1976-2015 年宁夏回族自治区降雨演变特征分析. 水利科技与经济，26(6)：34-38.

李林. 2021. 变化环境下中国不同强度降雨的时空变化特征. 水电能源科学，39(3)：8-11+23.

李明，孙洪泉，苏志诚. 2021. 中国西北气候干湿变化研究进展. 地理研究，40(4)：1180-1194.

李素新，张芸香，郭晋平. 2021. 模拟氮沉降对华北落叶松林凋落叶生态化学计量特征的影响. 中国水土保持科学，19(2)：12-18.

李婷，邓强，袁志友，等. 2015. 黄土高原纬度梯度上的植物与土壤碳、氮、磷化学计量学特征. 环境科学，36(8)：2988-2996.

李文娇，刘红梅，赵建宁，等. 2015. 氮素和水分添加对贝加尔针茅草原植物多样性及生物量的影响. 生态学报，35(19)：6460-6469.

李香云，岳平，郭新新，等. 2020. 荒漠草原植物群落光合速率对水氮添加的响应. 中国沙漠，40(1)：116-124.

李新鸽，韩广轩，朱连奇，等. 2019. 降雨引起的干湿交替对土壤呼吸的影响：进展与展望. 生态学杂志，38(2)：567-575.

李新乐，陆占东，丁波，等. 2018. 近 30 年乌兰布和沙漠东北边缘气候变化趋势及周期特征. 气候变化研究快报，7(2)：83-92.

李新荣，何明珠，贾荣亮. 2008. 黑河中下游荒漠区植物多样性分布对土壤水分变化的响应. 地球科学进展，23(7)：685-691.

李新荣，张景光，刘立超，等. 2000. 我国干旱沙漠地区人工植被与环境演变过程中植物多样性的研究. 植物生态学报，24(3)：257-261.

李一春，余海龙，王攀，等. 2020. 降水量对宁夏荒漠草原植物群落多样性和 C：N：P 生态化学计量特征的影响. 中国草地学报，42(1)：117-126.

李宜浓，周晓梅，张乃莉，等. 2016. 陆地生态系统混合凋落物分解研究进展. 生态学报，36(16)：4977-4987.

李银坤，陈敏鹏，夏旭，等. 2013. 不同氮水平下夏玉米农田土壤呼吸动态变化及碳平衡研究. 生态环境学报，22(1)：18-24.

李玉霖，毛伟，赵学勇，等. 2010. 北方典型荒漠及荒漠化地区植物叶片氮磷化学计量特征研究. 环境科学，31(8)：1716-1725.

李媛媛，周运超，邹军，等. 2010. 黔中石灰岩地区典型灌木林土壤酶活性与植物物种多样性研究. 水土保持研究，17(3)：245-249.

李长斌，彭云峰，赵殿智，等. 2016. 降水变化和氮素添加对青藏高原高寒草原群落结构和物种多样性的影响. 水土保持研究，23(6)：185-191.

廖珂，沈芳芳，刘文飞. 2020. 长期氮沉降下杉木人工林凋落物与土壤的 C、N、P 化学计量特征. 广西植物，40(11)：1551-1562.

刘超. 2012. 陆地生态系统植被氮磷化学计量研究进展. 植物生态学报，36(11)：1205-1216.

刘迪，邓强，时新荣，等. 2020. 黄土高原刺槐人工林根际和非根际土壤磷酸酶活性对模拟降水变化的响应. 水土保持研究，27(1)：95-103.

刘海威. 2019. 黄土丘陵区草地群落生物学及生态化学计量学特征对降水改变的响应分析评价. 杨凌：中国科学院教育部水土保持与生态环境研究中心硕士学位论文.

刘凯，聂格格，张森. 2020. 中国1951-2018年气温和降水的时空演变特征研究. 地球科学进展，35(11)：1113-1126.

刘珂，姜大膀. 2015. RCP4.5情景下中国未来干湿变化预估. 大气科学，39(3)：489-502.

刘娜，喻理飞，赵庆，等. 2020. 喀斯特高原石漠化区次生林叶片-枯落物-土壤连续体碳氮磷生态化学计量特征. 应用与环境生物学报，26(3)：681-688.

刘倩，王书丽，邓邦良，等. 2018. 武功山山地草甸不同海拔凋落物-土壤碳、氮、磷含量及其生态化学计量特征. 应用生态学报，29(5)：1535-1542.

刘星，汪金松，赵秀海. 2015. 模拟氮沉降对太岳山油松林土壤酶活性的影响. 生态学报，35(14)：4613-4624.

刘雄，罗超，向元彬，等. 2020. 模拟降水量变化对华西雨屏区天然常绿阔叶林土壤酶活性的影响. 应用与环境生物学报，26(3)：635-642.

刘洋，张健，陈亚梅，等. 2013. 氮磷添加对巨桉幼苗生物量分配和C：N：P化学计量特征的影响. 植物生态学报，37(10)：933-941.

卢珊，胡泽勇，王百朋，等. 2020. 近56年中国极端降水事件的时空变化格局. 高原气象，39(4)：683-693.

罗亚勇，孟庆涛，张静辉，等. 2014. 青藏高原东缘高寒草甸退化过程中植物群落物种多样性、生产力与土壤特性的关系. 冰川冻土，36(5)：1298-1305.

罗永清，赵学勇，王涛，等. 2017. 植物根系分解及其对生物和非生物因素的响应机理研究进展. 草业学报，26(2)：197-207.

吕富成，王小丹. 2017. 凋落物对土壤呼吸的贡献研究进展. 土壤，49(2)：225-231.

马百兵，孙建，朱军涛，等. 2018. 藏北高寒草地植物群落C、N化学计量特征及其影响因素. 生态学杂志，37(4)：1026-1036.

马丽，徐满厚，周华坤，等. 2018. 山西亚高山草甸植被生物量的地理空间分布. 生态学杂志，37(8)：2244-2253.

马俐，周志强，王正文. 2016. 刈割和氮添加对松嫩平原羊草草原碳固持的影响. 生态学杂志，35(1)：87-94.

马朋，任庆水，李昌晓，等. 2015. 模拟水淹-干旱胁迫对2年生水杉(*Metasequoia glyptostroboides*)幼树盆栽土壤酶活性的影响. 西南大学学报(自然科学版)，37(2)：24-31.

马志良，高顺，杨万勤，等. 2015. 亚热带常绿阔叶林6个常见树种凋落叶在不同降雨期的分解特征. 生态学报，35(22)：7553-7561.

毛庆功，鲁显楷，陈浩，等. 2015. 陆地生态系统植物多样性对矿质元素输入的响应. 生态学报，35：5884-5897.

毛伟，李玉霖，孙殿超，等. 2016. 养分和水分添加后沙质草地不同功能群植物地上生物量变化对群落生产力的影响. 中国沙漠，36(1)：27-33.

聂兰琴，吴琴，尧波，等. 2016. 鄱阳湖湿地优势植物叶片-凋落物-土壤碳氮磷化学计量特征. 生态学报，36(7)：1898-1906.

宁夏农业勘查设计院，宁夏畜牧局，宁夏农学院. 1988. 宁夏植被(第二版). 银川：宁夏人民出版社.

宁志英，李玉霖，杨红玲，等. 2019. 沙化草地土壤碳氮磷化学计量特征及其对植被生产力与多样性的影响. 生态学报，39(10)：3537-3546.

牛得草，董晓玉，傅华. 2011. 长芒草不同季节碳氮磷生态化学计量特征. 草业科学，28(6)：915-920.

牛亚毅，李玉强，龚相文，等. 2017. 沙质草地生长季生态系统碳净交换量特征及土壤呼吸贡献率. 生态学杂志，36(9)：2423-2430.

牛玉斌，余海龙，王攀，等. 2019. 氮磷添加对荒漠草原植物群落多样性和土壤 C：N：P 生态化学计量特征的影响. 生态学报，39(22)：8462-8471.

潘庆民，白永飞，韩兴国，等. 2005. 氮素对内蒙古典型草原羊草种群的影响. 植物生态学报，29(2)：311-317.

彭琴，董云社，齐玉春. 2008. 氮输入对陆地生态系统碳循环关键过程的影响. 地球科学进展，23(8)：874-883.

乔文静，戴银月，张伟，等. 2018. 黄土丘陵区撂荒恢复过程中植物群落组成与土壤养分及酶活性变化的关系. 环境科学，39(12)：5687-5698.

乔雨宁，董从国，黄敏，等. 2020. 黄土高原不同植被带刺槐生态化学计量特征. 水土保持研究，27(4)：31-28，46.

邱喜元，左小安，庾强，等. 2018. 降水量和短期极端干旱对典型草原植物群落及优势种羊草(*Leymus chinensis*)叶性状的影响. 中国沙漠，38(5)：1009-1016.

曲浩，赵学勇，赵哈林，等. 2010. 陆地生态系统凋落物分解研究进展. 草业科学，27(8)：44-51.

任国玉，任玉玉，战云健，等. 2015. 中国大陆降水时空变异规律-Ⅱ. 现代变化趋势. 水科学进展，26(4)：451-465.

石贤萌，杞金华，宋亮，等. 2015. 哀牢山中山湿性常绿阔叶林两种优势幼苗 C、N、P 化学计量特征及其对 N 沉降增加的响应. 植物生态学报，39(10)：962-970.

舒韦维，陈琳，刘世荣，等. 2020. 减雨对南亚热带马尾松人工林凋落物分解的影响. 生态学报，40(13)：4538-4545.

宋欢欢，姜春明，宇万太. 2014. 大气氮沉降的基本特征与监测方法. 应用生态学报，25(2)：599-610.

宋世凯. 2017. 全球变暖背景下 1960-2014 年中国降水时空变化特征. 乌鲁木齐：新疆大学博士学位论文.

宋一凡，卢亚静，刘铁军，等. 2020. 荒漠草原不同雨量带土壤-植物-微生物 C、N、P 及其化学计量特征. 生态学报，40(12)：4011-4023.

苏鑫，卢嫚，冯程程，等. 2020. 松嫩草地土壤酶活性对土壤盐分季节动态的响应. 中国草地学报，42(1)：127-134.

苏卓侠，苏冰倩，上官周平. 2020. 黄土高原刺槐叶片-土壤生态化学计量参数对降雨量的响应特征. 生态学报，40(19)：7000-7008.

宿晓琳，李英滨，杨波，等. 2018. 植物多样性对亚热带森林土壤微生物群落的影响. 生态学杂志，37(8)：2254-2261.

孙百生，钱金平，赵欢蕊. 2018. 西北典型荒漠植物红砂生物量及根系形态特征对降水格局的响应. 生态环境学报，27(11)：1993-1999.

孙军等，张福青. 2017. 中国日极端降水和趋势. 中国科学：地球科学，47(12)：1469-1482.

孙学凯，林力涛，于占源，等. 2019. 施氮对沙质草地生态系统碳交换特征的影响. 生态学杂志，38(1)：104-112.

孙岩，何明珠，王立. 2018. 降水控制对荒漠植物群落物种多样性和生物量的影响. 生态学报，38(7)：2425-2433.

谭向平，申卫军. 2021. 降水变化和氮沉降影响森林叶根凋落物分解研究进展. 生态学报，41(2)：444-455.

唐仕姗，杨万勤，王海鹏，等. 2015. 中国森林凋落叶氮、磷化学计量特征及控制因素. 应用与环境生物学报，21(2)：316-322.

陶冶, 张元明, 周晓兵. 2016. 伊犁野果林浅层土壤养分生态化学计量特征及其影响因素. 应用生态学报, 27(7): 2239-2248.

田静, 盛茂银, 汪攀, 等. 2019. 西南喀斯特土地利用变化对植物凋落物-土壤C、N、P化学计量特征和土壤酶活性的影响. 环境科学, 40(9): 4278-4286.

涂利华, 胡庭兴, 张健, 等. 2009. 华西雨屏区苦竹林土壤酶活性对模拟氮沉降的响应. 应用生态学报, 20(12): 2943-2948.

万忠梅, 宋长春. 2009. 土壤酶活性对生态环境的响应研究进展. 土壤通报, 40(4): 951-956.

王洪义, 丁睿, 王智慧, 等. 2020. 氮、磷添加对草地不同冠层植物叶片和根系生态化学计量特征的影响. 草业学报, 29(8): 37-45.

王建林, 钟志明, 王忠红, 等. 2014. 青藏高原高寒草原生态系统土壤碳氮比的分布特征. 生态学报, 34(22): 6678-6691.

王杰, 李刚, 修伟明, 等. 2014a. 氮素和水分对贝加尔针茅草原土壤酶活性和微生物量碳氮的影响. 农业资源与环境学报, 31(3): 237-245.

王杰, 李刚, 修伟明, 等. 2014b. 贝加尔针茅草原土壤微生物功能多样性对氮素和水分添加的响应. 草业学报, 23(4): 343-350.

王金相. 2018. 西北地区典型能源工业基地排放对局地环境空气质量的影响. 兰州: 兰州大学博士学位论文.

王晶, 王珊珊, 乔鲜果, 等. 2016. 氮添加对内蒙古退化草原生产力的短期影响. 植物生态学报, 40(10): 980-990.

王晶苑, 张心昱, 温学发, 等. 2013. 氮沉降对森林土壤有机质和凋落物分解的影响及其微生物学机制. 生态学报, 33(5): 1337-1346.

王凯博, 上官周平. 2011. 黄土丘陵区燕沟流域典型植物叶片C、N、P化学计量特征季节变化. 生态学报, 31(17): 4985-4991.

王霖娇, 汪攀, 盛茂银. 2018. 西南喀斯特典型石漠化生态系统土壤养分生态化学计量特征及其影响因素. 生态学报, 38(18): 6580-6593.

王宁, 张有利, 王百田, 等. 2015. 山西省油松林生态系统碳氮磷化学计量特征. 水土保持研究, 22(1): 72-79.

王攀, 朱湾湾, 樊瑾, 等. 2020. 宁夏燃煤电厂周围降水降尘中硫氮沉降特征研究. 生态环境学报, 29(6): 1189-1197.

王攀, 朱湾湾, 牛玉斌, 等. 2019. 氮添加对荒漠草原植物群落组成与微生物量生态化学计量特征的影响. 植物生态学报, 43(5): 427-436.

王启兰, 王长庭, 刘伟, 等. 2010. 江河源区人工草地植物群落和土壤酶活性变化. 应用与环境生物学报, 16(5): 662-666.

王蕊, 王慧, 李栋梁. 2019. 中国西北地区东部盛夏降水特征及对初春地表感热异常的响应. 高原气象, 38(6): 1241-125.

王绍强, 于贵瑞. 2008. 生态系统碳氮磷元素的生态化学计量学特征. 生态学报, 28(8): 3937-3947.

王书丽, 黄立君, 袁希, 等. 2020. 氮添加和升温对杉木林凋落物分解及碳氮磷化学计量特征的影响. 生态学杂志, 39(9): 2842-2850.

王维奇, 徐玲琳, 曾从盛, 等. 2011. 河口湿地植物活体-枯落物-土壤的碳氮磷生态化学计量特征. 生态学报, 31(23): 134-139.

王小平, 肖肖, 唐天文, 等. 2018. 连香树人工林根系分泌物输入季节性变化及其驱动的根际微生物特性研究. 植物研究, 38(1): 47-55.

王新源, 赵学勇, 李玉霖, 等. 2013. 环境因素对干旱半干旱区凋落物分解的影响研究进展. 应用生态学报, 24(11): 3300-3310.

王艳姣, 闫峰. 2014. 1960-2010 年中国降水区域分异及年代际变化特征. 地理科学进展, 33(10): 1354-1363.

王云霞, 刘桂要, 邓强, 等. 2020. 黄土丘陵区人工林刺槐和油松凋落叶在不同降雨时期的分解特征. 生态学报, 40(19): 6872-6884.

王长庭, 王启基, 沈振西, 等. 2003. 模拟降水对高寒矮嵩草草甸群落影响的初步研究. 草业学报, 12(2): 2529.

王子婷, 杨磊, 李广, 等. 2019. 半干旱黄土区苜蓿退化对坡面草本植物分布及多样性的影响. 生态学报, 39(10): 3720-3729.

魏金明, 姜勇, 符明明, 等. 2011. 水、肥添加对内蒙古典型草原土壤碳、氮、磷及 pH 的影响. 生态学杂志, 30 (8): 1642-1646.

魏琳, 程积民, 井光花, 等. 2018. 黄土高原天然草地 3 种优势物种细根分解及养分释放对模拟氮沉降的响应. 水土保持学报, 32(1): 252-258.

文都日乐, 李刚, 张静妮, 等. 2010. 呼伦贝尔不同草地类型土壤微生物量及土壤酶活性研究. 草业学报, 19(5): 94-102.

文海燕, 吴淑娟, 傅华. 2019. 氮添加对黄土高原草原生态系统净碳交换的影响. 中国沙漠, 39(3): 34-40.

吴福忠, 包维楷, 吴宁. 2008. 外源施 N 对干旱河谷白刺花(*Sophora davidii*)幼苗生长、生物量及 C、N、P 积累与分配的影响. 生态学报, 28(8): 3817-324.

吴际友, 叶道碧, 王旭军. 2010. 长沙市城郊森林土壤酶活性及其与土壤理化性质的相关性. 东北林业大学学报, 38(3): 97-99.

吴文超, 岳平, 崔晓庆, 等. 2018. 古尔班通古特沙漠土壤微生物碳氮对环境因子的响应. 干旱区研究, 35(3): 515-523.

吴旭东, 季波, 何建龙, 等. 2021. 控制降水梯度对荒漠草原优势植物叶功能性状及土壤养分的影响. 生态学报, 41(7): 2719-2727.

吴旭东, 俞鸿千, 蒋齐, 等. 2020. 降雨对荒漠草原生物土壤结皮化学计量的影响. 农业工程学报, 36(16): 118-124.

武倩, 韩国栋, 王忠武, 等. 2016. 模拟增温和氮素添加对荒漠草原生态系统碳交换的影响. 生态学杂志, 35(6): 1427-1434.

向竣文, 张利平, 邓瑶, 等. 2021. 基于 CMIP6 的中国主要地区极端气温/降水模拟能力评估及未来情景预估. 武汉大学学报(工学版), 54(1): 46-57+81.

向元彬, 周世兴, 肖永翔, 等. 2017. 模拟氮沉降和降雨对华西雨屏区常绿阔叶林凋落物分解的影响. 生态学报, 37(2): 455-463.

邢建伟, 宋金明, 袁华茂, 等. 2017. 胶州湾生源要素的大气沉降及其生态效应研究进展. 应用生态学报, 28(1): 353-366.

许疆维, 孙万豪, 吴文博, 等. 2019. 高温-干旱对沙漠植物花花柴光合作用的影响. 分子植物育种, 17(12): 4089-4095.

许淼平, 任成杰, 张伟, 等. 2018. 土壤微生物生物量碳氮磷与土壤酶化学计量对气候变化的响应机制. 应用生态学报, 29(7): 2445-2454.

许稳. 2016. 中国大气活性氮干湿沉降与大气污染减排效应研究. 北京: 中国农业大学博士学位论文.

薛亚芳, 宗宁, 何念鹏, 等. 2018. 长期围封和自由放牧对高寒草甸土壤微生物群落结构及碳源代谢多样性的影响. 应用生态学报, 29(8): 2705-2712.

闫建成, 梁存柱, 付晓玥, 等. 2013. 草原与荒漠一年生植物性状对降水变化的响应. 草业学报, 22(1): 68-76.

闫钟清, 齐玉春, 李素俭, 等. 2017b. 降水和氮沉降增加对草地土壤微生物与酶活性的影响研究进展. 微生物学通报, 44(6): 1481-1490.

闫钟清, 齐玉春, 彭琴, 等. 2017a. 降水和氮沉降增加对草地土壤酶活性的影响. 生态学报, 37(9): 3019-3027.

杨崇曜, 李恩贵, 陈慧颖, 等. 2017. 内蒙古西部自然植被的物种多样性及其影响因素. 生物多样性, 25(12): 1303-1312.

杨佳佳, 张向茹, 马露莎, 等. 2014. 黄土高原刺槐林不同组分生态化学计量关系研究. 土壤学报, 51(1): 133-142.

杨倩, 王娓, 曾辉. 2018. 氮添加对内蒙古退化草地植物群落多样性和生物量的影响. 植物生态学报, 42(4): 430-441.

杨青霄, 田大栓, 曾辉, 等. 2017. 降水格局改变背景下土壤呼吸变化的主要影响因素及其调控过程. 植物生态学报, 41(12): 1239-1250.

杨蓉, 延军平. 2014. 宁夏旱涝灾害对气候变化的响应. 水土保持通报, 34(5): 272-277.

杨山, 李小彬, 王汝振, 等. 2015. 氮水添加对中国北方草原土壤细菌多样性和群落结构的影响. 应用生态学报, 26(3): 739-746.

杨思航. 2019. 气候多因子对典型温带草原土壤微生物群落的影响研究. 北京: 清华大学博士学位论文.

杨祥祥, 李梦琦, 何兴东, 等. 2018. 沙地植被碳氮磷化学计量特征与物种多样性的关系. 应用生态学报, 29(9): 2819-2824.

杨祥祥, 李梦琦, 何兴东, 等. 2019. 沙地土壤 C∶N∶P 比对早期植物群落物种多样性的影响. 土壤学报, 56(1): 242-249.

杨小波, 张桃林, 吴庆书. 2002. 海南琼北地区不同植被类型物种多样性与土壤肥力的关系. 生态学报, 22(2): 190-196.

杨晓霞, 任飞, 周华坤, 等. 2014. 青藏高原高寒草甸植物群落生物量对氮、磷添加的响应. 植物生态学报, 38(2): 159-166.

晔薷罕, 单玉梅, 张璞进, 等. 2020. 荒漠草原不同放牧强度背景下添加氮水对凋落物分解的影响. 生态学报, 40(8): 2775-2783.

银晓瑞, 梁存柱, 王立新, 等. 2010. 内蒙古典型草原不同恢复演替阶段植物养分化学. 植物生态学报, 34(1): 39-47.

尹伟, 胡玉昆, 柳妍妍, 等. 2010. 巴音布鲁克不同建植期人工草地土壤生物学特性研究. 草业学报, 19(5): 218-226.

俞月凤, 彭晚霞, 宋同清, 等. 2014. 喀斯特峰丛洼地不同森林类型植物和土壤 C、N、P 化学计量特征. 应用生态学报, 25(4): 947-954.

曾德慧, 陈广生. 2005. 生态化学计量学: 复杂生命系统奥秘的探索. 植物生态学报, 29(6): 1007-1019.

曾颖婷, 陆尔. 2015. 1961—2010 年我国夏季总降水和极端降水的变化. 气候变化研究进展, 11(2): 79-85.

曾昭霞, 王克林, 刘孝利, 等. 2015. 桂西北喀斯特森林植物-凋落物-土壤生态化学计量特征. 植物生态学报, 39(7): 682-693.

詹书侠, 郑淑霞, 王扬, 等. 2016. 羊草的地上-地下功能性状对氮磷施肥梯度的响应及关联. 植物生态学报, 40(1): 36-47.

张冰, 刘宣飞, 郑广芬, 等. 2018. 宁夏夏季极端降水日数的变化规律及其成因. 大气科学学报, 41(2): 176-185.

张金屯. 2004. 数量生态学. 北京: 科学出版社.

张晶晶, 许冬梅. 2013. 宁夏荒漠草原不同封育年限优势种群的生态位特征. 草地学报, 21(1): 73-78.

张萍, 章广琦, 赵一娉, 等. 2018. 黄土丘陵区不同森林类型叶片-凋落物-土壤生态化学计量特征. 生态学报, 38(14): 5087-5098.

张仁懿, 史小明, 李文金, 等. 2016. 氮、磷添加对亚高寒草甸地上生物量的影响. 生态科学, 35(5): 15-20.

张少康, 刘海威, 焦峰. 2018. 黄土丘陵区微地形梯度下草地群落及土壤对氮、磷添加的响应. 水土保持研究, 25(1): 76-83.

张潇月, 鱼舜尧, 李婷婷, 等. 2019. 金马河温江段河岸带不同生境下草本植物多样性和植物区系与土壤环境因子的关系. 应用与环境生物学报, 25(4): 838-844.

张学珍, 李侠祥, 徐新创, 等. 2017. 基于模式优选的 21 世纪中国气候变化情景集合预估. 地理学报, 72(9): 1555-1568.

张彦军. 2017. 长期施肥对休闲季土壤呼吸温度敏感性的影响. 中国农业科学, 50(16): 3164-3174.

张永宽, 陶冶, 刘会良, 等. 2012. 人工固沙区与流沙区准噶尔无叶豆种群数量特征与空间格局对比研究. 生态学报, 32(21): 6715-6725.

张玉革, 刘月秀, 杨山, 等. 2021. 模拟氮沉降和降水增加对弃耕草地土壤微生物学特性的影响. 沈阳大学学报(自然科学版), 33(1): 10-19.

赵东升, 高璇, 吴绍洪, 等. 2020. 基于自然分区的 1960-2018 年中国气候变化特征. 地球科学进展, 35(7): 750-760.

赵广帅, 熊定鹏, 石培礼, 等. 2016. 羌塘高原降水梯度带紫花针茅叶片氮回收特征及影响因素. 生态学报, 36(11): 3419-3428.

赵红梅, 程军回, 张文太, 等. 2020. 古尔班通古特沙漠 5 种植物凋落物分解特征. 中国沙漠, 40(2): 165-176.

赵红梅. 2014. 荒漠生态系统凋落物分解的化学计量研究. 北京: 中国科学院大学硕士学位论文.

赵景学, 曲广鹏, 多吉顿珠, 等. 2011. 藏北高寒植被群落物种多样性与土壤环境因子的关系. 干旱区资源与环境, 25(6): 105-108.

赵敏, 赵锐锋, 张丽华, 等. 2019. 基于盐分梯度的黑河中游湿地植物多样性及其与土壤因子关系. 生态学报, 39(11):4116-4126.

赵姗宇, 黎锦涛, 孙学凯, 等. 2018. 樟子松人工林原产地与不同自然降水梯度引种地土壤和植物叶片生态化学计量特征. 生态学报, 38(20): 7189-7197.

赵威, 李琳. 2018. 不同草地利用方式对暖性(灌)草丛类草地固碳能力的影响. 草业学报, 27(11): 1-14.

赵维俊, 刘贤德, 金铭, 等. 2016. 祁连山青海云杉林叶片-枯落物-土壤的碳氮磷生态化学计量特征. 土壤学报, 53(2): 477-489.

赵新风, 徐海量, 张鹏, 等. 2014. 养分与水分添加对荒漠草地植物群落结构和物种多样性的影响. 植物生态学报, 38(2): 167-177.

赵亚芳, 徐福利, 王渭玲, 等. 2014. 华北落叶松根茎叶碳氮磷含量及其化学计量学特征的季节变化. 植物学报, 49: 560-568.

赵一楠. 2017. 氮、磷添加及 AM 真菌调控对松嫩草地土壤养分与植物-群落特征的影响. 长春: 东北师范大学博士学位论文.

赵志红. 2010. 半干旱黄土区集雨措施和养分添加对苜蓿草地和封育植被生产力及土壤生态化学计量特征

的影响. 兰州：兰州大学硕士学位论文.

郑兴蕊，宋娅丽，王克勤，等. 2021. 滇中常绿阔叶林凋落物养分释放及生态化学计量特征对模拟N沉降的响应. 应用生态学报，32(1)：23-30.

周芙蓉，王进鑫，杨楠，等. 2013. 水分和铅胁迫对土壤酶活性的影响. 草地学报，21(3)：479-484.

周贵尧，周灵燕，邵钧炯，等. 2020. 极端干旱对陆地生态系统的影响：进展与展望. 植物生态学报，44(5)：515-525.

周纪东，史荣久，赵峰，等. 2016. 施氮频率和强度对内蒙古温带草原土壤pH及碳、氮、磷含量的影响. 应用生态学报，27(8)：2467-2476.

周晓兵，张元明，王莎莎，等. 2010. 模拟氮沉降和干旱对准噶尔盆地两种一年生荒漠植物生长和光合生理的影响. 植物生态学报，34(12)：1394-1403.

周正虎，王传宽. 2016b. 微生物对分解底物碳氮磷化学计量的响应和调节机制. 植物生态学报，40(6)：620-630.

周正虎，王传宽. 2016a. 生态系统演替过程中土壤与微生物碳氮磷化学计量关系的变化. 植物生态学报，40(12)：1257-1266.

朱剑兴，王秋凤，于海丽，等. 2019. 2013年中国典型生态系统大气氮、磷、酸沉降数据集. 中国科学数据，4(1)：78-85.

朱湾湾，王攀，樊瑾，等. 2019. 降水量及N添加对宁夏荒漠草原土壤C：N：P生态化学计量特征和植被群落组成的影响. 草业学报，28(9)：33-44.

朱义族，李雅颖，韩继刚，等. 2019. 水分条件变化对土壤微生物的影响及其响应机制研究进展. 应用生态学报，30(12)：4323-4332.

邹慧，高光耀，傅伯杰. 2016. 干旱半干旱草地生态系统与土壤水分关系研究进展. 生态学报，36(11)：3127-3136.

Ackerman D, Millet D B, Chen X. 2019. Global estimates of inorganic nitrogen deposition across four decades. Global Biogeochemical Cycles, 33(1): 100-107.

Aerts R, Chapin F S. 2000. The mineral nutrition of wild plants revisited: a re-evaluation of processes and patterns. Advances in Ecological Research, 30: 1-6.

Aerts R. 1996. Nutrient resorption from senescing leaves of perennials: are there general patterns? Journal of Ecology, 84(4): 597-608.

Ågren. 2004. The C : N : P stoichiometry of autotrophs: theory and observations. Ecology Letters, 7(3): 185-191.

Agüero M L, Puntieri J, Mazzarino M J, et al. 2014. Seedling response of *Nothofagus* species to N and P: linking plant architecture to N/P ratio and resorption proficiency. Trees, 28(4): 1185-1195.

Ali S, Xu Y Y, Jia Q M, et al. 2018. Interactive effects of plastic film mulching with supplemental irrigation on winter wheat photosynthesis, chlorophyll fluorescence and yield under simulated precipitation conditions. Agricultural Water Management, 207: 1-14.

Allan R P, Soden B J. 2008. Atmospheric warming and the amplification of precipitation extremes. Science, 321(5895): 1481-1484.

Allison S D, Lu Y, Weihe C, et al. 2013. Microbial abundance and composition influence litter decomposition response to environmental change. Ecology, 94(3): 714-725.

Allison S D, Weintraub M N, Gartner T B, et al. 2010. Evolutionary-economic principles as regulators of soil enzyme production and ecosystem function. Soil Enzymology, 22: 229-243.

Bai W M, Guo D L, Tian Q Y, et al. 2015. Differential responses of grasses and forbs led to marked reduction in below-ground productivity in temperate steppe following chronic N deposition. Journal of Ecology, 103(6): 1570-1579.

Beier C, Beierkuhnlein C, Wohlgemuth T, et al. 2012. Precipitation manipulation experiments-challenges and recommendations for the future. Ecology Letters, 15(8): 899-911.

Bell C, Carrillo Y, Boot C M, et al. 2014. Rhizosphere stoichiometry: are C : N : P ratios of plants, soils, and enzymes conserved at the plant species-level? New phytologist, 201(2): 505-517.

Berman-Frank I, Dubinsky Z. 1999. Balanced growth in aquatic plants: myth or reality. BioScience, 49(1): 29-37.

Bi J, Zhang N L, Liang Y, et al. 2011. Interactive effects of water and nitrogen addition on soil microbial communities in a semiarid steppe. Journal of Plant Ecology, 5(3): 320-329.

Blanke V, Bassin S, Volk M, et al. 2012. Nitrogen deposition effects on subalpine grassland: the role of nutrient limitations and changes inmycorrhizal abundance. Acta Oecologica, 45: 57-65.

Bradford M A, Berg B, Maynard D S, et al. 2016. Understanding the dominant controls on litter decomposition. Journal of Ecology, 104(1): 229-238.

Brant A N, Chen H Y. 2015. Patterns and mechanisms of nutrient resorption in plants. Critical Reviews in Plant Sciences ,34(5): 471-486.

Bui E N, Henderson B L. 2013. C : N : P stoichiometry in Australian soils with respect to vegetation and environmental factors. Plant and Soil, 373(1-2): 553-568.

Busch V, Klaus V H, Penone C, et al. 2018. Nutrient stoichiometry and land use rather than species richness determine plant functional diversity. Ecology and Evolution, 8(1): 601-616.

Campo J, Gallardo J F, Hernandez G. 2014. Leaf and litter nitrogen and phosphorus in three forests with low P supply. European Journal of Forest Research, 133(1): 121-129.

Chapin F S, Matson P A, Mooney H A. 2002. Principles of terrestrial ecosystems ecology. New York: Springer-Verlag.

Chen H P, Sun J Q. 2015. Changes in climateextreme events in China associated with warming. International Journal of Climatology, 35(10): 2735-2751.

Chen J, Xiao G, Yakov K, et al. 2017. Soil nitrogen transformation responses to seasonal precipitation changes are regulated by changes in functional microbial abundance in a subtropical forest. Biogeosciences, 14(9): 2513-2525.

Chen X, Gong L, Liu Y T. 2018. The ecological stoichiometry and interrelationship between litter and soil under seasonal snowfall in Tianshan Mountain. Ecosphere, 9(11): e02520.

Chen Y L, Li P, Yang Y H. 2016a. Dynamic patterns of nitrogen: phosphorus ratios in forest soils of China under changing environment. Journal of Geophysical Research: Biogeosciences, 121(9): 2410-2421.

Chen Y L, Chen L Y, Peng Y F, et al. 2016b. Linking microbial C : N : P stoichiometry to microbial community and abiotic factors along a 3500- km grassland transect on the Tibetan Plateau. Global Ecology and Biogeography, 25(12): 1416-1427.

Cheng S L, Fang H J, Yu G R. 2018. Threshold responses of soil organic carbon concentration and composition to multi-level nitrogen addition in a temperate needle-broadleaved forest. Biogeochemistry, 137(1-2): 219-233.

Clark C M, Tilman D. 2008. Loss of plant species after chronic low-level nitrogen deposition to prairie grasslands. Nature, 451(7179): 712-715.

Cleveland C C, Liptzin D. 2007. C : N : P stoichiometry in soil, is there a "Redfield ratio" for the microbial biomass? Biogeochemistry, 85(3): 235-252.

Cleveland C C, Townsend A R, Taylor P, et al. 2011. Relationships among net primary productivity, nutrients and climate in tropical rain forest: A pan-tropical analysis. Ecology Letters, 14(9): 939-947.

Connor E W, Hawkes C V. 2018. Effects of extreme changes in precipitation on the physiology of C_4 grasses. Oecologia, 188(2): 355-365.

Cornwell W K, Cornelissen J H C, Amatangelo K, et al. 2008. Plant species traits are the predominant control on litter decomposition rates within biomes worldwide. Ecology Letters, 11(10): 1065-1071.

Crews T E, Farrington H, Vitousek P M. 2000. Changes in a symbiotic, heterotrophic nitrogen fixation on leaf litter of *Metrosideros polymorpha* with long-term ecosystem development in Hawaii. Ecosystems, 3: 386-395.

Cross A F, Schlesinger W H. 2001. Biological and geochemical controls on phosphorus fractions in semiarid soils. Biogeochemistry, 52(2): 155-172.

Crous J W, Morris A R, Scholes M C. 2008. Growth and foliar nutrient response to recent applications of phosphorus (P) and potassium (K) and to residual P and K fertiliser applied to the previous rotation of *Pinus patula* at Usutu, Swaziland. Forest Ecology Management, 256(4): 712-721.

Crous K Y, Osvaldsson A, Ellsworth D S. 2015. Is phosphorus limiting in a mature Eucalyptus woodland? Phosphorus fertilisation stimulates stem growth. Plant and Soil,391(1-2): 293-305.

Cui Q A, Lu X T, Wang Q B. 2010. Nitrogen fertilization and fire act independently on foliar stoichiometry in a temperate steppe. Plant and Soil, 334(1-2): 209-219.

Cui X, Cen H F, Guan C, et al. 2019. Photosynthesis capacity diversified by leaf structural and physiological regulation between upland and lowland switchgrass in different growth stages. Functional Plant Biology, 47(1): 38-49.

Dalal R C, Chan K Y. 2001. Soil organic matter in rainfed cropping systems of the Australian cereal belt. Australian Journal of Soil Research, 39(3): 435-464.

Delgado M, Valle S, Reyes-Diaz M, et al. 2018. Nutrient use efficiency of southern South America *Proteaceae* species. Are there general patterns in the *Proteaceae* family? Frontiers in Plant Science, 9: 883.

Delgado-Baquerizo M, Maestre F T, Gallardol A, et al. 2013. Decoupling of soil nutrient cycles as a function of aridity in global drylands. Nature, 502(7473): 672-676.

Deng Q, Hui D F, Dennis S, et al. 2017. Responses of terrestrial ecosystem phosphorus cycling to nitrogen addition: a meta-analysis. Global Ecology and Biogeography, 26(6): 713-728.

Dias A, Cornelissen J H, Berg M P. 2017. Litter for life: assessing the multifunctional legacy of plant traits. Journal of Ecology, 105(5): 1163-1168.

Dijkstra F A, Pendall E, Morgan J A, et al. 2012. Climate change alters stoichiometry of phosphorus and nitrogen in a semiarid grassland. New Phytologist, 196(3): 807-815.

Donat M G, Alexander L V, Yang H, et al. 2013. Updated analyses of temperature and precipitation extreme indices since the beginning of the twentieth century: The HadEX2 dataset. Journal of Geophysical Research Atmospheres, 118(5): 2098-2118.

Donat M G, Lowry A L, Alexander L V, et al. 2016. More extreme precipitation in the world's dryand wet regions. Nature Climate Change,6(5): 508-513.

Dong C C, Wang W, Liu H Y, et al. 2019. Temperate grassland shifted from nitrogen to phosphorus limitation induced by degradation and nitrogen deposition: Evidence from soil extracellular enzyme stoichiometry. Ecological Indicators, 101: 453-464.

Drenovsky R E, James J J, Richards J H. 2010. Variation in nutrient resorption by desert shrubs. Journal of Arid Environments, 74(11): 1564-1568.

Drenovsky R E, Khasanova A, James J J. 2012. Trait convergence and plasticity among native and invasive species in resource-poor environments. American journal of botany, 99(4): 629-639.

Du E Z. 2016. Rise and fall of nitrogen deposition in the United States. Proceedings of the National Academy of Sciences of the United States of America, 113(26): E3594-E3595.

Du N, Li W, Qiu L, et al. 2020. Mass loss and nutrient release during the decomposition of sixteen types of plant litter with contrasting quality under three precipitation regimes. Ecology and Evolution, 10(7): 3367-3382.

Elser J J, Acharya K, Kyle M, et al. 2003. Growth rate-stoichiometry couplings in diverse biota. Ecology Letters, 6(10): 936-943.

Elser J J, Fagan W F, Denno R F, et al. 2000. Nutritional constraints in terrestrial and freshwater food webs. Nature, 408(6812): 578-580.

Elser J J, Fagan W F, Kerkhoff A J, et al. 2010. Biological stoichiometry of plant production: metabolism, scaling and ecological response to global change. New Phytologist, 186(3): 593-608.

Engardt M, Simpson D, Schwikowski M, et al. 2017. Deposition of sulphur and nitrogen in Europe 1900-2050. Model calculations and comparison to historical observations. Tellus Series B-Chemical and Physical Meteorolog, 69: 1328945.

Fabiańska I, Sosa- Lopez E, Bucher M. 2019. The role of nutrient balance in shaping plant root- fungal interactions: facts and speculation. Current Opinion in Microbiology, 49: 90-96.

Fan H B, Liu J P, Yuan W F, et al. 2015. Linkages of plant and soil C : N : P stoichiometry and their relationships to forest growth in subtropical plantations. Plant and Soil, 392(1-2): 127-138.

Fan Y X, Lin F, Yang L M, et al. 2018. Decreased soil organic P fraction associated with ectomycorrhizal fungal activity to meet increased P demand under N application in a subtropical forest ecosystem. Biology and Fertility of Soils, 54(1): 149-161.

Faust C, Storm C, Schwabe A. 2012. Shifts in plant community structure of a threatened sandy grassland over a 9-yr period under experimentally induced nutrient regimes: is there a lag phase? Journal of Vegetation Science, 23(2): 372-386.

Feller I C, Lovelock C E, Mckee K L. 2007. Nutrient addition differentially affects ecological processes of *Avicennia germinans* in nitrogen versus phosphorus limited mangrove ecosystems. Ecosystems, 10(3): 347-359.

Ferlian O, Wirth C, Eisenhauer N. 2017. Leaf and root C-to-N ratios are poor predictors of soil microbial biomass C and respiration across 32 tree species. Pedobiologia, 65: 16-23.

Folland C K, Karl T R, Christy J R, et al. 2001. Climate Change 2001: The Scientific Basis (eds Houghton T, et al). Cambridge: Cambridge Univiversity Press, 99-181.

Forsius M, Posch M, Holmberg M, et al. 2021. Assessing critical load exceedances and ecosystem impacts of anthropogenic nitrogen and sulphur deposition at unmanaged forested catchments in Europe. Science of the Total Environment, 753: 141791.

Forstner S J, Wechselberger V, Stecher S, et al. 2019. Resistant soil microbial communities show signs of increasing phosphorus limitation in two temperate forests after long- term nitrogen addition. Frontiers in Forests and Global Change, 2: 73.

François X J, Kurupas K L, Throop H L. 2017. Pulse frequency and soil- litter mixing alter the control of cumulative precipitation overlitter decomposition. Ecology, 98(9): 2255-2260.

Fritz C, van Dijk G, Smolders A J P, et al. 2012. Nutrient additions in pristine Patagonian *Sphagnum* bog vegetation: Can phosphorus addition alleviate (the effects of) increased nitrogen loads. Plant Biology, 14(3): 491-499.

Galloway J N, Cowling E B. 2004. Nitrogen cycles: past, present, and future. Biogeochemistry, 70(2): 153-226.

Galloway J N, Townsend A R, Erisman W J, et al. 2008. Transformation of the nitrogen cycle: recent trends, questions, and potential solutions. Science, 320(5878): 889-892.

Ghannoum O. 2009. C_4 photosynthesis and water stress. Annals of Botany, 103(4): 635-644.

Gómez-Rey M X, Madeira M, Gonzalez-Prieto S J, et al. 2010. Soil C and N dynamics within a precipitation gradient in Mediterranean eucalypt plantations. Plant and Soil, 336(1-2): 157-171.

Greve P, Orlowsky B, Mueller B, et al. 2014. Global assessment of trends in wetting and drying over land. Nature Geoscience, 7(10): 716-721.

Grossiord C, Sevanto S, Adams H D, et al. 2017. Precipitation, not air temperature, drives functional responses of trees in semi-arid ecosystems. Journal of Ecology, 105(1): 163-175.

Guan B, Xie B H, Yang S S, et al. 2019. Effects of five years' nitrogen deposition on soil properties and plant growth in asalinized reed wetland of the Yellow River Delta. Ecological Engineering, 136: 160-166.

Güsewell S, Bailey K M, Roem W J, et al. 2005. Nutrient limitation and botanical diversity in wetlands: Can fertilisation raise species richness? Oikos, 109(1): 71-80.

Güsewell S. 2004. N : P ratios in terrestrial plants: variation and functional significance. New Phytologist, 164(2): 243-266.

Güsewell S. 2005. Responses of wetland graminoids to the relative supply of nitrogen and phosphorus. Plant Ecology, 176(1): 35-55.

Han W X, Fang J Y, Guo D L, et al. 2005. Leaf nitrogen and phosphorus stoichiometry across 753 terrestrial plant species in China. New Phytologist, 1682(2): 377-385.

Han X, Sistla S A, Zhang Y H, et al. 2014. Hierarchical response of plant stoichiometry to nitrogen deposition and mowingin a temperate steppe. Plant and Soil, 382(1-2): 175-187.

Han Y H, Dong S K, Zhao Z Z, et al. 2019. Response of soil nutrients and stoichiometry to elevated nitrogen deposition in alpine grassland on the Qinghai-Tibetan Plateau. Geoderma, 343: 263-268.

Handa I T, Aerts R, Berendse F, et al. 2014. Consequences of biodiversity loss for litter decomposition across biomes. Nature, 509(7499): 218-221.

He J S, Wang L, Flynn D F B, et al. 2008. Leaf nitrogen: phosphorus stoichiometry across Chinese grassland biomes. Oecologia, 155 (2): 301-310.

He N P, Chen Q, Han X, et al. 2012. Warming and increased precipitation individually influence soil carbon sequestration of Inner Mongolian grasslands, China. Agriculture Ecosystems & Environment, 158: 184-191.

Henry H A L, Juarez J D, Field C B, et al. 2005. Interactive effects of elevated CO_2, N deposition and climate change on extracellular enzyme activity and soil density fractionation in a California annual grassland. Global Change Biology, 11(10): 1808-1815.

Heuck C, Weig A, Spohn M. 2015. Soil microbial biomass C : N : P stoichiometry and microbial use of organic phosphorus. Soil Biology and Biochemistry, 85: 119-129.

Hogan E J, Minnullina G, Smith R I, et al. 2010. Effects of nitrogen enrichment onphosphatase activity and nitrogen: phosphorus relationships in *Cladonia portentosa*. New Phytologist, 186(4): 911-925.

Hou S L, Lü X T, Yin J Y, et al. 2019. The relative contributions of intra-and inter-specific variation in driving community stoichiometric responses to nitrogen deposition and mowing in a grassland. Science of the Total Environment, 666: 887-893.

Hovenden M J, Newton P C D, Wills K E. 2014. Seasonal not annual rainfall determines grassland biomass response to carbon dioxide. Nature, 511(7511): 583-586.

Huang G, Su Y G, Mu X H, et al. 2018. Foliar nutrient resorption responses of three life-form plants to water and nitrogen additions in a temperate desert. Plant and Soil, 424(1-2): 479-489.

Huang J Y, Yu H L, Li L H, et al. 2009. Water supply changes N and P conservation in a perennial grass *Leymus chinensis*. Journal of Integrative Plant Biology, 51(11): 1050-1056.

Huang J Y, Yu H L, Lin H, et al. 2016. Phosphorus amendment mitigates nitrogen addition-induced phosphorus limitation in two plant species in a desert steppe, China. Plant and Soil, 399(1-2): 221-232.

Huang Y, Kang R, Mulder J, et al. 2015. Nitrogen saturation, soil acidification, and ecological effects in a subtropical pine forest on acid soil in southwest China. Journal of Geophysical Research: Biogeosciences, 120(11): 2457-2472

IPCC. 2013. Summary for Policymakers. Climate Change 2013: The Physical Science Basis. Contribution of Working Group I to the Fifth Assessment Report of the Intergovernmental Panel on Climate Change. Cambridge. Cambridge University Press, 20-107.

Ji H W, Wen J H, Du B M, et al. 2018. Comparison of the nutrient resorption stoichiometry of *Quercus variabilis* Blume growing in two sites contrasting in soil phosphorus content. Annals of Forest Science, 75(2): 59.

Jia J Q, Yan Z, Dong Y, et al. 2016. Effects of water and nitrogen addition on vegetation carbon pools in a semi-arid temperate steppe. Journal of Forestry Research, 27(3): 621-629.

Jiao F, Wen Z M, An S S. 2011. Changes in soil properties across a chronosequence of vegetation restoration on the Loess Plateau of China. Catena, 86(2): 110-116.

Jiao F, Wen Z M, An S S. 2016. Increasing aridity, temperature and soil pH induce soil C-N-P imbalance in grasslands. Scientific Reports, 6: 19601.

Johansson O, Palmqvist K, Olofsson J. 2012. Nitrogen deposition drives lichen community changes through differential species responses. Global Change Biology, 18(8): 2626-2635.

Joly F X, Fromin N, Kiikkila O, et al. 2016. Diversity of leaf litter leachates from temperate forest trees and its consequences for soil microbial activity. Biogeochemistry, 129(3): 373-388.

Kanakidou M, Myriokefalitakis S, Daskalakis N, et al. 2016. Past, present and future atmospheric nitrogen deposition. Journal of the Atmospheric Sciences, 73(5): 2039-2041.

Kang H Z, Xin Z J, Björn Berg B, et al. 2010. Global pattern of leaf litter nitrogen and phosphorus in woody plants. Annals of Forest Science, 67(8): 811.

Khalili B, Ogunseitan O A, Goulden M L, et al. 2016. Interactive effects of precipitation manipulation and nitrogen addition on soil properties in California grassland and shrubland. Applied Soil Ecology, 107: 144-153.

Kharin V V, Zwiers F W, Zhang X, et al. 2013. Changes in Temperature and Precipitation Extremes in the IPCC Ensemble of Global Coupled Model Simulations. Climatic Change, 119(2): 345-357.

Khasanova A, James J J, Drenovsky R E. 2013. Impacts of drought on plant water relations and nitrogen nutrition in dryland perennial grasses. Plant and Soil, 372(1-2): 541-552.

Killingbeck K T. 1996. Nutrients in senesced leaves: keys to the search for potential resorption and resorption proficiency. Ecology, 77(6): 1716-1727.

Kivlin S N, Treseder K K. 2014. Soil extracellular enzyme activities correspond with abiotic factors more than fungalcommunity composition. Biogeochemistry, 117(1): 23-37.

Knapp A K, Ciais P, Smith M D. 2017. Reconciling inconsistencies in precipitation-productivity relationships: implications for climate change. New Phytologist, 214(1): 41-47.

Koerner S E, Collins S L. 2014. Interactive effects of grazing, drought, and fire on grassland plant communities in

North America and South Africa. Ecology, 95(1): 98-109.

Koerselman W, Meuleman A F M. 1996. The vegetation N : P ratio: a new tool to detect the nature of nutrient limitation. Journal of Applied Ecology, 33(6): 1441-1450.

Kou L, Jiang L, Fu X L, et al. 2018. Nitrogen deposition increases root production and turnover but slows root decomposition in *Pinus elliottii* plantations. New Phytologist, 218(4): 1450-1461

Kuzyakov Y, Xu X L. 2013. Competition between roots and microorganisms for nitrogen: mechanisms and ecological relevance. New Phytologist, 198(3): 656-669.

Ladanai S, Ågren G I, Olsson B A. 2010. Relationships between tree and soil properties in *Picea abies* and *Pinus sylvestris* forests in Sweden. Ecosystems, 13(2): 302-316.

Lal R. 2004. Soil carbon sequestration impacts on global climate change and food security. Science, 304(5677): 1623-1627.

Lan Z C, Bai Y F. 2012. Testing mechanisms of N-enrichment induced species loss in a semiarid Inner Mongolia grassland: critical thresholds and implications for long-term ecosystem responses. Philosophacl Transacyions of the Royal Society, 367(1606): 3125-3134.

LeBauer D S, Treseder K K. 2008. Nitrogen limitation of net primary productivity in terrestrial ecosystems is globally distributed. Ecology, 89(2): 371-379.

Leff J W, Jones S E, Prober S M, et al. 2015. Consistent responses of soil microbial communities to elevated nutrient inputs in grasslands across the globe. Proceedings of the National Academy of Sciences of the United States of America, 112(35): 10967-10972.

Li H, Xu Z W, Yang S, et al. 2016d. Responses of soil bacterial communities to nitrogen deposition and precipitation increment are closely linked with aboveground community variation. Microbial Ecology, 71(4): 974-989.

Li J H, Yang Y J, Li B W, et al. 2014b. Effects of nitrogen and phosphorus fertilization on soil carbon fractions in alpine meadows on the Qinghai-Tibetan Plateau. PLoS One, 9(7): e103266.

Li L, Gao X, Gui D, et al. 2017. Stoichiometry in aboveground and fine roots of *Seriphidium korovinii* in desert grassland in response to artificial nitrogen addition. Journal of Plant Research, 130(4): 1-9.

Li L, Gao X, Li X, et al. 2016b. Nitrogen (N) and phosphorus (P) resorption of two dominant alpine perennial grass species in response to contrasting N and P availability. Environmental and Experimental Botany, 127: 37-44.

Li W B, Jin C J, Guan D X, et al. 2015. The effects of simulated nitrogen deposition on plant root traits: a meta-analysis. Soil Biology and Biochemistry, 82:112-118.

Li Y L, Jing C, Mao W, et al. 2014a. N and P resorption in a pioneer shrub (*Artemisia halodendron*) inhabiting severely desertified lands of northern China. Journal of Arid Land, 6(2): 174-185.

Li Y, Niu S L, Yu G R. 2016a. Aggravated phosphorus limitation on biomass production under increasing nitrogen loading: A meta-analysis. Global Change Biology, 22(2):934-942.

Li Z, Bai W M, Zhang L, et al. 2016c. Increased water supply promotes photosynthesis, C/N ratio, and plantamajoside accumulation in the medicinal plant *Plantago depressa* Willd. Photosynthetica, 54(4): 551-558.

Liu P, Huang J H, Sun O J X. 2010. Litter decomposition and nutrient release as affected by soil nitrogen availability and litter quality in a semiarid grassland ecosystem. Oecologia, 162(3): 771-780.

Liu W X, Lü X T, Xu W F, et al. 2018. Effects of water and nitrogen addition on ecosystem respiration across three types of steppe: The role of plant and microbial biomass. Science of the Total Environment, 619-620: 103-111.

Liu X J, Zhang Y, Han W X, et al. 2013. Enhanced nitrogen deposition over China . Nature, 494(7438): 459-462.

Liu X R, Zhang Q, Li S, et al. 2017. Simulated NH_4^+- N deposition inhibits CH_4 uptake and promotes N_2O emission in the meadow steppe of Inner Mongolia, China. Pedosphere, 27(2): 306-317.

Liu Y, Jiang M, Lu X G, et al. 2015. Leaf carbon, nitrogen and phosphorus stoichiometry of *Phragmites australis* in northeastern China. Fresenius Environmental Bulletin, 24(12C): 4711-4719.

Lü F M, Lu X T, Liu W, et al. 2011. Carbon and nitrogen storage in plant and soil as related to nitrogen and water amendment in a temperate steppe of northern China. Biology and Fertility of Soils, 47(2): 187-196.

Lü X K, Vitousek P M , Mao Q G, et al. 2018. Plant acclimation to long-term high nitrogen deposition in an N-rich tropical forest. Proceedings of the National Academy of Sciences of the United States of America, 115(20): 5187-5192.

Lü X T, Han X G. 2010. Nutrient resorption responses to water and nitrogen amendment in semi-arid grassland of Inner Mongolia, China. Plant and Soil, 327(1-2): 481-491.

Lü X T, Kong D L, Pan Q M, et al. 2012. Nitrogen and water availability interact to affect leaf stoichiometry in a semi-arid grassland. Oecologia, 168(2): 301-310.

Lü X T, Reed S, Yu Q, et al. 2013. Convergent responses of nitrogen and phosphorus resorption to nitrogen inputs in a semiarid grassland. Global Change Biology, 19(9): 2775-2784.

Luo W T, Xu C, Ma W, et al. 2018. Effects of extreme drought on plant nutrient uptake and resorption in rhizomatous vs bunchgrass-dominated grasslands. Oecologia, 188(2): 633-643.

Luo X, Mazer S J, Guo H, et al. 2016b. Nitrogen: phosphorous supply ratio and allometry in five alpine plant species. Ecology and Environment, 6(24): 8881-8892.

Luo Y Q, Zhao X Y, Li Y Q, et al. 2016a. Root decomposition of *Artemisia halodendron* and its effect on soil nitrogen and soil organic carbon in the Horqin Sandy Land, northeastern China. Ecological Research, 31(4): 535-545.

Makino W, Cotner J B, Elser R W S J. 2003. Are bacteria more like plants or animals? Growth rate and resource dependence of bacterial C : N : P stoichiometry. Functional Ecology, 17(1): 121-130.

Manzoni S, Schaeffer S M, Katul G, et al. 2014. A theoretical analysis of microbial eco-physiological and diffusion limitations to carbon cycling in drying soils. Soil Biology and Biochemistry, 73: 69-83.

Manzoni S, Schimel J P, Porporato A. 2012. Responses of soil microbial communities to water stress: Results from a meta-analysis. Ecology, 93(4): 930-938.

Mao J H, Mao Q G, Zheng M H, et al. 2020. Responses of foliar nutrient status and stoichiometry to nitrogen addition in different ecosystems: A meta-analysis. Journal of Geophysical Research: Biogeosciences, 125(2): 5347-5435.

Mao Q G, Lu X K, Zhou K J, et al. 2017. Effects of long- term nitrogen and phosphorus additions on soil acidification in an N-rich tropical forest. Geoderma, 285: 57-63.

Mao R, Chen H M, Zhang X H, et al. 2016. Effects of P addition on plant C : N : P stoichiometry in an N-limited temperate wetland of northeast China. Science of the Total Environment, 559: 1-6.

Mao W, Li Y L, Cui J Y, et al. 2011. Variations in foliar nutrient resorption efficiency of different plant growth forms in a temperate sandy grassland. Polish Journal of Ecology, 59(2): 355-365.

Marklein A R, Houlton B Z. 2012. Nitrogen inputs accelerate phosphorus cycling rates across a wide variety of terrestrial ecosystems. New Phytologist, 193(3): 696-704.

Marvel K, Bonfils C. 2013. Identifying external influences on global precipitation. Proceedings of the National

Academy of Sciences of the United States of America, 10(48): 19301-19306.

Mayor J R, Mack M C, Schuur E A G. 2015. Decoupled stoichiometric, isotopic, and fungal responses of anecto-mycorrhizal black spruce forest to nitrogen and phosphorus additions. Soil Biology and Biochemistry, 88: 247-256.

Mayor J R, Wright S J, Turner B L. 2014. Species-specific responses of foliar nutrients to long-term nitrogen and phosphorus additions in a lowland tropical forest. Journal of Ecology,102(1): 36-44.

McCulley R L, Burke I C, Lauenroth W K. 2009. Conservation of nitrogen increases with precipitation across a major grassland gradient in the central great plains of North America. Oecologia, 159(3): 571-581.

Menge D N L, Field C B. 2007. Simulated global changes alter phosphorus demand in annual grassland. Global Change Biology,13(12): 2582-2591.

Miao R H, Ma J, Liu Y Z,et al. 2019. Variability of aboveground litter inputs alters soil carbon and nitrogen in a coniferous-broadleaf mixed forest of central China. Forests, 10(2): 188.

Minocha R, Turlapati, Long S A, et al. 2015. Long-term trends of changes in pine and oak foliar nitrogen metabolism in response to chronic nitrogen amendments at Harvard Forest, MA. Tree Physiology, 35(8): 894-909.

Mooshammer M, Wanek W, Zechmeister-Boltenstern S, et al. 2014. Stoichiometric imbalance between terrestrial decomposer communities and their resources: mechanisms and implications of microbial adaptations to their resources. Frontiers in Microbiology, 5: 22.

Nannipieri P, Giagnoni L, Landi L, et al. 2011. Role of phosphatase enzymes in soil. Soil Biology, 26: 215-243.

Niu S L, Wu M Y, Han Y, et al. 2008. Water-mediated responses of ecosystem carbon fluxes to climatic change in a temperate steppe. New Phytologist, 177(1): 209-219.

Niu S L, Wu M Y, Han Y, et al. 2010. Nitrogen effects on net ecosystem carbon exchange in a temperate steppe. Global Change Biology, 16(1): 144-155.

Ochoa-Hueso R, Maestre F T, delos Rios A, et al. 2013. Nitrogen deposition alters nitrogen cycling and reduces soil carbon content in low-productivity semiarid Mediterranean ecosystems. Environmental Pollution, 179: 185-193.

Pall P, Allen M R, Stone D A. 2007. Testing the Clausius-Clapeyron constraint on changes in extreme precipitation under CO_2 warming. Climate Dynamics, 28(4):351-363.

Parton W, Silver W L, Burke I C,et al. 2007. Global-scale similarities in nitrogen release patterns during long-term decomposition. Science, 315(5810): 361-364.

Peng Y F, Peng Z Zeng F, et al. 2019. Effects of nitrogen-phosphorus imbalance on plant biomass production: a global perspective. Plant and Soil, 436 (1-2): 245-252.

Peng Y F, Yu P, Zhang Y, et al. 2012. Temporal and spatial dynamics in root length density of field-grown maize and NPK in the soil profile. Field Crops Research, 131: 9-16.

Peñuelas J, Poulter B, Sardans J, et al. 2013. Human-induced nitrogen-phosphorus imbalances alter natural and managed ecosystems across the globe. Nature Communications, 4: 2934.

Peñuelas J, Sardans J, Rivas-ubach A, et al. 2012. The human-induced imbalance between C, N and P in Earth's life system. Global Change Biology, 18(1): 3-6.

Perring M P, Hedin L O, Levin S A, et al. 2008. Increased plant growth from nitrogen addition should conserve phosphorus in terrestrial ecosystems. Proceedings of the National Academy of Sciences, 105(6): 1971-1976.

Persson J, Fink P, Goto A, et al. 2010. To be or not to be what you eat: regulation of stoichiometric homeostasis among autotrophs and heterotrophs. Oikos, 119(5): 741-751.

Phoenix G K, Emmett B A, Britton A J, et al. 2012. Impacts of atmospheric nitrogen deposition: responses of multiple plant and soil parameters across contrasting ecosystems in long-term field experiments. Global Change Biology, 18(4): 1197-1215.

Piccolo M C, Neill C, Cerri C C. 1994. Net nitrogen mineralization and net nitrification along a tropical forest to pasture chronosequence. Plant and Soil, 162(1): 61-70.

Pinheiro C, Chaves M M. 2011. Photosynthesis and drought: Can we make metabolic connections from available data? Journal of Experimental Botany, 62(3): 869-882.

Qin P H, Xie Z H, Zou J, et al. 2021. Future precipitation extremes in China under climate change and their physical quantification based on a regional climate model and CMIP5 model simulations. Advances in Atmospheric Sciences, 38(3): 460-479.

Qiu S, Liu H Y, Zhao F J, et al. 2016. Inconsistent changes of biomass and species richness along a precipitation gradient in temperate steppe. Journal of Arid Environments, 132: 42-48.

Rappe-George M O, Choma M, Capek P, et al. 2017. Indications that long-term nitrogen loading limits carbon resources for soil microbes. Soil Biology and Biochemistry, 115: 310-321.

Ratnam J, Sankaran M, Hanan N P, et al. 2008. Nutrient resorption patterns of plant functional groups in a tropical savanna: variation and functional significance. Oecologia, 157(1): 141-151.

Rea A M, Mason C M, Donovan L A. 2018. Evolution of nutrient resorption across the herbaceous genus *Helianthus*. Plant Ecology, 219(8): 887-899.

Reich P B, Oleksyn J. 2004. Global patterns of plant leaf N and P in relation to temperature and latitude. Proceedings of the National Academy of Sciences of the United States of America, 101(30): 11001-11006.

Reichstein M, Bahn M, Ciais P, et al. 2013. Climate extremes and the carbon cycle. Nature, 500(7462): 287-295.

Rejmánková E, Snyder J M. 2008. Emergent macrophytes in phosphorus limited marshes: do phosphorus usage strategies change after nutrient addition? Plant and Soil, 313(1-2): 141-153.

Rejmánková E. 2005. Nutrient resorption in wetland macrophytes: comparison across several regions of different nutrient status. New Phytologist, 167(2): 471-482.

Ren H Y, Xu Z W, Huang J H, et al. 2011. Nitrogen and water addition reduce leaf longevity of steppe species. Annals of Botany, 107(1): 145-155.

Ren H Y, Xu Z W, Huang J H, et al. 2015. Increased precipitation induces a positive plant-soil feedback in a semi-arid grassland. Plant and Soil, 389(1-2): 211-223.

Renteria L Y, Jaramillo V J. 2011. Rainfall drives leaf traits and leaf nutrient resorption in a tropical dry forest in Mexico. Oecologia, 165(1): 201-211

Salazar P C, Aranjuelo I, Pascual I, et al. 2015. Carbon balance, partitioning and photosynthetic acclimation in fruit-bearing grapevine (*Vitis vinifera* L. cv. Tempranillo) grown under simulated climate change (elevated CO_2, elevated temperature and moderate drought) scenarios in temperature gradient greenhouses. Journal of Plant Physiology, 174: 97-109.

Salazar P C, Navarro-Cerrillo R M, Cruz G, et al. 2018. Intraspecific leaf functional trait variability of eight *Prosopis pallida* tree populations along a climatic gradient of the dry forests of northern Peru. Journal of Arid Environments, 152: 12-20.

Sanaullah M, Rumpel C, Charrier X, et al. 2012. How does drought stress influence the decomposition of plant litter with contrasting quality in a grassland ecosystem? Plant and Soil, 352(1-2): 277-288.

Santonja M, Milcu A, Fromin N, et al. 2019. Temporal shifts in plant diversity effects on carbon and nitrogen dynamics during litter decomposition in a Mediterranean shrubland exposed to reduced precipitation. Ecosystems, 22(5): 939-954.

Sardans J, Alonso R, Carnicer J, et al. 2016. Factors influencing the foliar elemental composition and stoichiometry in forest trees in Spain. Perspectives in Plant Ecology, Evolution and Systematics, 18: 52-69.

Sardans J, Grau O, Chen H Y H, et al. 2017. Changes in nutrient concentrations of leaves and roots in response to global change factors. Global Change Biology, 23(9): 3849-3856.

Sardans J, Peñuelas J, Ogaya R. 2008. Drought-induced changes in C and N stoichiometry in a *Quercus ilex* Mediterranean forest. Forest Science, 54(5): 513-522.

Sardans J, Rivas-Ubach A, Peñuelas J. 2012. The C : N : P stoichiometry of organisms and ecosystems in a changing world: A review and perspectives. Plant Ecology, 14(1): 33-47.

Schimel J, Balser T C, Wallenstein M. 2007. Microbial stress-response physiology and its implications for ecosystem function. Ecology, 88(6): 1386-1394.

See C R, Luke McCormack M, Hobbie S E, et al. 2019. Global patterns in fine root decomposition: climate, chemistry, mycorrhizal association and woodiness. Ecology Letters, 22(6): 946-953.

Sello S, Meneghesso A, Alboresi A, et al. 2019. Plant biodiversity and regulation of photosynthesis in the natural environment. Planta, 249(4): 1217-1228.

Sitters J, Edwards P J, Venterink H O. 2013. Increases of soil C, N, and P pools along an *Acacia* tree sensity gradient and their effects on trees and grasses. Ecosystems, 16(2): 347-357.

Sohrt J, Herschbach C, Weiler M. 2018. Foliar P- but not N resorption efficiency depends on the P concentration and the N : P ratio in trees of temperate forests. Trees, 32(5): 1443-1455.

Song M H, Yu F H, Ouyang H, et al. 2012. Different inter-annual responses to availability and form of nitrogen explain species coexistence in an alpine meadow community after release from grazing. Global Change Biology, 18(10): 3100-3111.

Soong J L, Maranon-Jimenez S, Cotrufo M F, et al. 2018. Soil microbial CNP and respiration responses to organic matter and nutrient additions: Evidence from a tropical soil incubation. Soil Biology and Biochemistry, 122: 141-149.

Spinoni J, Vogt J V, Naumann G, et al. 2018. Will drought events become more frequent and severe in Europe? International Journal of Climatology, 38(4): 1718-1736.

Steenbergh A K, Bodelier P L E, Hoogveld H L, et al. 2011. Phosphatases relieve carbon limitation of microbial activity in Baltic Sea sediments along a redox-gradient. Limnology and Oceanography, 56(6): 2018-2026.

Steffens M, Kolbl A, Totsche K U, et al. 2008. Grazing effects on soil chemical and physical properties in a semiarid steppe of Inner Mongolia (China). Geoderma, 143(1-2): 63-72.

Steinweg J M, Dukes J S, Wallenstein M D. 2012. Modeling the effects of temperature and moisture on soil enzyme activity: Linking laboratory assays to continuous field data. Soil Biology and Biochemistry, 55: 85-92.

Sterner R W, Elser J J. 2002. Ecological Stoichiometry: The Biology of Elements from Molecules to the Biosphere. Princeton: Princeton University Press, 439-439.

Stevens C J, David T I, Storkey J. 2018. Atmospheric nitrogen deposition in terrestrial ecosystems: Its impact on plant communities and consequences across trophic levels. Functional Ecology, 32(7): 1757-1769.

Sun F, Roderick M L, Farquhar G D. 2012. Changes in the variability of global land precipitation. Geophysical Research Letters, 39(19): 194-202.

Sun J N, Gao P, Cheng L, et al. 2019. Ecological stoichiometry characteristics of the leaf-litter-soil continuum of

Quercus acutissima Carr. and *Pinus densiflora* Sieb. in northern China. Environmental Earth Sciences, 78 (1): 20.

Sun J N, Gao P, Xu H D, et al. 2020. Decomposition dynamics and ecological stoichiometry of *Quercus acutissima* and *Pinus densiflora* litter in the Grain to Green Program Area of northern China. Journal of Forestry Research, 31(5): 1613-1623.

Tan J N, Fu J S, Dentener F, et al. 2018. Multi-model study of HTAP II on sulfur and nitrogen deposition. Atmospheric Chemistry and Physics, 18(9): 6847-6866.

Tang Z S, Deng L, An H, et al. 2017. The effect of nitrogen addition on community structure and productivity in grasslands: a meta-analysis. Ecological Engineering, 99: 31-38.

Tatariw C, MacRae J D, Fernandez I J, et al. 2018. Chronic nitrogen enrichment at the watershed scale does not enhance microbial phosphorus limitation. Ecosystems, 21(1): 178-189.

Taylor P G, Cleveland C C, Wieder W R, et al. 2017. Temperature and rainfall interact to control carbon cycling in tropical forests. Ecology Letters, 20(6): 779-788.

Tian D, Du E Z, Jiang L, et al. 2018. Responses of forest ecosystems to increasing N deposition in China: A critical review. Environmental Pollution, 243: 75-86.

Tian H Q, Chen G S, Zhang C, et al. 2010. Pattern and variation of C : N : P ratios in China's soils: a synthesis of observational data. Biogeochemistry, 98(1-3): 139-151.

Tian Q Y, Liu N N, Bai W M, et al. 2016. A novel soil manganese mechanism drives plant species loss with increased nitrogen deposition in a temperate steppe. Ecology, 97(1): 65-74.

Tischer A, Werisch M, Dobbelin F, et al. 2015. Above- and belowground linkages of a nitrogen and phosphorus co-limited tropical mountain pasture system-responses to nutrient enrichment. Plant and Soil, 391 (1-2): 333-352.

Tunesi S, Poggi V, Gessa C. 1999. Phosphate adsorption and precipitation in calcareous soils: the role of calcium ions in solution and carbonate minerals. Nutrient Cycling in Agroecosystems, 53(3): 219-227.

van der Heijden M G A, Bardgett R D, van Straalen N M. 2008. The unseen majority: Soil microbes as drivers of plant diversity and productivity in terrestrial ecosystems. Ecology letters, 11(3): 296-310.

van Heerwaarden L M, Toet S, Aerts R. 2003. Nitrogen and phosphorus resorption efficiency and proficiency in six subarctic bog species after 4 years of nitrogen fertilization. Journal of Ecology, 91(6): 1060-1070.

Vanegas J, Landazabal G, Melgarejo L M, et al. 2013. Structural and functional characterization of the microbial communities associated with the upland and irrigated rice rhizospheres in a neotropical Colombian savannah. European Journal of Soil Biology, 55: 1-8.

Vergutz L, Manzoni S, Porporato A, et al. 2012. Global resorption efficiencies and concentrations of carbon and nutrients in leaves of terrestrial plants. Ecological Monographs, 82(2): 205-220.

Vet R, Artz R S, Carou S, et al. 2014. A global assessment of precipitation chemistry and deposition of sulfur, nitrogen, sea salt, base cations, organic acids, acidity and pH, and phosphorus. Atmospheric Environment, 93(SI): 3-100.

Viciedo D O, Prdado R D M, Martinez C A, et al. 2019. Short-term warming and water stress affect *Panicum maximum* Jacq. stoichiometric homeostasis and biomass production. Science of the Total Environment, 681: 267-274.

Vitousek P M. 2003. Stoichiometry and flexibility in the Hawaiian model system. Interactions of the Major Biogeochemical Cycles: Global Change and Human Impacts. Vol. 9. Washington: Island Press, 117-134.

Wang C H, Li H Y, Zhang Z J, et al. 2014. Linking stoichiometric homeostasis of microorganisms with soil phosphorus dynamics in wetlands subjected to microcosm warming. PLoS One, 9(1): e85575.

Wang C H, Zhu F, Zhao X, et al. 2014. The effects of N and P additions on microbial N transformations and biomass on saline-alkaline grassland of Loess Plateau of Northern China. Geoderma, 213: 419-425.

Wang C, Lu X K, Mori T, et al. 2018. Responses of soil microbial community to continuous experimental nitrogen additions for 13 years in a nitrogen-rich tropical forest. Soil Biology and Biochemistry, 121: 103-112.

Wang H Y, Wang Z W, Ding R, et al. 2018. The impacts of nitrogen deposition on community N : P stoichiometry do not depend on phosphorus availability in a temperate meadow steppe. Environmental Pollution, 242: 82-89.

Wang H, Liu S R, Zhang X, et al. 2018. Nitrogen addition reduces soil bacterial richness, while phosphorus addition alters community composition in an old-growth N-rich tropical forest in southern China. Soil Biology and Biochemistry, 127: 22-30.

Wang H, Zhou G S, Jiang Y L, et al. 2017. Photosynthetic acclimation and leaf traits of *Stipa bungeana* in response to elevated CO_2 under five different watering conditions. Photosynthetica, 55(1): 164-175.

Wang M, Murphy M T, Moore T R. 2014. Nutrient resorption of two evergreen shrubs in response to long-term fertilization in a bog. Oecologia, 174(2): 365-377.

Wang Y B, Jiang Q, Yang Z M, et al. 2015. Effects of water and nitrogen addition on ecosystem carbon exchange in a meadow steppe. PLoS One, 10(5): e0127695.

Wang Y, Wesche K. 2016. Vegetation and soil responses to livestock grazing in Central Asian grasslands: a review of Chinese literature. Biodiversity and Conservation, 25(12): 2401-2420.

Wang Z Q, Fan Z X, Zhao Q, et al. 2018. Global data analysis shows that soil nutrient levels dominate foliar nutrient resorption efficiency in herbaceous species. Frontiers in Plant Science, 9: 1431.

Wassen M J, Venterink H O, Lapshina E D, et al. 2005. Endangered plants persist under phosphorus limitation. Nature, 437(7058): 547-550.

Wen H Y, Niu D C, Fu H, et al. 2013. Experimental investigation on soil carbon, nitrogen, and their components under grazing and livestock exclusion in steppe and desert steppe grasslands, northwestern China. Environmental Earth Sciences, 70(7): 3131-3141.

Wen Z, Xu W, Li Q, et al. 2020. Changes of nitrogen deposition in China from 1980 to 2018. Environment International, 144: 106022.

Westra S, Fowler H J, Evans J P, et al. 2014. Future changes to the intensity and frequency of short duration extreme rainfall. Reviews of Geophysics, 52(3): 522-555.

Wright I J, Reich P B, Westoby M, et al. 2004. The worldwide leaf economics spectrum. Nature, 428(6985): 821-827.

Wright I J, Westoby M. 2003. Nutrient concentration, resorption and lifespan: leaf traits of Australian sclerophyll species. Functional Ecology, 17(1): 10-19.

Wright L P, Zhang L M, Cheng I, et al. 2018. Impacts and effects indicators of atmospheric deposition of major pollutants to various ecosystems-a review. Aerosol and Air Quality Research, 18(8): 1953-1992.

Xiao H, Wang B, Lu S B, et al. 2020. Soil acidification reduces the effects of short-term nutrient enrichment onplant and soil biota and their interactions in grasslands. Global Change Biology, 26(8): 4626-4637.

Xu X L, Ouyang H, Cao G M, et al. 2011. Dominant plant species shift their nitrogen uptake patterns in response to nutrient enrichment caused by a fungal fairy in an alpine meadow. Plant and Soil, 341(1/2): 495-504.

Xu Z W, Wan S Q, Ren H Y, et al. 2012. Effects of water and nitrogen addition on species turnover in temperate grasslands in Northern China. PLoS One, 7(6): e39762.

Xu Z Z, Hou Y H, Zhang L H, et al. 2016. Ecosystem responses to warming and watering in typical and desert steppes. Scientific Reports, 6: 34801.

Yan T, Zhu J J, Yang K. 2018. Leaf nitrogen and phosphorus resorption of woody species in response to climatic conditions and soil nutrients: a meta-analysis. Journal of Forestry Research, 29(4): 905-913.

Yan Z, Kim N, Han W, et al. 2015. Effects of nitrogen and phosphorus supply on growth rate, leaf stoichiometry, and nutrient resorption of *Arabidopsis thaliana*. Plant and Soil, 388(1-2): 147-155.

Yang H L, Xiao H, Guo C W, et al. 2020. Innovative trend analysis of annual and seasonal precipitation in Ningxia, China. Atmospheric and Oceanic Science Letters, 13(4): 308-315.

Yang X, Chi X L, Liu C J, et al. 2016. Variations of leaf N and P concentrations in shrubland biomes across northern China: phylogeny, climate, and soil. BioGeosciences, 13(15): 4429-4438.

Yang Y H, Fang J Y, Ma W H, et al. 2010. Large-scale pattern of biomass partitioning across China's grasslands. Global Ecology and Biogeography, 19(2): 268-277.

Yang Y H, Yang Y H, Fang J Y, et al. 2014. Stoichiometric shifts in surface soils over broad geographical scales: evidence from China's grasslands. Global Ecology and Biogeography, 23(8): 947-955.

Yu G R, Jia Y L, He N P, et al. 2019. Stabilization of atmospheric nitrogen deposition in China over the past decade. Nature Geoscience, 12(6): 424-429.

Yu H L, He N P, Wang Q F, et al. 2017. Development of atmospheric acid deposition in China from the 1990s to the 2010s. Environmental Pollution, 231: 182-190.

Yu Q, Chen Q S, Elser J J, et al. 2010. Linking stoichiometric homoeostasis with ecosystem structure, functioning and stability. Ecology Letter, 13(11): 1390-1399.

Yu Q, Elser J J, He N P, et al. 2011. Stoichiometric homeostasis of vasular plants in the Inner Mongolia grassland. Oecologia, 166(1): 1-10.

Yu Q, Wilcox K, Pierre L K, et al. 2015. Stoichiometric homeostasis predicts plant species dominance, temporal stability, and responses to global change. Ecology, 96(5): 2328-2335.

Yu Q, Wu H H, He N P, et al. 2012. Testing the growth-rate hypothesis in vascular plants with above- and below-ground biomass. PLoS One, 7(3): e32162.

Yu S Q, Mo Q F, Li Y W, et al. 2019. Changes in seasonal precipitation distribution but not annual amount affect litter decomposition in a secondary tropical forest. Ecology and Evolution, 9(19): 11344-11352.

Yuan Z Y, Chen H Y. 2009a. Global trends in senesced-leaf nitrogen and phosphorus. Global Ecology and Biogeography, 18(5): 532-542.

Yuan Z Y, Chen H Y. 2009b. Global-scale patterns of nutrient resorption associated with latitude, temperature and precipitation. Global Ecology and Biogeography, 18(1): 11-18.

Yuan Z Y, Chen H Y. 2015. Decoupling of nitrogen and phosphorus in terrestrial plants associated with global changes. Nature Climate Change, 5(5): 465-469.

Yuan Z Y, Li L H, Han X G, et al. 2005. Nitrogen resorption from senescing leaves in 28 plant species in a semi-arid region of northern China. Journal of Arid Environments, 63(1): 191-202.

Yue K, Fornara D A, Yang W Q, et al. 2017. Effects of three global change drivers on terrestrial C : N : P stoichiometry: A global synthesis. Global Change Biology, 23(6): 2450-2463.

Zarzycki J, Kopec M. 2020. The scheme of nutrient addition affects vegetation composition and plant species richness in different ways: Results from a long-term grasslands experiment. Agriculture Ecosystems Environment, 291: 106789.

Zechmeister B S, Keiblinger K M, Mooshammer M, et al. 2015. The application of ecological stoichiometry to plant-microbial-soilorganic matter transformations. Ecological Monographs, 85(2): 133-155.

Zhang C H, Li S G, Zhang L M, et al. 2013. Effects of species and low dose nitrogen addition on litter decomposition of three dominant grasses in Hulun Buir Meadow Steppe. Journal of Resources and Ecology, 4(1): 20-26.

Zhang H J, Chang R, Guo X, et al. 2017. Shifts in growth and competitive dominance of the invasive plant *Alternanthera philoxeroides* under different nitrogen and phosphorus supply. Environmental and Experimental Botany, 135: 118-125.

Zhang J H, He L, Shen H, et al. 2015. Effects of nitrogen addition on nitrogen resorption in temperate shrublands in Northern China. PLoS One, 10(6): e0130434.

Zhang L F, Wang L L, He W L, et al. 2016. Patterns of leaf N : P stoichiometry alongclimatic gradients in sandy region, north of China. Journal of Plant Ecology, 11(2): 218-225.

Zhang N Y, Guo R, Song P, et al. 2013. Effects of warming and nitrogen deposition on the coupling mechanism between soil nitrogen and phosphorus in Songnen Meadow Steppe, northeastern China. Soil Biology and Biochemistry, 65: 96-104.

Zhang X N, Yang X D, Li Y, et al. 2018. Influence of edaphic factors on plant distribution and diversity in the arid area of Xinjiang, Northwest China. Arid Land Research and Management, 32(1): 38-56.

Zhang Y H, Lü X T, Isbell F, et al. 2014. Rapid plant species loss at high rates and at low frequency of N addition in temperate steppe. Global Change Biology, 20(11): 3520-3529.

Zhao H, Sun J, Xu X L, et al. 2017. Stoichiometry of soilmicrobial biomass carbon and microbial biomass nitrogen in China's temperate and alpine grasslands. European Journal of Soil Biology, 83: 1-8.

Zhao Q, Zeng D H. 2019. Nitrogen addition effects on tree growth and soil properties mediated by soil phosphorus availability and tree species identity. Forest Ecology and Management, 449: 117478.

Zhao X D, Zeng Q C, An S S, et al. 2016. Ecological stoichiometric characteristics of grassland soils and plant roots relative to enclosure history on the Loess Plateau. Acta Pedologica Sinica, 53(6): 1541-1551.

Zheng B, Tong D, Li M, et al. 2018. Trends in China's anthropogenic emissions since 2010 as the consequence of clean air action. Atmospheric Chemistry and Physics, 18(19): 14095-14111.

Zheng S X, Ren H Y, Li W H, et al. 2012. Scale-dependent effects of grazing on plant C : N : P stoichiometry and linkages to ecosystem functioning in the Inner Mongolia grassland. PLoS One, 7(12): e51750.

Zheng X H, Fu C B, Xu X K, et al. 2002. The Asian nitrogen cycle case study. Ambio: A Journal of the Human Environment, 31(2): 79-87.

Zhong Y Q W, Yan W, Wang R, et al. 2017. Differential responses of litter decomposition to nutrient addition and soil water availability with long-term vegetation recovery. Biology and Fertility of Soils, 53(8): 939-949.

Zhou Z H, Wang C K, Jin Y. 2017. Stoichiometric responses of soil microflora to nutrient additions for two temperate forest soils. Biology and Fertility of Soils, 53(4): 397-406.

Zhu J X, Chen Z, Wang Q F, et al. 2020. Potential transition in the effects of atmospheric nitrogen deposition in China. Environmental Pollution, 258: 113739.

Zhu J X, He N, Wang Q, et al. 2015. The composition, spatial patterns, and influencing factors of atmospheric wet nitrogen deposition in Chinese terrestrial ecosystems. Science of the Total Environment, 511: 777-785.

Zuo X A, Zhao X Y, Zhao H L, et al. 2010. Spatial pattern and heterogeneity of soil organic carbon and nitrogen in sand dunes related to vegetation change and geomorphic position in Horqin Sandy Land, Northern China. Environmental Monitoring and Assessment, 164(1-4): 29-42.

致谢

每一段陌生关系的建立，都期望以温暖的结局收场。但是，所有看似坚不可摧的情感，都有瞬间崩塌的可能……

寒来暑往，从2011年第一个国家自然科学基金项目实施以来，一晃已十一个年头。十年磨一剑，在第十一年我终于完成了我人生中的第一部著作。从孤军奋战，到第一位研究生、第二位研究生的加入……直至现在“脱颖而出”微信群的建立。虽然我们的群人数不多也不够活跃，但我记得每一位的初来，感恩每一位的付出，伤感每一位的离开。在此，我想感谢每一位为项目顺利开展、试验顺利实施奉献过汗水和泪水的同学。

最先想感谢的是我的第一位研究生王攀同学。所有人都知道我偏爱王攀，但连我自己都说不清为什么我会那么偏爱你。可能是第一位研究生，格外珍贵吧！等待了九年、在三十七岁高龄才招到的研究生，能不珍贵吗？可能是2018年夏天测定盐池植物群落光合的那五天里，你的任劳任怨感动了我。那是多么困难重重的五天啊！你抱着高60 cm、直径40 cm的光合同化箱，我拎着笨重的电瓶，同化箱上的电池一会儿接上一会儿熔断，风扇一会儿转一会儿停，太阳一会儿出来一会儿躲进云里。操作光合仪的同学精神濒临崩溃，开始不耐烦不想继续再测的时候，你说我们再试试吧，回到办公室把数据挑一挑。那位同学烦闷地说：“你挑呢？回去了还不是得我弄？”你一句话都没有再说。自始至终除了全力配合我，你没有任何怨言。可能是2018年夏天收集宁东土壤和植物样品的那两天，你的坚定执着感动了我。那个夏天，灵武的蚊子是多么恐怖啊！它们爬满了我的腿，让我烦躁不安。我望着骄阳下打土钻的你，问你“不痒吗”。你笑着说“还好，可以忍受。老师你找个蚊子少的地方坐着休息下，我来干”。更可能是每个夜归的路上，车刚停下你发来的“老师，你到了没”……我说，我第一次当导师，请多多包涵。你说，我第一次当研究生，请多多原谅。我说，如果我对你的学习要求太严格的话，将来你会恨我。你说，人与人之间的关系“勉强不得，强求不来”，我们是铁打的师生，不会那么容易被打散。那个时候我们师生关系好到令别人羡慕嫉妒了吧！可最后，我们曾经执着追求的“亦师亦友”还是让我们渐行渐远渐无书……所幸，即使和我对着干了一年，你的理智使你终究在关键时刻选择了我们曾一起为你规划的你该走的路。那个夏天的太阳是那么毒啊！那个夏天蚊子咬过的滋味还若隐若现啊！所以，即使你现在变得很淡漠，你为试验付出的汗水时刻都不能从我的记忆中散去。我脑海中停留的，一直都是那张阳光下冲着我微笑的脸庞。我感谢你，没有你前期的付出，就没有我第四个国家自然科学基金项目的顺利获批。你是宁东项目的开拓者，是盐池试验的践行者。

非常感谢我的第二位研究生朱湾湾同学。三年前我们第一次聊天时，你害羞地说你不会和人交流、你话很少。这些记忆都还那么清晰呢。你活泼、善良，又是那么的内敛。你是虎妞、朱二姑娘，也是小棉袄。你从不敢直视我的眼睛，到挽着我的胳膊走路，再到微信上每天给我打卡。2019 年 5 月第一顿海底捞的荷包蛋好圆啊！2019 年 5 月香山之行多么美好啊！香炉峰上，你许的愿也都实现了。2019 年 5 月 20 日，我们三人互发了 5.20 元，骄阳似火，可内心是那么温馨。脑海中许多记忆伤感又温暖。你独自一人去西夏建材城订做了两蛇皮袋土壤呼吸环，你独自一人拎着土壤呼吸仪在样地里来来回回，你光着脚丫在科技楼五、六楼之间的平台筛土，你和黄盛怡测土壤速效磷直到第二天早上五点多，你洗瓶子累到眼睛都快闭上了嘴里还在说“我行、我可以”……2019 年夏天，我们找遍了西夏万达和宁阳广场始终没有找到纹眉的地方。还有我们去海天牧场吃螃蟹，从中午 12:30 一直吃到 14:30 所有菜收场。记不清多少次，你对我说“老师，你还有我”。闭上眼睛细细回想关于你的一点一滴，连自己都感到惊讶！那三年，不仅试验中有你，生活中也有你。后来，你没有选择我希望你走的路。我祝福你，也感谢你，是你让盐池试验往前又迈了一步。

在我渐渐清醒地意识到，理清工作和生活的边界是多么重要、过近的师生关系是一场灾难的时候，我迎来了我的第三位、第四位和第五位研究生许艺馨同学、李春环同学、韩翠同学。你们每一天都是那么朝气澎湃、阳光漂亮，像一缕春风拂过我心。2021 年，我专注于项目申请、书稿撰写，心力交瘁、疲惫不堪，没有去过一次盐池和宁东试验地，你们独自扛下了所有野外试验。每一次经过实验室，耳边都能传来欢声笑语，很多时候我想进去看一看你们在聊什么，但还是忍住了。保持一点点距离的师生关系，于你们于我都是轻松，对我们的感情反倒是一种保护。因为读我的研究生，你们干了从来没有干过的活、挨了从来没有挨过的骂、受了从来没有受过的气。但研究生生活不就是这样的吗？管了问了在乎你。不管不问放弃你。没有哭过的研究生生活是不完整的。此处笔墨虽少，不代表我的感谢没有分量。经历了你们的师哥和师姐，我变得越来越成熟了。前面投入了太多私人感情，后面就会变得更加理智、不冲动了。生活是生活，工作也只能是工作。

接下来要感谢我的肥兜了。2011 年 3 月第一次去四佟子选点的时候，你还是个小胎儿呢。如今，你已经过了第十个生日了。你见过妈妈下地浇肥的时候，也见过妈妈因为学生掉泪的时候。你还是个幼儿园小朋友的时候，看见路边叶子宽一点的草，就会说“妈妈，这是苦豆子吧？妈妈，这是甘草吗？”你一年级到三年级的那三年，是妈妈最对不起你的时候。那时，妈妈为了做实验、改文章，无数次让你在小饭桌待到晚上 21 点多才去接你，无数次把你带去办公室到晚上 22 点多才回家。孩子很重要吗？当然非常重要了！工作很重要吗？当然也很重要了！作为女性，培育下一代是家庭责任、社会责任。作为老师，培养学生是社会责任，也是个人价值的体现。他们都很重要！妈妈很多时候希望努力的我能成为你的榜样、告诉你努力可以改变命运，希望自己像一束光照亮你的人生。

再来感谢我的姐姐黄菊萍、姐夫陈勇、哥哥黄凯。盐池试验地偏远，四周荒无人烟，很难联系到帮忙做试验的人。在最开始的那几年，没有学生，很多野外试验多亏你们的参与，否则我一人根本不可能完成。后来有了学生，你们帮学生测光合、测土壤呼吸、打土钻、做植被调查，点点滴滴，没有你们的参与就没有试验的顺利开展。谢谢你们成为我完成野外试验的坚强后盾！

感谢宁夏大学生态环境学院“全球变化与荒漠生态系统”团队对我工作的支持！感谢方昭、何思佳、李冰、王晓悦、赖荣生、王丽丽、马凯博、牛玉斌、康扬眉、杜雅仙、李一春、樊瑾、李诗瑶、胡延斌、艾喆等同学曾在野外采样、室内分析等方面提供的帮助！

最后感谢余海龙博士。没有你，也就没有黄菊莹女士在宁夏大学的一点一滴呵！是你把黄菊莹博士带回了宁夏大学！

感谢所有的你们，感谢你们见证了我的十一年。更感谢自己。没有自己的坚持，就不可能有今天的四块长期野外观测样地！

黄菊莹

2021 年 8 月 28 日于银川宁夏图书馆

后　记

降水格局改变和大气氮沉降增加是全球变化的两个重要方面。荒漠草原是西北干旱半干旱区主要的草地生态系统类型之一，具有降水少、蒸发大、氮沉降临界负荷低等特点，因此对降水量变化和氮沉降增加反应敏感。生态化学计量学是研究植物-土壤相互作用与元素循环的新思路和新手段。研究植被-土壤系统 C∶N∶P 生态化学计量关系，对于认识全球变化背景下生态系统碳汇潜力、植物和土壤相互作用的养分平衡制约关系具有重要的现实意义。然而，目前关于环境变化下荒漠草原植被-土壤系统 C∶N∶P 生态化学计量学特征还缺乏充分的认识。本书整理汇总了 2011～2020 年以来，项目负责人主持的国家自然科学基金（31760144、31360111、31000215）等项目的科研成果，基于生态化学计量学理论和原理，系统研究了降水量变化和氮沉降增加下荒漠草原 C∶N∶P 生态化学计量学特征，综合分析了 C∶N∶P 平衡特征与生态系统服务功能的关系，为科学评估全球变化下我国草地生态系统碳汇潜力提供了数据支撑，为助力实现我国“双碳”目标提供了理论参考。

十年树木，百年树人。宁夏地处西北内陆，自然环境恶劣，经济欠发达，科研条件欠佳。十年不仅见证了项目负责人的艰辛，也见证了项目组成员的成长。在这十年间，项目负责人通过不断的努力，设置了 5 个原位试验和 5 个盆栽试验。这些实验，在环境因子的设置上，不仅考虑到了降水格局改变和氮沉降增加的单独影响，也意识到了降水在介导氮添加效应方面发挥的介导作用、磷添加缓解氮沉降负效应的积极作用；在植物生长方面，既考虑到了种内竞争，又意识到了种间竞争，在野外控制试验方法的科学性、模拟环境变化的真实性、数据获得的可靠性、监测指标的全面性等方面都在不断地完善、进步。然而，正如“未来研究展望”部分所言，项目组这十来年的科研工作，在野外降水装置改进和氮施用方法的优化、凋落物分解试验和地下过程的观测、生态系统服务功能相关指标的监测和野外观测样地的长期定位监测等方面还有待加强。在未来的研究中，若能将这些方面都涉及，相信更有助于我们深入理解全球变化下宁夏荒漠草原的应对与适应性。

虽然这本书已经完成，但仍感觉自身在全球变化和生态化学计量学领域的知识积累不足，致使许多科学问题的研究存在不足之处。同时，科研经费少、团队成员流动性大等都限制了相关研究的进一步深入。本人希望本书能够对干旱半干旱区全球变化生态学和生态系统生态学研究提供指导与借鉴，实现科学研究的应用价值。同时，生态化学计量学是近二十年来我国生态学研究的新兴领域，书中对相关领域细节描述不准确的地方，敬请读者批评指正。

黄菊莹

2021 年 11 月